国家科学技术学术著作出版基金资助出版

煤矿热动力灾害学

王德明　著

国家重点研发计划项目（2016YFC0801800）资助

科 学 出 版 社
北　京

内 容 简 介

本书对国内外的煤矿重特大事故进行了分析与总结，提出煤矿热动力灾害概念，构建煤矿热动力灾害学内容体系，阐述煤矿中可燃物、供氧条件、点火源的成灾特性，煤矿热动力灾害产生的高温、有害气体和冲击波的致灾特性，以及煤矿热动力灾害救援与处理的方法、技术和典型案例等内容。

本书可供矿业工程、安全工程等相关专业的高校师生、科研院所的研究人员及企业技术人员和管理干部参考使用。

图书在版编目（CIP）数据

煤矿热动力灾害学/王德明著. —北京：科学出版社，2018.12

ISBN 978-7-03-060209-1

Ⅰ. ①煤…　Ⅱ. ①王…　Ⅲ. ①煤矿-矿井火灾-矿山防火②煤矿-瓦斯爆炸-防治　Ⅳ. ①TD75②TD712

中国版本图书馆 CIP 数据核字（2018）第 291027 号

责任编辑：李涪汁　曾佳佳/责任校对：彭　涛
责任印制：师艳茹/封面设计：许　瑞

科学出版社 出版
北京东黄城根北街 16 号
邮政编码：100717
北京通州皇家印刷厂 印刷
科学出版社发行　各地新华书店经销
*
2018 年 12 月第　一　版　开本：787×1092　1/16
2018 年 12 月第一次印刷　印张：17 1/2
字数：407 000

定价：119.00 元

（如有印装质量问题，我社负责调换）

前　　言

我国的煤炭生产以井工开采为主，煤层赋存及开采条件复杂，煤矿安全生产面临瓦斯煤尘爆炸、煤自燃、突水等众多灾害威胁。近年来，我国通过加大煤矿安全科技投入、健全法律法规、强化安全监管和优化产能结构，使煤矿安全生产状况明显好转，事故总量和死亡人数大幅下降。但是，由于我国煤炭产量大、煤层赋存地质条件复杂、开采与安全保障技术及管理水平发展不平衡，煤矿重特大事故仍时有发生，煤矿安全形势依然严峻。党的十九大报告指出“树立安全发展理念，弘扬生命至上、安全第一的思想”“坚决遏制重特大安全事故，提升防灾减灾救灾能力”，这也是实现煤炭工业安全和可持续发展的必然要求。

为认识煤矿重特大事故规律，本书对我国2000～2016年一次死亡10人及以上的488起煤矿重大事故、1949～2016年一次死亡30人及以上的293起煤矿特大事故、国外2000～2016年发生的49起煤矿重特大事故进行了总结与分析，发现煤矿热动力灾害一直高居各类灾害之首，并随事故严重度升高所占比例增大，是煤矿重特大事故中最主要和最严重的灾害。煤矿热动力灾害具有易发性、继发性和严重性。煤矿中煤与瓦斯等可燃物及供氧条件普遍存在，加之煤可自燃、瓦斯的点火能量低，构成了产灾的易发性；煤与瓦斯相伴而生、共存一体，二者的燃烧与爆炸及其相互转化形成煤燃烧—瓦斯燃烧爆炸—煤尘爆炸的灾害链，表现出灾变演化的继发性；燃烧与爆炸产生的高温、有害气体、冲击波致灾能力强且作用范围广，易造成群死群伤的重特大事故，体现了致灾的严重性。

煤矿中的热动力灾害种类多且互为诱因，认识不到这些灾害之间的联系与作用，仅针对单一灾害类型、单一致灾环节防范事故，缺少系统的防治方法与措施，就可能导致严重的灾难。

2013年3月29日和4月1日，吉林通化八宝煤业发生特大瓦斯爆炸事故，共造成53人死亡，是我国近年来死亡人数最多、影响最大的煤矿事故。该事故发生在一个水采工作面的采空区及邻近巷道内，有关调查认定这是一起由采空区煤自燃引发的瓦斯爆炸事故。作者通过后续的调研认为：在该起事故中，采空区内先发生瓦斯爆燃并引发煤着火，然后在工作面封闭过程中已着火的煤炭又引发瓦斯爆炸。该工作面是深部-400m水平的第一个工作面，采深加大导致瓦斯涌出量增加；由于水采工作面的风流经采空区进入回风巷，采空区与回风流的瓦斯浓度达到了爆炸（燃烧）界限；该煤层直接顶为14m厚的中粗粒石英砂岩，顶板来压使石英晶体产生压电效应（压电材料在压力作用下产生与电荷成正比的电荷量），顶板断裂与摩擦释放的能量点燃了采空区的预混瓦斯。该煤层在恢复生产后又发生5次因采空区瓦斯爆燃而封闭工作面的事件，其点火原因均相同。正是对该起事故的点火原因、采空区内煤与瓦斯固气相可燃物的相互作用、封闭过程中的风险认识不足和缺少综合防治手段，导致了该事故的发生并造成严重后果。

2010 年 4 月 5 日，美国西弗吉尼亚州的 UBB（Upper Big Branch）煤矿发生了瓦斯煤尘爆炸事故，造成 29 人死亡、2 人受伤，成为美国近 40 年来最严重的一次煤矿事故。该矿一个采用 Y 型通风的长壁工作面上隅角发生冒落，导致瓦斯积聚，采煤机截齿与顶板砂岩摩擦点燃了该处瓦斯，瓦斯燃烧 2min 后发生瓦斯爆炸，瓦斯爆炸又引发工作面附近的煤尘爆炸，连续的煤尘爆炸影响范围达 3.2km 直至井口。该矿通风系统不可靠且供风量不足导致瓦斯积聚；对防尘工作重视不够，没有及时清理巷道中的浮煤或撒布岩粉惰化煤尘；对顶板岩性与点火源关系缺少认识，该矿曾发生顶板冒落引发的瓦斯燃烧事故，但仍缺少相应防控措施；对人员自救互救的培训不到位，导致灾变时期井下作业人员缺少自救能力（如及时佩戴自救器等），井下虽设有救生舱也未能发挥作用。正是该矿对瓦斯与煤尘相互致灾作用缺少认识，疏于对通风、点火源、安全培训等环节的管理，导致了该事故的发生。

2014 年 5 月 13 日，土耳其索玛-埃奈斯煤矿（Soma-Eynez Mine，SEM）发生火灾爆炸事故，造成 301 人死亡，是 21 世纪全球死亡人数最多的煤矿事故。该矿一个采区巷道瓦斯涌出量大且通风不畅，巷道顶部固定工字钢支架的木材衬板着火引发了瓦斯爆炸，瓦斯爆炸火焰又引燃该巷道前方的运输机胶带、电缆等可燃物，造成大型火灾。有关调查认为最初的点火源可能是煤自燃或某配电装置短路起火。该矿超通风能力生产、煤自燃与瓦斯防治工作不到位、事故发生后没有及时撤离灾区人员、在未掌握井下人员分布情况下贸然反风、矿井未设置避险设施和人员缺乏自救能力（未使用自救器）导致了该事故的发生并造成严重后果。

从吉林通化八宝煤业、美国 UBB 煤矿和土耳其 SEM 煤矿的案例中可看出，这些事故的发生都是煤、瓦斯与其他可燃物及其他因素综合作用的结果。国内外煤矿至今未能遏制煤矿热动力灾害事故，主要是由于对其发生发展的基础和综合特性认识不清。现有的煤矿热动力灾害被分解为瓦斯、火灾、煤尘等单项分支，热动力灾害的整体特征及其内在联系被忽略，导致在热动力灾害认识方面存在许多误区，在防治工作中缺少系统性和综合性。针对我国煤矿重特大事故防治的迫切需求和现有防治工作的不足，作者提出了煤矿热动力灾害的概念，分析了煤矿热动力灾害的特性，构建了“煤矿热动力灾害学”内容体系，研究总结了煤矿热动力灾害可燃物的来源及特性、点火源类型及作用机制、热动力灾害与通风系统的关系、瓦斯燃烧与爆炸的耦合作用，阐述了安全高效治理煤矿热动力灾害的快速消除火源、火区安全封闭和应急救援等关键技术，为防治该类事故提供了系统的理论与方法。本书既全面反映了国内外煤矿热动力灾害防治领域的研究前沿，又有机融入了作者近些年来在该领域的创新性科研成果。本书对提高我国热动力灾害防治水平、推动煤矿安全科技进步具有重要的学术和应用价值。

在本书的写作过程中，邵振鲁、朱云飞、辛海会、亓冠圣、马李洋、陈明杰、王少峰、许浪、李德利、底翠翠、王洋、刘洋、刘皎龙、戚绪尧、王和堂等博士和硕士帮助作者搜集和整理资料，为本书的出版付出了艰辛的劳动，值本书完成之际，向他们表示衷心的感谢。

本书得到了国家科学技术学术著作出版基金和国家重点研发计划项目（2016YFC0801800）的资助，在此表示感谢。科学出版社在本书出版过程中给予了大力支持，特别是李涪汁编辑在组稿、排版、校稿等过程中付出了大量的劳动，在此一并表示感谢。

王德明

2018年6月于中国矿业大学南湖校区

目　录

第1章 绪　论

煤炭是我国的基础能源和重要原料。我国的煤炭生产以井工开采为主，长期以来面临瓦斯、火灾、煤尘、顶板和水害等灾害的严重威胁，煤矿中的重特大事故时有发生，煤矿安全形势严峻。本章介绍研究背景、煤矿热动力灾害概念及特性、国内外研究现状，最后介绍本书的主要内容及特色。

1.1 研究背景

1.1.1 煤炭生产的重要性

煤炭是我国的主体能源。煤炭工业是关乎国家经济命脉和能源安全的重要基础产业，长期以来是我国社会经济发展的推进因素，切实保障了国家能源的安全稳定供应，有力支撑了国民经济的长期快速发展。

2000 年以来，受国民经济快速发展的推动，我国煤炭产量呈现快速增长的势头，煤炭产量从 2000 年的 12.99 亿 t 增加到 2013 年巅峰时期的 39.74 亿 t（图 1.1）。自 2013 年之后，随着绿色发展理念以及煤炭行业积极化解过剩产能等政策的推行，我国煤炭产量呈逐年递减趋势，但 2017 年煤炭产量仍高达 34.45 亿 t，煤炭消费量仍然占能源消费总量的 60.4%。最新研究结果预测（图 1.2），2020 年、2030 年煤炭在我国一次能源消费结构中的比重仍将分别高达 60%、50%[1]。煤炭资源获取的可靠性、价格的低廉性、利用的可洁净性，决定了在今后较长时期内煤炭作为我国主体能源的地位和作用不会改变。

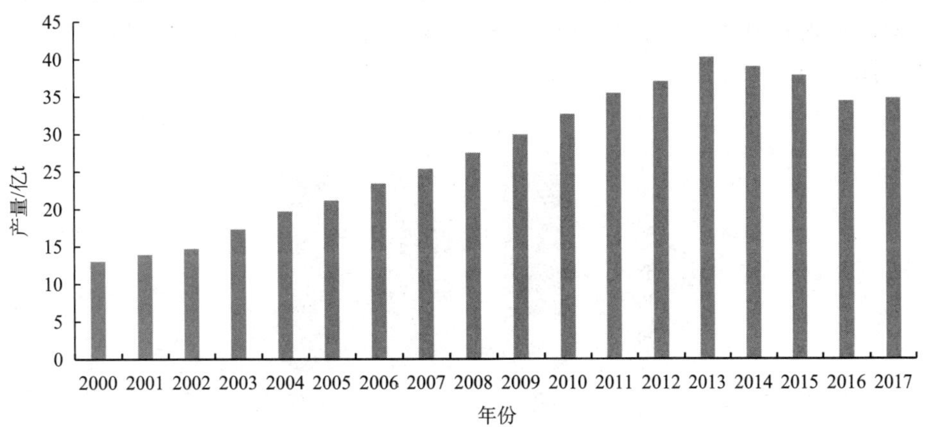

图 1.1　2000 年以来我国煤炭产量

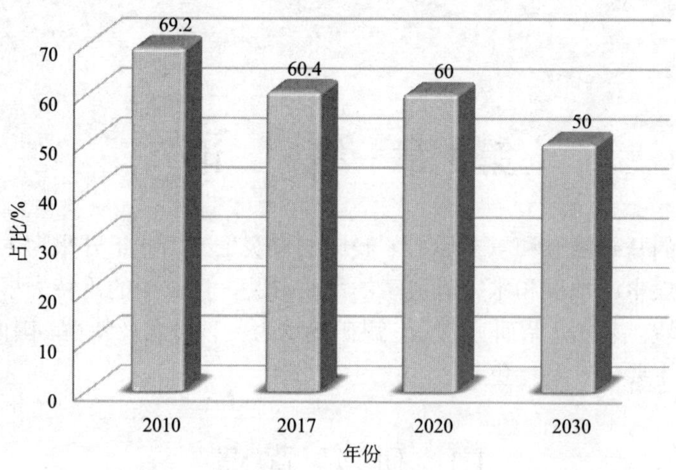

图 1.2　煤炭在我国一次能源消费结构中的比重

1.1.1.1　获取的可靠性

截至 2016 年年底，我国煤炭、石油、天然气的探明储量分别占世界探明总储量的 21.4%、1.5%和 2.9%[2]；我国煤炭、石油、天然气分别占世界年产量的 46.1%、4.3%和 3.9%。根据全国煤炭资源潜力评价结果，截至 2016 年年底，全国远景煤炭资源量 5.9 万亿 t，其中，查明煤炭资源储量 1.57 万亿 t，占我国已探明化石能源资源总量的 97%左右[1]，是我国最丰富的能源资源。从我国能源资源赋存禀赋可以看出，我国能源储量具有“富煤、贫油、少气”的特点，石油、天然气储量少，难以满足国民经济的发展需求；煤炭具有天然的能源主体地位。此外，我国石油、天然气等能源对外依存度高，2017 年我国原油对外依存度已达 67.4%[3]，天然气对外依存度也已达到 39%。在今后一定时期内，大规模进口油气资源，仍将面临国际政治、经济等不确定因素，这将严重影响我国能源战略安全。因此，我国能源资源赋存禀赋和国家能源战略安全决定了我国一次能源结构只能以煤为主（图 1.3）。

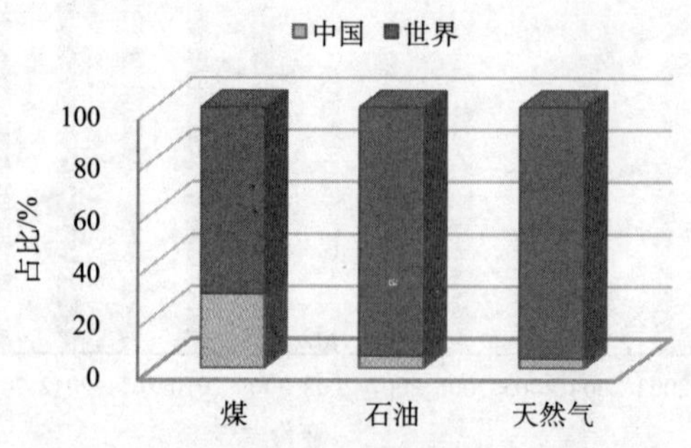

图 1.3　2016 年我国占世界能源产量比例

1.1.1.2　价格的低廉性

从能源利用的经济性看，按2016年秦皇岛港5500大卡动力煤平均价格为基数，折算成同等发热量价格分析，如图1.4所示，目前我国煤炭、石油、天然气比价为1∶8∶4.7，相当于我国煤炭价格是汽柴油价格的1/8、天然气价格的近1/5，煤炭是支撑国民经济和社会发展最经济、最廉价的能源。

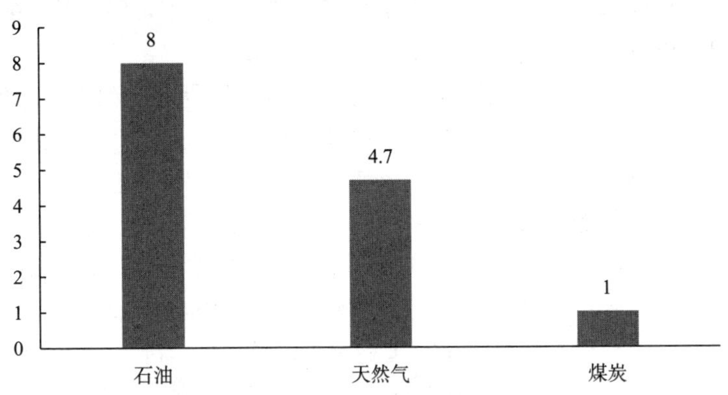

图1.4　基于同等热值的能源比价

纵坐标为以煤炭为基准的价格比例

1.1.1.3　利用的可洁净性

我国约有50%的煤炭用来发电，集中用煤排放的二氧化硫、氮氧化物、细颗粒物，经排放尾气的收集处理，经过脱硫、脱硝、除尘装置，已经能控制为和天然气发电排放的水平相当。清洁煤技术可以使其传统污染物的排放量低于目前天然气燃烧排放量的国家标准（图1.5）。我国的燃煤电厂在技术上已经处于世界领先水平，近年来，建成了一批高标准的燃煤电厂超低排放示范工程，烟尘、二氧化硫、氮氧化物等主要排放指标

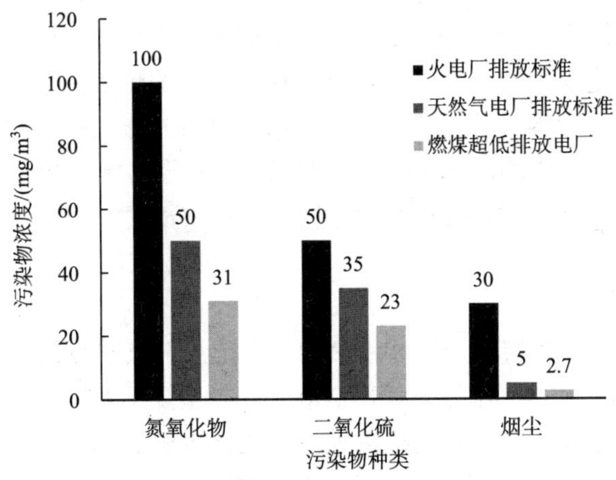

图1.5　燃煤超低排放与电厂排放标准

达到了天然气电厂的排放标准，发电成本大幅低于天然气发电。其中，燃煤超低排放电厂烟尘浓度达到 2.7 mg/m^3 左右，SO_2 浓度 23 mg/m^3 左右，NO_x 浓度 31 mg/m^3 左右[1]。燃煤发电机组实现超低排放所增加的成本不到 0.02 元/（kW·h）。目前燃煤发电 0.3～0.4 元/（kW·h）左右的上网电价，远低于天然气发电 0.8 元/（kW·h）左右的上网电价。也就是说，用煤发电达到同样的排放甚至更低，成本是天然气的一半。如果全国燃煤发电机组全面应用超低排放技术，将解决火力发电在环保、耗能、效益上不能兼顾的问题，在全世界树起节能减排的标杆，煤电主要污染物排放较 2013 年可降低约 90%，煤炭清洁高效利用在燃煤发电领域完全可以实现。

目前，我国仍处于工业化、城镇化加快发展的历史阶段，能源需求总量仍有增长空间。近年来，我国的大气环境污染状况日益严峻，众多地区出现了大范围、持久性的雾霾天气，人们在寻找雾霾的“元凶”时，也将目光集中在“煤”上；此外，在国际上，煤炭消费被认为是二氧化碳排放的主要来源，碳排放将被纳入国际经济和贸易体系中去，低碳清洁化将成为全球能源发展转型的选择。未来中国煤炭行业发展的前景如何？社会上出现了“去煤化”的呼声，要求停止煤炭消费，用其他能源取而代之。然而，从我国能源资源禀赋和发展阶段出发，煤炭是我国稳定性、经济性、自主保障程度最高的能源，是保障能源安全的基石，“去煤化”在短期内是不可能实现的。我国国情还是以煤为主，煤炭作为我国主体能源的地位和作用不会改变，也不可能改变，不能分散对煤的注意力。因此，在发展新能源、可再生能源的同时，要继续做好煤炭这篇大文章[4]。

1.1.2　煤炭生产中的重特大事故

在当前时间内，煤炭工业仍然是很多产煤国家经济命脉和能源安全的重要基础产业。近些年来，各主要产煤国不断加大科技投入、促进科技进步、健全政策法规、提升安全管理水平，煤矿安全生产状况总体稳定、趋于好转，事故总量和死亡人数持续下降。但是，由于煤矿井下作业环境复杂、灾害种类多样和逃生避险困难的特点，煤矿安全问题突出，煤炭开采面临瓦斯、火灾、煤尘、顶板和水害等多种灾害的威胁，煤矿中的重特大事故时有发生，煤矿安全形势依然严峻，一些重大科技难题仍没有得到有效解决，不同程度地制约了各国煤炭工业的安全发展。煤矿重特大事故导致的社会影响特别恶劣，经济损失极其惨重，是煤矿安全工作的重点、社会关注的焦点，也是相关研究的热点。为认识和掌握煤矿重特大事故的一般性规律，本节对 1949～2016 年我国煤矿一次死亡 30 人及以上的特大事故，2000～2016 年我国煤矿一次死亡 10～29 人的重大事故以及国外煤矿一次死亡 10 人及以上的重特大事故进行了统计分析。

1.1.2.1　我国概况

我国是世界上最大的煤炭生产国和消费国，也是井工煤矿数量最多的国家。2014 年全国煤矿数量为 11 000 个，其中露天煤矿 230 个；大型煤矿 970 多处，产量占全国总产量的 67%，其中，已建成年产千万吨级特大型现代化煤矿 54 处，产量近 7 亿 t，占全国产量的 18%。煤矿在我国 27 个省（直辖市、自治区）、1264 个县均有分布，占我国县级行政区划的 44.2%。我国存在 3 类不同所有制形式的煤矿，即国有重点煤矿、国有地方煤矿和乡镇煤矿。2017 年我国煤炭产量占全球总产量的 46.4%，消费量占全球总消费量的 50.7%[5]。

1. 我国煤矿安全生产历程

1949 年以来，我国煤矿安全形势经历了初步调整、异常波动、快速下降、快速上升、高位波动和稳定下降 6 个时期（图 1.6），各时期的安全形势分析如下：

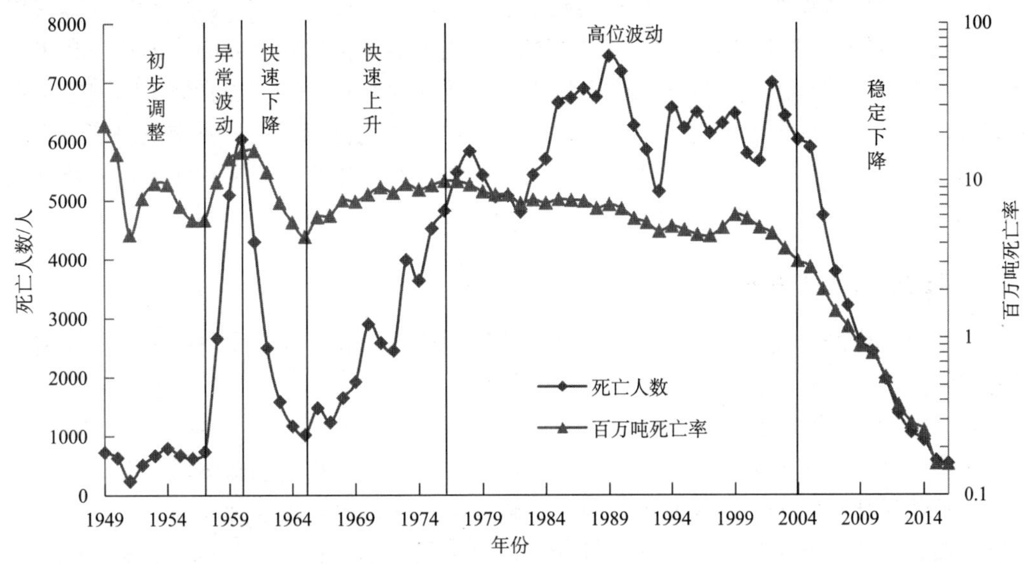

图 1.6　我国煤矿安全生产历程

（1）初步调整期。1949～1957 年，中华人民共和国成立初期，我国煤炭工业基础薄弱，煤矿技术落后，虽然煤矿事故死亡人数较少，但由于产量很低，百万吨死亡率最高。之后，随着煤炭工业的快速恢复和发展，我国煤炭生产能力、长壁采煤比重以及煤矿机械化程度快速提高，国营煤矿长壁式采煤方法产量比重达到了 95.3%，井下平巷采用机械运输比例提高到 85.16%，地面机械装运比例提高到 90.78%，安全状况逐渐好转。

（2）异常波动期。1958～1960 年，“大跃进”对我国的煤炭行业产生了极大冲击，出现了经营管理混乱、片面追求产量、乱采滥挖等不利局面。为了满足全民大办钢铁对煤炭的需求，提出了全民大办煤矿。由于违背了煤矿生产的客观规律，超能力生产，造成煤矿采掘关系大面积失调，巷道失修等问题严重，导致这一时期安全状况迅速恶化。

（3）快速下降期。1961～1965 年，得益于对“大跃进”错误方针的纠正，煤炭行业整体安全水平有所提高，在煤炭产量变化不大的情况下（约 2.2 亿 t），死亡人数从 1961 年的 4304 人降至 1965 年的 1026 人，百万吨死亡率从 15.5 降至 4.43。

（4）快速上升期。1966～1976 年，由于没有执行煤矿安全相关制度，采掘关系再次出现严重失调，导致煤矿安全问题严重。

（5）高位波动期。1977～2004 年这 27 年间，我国煤炭产量迅速增加，安全事故也同步剧增，除 1982 年死亡人数（4805 人）低于 5000 人以外，其余 26 年死亡人数均超过5000人。在这一阶段，国家在资金短缺的情况下，仍然加大了安全的投入：一方面不断改善安全技术装备水平，增强抗灾能力；另一方面，加强职工安全培训和安全教育。因此，在该时期尽管死亡人数增加，但百万吨死亡率却总体递减。

（6）稳定下降期。2005～2016年，国家高度关注煤矿安全工作，2005年国家组织了煤矿安全会诊，每年投入30亿元用于煤矿安全，各省和企业对煤矿安全的投入和重视不断增强、机械化程度不断提高、落后产能逐步淘汰、煤矿灾害防治技术不断进步。与此同时，相关法律法规的修订、颁布和实施也起到了较大的推动作用，《安全生产法》《煤矿安全监察条例》《煤矿安全规程》等法规的颁布与修订，强化了企业的主体责任和更严格的技术管理，同时出台了许多向煤矿倾斜的专业人才教育政策和加强煤矿的安全培训工作等，全国煤矿安全形势有了很大的改观，死亡人数及百万吨死亡率均呈快速下降趋势，2009年我国煤矿百万吨死亡率首次降到1以下，2014年我国煤炭行业死亡人数降至1000人以下。

2. 我国煤炭生产特征

我国煤炭生产主要有井工开采比例高、地质构造复杂和开采技术与管理水平发展不平衡的特点。

1）井工开采比例高

我国大部分煤炭资源形成于较早的石炭纪—二叠纪以及稍晚的侏罗纪，煤层在形成后的漫长地质历史时期内，在其上部沉积了较厚的地层，导致煤层埋藏较深。这决定了我国大部分煤炭只能采用井工方式进行开采，而美国、澳大利亚等国多为水平煤层或近水平煤层，埋藏浅，地质条件简单，大部分以露天方式进行开采。以2015年统计数据[6]为例（表1.1），我国露天矿产量占比仅为14%；美国共有生产煤矿1061座，其中露天矿637座，产量占65%；澳大利亚有100座生产煤矿，其中露天煤矿65座，产量占78%；印度81%的煤炭产量也通过露天煤矿开采；印度尼西亚几乎全部的煤炭来自露天煤矿。露天开采采用大型机械作业，用人少、生产效率高，安全性好。

表1.1　2015年世界主要产煤国家露天矿产量占比和生产效率[6]

国家	2015年煤炭产量/亿t	机械化程度/%	露天矿产量占比/%	全员工效/（t/（人·a））
中国	37.47	76	14	约1000
美国	8.13	100	65	约10 000
印度	6.78	100	81	3000
澳大利亚	4.85	100	78	约10 000
印度尼西亚	3.92	100	100	约5000
俄罗斯	3.73	97	68	2032
南非	2.52	100	49	5300

2）地质构造复杂

我国大陆是由众多小型地块多幕次汇聚形成的，主要煤田经受了多期次、多方向、强度较大的构造运动的改造，煤系地层受到挤压揉搓，导致地质构造发育，断层、褶皱广泛分布，部分地区的煤层还受到岩浆活动的影响，煤层的稳定性和连续性被破坏，煤层、顶底板以及瓦斯的赋存状态也发生了改变。据统计，在国有重点煤矿中，地质构造复杂或极其复杂的煤矿占 36%。此外，我国煤矿水文地质条件相当复杂，25%的煤矿水文地质条件属于复杂和极复杂类型，华北、华东地区 80%的煤矿受奥陶系灰岩岩溶水（奥灰水）的威胁，突水淹井事故时有发生。地质构造和水文地质条件的复杂性增加了开采工作的难度和危险程度，造成冒顶、水害及瓦斯灾害频发。

由于受煤层埋深影响，我国井工煤矿的平均开采深度接近 500m，开采深度超过 800m 的矿井达到 200 余处，千米深井 47 处，新汶孙村煤矿采深已达到 1501m。而美国井工开采煤层的平均埋深为 122～183m，多为倾角在 6°以下的水平和近水平煤层；澳大利亚井工矿开采深度平均为 250m，倾角一般不超过 10°，中厚煤层居多，瓦斯含量不高。开采深度增加会导致地应力增大、涌水量激增、瓦斯危险情况增加、井下温度升高以及煤自燃危险性提高，进而显著提高冒顶、突水、瓦斯及煤自燃事故的发生概率。

3）开采技术与管理水平发展不平衡

美国、澳大利亚等发达国家煤矿生产集约化程度高、生产组织简单、管理层级少，矿井布置简单，多数为一矿一面，综合机械化水平达到 100%，煤矿向自动化方向发展，生产一线和管理人员少，生产效率高，煤矿规模普遍较大，例如澳大利亚煤矿平均产量达 500 万 t 以上。而我国煤矿开采的煤层及赋存地质条件、开采技术及装备差异大，开采深部的煤层、薄煤层、不稳定煤层的煤矿数量较多，导致我国机械化等现代化生产水平及管理方面与世界采煤发达国家还有差距。我国煤矿分为国有重点、国有地方和乡镇煤矿，就业人员素质及管理水平参差不齐，尤其是乡镇煤矿初中及以下文化程度人数较多，工程技术人员奇缺，难以满足提高机械化开采程度和安全管理水平的要求，这也是我国煤矿事故多发的重要因素之一。

3. 我国煤矿重特大事故

根据事故中的伤亡人员数量，我国将煤矿事故分为特大事故、重大事故、较大事故和一般事故，依据国家安全监管总局和国家煤矿安监局《关于印发煤矿生产安全事故报告和调查处理规定的通知》（安监总政法〔2008〕212 号），死亡 30 人及以上为特别重大事故，10～29 人为重大事故，3～9 人为较大事故，1～2 人为一般事故。

我国煤炭产量大、井工开采比例高，煤层赋存、开采技术与管理水平差异很大，造成我国煤矿事故多发。1949 年以来我国煤矿共发生死亡百人以上事故 24 起（表 1.2），另外，2007 年还发生因暴雨洪水（自然灾害）引发的淹井事故 1 起，死亡 181 人。在 24 起百人以上事故中，瓦斯煤尘爆炸事故 11 起，占事故总数的 46%；瓦斯爆炸事故 6 起，占事故总数的 25%；煤尘爆炸事故 4 起，占事故总数的 17%；火灾、水害和煤与瓦斯突出事故各 1 起（图 1.7）。

表 1.2　1949 年以来我国煤矿一次死亡百人以上事故统计表

序号	时间	煤矿	事故类型	死亡人数
1	1950.2.27	河南宜洛煤矿	瓦斯爆炸	187
2	1954.12.6	内蒙古大发煤矿	瓦斯煤尘爆炸	104
3	1960.5.9	山西大同老白洞煤矿	煤尘爆炸	684
4	1960.5.14	重庆松藻同华煤矿	煤与瓦斯突出	125
5	1960.11.28	河南平顶山龙山庙煤矿	瓦斯煤尘爆炸	187
6	1960.12.15	重庆中梁山煤矿南井	瓦斯煤尘爆炸	124
7	1961.3.16	辽宁抚顺胜利煤矿	火灾	113
8	1968.10.24	山东新汶华丰煤矿	煤尘爆炸	108
9	1969.4.4	山东新汶潘西煤矿	煤尘爆炸	115
10	1975.5.11	陕西铜川焦坪煤矿前卫斜井	瓦斯煤尘爆炸	101
11	1977.2.24	江西丰城坪湖煤矿	瓦斯爆炸	114
12	1981.12.24	河南平顶山五矿	瓦斯煤尘爆炸	133
13	1991.4.21	山西洪洞县三交河煤矿	瓦斯煤尘爆炸	147
14	1996.11.27	山西大同郭家窑乡东村煤矿	瓦斯煤尘爆炸	110
15	2000.9.27	贵州水城木冲沟煤矿	瓦斯煤尘爆炸	162
16	2002.6.20	黑龙江鸡西城子河煤矿	瓦斯煤尘爆炸	124
17	2004.10.20	河南郑州大平煤矿	瓦斯爆炸	148
18	2004.11.28	陕西铜川陈家山煤矿	瓦斯煤尘爆炸	166
19	2005.2.14	辽宁阜新孙家湾煤矿	瓦斯爆炸	214
20	2005.8.7	广东梅州黄槐镇大兴煤矿	水害	123
21	2005.11.27	黑龙江七台河东风煤矿	煤尘爆炸	171
22	2005.12.7	河北唐山开平区刘官屯煤矿	瓦斯煤尘爆炸	108
23	2007.12.5	山西临汾瑞之源煤业公司	瓦斯爆炸	105
24	2009.11.21	黑龙江鹤岗新兴煤矿	瓦斯爆炸	108

注：2007 年 8 月 17 日，山东省华源矿业有限公司发生了死亡 181 人的洪水淹井事故，属于自然灾害，未计入百人以上事故。

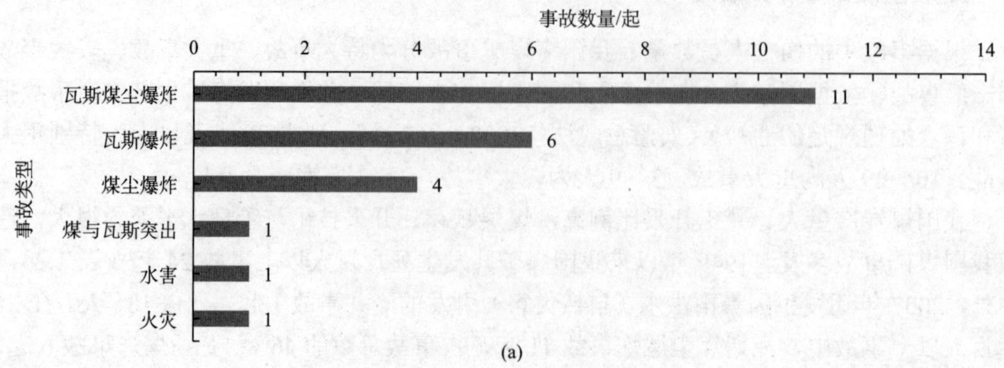

(a)

水害
4%
火灾
4%
煤与瓦斯突出
4%
瓦斯煤尘爆炸
46%
煤尘爆炸
17%
瓦斯爆炸
25%

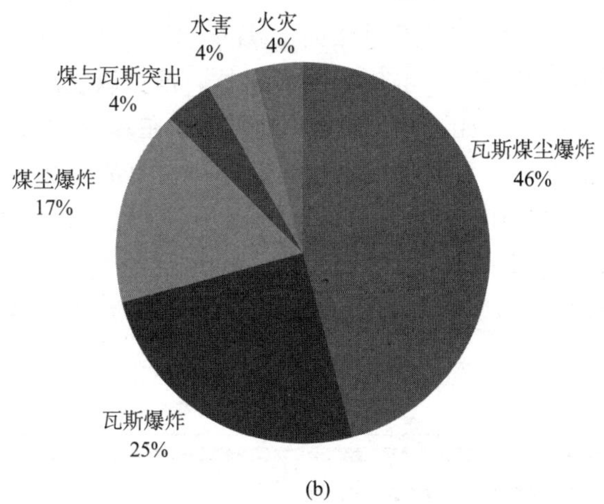

(b)

图 1.7　1949～2016 年我国煤矿百人以上事故类别统计

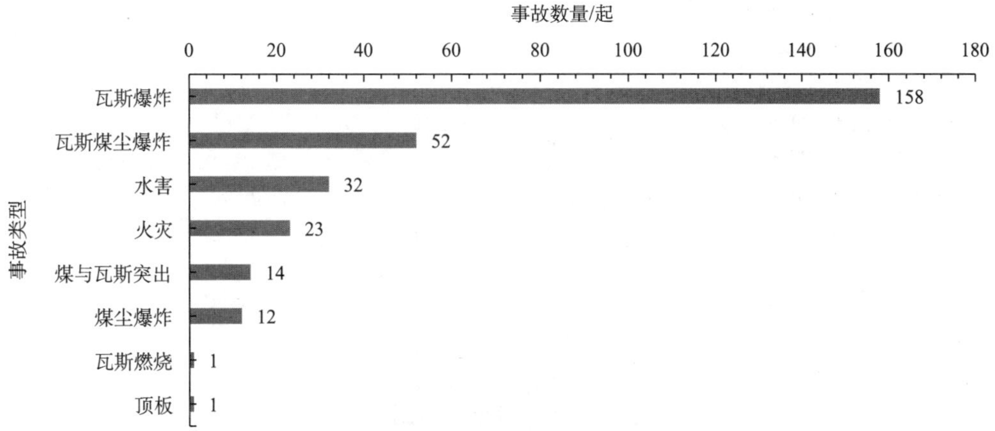

事故数量/起
0
20
40
60
80
100
120
140
160
180
事故类型
瓦斯爆炸
158
瓦斯煤尘爆炸
52
水害
32
火灾
23
煤与瓦斯突出
14
煤尘爆炸
12
瓦斯燃烧
1
顶板
1

(a)

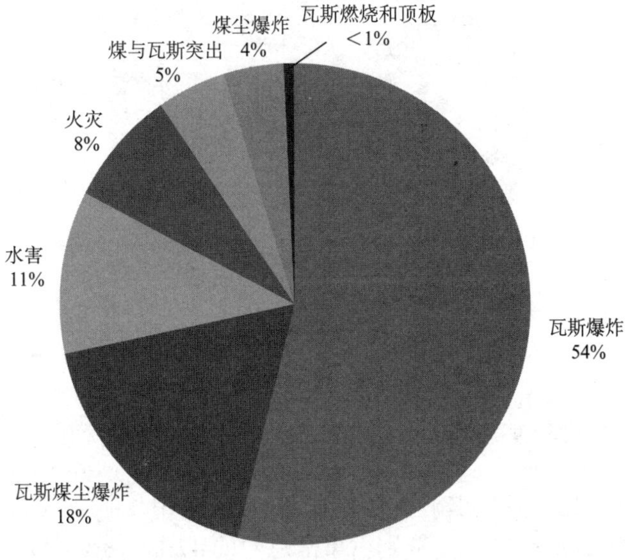

煤尘爆炸
4%
瓦斯燃烧和顶板
＜1%
煤与瓦斯突出
5%
火灾
8%
水害
11%
瓦斯爆炸
54%
瓦斯煤尘爆炸
18%

(b)

图 1.8　1949～2016 年我国煤矿特大事故类别统计

此外，1949～2016 年我国共发生了 293 起煤矿特大事故（其中包括 24 起死亡百人以上事故），2000～2016 年发生了 488 起重大事故。根据以上煤矿事故的统计资料，分别按照事故类别进行了统计，如图 1.8～图 1.9 所示。在我国 1949～2016 年发生的 293 起煤矿特大事故中（图 1.8），瓦斯爆炸事故 158 起，占事故总数的 54%；瓦斯煤尘爆炸事故 52 起，占事故总数的 18%；水害和火灾事故分别为 32 起和 23 起，占事故总数的 11%和 8%；煤与瓦斯突出事故 14 起，占事故总数的 5%；煤尘爆炸事故 12 起，占事故总数的 4%；顶板事故和瓦斯燃烧事故较少发生（各 1 起），占事故总数的不足 1%。

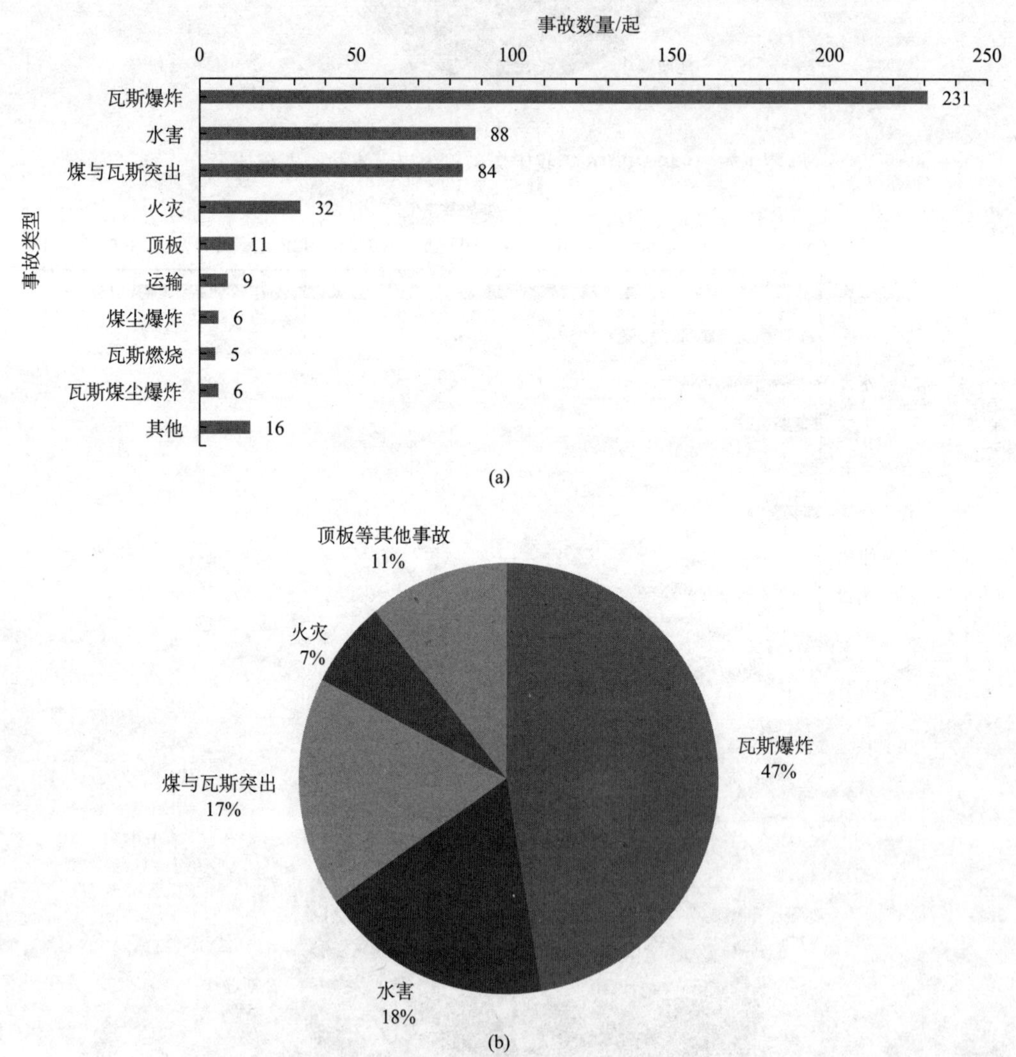

图 1.9　2000～2016 年我国煤矿重大事故类别统计

2000～2016 年我国共发生煤矿重大事故 488 起，其中瓦斯爆炸 231 起、水害 88 起、煤与瓦斯突出 84 起、火灾 32 起，分别占事故总数的 47%、18%、17%和 7%，顶板等其他类型事故共 53 起，占比 11%。

1.1.2.2 国外概况

世界煤炭资源分布很广，但其储量分布极不平衡，欧洲和欧亚大陆、亚洲太平洋地区、北美洲的煤炭储量较为集中。2016 年全球煤炭产量为 74.60 亿 t，其中主要产煤国家是中国、印度、美国、澳大利亚、印度尼西亚、俄罗斯和南非，各国 2016 年煤炭产量如图 1.10 所示。本书从 5 个大洲选取了 5 个具有代表性的主要产煤国家（亚洲的印度、北美洲的美国、大洋洲的澳大利亚、欧洲的俄罗斯以及非洲的南非），对其近 30 年来的煤炭百万吨死亡率进行了统计（其中印度为五年平均百万吨死亡率），并与中国的煤炭百万吨死亡率进行对比，如图 1.11 和表 1.3 所示。

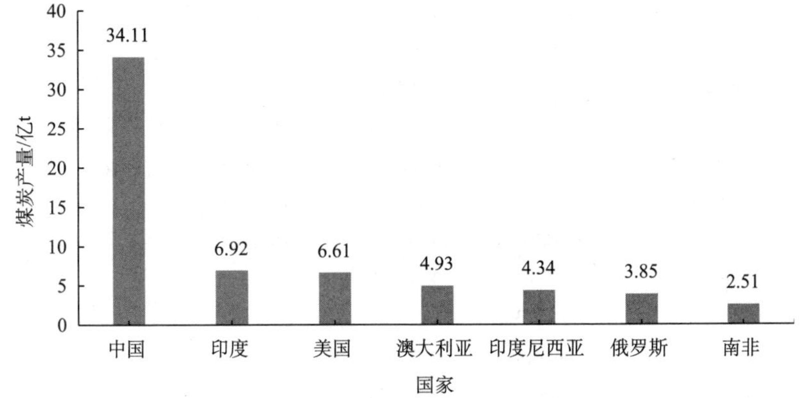

图 1.10 2016 年世界主要产煤国煤炭产量

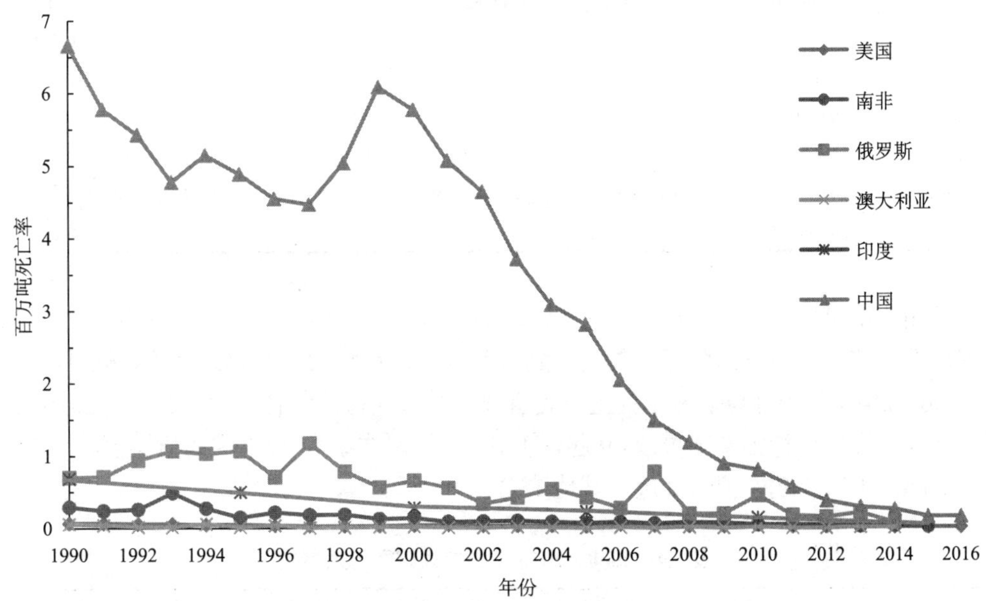

图 1.11 1990～2016 年世界主要产煤国煤炭百万吨死亡率变化曲线

表 1.3　1990～2016 年世界主要产煤国煤炭百万吨死亡率数据列表

年份	美国	南非	俄罗斯	澳大利亚	印度	中国
1990	0.07	0.291429	0.705793	0.058662		6.66
1991	0.07	0.241573	0.713275	0.045536		5.78
1992	0.06	0.259887	0.942781	0.021897	0.69	5.43
1993	0.06	0.48913	1.072246	0.017694		4.78
1994	0.05	0.27551	1.036765	0.062111		5.15
1995	0.05	0.150485	1.069254	0.016542		4.89
1996	0.04	0.219512	0.71345	0.040461		4.55
1997	0.03	0.182648	1.17551	0.007563	0.5	4.47
1998	0.03	0.1875	0.789133	0.01044		5.04
1999	0.03	0.126126	0.56513	0.017182		6.08
2000	0.039	0.137778	0.658915	0.019562		5.77
2001	0.04	0.085202	0.556024	0.006076		5.07
2002	0.027	0.090909	0.335438	0.002942	0.28	4.64
2003	0.03	0.096639	0.418773	0.014634		3.71
2004	0.028	0.082305	0.538732	0.005709		3.08
2005	0.02	0.065306	0.416667	0		2.81
2006	0.044	0.081633	0.275081	0.008007		2.04
2007	0.032724	0.060484	0.772655	0	0.22	1.485
2008	0.028222	0.079051	0.195958	0.010198		1.182
2009	0.018499	0.071713	0.194305	0		0.892
2010	0.044199	0.046693	0.44582	0.011781		0.803
2011	0.018265	0.047059	0.17226	0		0.564
2012	0.019646	0.042146	0.152156	0	0.14	0.374
2013	0.020325	0.027027	0.210227	0.010576		0.288
2014	0.016	0.034091	0.072585	0.005977		0.257
2015	0.013378	0.019685	—	—	0.07	0.159
2016	0.012346	—	—	—	—	0.158

从图表中可以看出，进入 21 世纪以来，各主要产煤国煤矿安全状况都有不同程度的改善，百万吨死亡率不断降低。然而，到目前为止，重特大事故仍未杜绝，表 1.4 列举了 2000～2016 年国外煤矿发生的重特大事故。据可获得的统计资料，2000～2016 年，国外共发生煤矿重特大安全事故 49 起，其中，瓦斯爆炸事故 39 起，瓦斯煤尘爆炸 2 起，火灾 2 起，水害 3 起，顶板 2 起，其他 1 起。

表 1.4　2000～2016 年国外煤矿重特大事故

时间	国家	煤矿	死亡人数	事故类别
2016.2.25	俄罗斯	Severnaya（北方煤矿）	36	瓦斯爆炸
2015.3.4	乌克兰	Zasyadko（扎夏德科矿）	33	瓦斯爆炸

续表

时间	国家	煤矿	死亡人数	事故类别
2014.5.13	土耳其	Soma-Eynez Mine（索玛-埃奈斯煤矿）	301	火灾与爆炸
2013.2.11	俄罗斯	Vorkutinskaya（沃尔库廷斯卡亚矿）	18	瓦斯爆炸
2011.7.29	乌克兰	Sukhodilska–Skhidna	26	瓦斯爆炸
2011.7.29	乌克兰	Bazhanov（巴扎诺夫矿）	11	罐笼事故
2011.3.20	巴基斯坦	Dukki（杜基矿）	52	瓦斯爆炸
2010.11.19	新西兰	Pike River（派克河矿）	29	瓦斯爆炸
2010.6.16	哥伦比亚	San Fernando（圣费尔南多矿）	73	瓦斯爆炸
2010.5.17	土耳其	Karadon（卡拉丹矿）	30	瓦斯爆炸
2010.5.8	俄罗斯	Raspadskaya（拉斯帕德斯卡亚矿）	90	瓦斯爆炸
2010.4.5	美国	Upper Big Branch（UBB 煤矿）	29	瓦斯煤尘爆炸
2010.2.23	土耳其	Balikesir（巴勒克埃西尔矿）	13	瓦斯爆炸
2010.1.2	巴基斯坦	Al-Rahman（拉赫曼矿）	10	瓦斯爆炸
2009.12.10	土耳其	Bursa（布尔萨矿）	19	瓦斯爆炸
2009.9.18	波兰	Wujek-Śląsk	20	瓦斯爆炸
2009.6.16	印度尼西亚	Sarana Arang Sejati	32	瓦斯爆炸
2009.6.8	乌克兰	Skochinsky（斯科钦斯基矿）	13	瓦斯爆炸
2008.6.8	乌克兰	Karl Marx（卡尔马克思矿）	13	瓦斯爆炸
2008.1.11	哈萨克斯坦	Abaiskaya	30	瓦斯爆炸
2007.11.18	乌克兰	Zasyadko（扎夏德科矿）	101	瓦斯爆炸
2007.6.25	俄罗斯	Komsomolskaya（共青团矿）	11	瓦斯爆炸
2007.5.24	俄罗斯	Yubileynaya（纪念矿）	39	瓦斯爆炸
2007.3.19	俄罗斯	Ulyanovskaya（乌里扬诺夫斯克矿）	110	瓦斯煤尘爆炸
2007.2.13	哥伦比亚	Norte de Santander（北桑坦德矿）	32	瓦斯爆炸
2006.11.21	波兰	Halemba	23	瓦斯爆炸
2006.9.20	乌克兰	Zasyadko（扎夏德科矿）	13	瓦斯爆炸
2006.9.20	哈萨克斯坦	Mittal's Lenin（米塔尔列宁矿）	41	瓦斯爆炸
2006.9.6	印度	Dhanbad（巴迪矿）	50	瓦斯爆炸
2006.2.19	墨西哥	Pasta de Conchos	65	瓦斯爆炸
2006.1.2	美国	Sago（萨戈煤矿）	12	瓦斯爆炸
2005.6.15	印度	Central Saunda（中央萨达矿）	14	水害
2005.2.9	俄罗斯	Yesaulskaya（耶绍利斯克矿）	25	瓦斯爆炸
2004.10.28	俄罗斯	Listvyazhnaya（利斯特维亚纳亚矿）	13	瓦斯爆炸
2004.7.19	乌克兰	Donbass（顿巴斯矿）	36	瓦斯爆炸
2004.4.10	俄罗斯	Tayzhina（泰纳矿）	47	瓦斯爆炸
2003.10.16	印度	GDK-8A	10	顶板
2003.6.16	俄罗斯	Ziminka（基米卡矿）	12	瓦斯爆炸
2003.6.16	印度	Godavarkhani No. 7 LEP（哥达瓦里矿）	17	水害
2002.7.31	乌克兰	Zasyadko（扎夏德科矿）	20	瓦斯爆炸
2002.7.7	乌克兰	Ukraina（乌克兰煤矿）	35	火灾

续表

时间	国家	煤矿	死亡人数	事故类别
2002.2.6	波兰	Jas-Mos	10	瓦斯爆炸
2002.1.13	俄罗斯	Vorkutinskaya（沃尔库廷斯卡亚矿）	12	瓦斯爆炸
2001.9.23	美国	Jim Walter Resources No. 5（吉姆瓦特 5 矿）	13	瓦斯爆炸
2001.8.19	乌克兰	Zasyadko（扎夏德科矿）	55	瓦斯爆炸
2001.2.2	印度	Bagdigi（巴哥迪吉矿）	29	水害
2000.6.24	印度	Kawadi（卡瓦迪矿）	10	顶板
2000.3.22	俄罗斯	Komsomolets（共青团员矿）	12	瓦斯爆炸
2000.3.11	乌克兰	Barakova（巴拉克瓦矿）	82	瓦斯爆炸

1.2 煤矿热动力灾害概念及特性

1.2.1 问题的提出

随着科技的不断进步和安全法规与监管不断完善，国内外煤矿安全状况虽然有了明显的好转，但煤炭生产中的重特大事故至今还时有发生，这就表明对煤矿重特大事故的特性还认识不足，现有的防治理论与技术还不能完全遏制煤矿重特大事故的发生。

现有的煤矿灾害分类一般将瓦斯、火灾、煤尘灾害分列，通常将瓦斯、火灾、矿尘、水害和顶板称为煤矿五大灾害。在我国煤炭高校与科研机构中，煤矿安全研究领域被分为矿井瓦斯防治、矿井火灾防治（煤自燃与外因火灾）、矿尘防治（煤尘爆炸）等方向。瓦斯防治主要涉及瓦斯赋存、流动及各类抽采方法；矿井火灾主要涉及煤矿中煤炭、坑木、胶带等固相燃料[7]，重点是煤自燃[8]，较少涉及气相类物质的燃烧；矿尘灾害防治主要涉及减尘、降尘和除尘技术[9]。

我国煤矿事故统计的分类目前还基本按原煤炭工业部《煤炭工业企业职工伤亡事故报告和统计规定》(试行)(煤安字〔1995〕第 50 号）中划分的“顶板、瓦斯、机电、运输、放炮、火灾、水害和其他”共 8 类伤亡事故的分类方法。该分类方法简明、直观地反映出了煤矿灾害的特点，但不能反映出灾害源之间的内在联系，且也存在一些牵强的地方，如将煤尘爆炸、煤自燃气体中毒归为瓦斯灾害。这些分类的特点是直接将煤矿灾害的某一种可燃物类型独立分类，忽视了各对象之间的潜在关联，例如瓦斯与火灾都属于燃烧与爆炸灾害，都具有燃烧三要素的共同特性，将瓦斯与火灾并列的分类就易隔离二者之间的关系。

当前煤矿灾害的研究多限于单一分支领域，未能系统地构建起完整的知识体系。产生这种现象的原因与习惯的思维模式有关，即注重知识的分解，忽视知识的融合。习惯的思维模式是把一个大的东西分解为小的东西，再对小的东西进行细分，这种分解性思维的致命性缺点，就是把一件事物的整体特征以及各个部分之间的潜在关联都完全忽视了。对原本一体的内容，划分成若干分支后，就导致了知识的进一步分隔，融合思考就更渐行渐远。美国投资思想家查理·芒格（Charlie Munger）把那种只会用单一学科知识思考的人称为“铁锤人”，因为当你手里只有一把铁锤的时候，看什么东西都是钉子[10]，因此，也就失去了起码的基于事实的判断力。

煤矿重特大事故多为复合灾害，目前在防治中则主要针对单一灾害类型、单一产灾要素、单一减灾环节进行，存在的主要问题是其防治缺少综合性与系统性，例如近些年来吉林通化八宝煤业发生的特大瓦斯爆炸事故、美国UBB（Upper Big Branch）煤矿发生的瓦斯煤尘爆炸事故就是典型案例。

煤矿灾害种类多，且多种灾害并存，互为诱因，从现有的单一事故种类着手防范事故的发生，易出现“头痛医头、脚痛医脚”的问题，不能抓住灾害的本质，缺少系统的治理方法。不系统认识煤矿重大灾害发生的特性，就易犯片面性错误，有时就会带来严重的后果。从吉林通化八宝煤业和美国 UBB 煤矿的案例中可看出，针对单一灾害种类的防治技术不能满足复合灾害的防治需求，缺少综合的防治技术，煤矿重特大事故就难以避免。

为解决煤炭生产中的安全问题，首先要了解煤矿重特大事故的特点与规律。重特大事故的发生一般需要两个条件，一是灾害源致灾强度大，二是灾害源致灾范围广。煤矿中致灾的动力源主要可分为物理（力学）作用和化学作用两种类型，物理作用通常为冷态（常温态）动力源，化学作用则为热态动力源。冷态动力源主要指运动物体的力学作用，如煤矿中煤与瓦斯突出、突水、冒顶、运输事故等；热态动力源为可燃物的燃烧与爆炸，如瓦斯燃烧、瓦斯爆炸、煤尘爆炸、煤自燃、煤燃烧、外因火灾等。通常固态物质致灾范围小，流态物质致灾范围大。在冷态动力源中，煤与瓦斯突出、突水的致灾物主要是流体，如水、瓦斯气体在流量大的条件下可作用到井下较大的空间中，通过窒息作用可造成重特大事故；但冒顶、交通运输事故的致灾物质为固相物质，一般致灾范围较小，不易发生重特大事故。而井下燃烧与爆炸产生的热态动力源，高温和冲击波可直接破坏井下系统，同时燃烧与爆炸产生的有毒有害气体进入井下空间，会导致大范围的人员伤亡，从而产生重特大事故。故煤矿中发生的重特大事故可分为两大类：第一类是由热态动力源引发的燃烧与爆炸事故；第二类是由冷态动力源造成的水害和煤与瓦斯突出事故（表1.5）。顶板、运输事故发生量大，但因作用范围小，造成重特大事故较少，有时顶板事故也造成了重特大事故，通常是因为采空区有害气体侵入导致大量人员伤亡。

表1.5 煤矿井下主要灾害类型及特征

<table>
<tr><th>事故类型</th><th>动力源</th><th>特点</th><th>致灾物形态</th><th>致灾因子</th><th>致灾范围</th></tr>
<tr><td>火灾</td><td rowspan="2">化学</td><td rowspan="2">热态</td><td rowspan="2">流体</td><td>高温、烟气</td><td rowspan="2">大</td></tr>
<tr><td>爆炸</td><td>高温、烟气、冲击波</td></tr>
<tr><td>水害
突出</td><td rowspan="2">力学</td><td rowspan="2">冷态</td><td>流体</td><td>窒息</td><td>大</td></tr>
<tr><td>顶板
运输</td><td>固体</td><td>撞击</td><td>小</td></tr>
</table>

冷态动力源造成的重特大事故与地质作用有关，如煤与瓦斯突出涉及瓦斯地质，水害涉及水文地质，故弄清瓦斯地质、水文地质是防治该类重特大事故的关键。当前，人们对地质类灾害还不能掌握其规律，还面临着该类事故的威胁。

因煤矿开采的煤炭本身就是可燃物，煤中含有瓦斯，煤矿生产中支护、运输、采掘过程需用到各种可燃物材料，故每个矿井都面临热态动力源导致的火灾与爆炸灾害的威胁。作者统计的 49 起国外煤矿重特大事故中，热态动力源导致的火灾与爆炸事故高达 43 起，占事故总数的 87.8%，且随着事故等级的提升（由重大到特大），热态动力源导致的事故比例从 78.6%提高到 100%。类似地，通过对我国煤矿重特大事故（2000～2016 年重大事故以及 1949～2016 年特大事故）的统计分析发现，随着事故等级的不断提升（由重大到特大再到百人以上事故），热态动力源导致的火灾与爆炸事故比例不断升高，从 60.2%升高到 83.6%再到 91.7%。因此由煤矿热态动力源引发的事故占矿井重特大事故的主体。

煤矿中的可燃（爆）物燃烧与爆炸具有相同的热化学本质属性，由可燃物、氧气和点火源三要素组成，产生高温、有毒烟气、燃烧波或压力冲击波。燃烧与爆炸的主要区别在于可燃物的氧化反应速度不同，但具有相同的本质特性，为此，本书将煤矿中各类燃烧与爆炸灾害统一归为“煤矿热动力灾害”，重点研究煤与瓦斯（固、气相可燃物）复合产灾特性、供氧条件（氧浓度、风量、注惰）对热动力灾害的影响、井下的点火源特性、热动力产生的高温烟气和冲击波在井巷中的致灾特性、煤矿热动力灾变条件下的救援风险及决策处理方法。

1.2.2 煤矿热动力灾害定义及特性

1.2.2.1 煤矿热动力灾害定义

煤矿热动力灾害是指可燃物在煤矿井下发生的非控制燃烧与爆炸，通过热化学作用产生的高温、有毒烟气和冲击波造成人员伤害和环境破坏的灾害。这一概念是作者于 2009 年分析煤矿井下重大灾害特性时提出，并于次年申报了“煤矿井下热动力重大灾害致灾机理与防治基础”“973”计划项目。煤矿中的可燃物主要为煤、瓦斯和其他可燃物。煤炭根据其存在的状态和与空气的接触条件，在其氧化燃烧过程中又可分为三种形式：煤自燃（浮煤氧化，低于着火点）、煤燃烧（着火点以上）、煤尘爆炸（空气与煤尘混合，点火源温度 650℃以上），这些不同的燃烧形式在发生机理、影响因素和致灾特性等方面既有各自的特点，又具有共性。瓦斯是伴煤而生的气相类可燃物，按与空气混合燃烧的状态分为扩散燃烧、预混燃烧。瓦斯扩散燃烧为瓦斯与空气混合时发生的燃烧，受混合时间的限制，燃烧速度较慢且稳定；预混燃烧则是瓦斯与空气混合后发生的燃烧，燃烧速度快，能够形成爆炸。外因火灾为井下其他可燃物发生的各种类型的燃烧。煤矿热动力灾害包括煤自燃、煤燃烧、瓦斯燃烧、瓦斯爆炸、煤尘爆炸和外因火灾 6 种形式（图 1.12）。

煤矿热动力灾害具有复杂性和综合性，诱发因素多样、分布广泛，各种类型的灾害相互关联、相互诱发，具有致灾范围广和速度快的特点，特别容易导致重特大事故。煤矿热动力灾害学就是研究不同热动力灾害的本质属性、相互关联过程以及系统防治措施

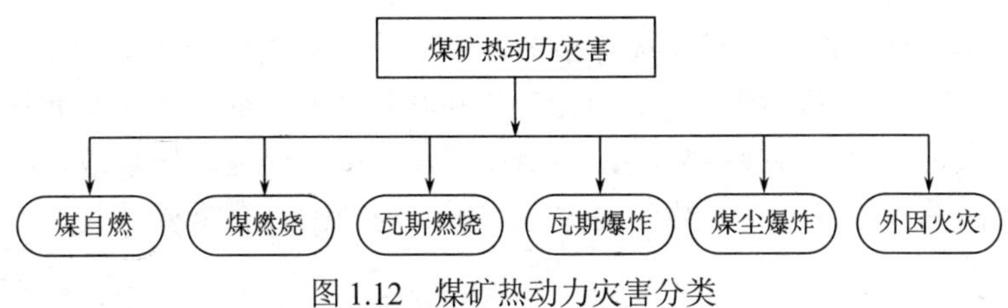

图 1.12　煤矿热动力灾害分类

的一门科学，以期实现在事故发生前遏制事故发生，在事故发生时防止灾情扩大，在事故发生后开展高效治理。

1.2.2.2　煤矿热动力灾害的特性

煤矿热动力灾害的特性主要表现为易发性、继发性和严重性。

1. 易发性

可燃物、氧气和点火源是燃烧爆炸灾害的三要素。煤矿中煤与瓦斯等可燃物的广泛分布、供氧条件的普遍存在，加之煤能自燃、瓦斯的低点火能量特性，使得煤矿热动力灾害三要素易得到满足，形成了其易发的特性。

煤为一种多孔固相介质，具有自燃与燃烧特性。煤自燃主要发生在非通风区域的采空区及其他漏风区域。发生自燃的是被采动作业破碎的浮煤，浮煤具有与氧气接触的较大表面积，其自燃的条件除了煤的自燃倾向性和供氧条件外，浮煤厚度（一般不低于 0.4 m）与持续时间也是煤自燃的必要条件。采空区及受应力作用的巷道周边存在浮煤和漏风，经历一段蓄热时间后浮煤就会发生自燃。由于浮煤自燃火源的隐蔽性和维持燃烧时间的持久性，易导致采空区内的瓦斯燃烧与爆炸，也可引燃其他可燃物。

与煤伴生的瓦斯主要以吸附方式赋存于煤的裂隙和孔隙中，一旦受采动影响，卸压作用导致瓦斯以游离方式进入采场中，当瓦斯与空气适量混合后就具有燃烧爆炸特性。含瓦斯的混合空气的最小点火能量很低，仅为 0.28 mJ。由于井下点火源众多以及瓦斯易被点燃的特性导致了井下瓦斯事故频发。

在井下宽 5m、高 4m 的巷道空间内，煤尘的平均堆积厚度只要超过 0.33 mm，扬起的煤尘浓度即可达到煤尘爆炸下限 50 g/m^3，一旦发生瓦斯爆炸或其他含有点火能力的动力（爆破、机械撞击等）使煤尘悬浮在空气中就会发生煤尘爆炸。煤尘爆炸具有更大的破坏力，会造成更多的人员伤亡。

2. 继发性

煤矿井下的主要可燃物是煤炭与瓦斯，二者相伴而生；除此之外，煤矿建设与开采中还使用大量的可燃物材料。不同可燃物的燃烧与爆炸构成了煤矿热动力灾害的多样性，各热动力灾害类型间相互关联、互相转化，常常造成继发性灾害，如图 1.13 所示。由于煤和瓦斯在煤矿井下的广泛分布性，各种类型的热动力灾害之间存在相互关联和继发致灾的显著特征，如煤自燃可引发瓦斯爆炸，瓦斯爆炸会诱发煤尘爆炸以及瓦斯燃烧可导致煤燃烧等。1949～2016 年我国共发生 11 起煤燃烧（含自燃）引发的特大瓦斯爆炸事故，55 起瓦斯爆炸诱发的特大煤尘爆炸事故；24 起百人以上的特大事故中，热动力灾害事故有 22 起，其中瓦斯煤尘爆炸事故 11 起；2000～2016 年间共发生 9 起煤燃烧（含自燃）引发的重大瓦斯爆炸事故，3 起瓦斯爆炸诱发的重大煤尘爆炸事故。准确认识煤矿热动力各灾害的关联继发性，对热动力灾害的预防与控制具有重要意义。

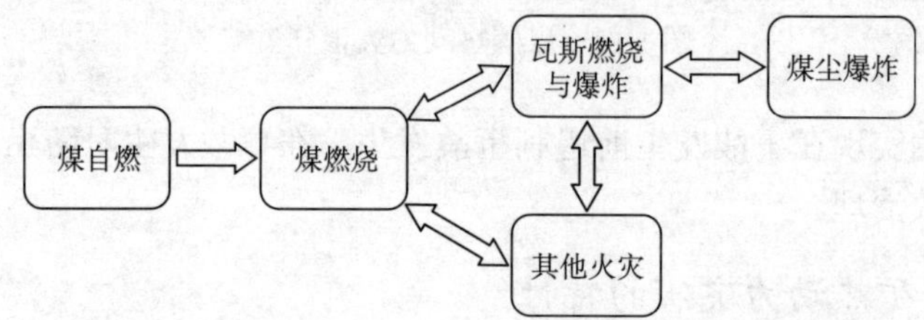

图 1.13　煤矿中各种热动力灾害类型的相互作用关系

3. 严重性

在国内外煤矿重特大事故中，热动力灾害事故在死亡人数、事故数量及造成的经济损失上一直高居各类灾害之首。这主要是因为热动力灾害在发生过程中，会产生高温、有毒烟气以及冲击波这三种危害极大的致灾因子。高温通过热辐射和传热传质对井下人员和生产运输设施造成热损伤，高温产生的火风压和节流效应还可导致风流紊乱，引发次生灾害；有毒烟气扩散范围广，烟气中的有毒有害组分对人体造成毒理损伤，烟气流动过程中的逆退现象能够造成井下通风系统的破坏；冲击波通过挤压、撞击和抛射对人造成严重伤害，还可直接破坏井下通风系统，造成大范围致灾。以上这些就构成了热动力灾害致灾的严重性。

在我国煤矿重特大事故中，煤矿热动力灾害事故一直高居各类灾害之首。在 2000～2016 年的重大事故中，热动力灾害事故所占比例达到 60.2%，在 1949～2016 年特大事故中热动力灾害事故占 83.6%，在百人以上特大事故中热动力灾害事故占 91.7%（图 1.14）。在统计的近年来发生的 49 起国外煤矿重特大事故中，煤矿热动力灾害为 43 起，占事故总数的 87.8%。因此，煤矿热动力灾害是煤矿重特大事故的主体，是煤矿安全生产的重点防范对象。

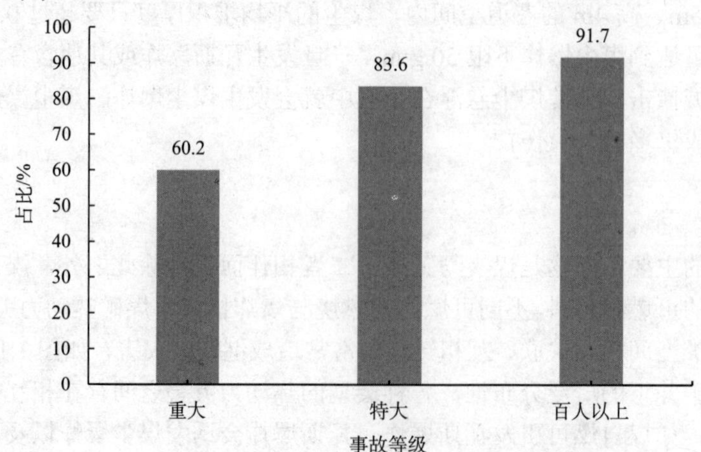

图 1.14　煤矿热动力灾害事故在我国不同事故等级中的比例

1.2.2.3　我国煤矿热动力灾害统计规律

煤矿热动力灾害是我国煤矿重特大事故的主体，为了掌握我国煤矿热动力灾害的一般规律，本书对我国 2000～2016 年发生的 488 起重大煤矿事故中的热动力灾害事故以及 1949～2016 年发生的 293 起特大煤矿事故中的热动力灾害事故按地域分布、井下发生地点、矿井瓦斯等级、点火源类型以及通风系统类型等进行了统计，结果如下所述。

1. 地域分布

从图 1.15 中可以看出，重特大热动力灾害事故在山西、贵州、黑龙江、湖南、河南等省份比较集中，反映出煤矿重特大事故与产能、煤层条件、瓦斯与水文地质条件和开采技术与管理水平密切相关。

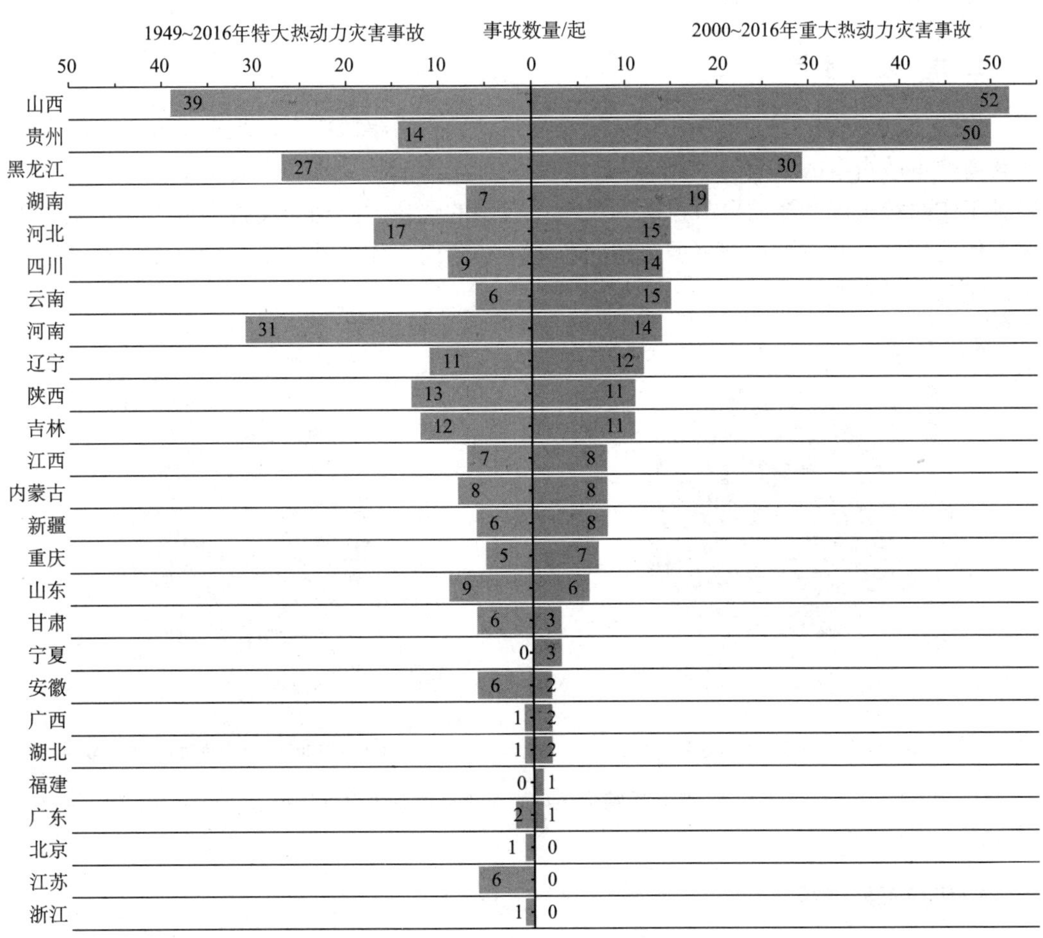

图 1.15　我国煤矿重特大热动力灾害事故省份分布

山西省煤炭产量高，瓦斯和煤自燃问题突出，且由于历史原因造成其地方煤矿数量众多，其规模小，分布散，生产设备与开采工艺落后，导致该省易发生重特大热动力灾害事故。贵州省煤矿地质条件复杂，煤层瓦斯含量高（埋深超过 500 m 的主采煤层瓦斯含量多大于 15 m^3/t），煤层透气性系数低，瓦斯抽采问题多、效果差。黑龙江省由于岩浆活动频繁剧烈，煤层煤化程度高，是一个以挤压作用为主的高瓦斯区。同时，黑龙江也是产煤大省，矿井数量多、条件复杂，高瓦斯、高突矿井数量多，生产布局分散、系统复杂、采掘地点多、战线长、井下人员多的问题突出，超层越界、私挖滥采、无序生产的情况时有发生，直接导致了煤矿重特大热动力灾害事故多发。湖南省煤矿地质构造复杂，煤炭赋存很不稳定，开采条件差，40%左右的矿井为高瓦斯突出矿井，而且生产技术设备落后。河南省大部分煤矿开采煤层煤体破碎情况严重，属“三软煤层”（软的顶板岩层、软的主采煤层、软的底板岩层），而技术装备存在适应性不强及可靠性差的问题，导致热动力灾害事故频发。

2. 井下发生地点

由图 1.16 可知，在 2000～2016 年重大热动力灾害事故中，发生在采掘工作面和采区巷道的事故占事故总数的 83%；在 1949～2016 年的特大热动力灾害事故中，发生在采掘工作面和采区巷道的事故占比为 75%。我国的重特大热动力灾害事故主要发生在采掘工作面和采区巷道，这与采掘工作面和采区巷道内工作条件复杂、机电设备众多以及人员流动频繁有关。

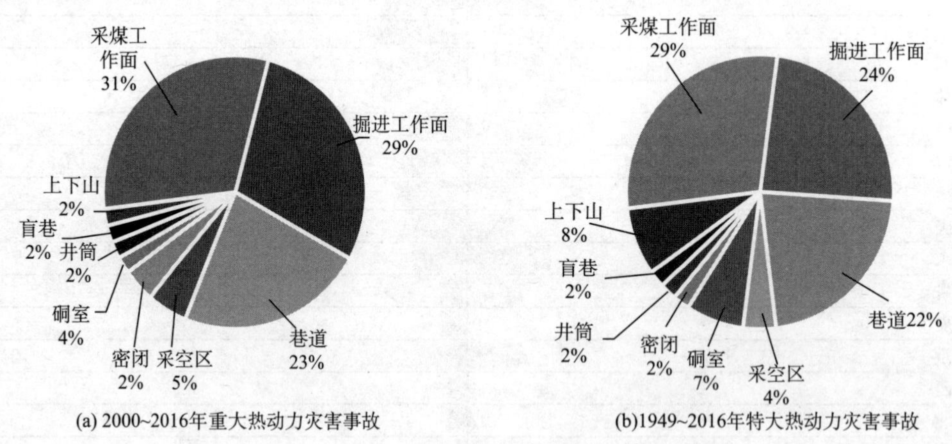

图 1.16　煤矿重特大热动力灾害事故发生地点分布

3. 矿井瓦斯等级

图 1.17 为不同瓦斯等级矿井重特大瓦斯（煤尘）爆炸事故占比，从图中可以看出，2000～2016 年间发生的重大瓦斯（煤尘）爆炸事故中，低瓦斯矿井占比超过一半，高达 54%；高瓦斯矿井占比为 35%；仅有 11%的重大瓦斯（煤尘）爆炸事故发生在突出矿井。与之类似，1949～2016 年间发生的特大瓦斯（煤尘）爆炸事故中，有 43%发生在低瓦斯

矿井，47%发生在高瓦斯矿井，10%发生在突出矿井。在1949～2016年发生的17起死亡百人以上瓦斯（煤尘）爆炸事故中，有4起发生在低瓦斯矿井，占事故总数的23%；12起发生在高瓦斯矿井，占71%；1起发生在突出矿井，占6%。由此可以发现，低瓦斯矿井发生瓦斯（煤尘）爆炸事故的概率与高突瓦斯矿井大体相当；随着事故等级的提升（2000～2016年重大，1949～2016年特大，1949～2016年死亡百人以上），高瓦斯矿井比例不断增加（35%→47%→71%）；高突瓦斯矿井发生瓦斯（煤尘）爆炸事故的严重程度更高，致灾能力更强。

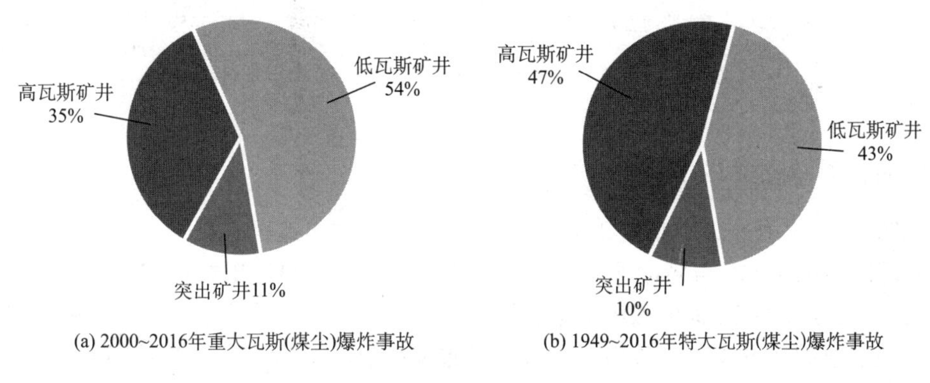

(a) 2000~2016年重大瓦斯(煤尘)爆炸事故　(b) 1949~2016年特大瓦斯(煤尘)爆炸事故

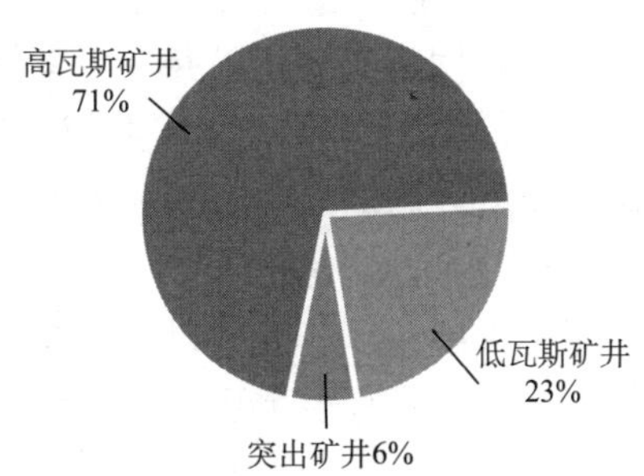

(c) 1949~2016年死亡百人以上瓦斯(煤尘)爆炸事故

图1.17　不同瓦斯等级矿井重特大瓦斯（煤尘）爆炸事故占比

4. 点火源类型

我国煤矿重特大热动力灾害事故点火源分类比例如图1.18所示，从图中数据横向对比可知，在2000～2016年发生的重大热动力灾害事故和1949～2016年发生的特大热动力灾害事故中，由放电点火和爆破点火诱发的煤矿热动力灾害事故在事故总数中都占有绝对高的比例，分别达到了68%和74%，其次为自热点火、摩擦撞击以及违规明火。此外，随着事故等级的提升，放电点火和爆破点火所占比例均随之增大，占比分别由44%和24%增大到49%和25%。

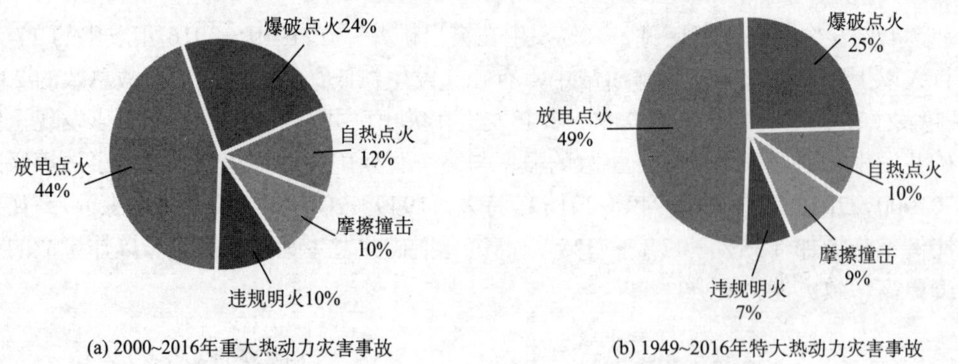

图 1.18　煤矿重特大热动力灾害事故点火源分类比例

5. 通风系统类型

如图 1.19 所示，在 2000～2016 年发生的重大热动力灾害事故中，采用中央并列式通风系统的事故矿井占 44%，采用中央边界式通风系统的事故矿井占 17%，无独立通风系统的占 16%。而在 2000～2016 年发生的特大热动力灾害事故中，采用中央并列式通风系统的事故矿井占 39%，采用中央边界式通风系统、两翼对角式通风系统以及分区对角式通风系统的事故矿井均占 8%，无独立通风系统的事故矿井占 25%，混合式通风系统的矿井占 12%。由此可以看出，不同通风系统矿井发生重特大热动力灾害事故的频率明显不同，特大热动力灾害事故中，中央式通风系统事故矿井占比达 47%，而在重大热动力灾害事故中，中央式通风系统所占比例高达 61%。由此可见，重特大热动力灾害事故更容易发生在中央式通风系统矿井中，这是由于中央式通风系统中风流在井下的路线为折返式，具有风流路线长、阻力大的特点。煤矿重特大热动力灾害事故的发生与通风系统有关，通风系统的安全可靠性在一定程度上决定了矿井的安全生产水平。

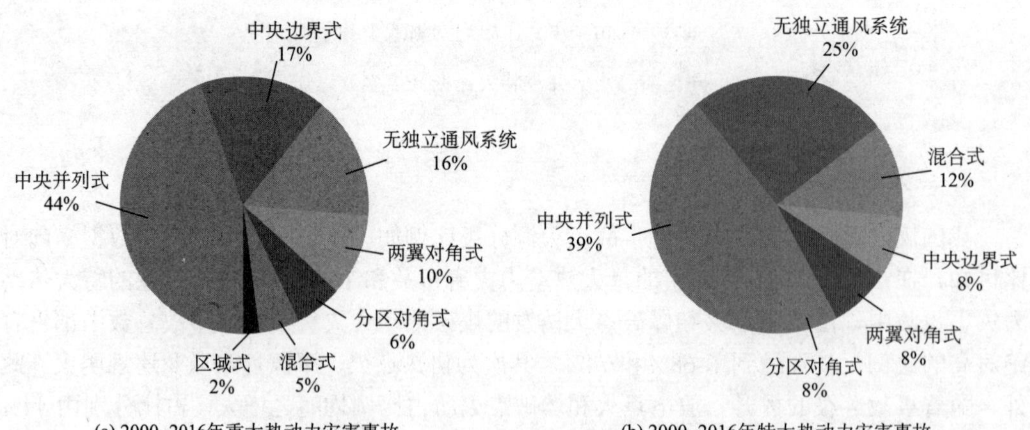

图 1.19　重特大热动力灾害事故矿井通风系统比例

1.3　国内外研究现状

1.3.1　煤与瓦斯复合可燃物的特性

目前，对热动力灾害的可燃物特性的研究往往是从单一可燃物着手，对煤自燃（燃烧）、瓦斯燃烧与爆炸、煤尘爆炸已有深入的研究，但很少涉及不同可燃物相互作用及转化特性的研究。近年来，煤与瓦斯相互作用的产灾特性开始引起关注，研究主要集中在煤自燃引发瓦斯爆炸和封闭火区的瓦斯爆炸危险性两个方面。

在煤自燃与瓦斯爆炸的关系方面，现有的研究针对采空区煤易发生自燃区域和瓦斯分布特点，分析了采空区煤自燃引发瓦斯爆炸区域，研究了煤自燃导致的温度升高与产生的 CO 等可燃性气体对采空区瓦斯浓度变化及爆炸界限的影响，也研究了瓦斯抽采、瓦斯浓度等对煤自燃的影响[11-20]。

在对封闭火区内的煤燃烧与瓦斯爆炸相互作用方面，研究了火区封闭对气体运移的影响、不同封闭顺序下火区气体的分布规律、封闭火区注惰对瓦斯爆炸的影响、火区封闭后气体浓度和温度的变化规律等[21-31]。

现有的煤与瓦斯复合产灾特性研究中存在以下问题：

（1）对高瓦斯、不易自燃煤层的着火特性认识不足。通常认为，只有高瓦斯、自燃或易自燃煤层才会发生复合灾害。这种观点认为煤自燃先引发煤着火，然后煤着火又导致瓦斯灾害，而忽略了瓦斯燃烧或其他可燃物的燃烧先导致煤着火，然后又引发瓦斯灾害的情况。实际上，我国许多不易自燃煤层的开采，或自燃煤层但最短发火期较长的矿井，经常面临瓦斯与煤着火的复合灾害问题。如宁夏白芨沟煤矿、汝箕沟煤矿的煤被鉴定为不易自燃，但在实际生产过程中，这两个矿煤着火的情况都很严重。2003 年 10 月 24 日，宁夏白芨沟煤矿 2421–1 综放工作面采空区发生煤着火和瓦斯爆炸，造成全矿井封闭。2005 年 5 月 12 日、2011 年 6 月 4 日，汝箕沟煤矿开采作业时发现明火，两次均造成全矿井封闭。山西阳泉煤业集团开采的煤为不易自燃的无烟煤，但在 2007 年 9 月至 2008 年 9 月的一年时间内，因煤着火，封闭了 4 个采煤工作面。这些矿井工作面着火的主要原因是由于煤层的瓦斯含量高，放顶煤工艺中实施爆破落煤，或采掘机械摩擦、打钻作业，或邻近小煤窑老火区造成瓦斯燃烧，然后引发煤着火。煤一旦着火，持续时间长，难以熄灭，又成为引发瓦斯燃烧与爆炸的点火源。因煤中瓦斯含量高、涌出量大，在控风灭火过程中易造成瓦斯爆炸。白芨沟煤矿在实施全矿井封闭后，就连续出现了上百次的瓦斯爆炸。实际上，不易自燃的煤层因煤变质程度高而瓦斯含量大，由于瓦斯（含瓦斯与空气的混合气体）的点火能量很低，更易引发煤着火，因而高瓦斯矿井面临更严重的瓦斯与煤着火的复合灾害。

（2）对易自燃、低瓦斯矿井的致灾特性认识不足。通常认为高瓦斯矿井由于瓦斯含量和涌出量大，发生瓦斯灾害事故的概率就应更高，因此，低瓦斯矿井应比高瓦斯矿井更安全。事实却不是这样，据对我国 2000～2016 年发生的重大瓦斯（煤尘）爆炸事故的统计，低瓦斯矿井占比超过一半，高达 54%；高瓦斯矿井占比为 35%；仅有 11%的重大瓦斯（煤尘）爆炸事故发生在突出矿井。与之类似，1949～2016 年发生的特大瓦斯（煤尘）爆炸事故中，有 43%发生在低瓦斯矿井，47%发生在高瓦斯矿井，10%发生在突出矿井（图 1.17）。由此可以发现，低瓦斯矿井发生瓦斯（煤尘）爆炸事故的概率与高瓦斯矿井大体相当。

1.3.2　供氧条件对热动力灾害的影响

煤是矿井中主要的固相可燃物，容易发生自燃。很多研究者已经对不同供氧条件（氧浓度以及供风速率）下煤的低温氧化反应特性（耗氧、产热与产气）与自热危险性进行了测试与分析[32-34]，研究表明：在相同温度下，氧浓度越高，煤的耗氧速率越大；煤样的耗氧速度在 50℃之前缓慢，之后迅速增大；煤样的着火点随着氧浓度的增加逐渐降低；煤低温氧化气体产物的生成随着氧浓度的降低总体呈现滞后效应，表现为氧气浓度越低，相同温度时氧化产物的生成量越少。目前还缺少氧气浓度对煤自燃的影响、注惰预防煤自燃有效性方面的研究。

在煤的阴燃特性研究方面，国内外很多学者已经研究了泥炭、聚氨酯泡沫、木屑等可燃物阴燃的传播蔓延特性及其控制反应机理[35]，得出了阴燃反应温度及传播速率随风量的增大先升高后降低、阴燃传播速度与氧含量的定量关系，但对煤在不同供氧条件下阴燃过程中的特征温度、参数的演变规律以及氧浓度在煤阴燃过程中的动力学特性缺少研究。

关于煤燃烧熄灭的临界氧浓度，国外文献认为废弃矿井中存在的少量浮煤可以在氧浓度低于 2%的气氛中持续阴燃[36]；密闭后，氧气浓度大于 5%的气氛能维持隐蔽火源并可能发展火势[37]；煤火能在低于 3%的氧浓度气氛下持续阴燃[38-40]；氧浓度低于 10%，所有有焰燃烧均会消失，而阴燃在氧浓度低于 2%时才会熄灭[41]。但是，这些结论还缺乏理论与实验支撑。

上述问题导致不能准确认识注惰防灭火的有效性。实际上，煤矿井下注惰的目标区域分为两类：工作面正在作业的采空区和已密闭的区域。由于正在作业的工作面需要通风，与工作面相连的采空区属于半开放式的区域，并不能形成封闭状态。因受漏风的影响，此时对该类区域注惰性介质防火，其稀释氧气浓度的作用有限。以灭火为目的向已封闭的区域注惰性介质时，尽管此举会有效降低封闭区内的氧气浓度，但由于封闭区中的实际漏风通道多，加之惰性介质中也会含有一定量的氧气，故其防灭火性能十分有限。为了提高惰性介质的降温能力，近些年注液氮或液态二氧化碳技术在我国得到了较广泛的应用。实际上，向煤矿井下灌注惰性液体时，为防止冻管或出口区域结冰造成爆管事故，需要先对其汽化，其终端输出状态仍为气态。

瓦斯是矿井中主要的气相可燃物，容易发生燃烧与爆炸。爆炸极限是评价瓦斯爆炸危险性的重要参数之一，在煤矿防爆技术中应用广泛。西方国家较早地对可燃性气体爆炸极限进行了研究。1956 年美国学者 Coward 及 Jones 最早介绍了测定可燃性气体爆炸极限的一种装置，该装置后来成为测定可燃性气体爆炸极限的标准装置[42]。Zlochower 等[24, 43-49]学者通过向空气中定量添加甲烷，测试了甲烷-空气预混气体的爆炸极限以及初始温度和压力、惰性介质等因素对爆炸极限的影响。因此国内外学者对瓦斯爆炸极限的影响因素研究较多，但关于氧浓度对瓦斯爆炸基元反应的影响尚不清楚，对于注惰抑制瓦斯爆炸的机理缺少研究。

现有研究中对瓦斯综合治理体系的重要性认识不足。在实际生产过程中，受地质构造、采掘接替等客观条件的限制，瓦斯抽采效果难以保证。一些矿井，如山西西山屯兰煤矿、陕西铜川陈家山煤矿、吉林通化八宝煤矿都配有完善且先进的瓦斯抽采设备，已实现抽采达标，但是由于通风设计与管理问题导致了瓦斯的异常积聚，均发生了特大瓦斯爆炸事故。瓦斯治理必须建立和全面落实“通风可靠、抽采达标、监控有效、管理到位”的体系和要求，不只限于单一措施，才能杜绝瓦斯事故。

1.3.3 煤矿井下的点火源特性

点火源是激发可燃物发生燃烧或爆炸的动力因素，是煤矿热动力灾害发生的必要条件。1948 年，美国学者路易斯（Lewis）和埃尔贝（Elbe）在其经典著作 *Combustion, Flames and Explosions of Gases*[50]一书中，将瓦斯爆炸的点火源分为电点火源（如电气火花、静电火花等）以及热点火源（如炽热粒子、高温表面、明火等），为井下点火源的归类提供了最初的依据。在此基础上，近年来，国内外学者对燃烧爆炸灾害的点火源进行了更详细的划分和归类。2003 年，挪威学者 Eckhoff [51]将点火源分为热表面、炽热粒子、电火花、摩擦火花、绝热压缩、高频电磁波以及光辐射，除电点火源和热点火源外，将机械点火源、化学点火源也归纳在内。

煤矿井下工作环境复杂，几乎涵盖上述所有种类的点火源，然而现有点火源研究分散于电气、机械、爆破、燃烧等各个工程领域，专门针对煤矿实际环境下的点火源尚未形成体系化的研究，缺乏对煤矿井下点火源的来源、类型、形成过程、点火特性、管控技术的全面性、系统性的总结归纳。具体而言，在电气点火方面，井下大量使用电气设备，在瓦斯、尘、水、热共存的恶劣环境中，庞大电气设备的管理与维护困难，易出现电气放电现象。德国学者 Heinrich Groh[52]、苏联学者 B. C. 柯拉夫钦克等[53, 54]研究了气体放电点燃预混瓦斯的最小点火能量、点火感应期、淬熄距离等关键参数，但电气放电点火源的形成过程尚未有效探明。在爆破点火方面，井下爆破所使用的炸药、雷管、起爆装置、连接线及爆破工人的违规操作等诸多因素都可能以爆破火焰、炽热颗粒、电火花的形式产生点火源。国内一些研究者[55, 56]对井下爆破过程中出现的异常现象及相应的安全技术进行了分析，但还缺乏系统的总结。在摩擦点火方面，即使排除所有因管理失效而产生的违规点火源，但开采过程中难免出现的金属与金属、岩石与金属、岩石与岩石间的摩擦、碰撞亦会形成炽热火花。一些矿井采空区内发生的瓦斯燃烧与爆炸，其点火源不仅是煤自燃，还有可能是坚硬顶板（含有石英的砂岩）在矿井开采周期来压时的顶板破裂摩擦，特别是一些采空区内因煤柱破裂漏风、瓦斯抽采参数不合理或瓦斯抽采钻孔或探排水钻孔的封孔失效导致的漏风等。2010 年美国 UBB 煤矿发生的死亡 29 人的瓦斯煤尘爆炸事故，是采煤机的截齿与煤层顶板石英砂岩摩擦火花所导致的瓦斯燃烧，继而转化为瓦斯爆炸，最后又诱发煤尘爆炸[57]。国内外一些研究人员[58-61]对摩擦点火源引发瓦斯爆炸的特性进行了初步研究，认为单纯的岩石正面撞击接触点或飞溅物的温度较低，较难引起瓦斯爆炸，只有当岩石以一定角度撞击后相互摩擦产生的火花具有引爆瓦斯的可能性，但发生概率不大。这些研究仅是应用热点火理论的最低点燃温度作为点火条件对金属、岩石摩擦点火的温度及相关影响因素进行了分析，但岩石垮落撞击、机械摩擦等引发瓦斯爆炸的作用机理及致灾特性尚不明确，缺少应用电点火理论的最小点火能量对引燃瓦斯混合气体的点火源条件进行分析，更缺少相应的防治技术。

1.3.4 煤矿热动力的致灾特性

煤矿热动力灾害包括燃烧与爆炸，两者在本质上都是氧化还原反应，所产生的高温、有毒烟气和冲击波是此类灾害的主要致灾因子，破坏井巷设施和通风系统，导致人员伤亡。烟气的窒息、毒害作用是矿井热动力灾害中大量人员伤亡的主要原因，通风系统的抗灾能力是防止热动力灾害大范围致灾的关键。针对巷道网络空间中的烟气运移规律，现有研究主要集中在造成通风系统紊乱为主的矿井火灾高温烟气的热动力及其形成机理上[62-73]。在矿井通风系统的可靠性研究方面，20 世纪 70 年代起，苏联和我国学者通过建立指标体系，运用如模糊综合评价等方法对通风系统的功能性、经济性等进行评估[74-76]，但对火灾时期通风系统的抗灾能力研究还较少。

燃烧波高温和冲击波高压是煤矿重特大热动力爆炸事故造成人员伤亡、财产损失的主要因素。瓦斯爆炸燃烧波和冲击波传播规律的影响因素众多，具体包括预混瓦斯的体积、成分及其组分浓度，所在空间的几何尺寸、构型及障碍分布，点火源的类型、形状、能量、温度、持续时间，环境温度和压力等，尤其是爆炸空间的几何尺寸和结构特征对燃烧波和冲击波传播规律影响极大。中国、美国、俄罗斯、波兰等国的学者在各类实验管道中对瓦斯爆炸燃烧波、冲击波的传播规律进行了研究，对受限管网空间中甲烷-空气混合气体火焰加速机理、小尺寸近场火焰和冲击波传播规律有了较为全面深入的阐释，对不同条件空间的瓦斯爆炸行为取得了一定的认识[77-82]，但对矿井巷道中瓦斯爆炸的形成过程、大型复杂巷道网络中瓦斯爆炸火焰的传播规律、冲击波的叠加效应和压力峰值及其远场衰减特性、受影响区域的温度场、气体场和速度场的分布特征还缺少研究，还未能揭示巷道中瓦斯爆炸的形成机理和冲击波在实际矿井中的传播规律。

1.3.5 灾变时期的自救互救、救援与应急处理

煤矿热动力灾变环境复杂、致灾严重、发展动态，灾情信息难以准确获取，遇险人员的自救互救、外部救援和灾变的处理都极具困难性。在遇险人员的自救互救方面，目前的研究主要涉及最佳避难路径优化[83-90]和安全避险装备（如避难硐室）的研发[91-94]。美国卫生与公共服务部 2000 年发布的一篇矿井火灾逃生研究报告[95]关注了矿井火灾中人的逃生行为。2014 年，美国学者从心理学角度研究了矿井火灾中人员的心理和行为特征[96]，但对矿井灾变过程中提升人员自救互救效能的方法缺乏提炼和归纳。在应急救援方面，世界主要采煤国家都初步认识到了热动力灾害应急救援特性，构建了矿山应急救援体系[97, 98]，但对救援过程中风险的认知和决策特征还缺乏研究。

在热动力灾害处理技术方面，由于其突发性强且影响范围广，灾害发生后，防止灾害扩大并及时消除灾害源是救援工作的关键。与爆炸事故瞬间致灾相比，火灾事故动态发展时间长，隐蔽阴燃火源的存在是引发次生灾害的重大隐患。因此，迅速控制、扑灭

火源是热动力灾害处理的首要任务。在灭火降温技术方面，早在 20 世纪 50 年代，波兰、德国、苏联等国的煤矿以注水注浆、注惰气（N_2、CO_2）等方法消除井下火源，并在实际应用中形成了一整套灭火工艺和技术；此外，捷克共和国首次使用了液惰防灭火技术，其后，该技术在英国、德国、法国、南非及我国也得到了应用[99,100]。但是，惰性介质防灭火技术虽被广泛应用，但由于煤阴燃熄灭的临界氧浓度极低，该技术并不能有效地消除火源。进入 21 世纪后，三相泡沫、稠化砂浆、凝胶、液态惰性气体等防灭火技术得到广泛应用，但目前还缺乏对该类技术客观的适用性和有效性分析。此外，在防灭火介质快速输送和高效灭火降温及防复燃灭火技术方面，以及火区封闭的危险性判定、安全快速封闭技术方面缺少研究。

1.4　本书主要内容及特色

煤矿中重特大事故主要是煤与瓦斯燃烧与爆炸的复合灾害，但目前在防治中却按瓦斯、火灾、矿尘等单一灾害类型进行，如矿井瓦斯防治、矿井火灾防治、矿尘防治等。现有的瓦斯灾害防治更多关注瓦斯抽采技术，主要介绍瓦斯赋存、流动及各类抽采方法，也重点关注瓦斯突出灾害防治的内容，但对瓦斯燃烧与爆炸的内容涉及较少，基本不涉及煤与瓦斯的复合燃烧、点火源特性、供氧条件和应急救援与处理方法等。现有的矿井火灾防治主要涉及煤矿中煤炭、坑木、胶带等固相可燃物燃烧形成的火灾，重点研究煤自燃，基本不涉及气相可燃物——瓦斯的燃烧与爆炸灾害，也缺少对点火源、供氧条件的专门介绍。现有的矿尘灾害防治主要涉及减尘、降尘和除尘技术。矿井通风与安全的综合类书籍仍只是独立介绍通风、防瓦斯、防火、防尘及矿山救护等内容，亦未体现煤矿热动力灾害的相互关联和转化特征。

本书是一部针对煤矿井下煤与瓦斯这两种相伴而生、相别（固、气相）不同可燃物的燃烧与爆炸灾害产生机理及防治的专著。通过对国内外重特大事故的调研、开展实验室实验和理论分析，针对煤矿热动力灾害研究和防治中存在的不足，研究煤矿中主要可燃物及其复合作用的产灾机理、井下点火源类型及特性、供氧条件对热动力灾害的影响、热动力在井巷网络中的致灾特性、灾变时期救援与处理的关键技术等，构建“煤矿热动力灾害学”体系，揭示煤矿热动力灾害的基本特性与规律。

1.4.1　主要内容

《煤矿热动力灾害学》是系统研究煤矿燃烧与爆炸灾害的一部著作。本书共 7 章。第 1 章为绪论；第 2～4 章分别介绍煤矿热动力灾害的燃烧（爆炸）三要素，即煤矿中的可燃物、供氧条件和点火源；第 5 章介绍热动力灾害的致灾三因子，即高温、烟气和冲击波的致灾特性；第 6 章介绍热动力灾害时期的自救互救、应急救援和处理方法与技术；第 7 章介绍国内外煤矿热动力灾害事故的典型案例。各章主要内容介绍如下。

第 1 章首先介绍本书的研究背景，包括煤炭在国民经济发展中的重要性、煤炭生产中的安全问题，分析国内外煤矿安全现状；然后指出煤矿重特大事故防治中存在的问题，提出煤矿热动力灾害概念，总结煤矿热动力灾害的特性；最后，阐述了“煤矿热动力灾害学”内容体系，并介绍本书的主要内容和特色。

第 2 章介绍煤矿中的主要可燃物，由于煤与瓦斯相伴共生，重点阐述煤和瓦斯的来源组成、赋存分布及燃烧爆炸特性；然后介绍煤与瓦斯的复合致灾特征，如煤自燃引发瓦斯燃烧爆炸、瓦斯燃烧爆炸导致煤燃烧、瓦斯爆炸诱发煤尘爆炸等多种形式；最后从减少可燃物、惰（阻）化可燃物和隔绝可燃物的角度，介绍预防煤矿中可燃物燃烧与爆炸的方法和技术。

第 3 章介绍供风量和氧气浓度对煤自燃过程的影响、煤矿井下易自燃区域和采空区氧气浓度分布特点及规律、氧浓度对煤阴燃特性的影响，重点阐述阴燃煤堆熄灭的临界氧浓度；分析氧气浓度对瓦斯燃烧与爆炸反应的影响，阐述注惰抑制瓦斯爆炸的机理；最后介绍供风条件对外因火灾的影响，总结热动力灾变时期的风流控制技术及适用情况。

第 4 章介绍点火现象的最小点火能量、最低点燃温度以及点火感应期等基础理论，结合煤矿重特大热动力灾害事故案例，将煤矿热动力灾害的点火源划分为五种，即放电点火、爆破点火、摩擦撞击点火、自热点火、违规明火，其中放电点火以电气放电为主，是诱发井下热动力灾害最重要的点火源；分别阐述各点火源的点火源类型、点火机理和特征；根据煤矿井下生产实际，提出针对各类点火源的管控对策。

第 5 章介绍煤矿井下热动力灾害产生的高温、烟气及冲击波的致灾特性。首先分析了高温对井下人员及设施的损伤形式和阈值；从减光性和致毒特性两方面阐述了有毒烟气对人的生理损伤特征及对人员自救互救的影响，分析有毒烟气在井巷中的分布与蔓延特性；重点阐述矿井巷道中气相可燃物爆炸的形成机理，介绍冲击波的压力构成；分析井巷网络中爆炸冲击波压力的演化规律，介绍冲击波超压和动压对井下设施和人员的破坏和伤害特征。

第 6 章介绍热动力灾害时期的自救互救、应急救援和处理的方法技术。在人员自救互救方面，深入研究人员自救互救中灾变环境和灾情、矿井安全避险系统和人员的自救互救能力的组成及对人员自救互救的影响机制，并提出提高人员自救互救效能的具体方法。在应急救援方面，分析热动力灾害过程中的不确定性风险，提出了以经验为主的处理不确定性风险的决策方法，总结侦察救援的行动指南和处理方法，分析了常见灭火技术的灭火降温与抑爆特性。

第 7 章介绍宁夏白芨沟煤矿火灾与爆炸事故、吉林八宝煤业公司特大瓦斯爆炸事故、美国 UBB 煤矿瓦斯煤尘爆炸事故的发生经过、救援和处理过程，分析这些事故产生的原因并总结经验教训。

1.4.2 本书特色与创新点

1.4.2.1 构建了“煤矿热动力灾害学”体系

（1）本书提出了煤矿热动力灾害的概念。为防范和遏制煤矿重特大事故，总结了国内外煤矿重特大事故规律，发现燃烧与爆炸在煤矿重特大事故中所占比例最高且致灾最为严重。其中，大多为煤与瓦斯的复合灾害，但在目前防治体系中却按瓦斯、火灾、矿尘等单一类型灾害处理，造成“头痛医头、脚痛医脚”的问题，使防治缺乏综合性与系统性。煤矿中的煤自燃、煤燃烧、瓦斯燃烧、瓦斯爆炸、煤尘爆炸和外因火灾均为可燃物与氧气在受限空间中发生的具有动力现象的氧化还原反应，因此将其归纳为“煤矿热动力灾害”，系统反映了不同可燃物、不同类别灾害在化学反应机理本质上的同一性。

（2）本书总结了煤矿热动力灾害的特性。煤矿热动力灾害具有易发性、继发性和严重性。煤矿中煤与瓦斯等可燃物广泛分布、供氧条件普遍存在，加之煤可自燃、瓦斯的点火能量低，使得燃烧三要素易被满足，构成产灾的易发性；煤与瓦斯相伴而生、共存一体，二者的燃烧与爆炸及其相互转化形成煤燃烧—瓦斯燃烧爆炸—煤尘爆炸的灾害链，表现出灾变演化的继发性；燃烧与爆炸产生的高温、有毒烟气、冲击波致灾能力强且作用范围广，易致群死群伤形成重特大事故，体现了致灾的严重性。

（3）本书构建了“煤矿热动力灾害学”内容体系。煤矿热动力灾害包括煤自燃、煤燃烧、瓦斯燃烧、瓦斯爆炸、煤尘爆炸、外因火灾六种类型。煤矿热动力灾害的内容组成如图1.20所示。矿井中的可燃物为煤炭、瓦斯和其他可燃物，供氧条件指通风区域和非通风区域中的空气量和氧气浓度，点火源包括放电点火、爆破点火、摩擦撞击点火、自热点火、违规明火，这些是煤矿热动力灾害组成的三要素。高温、有毒烟气和冲击波为煤矿热动力灾害致灾的三种因子。煤矿热动力灾害时期依靠自救互救与外部救援减少事故伤亡，依靠注水注浆、注泡沫类灭火介质、注惰性介质和封闭火区等技术处理灾害。

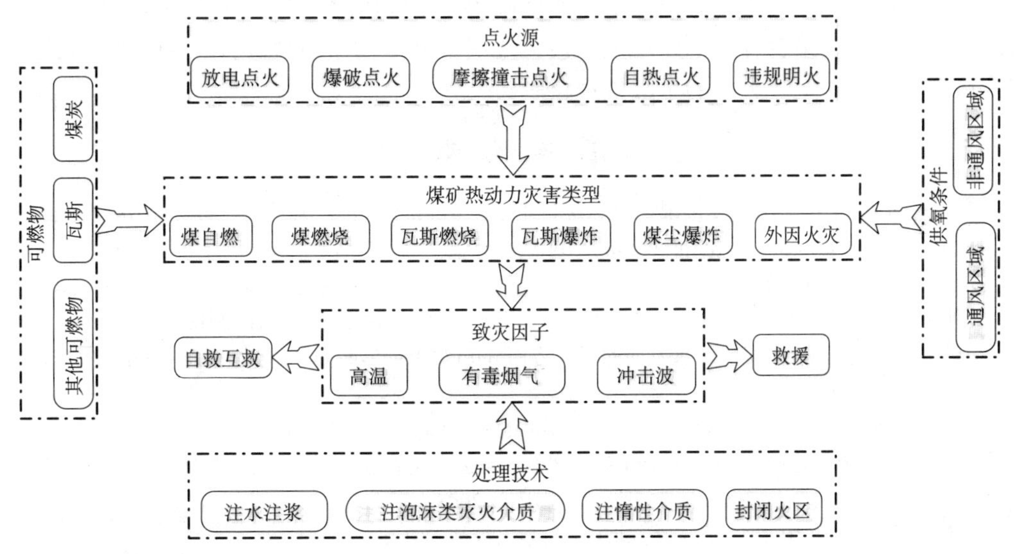

图1.20　煤矿热动力灾害学的组成

1.4.2.2　揭示了煤矿热动力灾害的基本特性与规律

（1）煤与瓦斯的复合产灾特性。煤与瓦斯在煤矿井下相伴共生，固-气相可燃物的复合产灾特性常导致煤矿热动力重特大事故。浮煤可自燃，也易被瓦斯燃烧引燃，更可在低氧浓度下持续阴燃，常成为引发二次瓦斯燃烧与爆炸的点火源；气相的瓦斯扩散流动性强，与空气混合后的最小点火能量仅为0.28mJ，且瓦斯燃烧与爆炸发生突然、没有预兆，其高温火焰可点燃包括不易自燃煤在内的各种可燃物。此外，瓦斯爆炸还可诱发煤尘爆炸。

（2）供氧条件对煤矿热动力灾害的影响。供风量与氧气浓度对热动力灾害影响明显。煤的氧化反应性能在氧浓度低于 3%时出现跃迁式下降，煤阴燃熄灭的临界氧浓度低至1%～3%，这决定了控风与注惰性气体难以消除阴燃火源；对于含瓦斯的非通风或封闭区域，减少漏风或注惰性气体可抑制瓦斯燃烧爆炸事故；外因火灾中，控风可有效抑制火势。

（3）煤矿井下点火源的类型及特性。井下点火源主要为放电点火、爆破点火、摩擦撞击点火、自热点火和违规明火。过去对顶板垮落和金属与岩石间的摩擦点火机理认识不足。本书通过调研大量实际案例，基于最小点火能量的点火条件，提出顶板初次来压或周期来压使岩石中含有的石英晶体产生压电效应，在其受压界面上出现正负相反的电荷并形成电场，引起局部放电产生火花，因此煤矿采空区顶板的冒落也是引发瓦斯燃烧与爆炸的点火源。

（4）煤矿热动力灾害救援与处理的风险及特征。煤矿井下环境与灾变的复杂性常导致事故救援与处理面临不确定性风险，在坚守决不以牺牲人的生命为代价的红线意识和应对最坏情况的底线思维的原则下，要充分依靠和依赖救灾专业人员根据经验与灾情做出决策或采取措施。由于救灾决策及实施面临不确定性风险，不能以结果或事后才知的信息评价事前的决策及行为，即避免“后见之明偏见”（事后诸葛亮），要鼓励形成让专业人员勇于负责和宽容失败的事故处理机制与文化。

参 考 文 献

[1] 王显政. 王显政在 2017 年度全国煤炭交易会开幕式上的讲话. http: //www. coalchina. org. cn/detail/16/12/02/00000001/content. html[2018-06-20].
[2] BP. BP Statistical Review of World Energy. 66th ed. London: BP Statistical, 2017.
[3] 刘朝全, 姜学峰. 2017 年国内外油气行业发展报告. 北京: 石油工业出版社, 2018.
[4] 中国矿业报. 我国煤炭工业未来发展的六大方向. http://www. coal china. org. cn/mjh/info_tx. jsp?id=195504 [2018-11-20].
[5] BP. BP Statistical Review of World Energy. 67th ed. London: BP Statistical, 2018.
[6] 李瑞峰, 任仰辉, 聂立功, 等. 关于煤炭生产效率与去产能的思考. 煤炭工程, 2017, 49(3): 1-3.
[7] 王德明. 矿井火灾学. 徐州: 中国矿业大学出版社, 2008.
[8] 王德明. 煤氧化动力学理论及应用. 北京: 科学出版社, 2012.
[9] 王德明. 矿尘学. 北京: 科学出版社, 2015.
[10] Munger C T, Kaufman P D, Wexler W E B. Poor Charlie's Almanack: The Wit and Wisdom of Charles T. Munger. Missouri: Walsworth Publishing Company, 2005.
[11] 常绪华. 采空区煤自燃诱发瓦斯燃烧(爆炸)规律及防治研究. 徐州: 中国矿业大学, 2013.
[12] 程卫民, 张孝强, 王刚, 等. 综放采空区瓦斯与遗煤自燃耦合灾害危险区域重建技术. 煤炭学报, 2016, 41(3): 662-671.
[13] 高洋. 煤矿开采引起的采空区瓦斯与煤自燃共生灾害研究. 徐州: 中国矿业大学, 2014.
[14] 李树刚, 安朝峰, 潘宏宇, 等. 采空区煤自燃引发瓦斯爆炸致灾机理及防控技术. 煤矿安全, 2014, 45(12): 24-27.
[15] 秦波涛, 张雷林, 王德明, 等. 采空区煤自燃引爆瓦斯的机理及控制技术. 煤炭学报, 2009, 34(12):

1655-1659.
[16] 杨胜强, 秦毅, 孙家伟, 等. 高瓦斯易自燃煤层瓦斯与自燃复合致灾机理研究. 煤炭学报, 2014, 39(6): 1094-1101.
[17] 杨永辰, 孟金锁, 王同杰. 关于回采工作面采空区爆炸产生机理的探讨. 煤炭学报, 2002, 27(6): 636-638.
[18] 杨永辰, 赵贺. 煤矿采空区瓦斯爆炸区域划分. 煤矿安全, 2014, 45(5): 167-169.
[19] 余陶. 采空区瓦斯与煤自燃复合灾害防治机理与技术研究. 合肥: 中国科学技术大学, 2014.
[20] 周福宝. 瓦斯与煤自燃共存研究(Ⅰ): 致灾机理. 煤炭学报, 2012, 37(5): 843-849.
[21] 邓存宝, 王继仁, 洪林. 矿井封闭火区内气体运移规律. 辽宁工程技术大学学报(自然科学版), 2004, 23(3): 296-298.
[22] 何敏. 煤矿井下封闭火区的燃烧状态与气体分析研究. 北京: 中国矿业大学, 2013.
[23] 焦宇, 段玉龙, 周心权, 等. 煤矿火区密闭过程自燃诱发瓦斯爆炸的规律研究. 煤炭学报, 2012, 37(5): 850-856.
[24] 李诚玉. 煤矿火区瓦斯爆炸危险性演化规律研究. 阜新: 辽宁工程技术大学, 2015.
[25] 牛会永, 邓军, 周心权, 等. 煤矿火区封闭过程中瓦斯积聚规律研究及危险性分析. 中南大学学报(自然科学版), 2013, 44(9): 3918-3924.
[26] 牛会永, 邓湘陵, 李石林, 等. 封闭顺序对煤矿火区气体分布规律的影响. 中南大学学报(自然科学版), 2016, 47(9): 3239-3245.
[27] 时国庆, 周涛, 刘茂喜, 等. 矿井火区封闭进程中瓦斯爆炸危险性的数值模拟分析. 中国矿业大学学报, 2017, 46(5): 997-1006.
[28] 王继仁, 邓存宝, 丁百川. 矿井封闭火区热交换及启封时间研究. 辽宁工程技术大学学报, 2003, 22(4): 452-454.
[29] 王忠文. 矿井火灾诱发爆炸动态演化规律及防治技术研究. 北京: 中国矿业大学, 2013.
[30] 周西华. 双高矿井采场自燃与爆炸特性及防治技术研究. 阜新: 辽宁工程技术大学, 2006.
[31] 周西华, 李诚玉, 张丽丽, 等. 封闭过程中火区气体运移规律的数值模拟. 中国地质灾害与防治学报, 2015, 26(2): 116-122.
[32] 邓军, 马蓉, 王秋红, 等. 变氧浓度条件下煤自燃特性参数实验测试. 煤炭技术, 2014, 33(11): 4-7.
[33] 袁林. 变氧浓度环境下煤自燃特性实验研究. 西安: 西安科技大学, 2014.
[34] 朱红青, 王海燕, 沈静, 等. 氧浓度对松散煤耗氧速率影响的实验研究. 煤炭工程, 2013, 45(8): 110-112, 115.
[35] Wang H Z, Eyk P J V, Medwell P R, et al. Effects of oxygen concentration on radiation-aided and self-sustained smoldering combustion of radiata pine. Energy & Fuels, 2017, 31(8): 8619-8630.
[36] Scott G S. Anthracite Mine Fires: Their Behavior and Control. Washington D. C.: United States. Government Printing Office, 1944.
[37] Mason T N, Tideswell F V. The revival of heatings by inleakage of air. H. M. Stationery office, 1933.
[38] Dalverny L E, Chaiken R F, Kim A G. Mine fire diagnostics in abandoned bituminous coal mines, Proceedings of the 1990 Mining and Reclamation Conference and Exhibition, 1990.
[39] Justin T R, Kim A G. Mine fire diagnostics to locate and monitor abandoned mine fires//Mine Drainage and Surface Mine Reclamation. Volume II: Mine Reclamation, Abandoned Mine Lands and Policy Issues. Vol. II. Pittsburgh, PA: U. S. Bureau of Mines, 1988: 348-355.
[40] Leitch R D. Some information on extinguishing an anthracite refuse-bank fire near Mahanoy City, Pennsylvania. Washington D. C. : U S Dept. of the Interior, Bureau of Mines, 1940.
[41] Bise C J. Modern American Coal Mining: Methods and Applications. SME, 2013.
[42] Coward H F, Jones G W. Limts of Flammability of Gases and Vapors. [Tables and graphs for organic and

inorganic materials and mixtures; bibliography; indexes]. United States, 1952.

[43] Dupont L, Accorsi A. Explosion characteristics of synthesised biogas at various temperatures. Journal of Hazardous Materials, 2006, 136(3): 520-525.

[44] van den Schoor F, Verplaetsen F, Berghmans J. Calculation of the upper flammability limit of methane/air mixtures at elevated pressures and temperatures. Journal of Hazardous Materials, 2008, 153(3): 1301-1307.

[45] Shebeko Y N, Tsarichenko S G, Korolchenko A Y, et al. Burning velocities and flammability limits of gaseous mixtures at elevated temperatures and pressures. Combustion and Flame, 1995, 102(4): 427-437.

[46] Zlochower I A, Green G M. The limiting oxygen concentration and flammability limits of gases and gas mixtures. Journal of Loss Prevention in the Process Industries, 2009, 22(4): 499-505.

[47] 李润之. 点火能量与初始压力对瓦斯爆炸特性的影响研究. 青岛: 山东科技大学, 2010.

[48] 李润之, 黄子超, 司荣军. 环境温度对瓦斯爆炸压力及压力上升速率的影响. 爆炸与冲击, 2013, 33(4): 415-419.

[49] 林柏泉, 洪溢都, 朱传杰, 等. 瓦斯爆炸压力与波前瞬态流速演化特征及其定量关系. 爆炸与冲击, 2015, 35(1): 108-115.

[50] Lewis B, Elbe G V. Combustion, Flames and Explosions of Gases. 2nd edition. Amsterdam: Elsevier Inc., 1961.

[51] Eckhoff R K. Explosion Hazards in the Process Industries. Amsterdam: Elsevier Inc., 2006.

[52] Groh H. Explosion Protection. Amsterdam: Elsevier, 2002: 511-516.

[53] 柯拉夫钦克 B C, 射洛夫 B H, 叶雷金 A T, 等. 安全火花电路. 张丙军译. 北京: 煤炭工业出版社, 1981.

[54] 柯拉夫钦克 B C, 邦达尔 B A. 电气放电和摩擦火花的防爆性. 杨洪顺, 曾昭慧译. 北京: 煤炭工业出版社, 1990: 65.

[55] 李贵忠等. 煤矿安全爆破. 北京: 煤炭工业出版社, 1999.

[56] 张少波, 高铭, 滕威, 等. 煤矿爆破异常现象发生机理研究. 煤炭学报, 2005, 30(2): 191-195.

[57] Phillips C A. Report of investigation into the mine explosion at the upper big branch mine, West Virginia, West Virginia Office of Miners' Health, Safety & Training, 2012: 319.

[58] 内田早月, 文玉成. 自由落下的冲击摩擦火花对于沼气的引燃. 煤矿安全, 1986, (3): 41-46, 49.

[59] 内田早月, 驹井武, 梅津实, 等. 轻合金冲击摩擦火花引燃甲烷气体的引燃特性. 电气防爆, 1993, (1): 36-41.

[60] 邬燕云, 周心权, 朱红青. 高速冲击火花引燃甲烷的环境因素研究. 中国矿业大学学报, 2003, 32(2): 186-188.

[61] 许家林, 张日晨, 余北建. 综放开采顶板冒落撞击摩擦火花引爆瓦斯研究. 中国矿业大学学报, 2007, 36(1): 12-16.

[62] 王德明, 周福宝, 周延. 矿井火灾中的火区阻力及节流作用. 中国矿业大学学报, 2001, 30(4): 328-331.

[63] 李传统. 火风压机理及烟流参数变化规律的研究. 徐州: 中国矿业大学, 1995.

[64] Greuer R E. Influence of mine fires on the ventilation of underground mines. Bureau of Mines, Department of the Interior, 1973.

[65] Litton C, De Rosa M, Li J. Calculating fire-throttling of mine ventilation airflow. US Dept. of the Interior, Bureau of Mines, 1987.

[66] Yan Z, Qian M, Novozhilov V. A non-dimensional criterion and its proof for transient flow caused by fire in ventilation network. Fire Safety Jurnal, 2006, 41(7): 523-528.

[67] 戚宜欣. 矿井火灾烟流温度场及浓度场的数值模拟. 西安矿业学院学报, 1994, 14(1): 26-33.

[68] 王德明, 程远平, 周福宝, 等. 矿井火灾火源燃烧特性的实验研究. 中国矿业大学学报, 2002, 31(1): 30-33.
[69] 周延. 矿井火灾时期风流及烟流运动规律的研究. 徐州: 中国矿业大学, 1997.
[70] 周延, 王德明, 周福宝. 水平巷道火灾中烟流逆流层长度的实验研究. 中国矿业大学学报, 2001, 30(5): 446-448.
[71] 张国枢, 王省身. 火风压的计算及其影响因素分析. 中国矿业学院学报, 1983, (3): 66-79.
[72] Budryk W. Pożary i wybuchy w kopalniach. Górnictwo, 1956.
[73] 戚颖敏. 矿井火灾灾变通风理论及其应用. 北京: 煤炭工业出版社, 1978.
[74] 陈开岩. 矿井通风系统优化理论及应用. 徐州: 中国矿业大学出版社, 2003.
[75] 马云东, 宋志, 孙宝铮. 矿井通风系统可靠性分析理论研究. 阜新矿业学院学报(自然科学版), 1995, (3): 5-10.
[76] 谭允祯. 矿井通风系统优化. 北京: 煤炭工业出版社, 1992: 8-13.
[77] Bjerketvedt D, Bakke J R, van Wingerden K. Gas explosion handbook. Journal of Hazardous Materials, 1997, 52(1): 1-150.
[78] Dobashi R. Experimental study on gas explosion behavior in enclosure. Journal of Loss Prevention in the Process Industries, 1997, 10(2): 83-89.
[79] Fairweather M, Hargrave G K, Ibrahim S S, et al. Studies of premixed flame propagation in explosion tubes. Combustion and Flame, 1999, 116(4): 504-518.
[80] Ibrahim S S, Masri A R. The effects of obstructions on overpressure resulting from premixed flame deflagration. Journal of Loss Prevention in the Process Industries, 2001, 14(3): 213-221.
[81] Zipf R K, Gamezo V N, Sapko M J, et al. Methane–air detonation experiments at NIOSH Lake Lynn Laboratory. Journal of Loss Prevention in the Process Industries, 2013, 26(2): 295-301.
[82] Zipf R K, Gamezo V N, Mohamed K M, et al. Deflagration-to-detonation transition in natural gas–air mixtures. Combustion and Flame, 2014, 161(8): 2165-2176.
[83] Lo S M, Fang Z, Lin P, et al. An evacuation model: the SGEM package. Fire Safety Journal, 2004, 39(3): 169-190.
[84] 孙佳, 孙殿阁, 蒋仲安. 矿井应急救援中最佳避灾路线的改进 Dijkstra 算法实现. 中国矿业, 2005, 14(6): 46-48.
[85] 贾进章. 矿井火灾仿真与避灾路线的数学模型. 自然灾害学报, 2008, 17(1): 163-168.
[86] 高蕊, 蒋仲安, 董枫, 等. 基于 MapObject 的矿井火灾动态最佳救灾路线数学模型和算法. 北京科技大学学报, 2008, 30(7): 705-709, 755.
[87] Timko R J, Derick R L. Determining the integrity of escapeways during a simulated fire in an underground coal mine. Proceedings of the 4th US Mine Ventilation Symposium, 1988: 48-56.
[88] Goodman G V, Kissell F N. Fault tree analysis of miner escape during mine fires//Proceedings of the 4th US Mine Ventilation Symposium, Berkeley, CA, 1988: 57-65.
[89] 王德明, 王省身. 计算机选择矿井火灾时期最佳避灾路线的研究. 中国矿业大学学报, 1994, 23(3): 27-32.
[90] 李兴东. 矿井火灾时期避灾路线的确定及其应用程序. 煤矿安全, 2001, 32(12): 20-22.
[91] 赵利安, 王铁力. 国外井工矿避灾硐室的应用及启示. 煤矿安全, 2008, 39(2): 88-91.
[92] 张大明, 马云东, 丁延龙. 矿井避难硐室研究与设计. 中国安全生产科学技术, 2009, 5(3): 194-198.
[93] 张恩强, 王丽, 刘名阳, 等. 探讨井下避难硐室在矿井中的应用. 煤矿安全, 2009, 40(7): 90-92.
[94] 王丽. 煤矿井下避灾硐室研究. 西安: 西安科技大学, 2009.
[95] Vaught C, Brnich M J, Mallett L G, et al. Behavioral and organizational dimensions of underground mine fires. Ceramics International, 2000, 35(8): 3117-3124.
[96] National Research Council Division of Behavioral and Social Sciences and Education, Board on Human Systems Integration et al. Improving Self-Escape from Underground Coal Mines. Washington D. C.:

National Academies Press, 2013.
[97] 周心权, 常文杰. 煤矿重大灾害应急救援技术. 徐州: 中国矿业大学出版社, 2007.
[98] 周心权, 朱红青. 从救灾决策两难性探讨矿井应急救援决策过程. 煤炭科学技术, 2005, 33(1): 1-3, 68.
[99] Adamus A. The historical verification of the usage of nitrogen in mine fires//Proceedings of the 7th International Mine Ventilation Congress. Krakow, 2001.
[100] 丁香香. 采空区注入低温氮气防灭火数值模拟. 徐州: 中国矿业大学, 2014.

第 2 章　煤矿中的可燃物

煤矿中的可燃物是指在煤矿井下环境中遇到外在点火源后能够发生燃烧、爆炸或在一定条件下可以自燃的物质。煤矿中的可燃物包括煤矿开采的对象（煤炭）、伴煤而生的瓦斯和矿井建设开采过程中使用的各种可燃材料（坑木、输送机胶带、电缆、高分子材料、油料等）。本章介绍煤矿中各种可燃物的来源和组成、赋存分布规律、燃烧与爆炸特性及预防可燃物着火的方法等内容。

2.1　可燃物种类

2.1.1　煤炭

煤炭是主要由植物遗体经煤化作用转化而成的富含碳的固体可燃有机沉积岩，含有一定量的矿物质，相应的灰分不大于 50%。煤炭作为火源和燃料使用已有悠久的历史。早在 3000 多年前，中国、欧洲和北美大平原的人类就开始使用煤[1]。2000 多年前，我国已将煤与焦炭作为商品交易，在西汉（公元前 206～公元 25 年）炼铁遗址中，发现已用煤及煤饼炼铁。到中世纪，煤炭开始被普遍用于居民采暖以及锻造、窑炉烧制、酿酒等行业[2]。到我国明朝（1368～1644 年）时，李时珍的《本草纲目》、宋应星的《天工开物》和方以智的《物理小识》等书已对煤的外形、性质、分类、产地、用途和用法等作了精辟的分析和论述[3]。但直到 1850 年，伴随着英国掀起的第一次工业革命，煤炭才成为世界上的主要能源。此后，煤的用途越来越广，对煤的研究也不断深入。

2.1.1.1　煤的形成

煤是植物遗体经过复杂的生物、地球化学及物理化学作用转化而成的。根据成煤植物种类的不同，煤主要分为两大类，即腐殖煤和腐泥煤。由高等植物形成的煤称为腐殖煤，它分布最广，储量最大；由低等植物和少量浮游生物形成的煤称为腐泥煤。通常所讲的煤就是腐殖煤。由高等植物转化为腐殖煤要经过复杂而漫长的过程，一般需要几千万年到几亿年的时间。整个成煤作用过程可划分为三个阶段：植物向泥炭转化的泥炭化作用过程，泥炭向褐煤转化的成岩作用过程以及褐煤向烟煤、无烟煤转化的变质作用过程，其中成岩作用和变质作用又合称为煤化作用（图 2.1）。

自地球上出现成煤植物以来，在世界范围内先后产生了 5 个主要聚煤期：石炭纪聚煤期、二叠纪聚煤期、早中侏罗世聚煤期、晚侏罗世—早白垩世聚煤期、晚白垩世—始新世聚煤期，其中又以石炭纪和二叠纪聚煤期的聚煤强度最大。从世界煤炭分布中可以看出，与新生代煤炭相比，古生代和中生代煤炭主要分布在更大的含煤盆地内，例如在欧亚大陆和北美洲，而且这些含煤盆地大多呈跨大陆或岛屿的不均衡分布，这是由于在

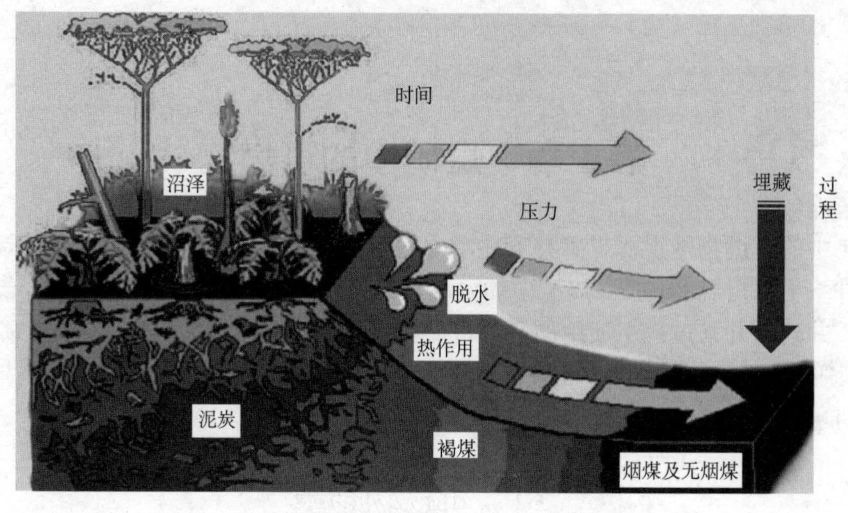

图 2.1　成煤作用过程[4]

主要的聚煤期（从石炭纪到新近纪）内的持续板块运动造成的。石炭纪煤主要分布在欧洲、美国东部和我国北部；二叠纪煤主要分布在南美洲、俄罗斯东部、我国北部和印度，世界上大多数无烟煤都形成于该时期；三叠纪煤主要分布在澳大利亚、印度、南美洲和南非；侏罗纪煤主要分布在亚洲、俄罗斯东部、澳大利亚和南非；白垩纪和新生代煤则以环太平洋地区最为丰富[5]。

我国具有开采价值的煤层主要形成于四个聚煤期：晚石炭世至早二叠世，晚二叠世，早、中侏罗世以及晚侏罗世至早白垩世，它们所赋存的煤炭资源量分别占我国煤炭资源总量的 26%、5%、60%和 7%，合计占总资源量的 98%[6]。以大型地质构造带为界，我国四大聚煤期的煤系主要分布于东北、华北、西北、华南以及滇藏五大聚煤区。

华北地区普遍沉积了石炭系—二叠系含煤地层，以中高变质烟煤、无烟煤为主。其中，晋南和河南济源、焦作、永夏等无烟煤和贫煤产地，煤层不易自燃；吕梁山以东的烟煤产区，煤自燃倾向性较低；具有自燃倾向性的煤主要分布于鄂尔多斯盆地、晋北、河北、鲁西、两淮等低-中煤级分布区，其中内蒙古东胜、河南义马的煤尤其容易自燃。该区域煤层瓦斯的生成和保存条件优越，瓦斯赋存丰富，是我国高瓦斯矿井的主要分布区，但在该区域东部，由于受到印支期太平洋板块俯冲隆起的影响，导致鲁西断隆缺失三叠系沉积，造成煤层瓦斯大量逸散，目前该地区 90%以上的矿井是低瓦斯矿井[7]。

西北地区沉积了我国煤炭资源赋存量最大的早、中侏罗世煤层。该区域除新疆天山北麓的艾维尔沟矿区和青海大通河流域上游的煤矿区（如热水矿区）外，多为低变质烟煤，煤的燃点较低，煤的自燃倾向性较高。此外，由于西北地区干旱少雨，日照强烈，加之浅部煤层以急倾斜为主，露头附近的煤层因氧化聚热容易引起煤炭自燃，历史上的废弃井巷，又给煤层自燃提供了良好的供氧通道，导致煤田火灾较为严重。自印支期到喜马拉雅期，该区域一直受到印度板块和西伯利亚板块的对挤作用，造成盆地大范围抬升，煤层埋深减小，受到风化剥蚀作用，目前该地区开采煤层都在浅部瓦斯风化带内，且多为低、中变质程度烟煤，90%以上的矿井都属于低瓦斯矿井[7]。

东北地区沉积于大兴安岭东侧的早、中侏罗世的煤层，煤化程度低，以褐煤为主，沉积于松辽盆地的晚侏罗世—早白垩世的煤层，由于受大范围岩浆活动的影响，煤化程度增高，多为高变质烟煤。该区主采煤层的自燃倾向性多为自燃和容易自燃级别，其中，辽宁沈北矿区和吉林梅河口矿区煤的自燃倾向性较高。该区域松辽盆地由于岩浆活动作用导致煤系地层上部普遍沉积火山凝灰岩和火山碎屑岩，透气性较低，在煤层上部形成了良好的盖层，造成该地区矿井多为高瓦斯突出矿井，大兴安岭西侧的煤由于变质程度低，盖层薄，并遭受风化剥蚀作用，90%以上的矿井为低瓦斯矿井[7]。

华南地区普遍发育了石炭系、二叠系及上三叠统含煤地层，煤层煤化程度高，多为无烟煤和高变质烟煤，其中在闽、浙、粤东沿海一带，主要为高阶无烟煤。该区域煤普遍不易自燃，甚至没有自燃倾向性。但该地区由于煤变质程度高，瓦斯生成条件好，再加上大量发育有利于瓦斯保存的逆冲推覆构造，导致该地区除高阶无烟煤矿井外，80%以上的矿井为高瓦斯和煤与瓦斯突出矿井[7]。

2.1.1.2　煤的组成及结构

煤是一种以有机质结构为主、混合少量无机组分的混合物，其有机质主要由碳、氢、氧、氮及硫等元素组成，其中碳、氢、氧元素的总和占到煤中有机质的95%以上。不同变质程度的煤，其化学组成具有明显差异，随着煤变质程度的加深，煤中碳元素含量不断增加，氢、氧、氮等元素含量逐渐降低。

煤的结构十分复杂，具有高分子聚合物的结构，但又没有统一的聚合单体。煤的大分子由多个结构相似的“基本结构单元”通过桥键连接而成，这种基本结构单元（图 2.2）类似于聚合物的聚合单体，它可分为规则部分和不规则部分。规则部分由几个或十几个苯环、脂环、氢化芳香环及杂环（含氮、氧、硫等元素）缩聚而成，成为基本结构单元的核或芳香核。不规则部分由连接在核周围的烷基侧链和各种官能团组成。煤中的烷基侧链是指甲基、乙基、丙基等基团，其中以甲基侧链为主。煤中官能团主要有含氧官能团和少量含氮、含硫官能团。其中含氧官能团有羟基（—OH）、羧基（—COOH）、羰基（—C═O）、甲氧基（$—OCH_3$）、醚键（—O—）等。

随着煤化程度的加深，煤的分子结构在不断变化，构成核的环数增多，连接在核周围的侧链和官能团数量不断变短和减少。煤大分子结构单元之间的连接是通过桥键实现的。在低煤化程度的煤中桥键最多，主要形式是亚甲基键（$—CH_2—$）、醚键（—O—）、亚甲基醚键（$—CH_2—O—$、$—CH_2—S—$）；中等煤化程度的煤中桥键最少，主要形式是甲基键、醚键；到无烟煤阶段时桥键有所增多，主要形式是芳香碳—碳键（Car—Car）。

2.1.1.3　煤的分类

煤生成过程中的成煤植物来源与成煤条件的差异造成了煤种类的多样性与煤基本性质的复杂性。煤化程度反映了煤的有机质特性，是煤的工业分类的主要依据。表征煤化程度的指标主要有挥发分、镜质组反射率、发热量等。

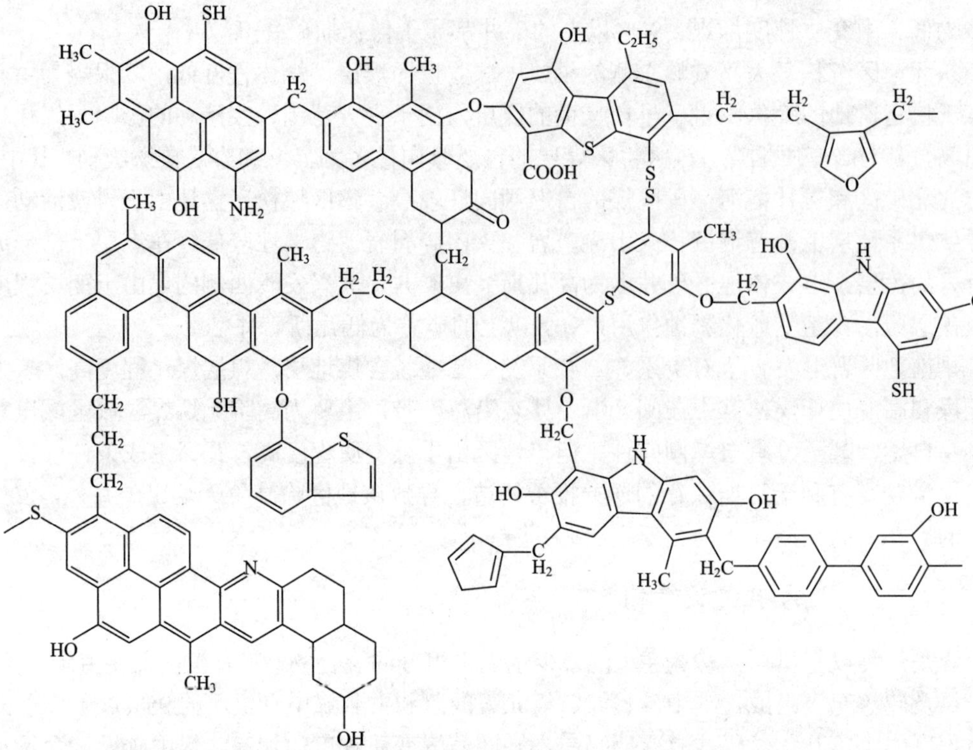

图 2.2　煤分子结构 Wiser 模型[8]

挥发分是指煤隔绝空气加热时，从逸出的挥发性物质中扣除煤样中吸附水分后的所有物质。我国测定挥发分的方法是称取 1g 分析煤样装入带盖的瓷坩埚内，在 900℃下隔绝空气加热 7 min，煤样失重占煤样质量的百分比减去分析煤样的水分（M_{ad}）即为分析煤样的挥发分。挥发分与水分不同，它不是煤中的固有物质，而是在特定条件下受热分解的产物，其数量和成分随加热条件而变化，只有在标准的测试条件下才有可比性。煤的挥发分通常有 CH_4、C_2H_6、H_2、CO、H_2S、NH_3、C_nH_{2n}、C_nH_{2n-2} 和苯、萘、酚等芳香族化合物以及 C_5～C_{16} 的烃类、吡啶、吡咯、噻吩等化合物[9]。为排除水分和灰分对挥发分的影响，采用无水无灰的基准表示，干燥无灰基指的是有机质热解挥发物的质量占煤中干燥无灰质量的百分数，即干燥无灰基挥发分（V_{daf}）。干燥无灰基挥发分能较好地反映煤化程度，并与煤的工艺性质有关，而且其区分能力强，测定方法简单，易于标准化，故国内外普遍选用该指标作为煤的分类指标。挥发分是至今为止确定烟煤的煤化程度最简单和比较准确的指标，其不足是对高挥发分煤来说误差较大，对区分高变质程度煤也不够灵敏，其主要原因是挥发分受煤的岩相组成的影响，有时并不能准确地反映煤的变质程度。煤的挥发分随煤化程度的提高而下降。褐煤的挥发分最高，通常大于 40%；无烟煤的挥发分最低，通常小于 10%。煤的挥发分主要来自于煤分子中不稳定的脂肪侧链、含氧官能团断裂后生成的小分子化合物和煤有机质高分子在高温下缩聚时生成的氢气。

镜质组反射率是应用煤岩学的方法识别煤的变质程度的一种指标。煤是一种有机的沉积岩石，利用研究岩石的方法来研究煤就产生了煤岩学，即用显微镜识别煤的基本组成单元。煤在显微镜下的显微组分可分为镜质组、惰质组和壳质组，大部分煤都以镜质组为主。镜质组主要是由高等植物的木质纤维组织经腐殖凝胶化作用形成的凝胶化物质，其性质随煤的变质程度呈有规律变化，故可用镜质组作为煤的代表组分。从低煤级到高煤级，镜质组在油浸反射光下呈深灰至浅灰色，随着煤级的增高，反射色变浅。从长焰煤到无烟煤的变质系列中，在油浸物镜下的反射率增长十几倍，而在干物镜下仅增长 2～3 倍，所以采用油浸物镜下的反射率作为衡量煤化程度的指标，分辨率高，测试误差小，可克服挥发分受岩相影响的不足，优越性较大；此外，最大反射率 R_{max}^0 不随层面与切面交角的不同而变化。故采用油浸物镜下的镜质组最大反射率作为反映煤的煤化程度的指标。在油浸介质中，从褐煤到无烟煤，煤的最大反射率 R_{max}^0 在 0.26%～11.0%范围内。同时，反射率与挥发分产率之间存在良好的相关性，随变质程度加深，镜质组反射率增高，挥发分降低。一般来说，褐煤的 R_{max}^0 小于 0.50%，V_{daf} 介于 40%～60%；无烟煤的 R_{max}^0 大于 2.50%，V_{daf} 小于 10%[10]。

煤的发热量适合作为低变质程度的煤和动力煤的分类指标，一般以干燥无灰基的高位发热量代表煤的变质程度。据研究，发热量 25.5MJ/kg 可作为区分褐煤和长焰煤的分界线。

我国煤炭分类中，首先按煤的干燥无灰基挥发分＞37%、＞10%、≤10%，将所有煤分为褐煤、烟煤和无烟煤。然后烟煤又按挥发分 10%～20%、20%～28%、28%～37%和＞37%的四个阶段分为低、中、中高及高挥发分烟煤，同时根据煤的工艺性能的黏结性指标（黏结指数 *G*、胶质层最大厚度 *Y* 和奥-阿膨胀度 *b*）将烟煤划分为长焰煤、不黏煤、弱黏煤、1/2 中黏煤、气煤、气肥煤、1/3 焦煤、肥煤、焦煤、瘦煤、贫瘦煤和贫煤[11]。

2.1.2　瓦斯

矿井瓦斯是指赋存在煤层与围岩内并能涌入矿井内、以甲烷（CH_4）为主的有害气体的总称。甲烷是无色、无味、可以燃烧或爆炸的气体，对空气的相对密度为 0.55，难溶于水，扩散速度较空气大 1.3 倍，在空气中的浓度为 5%～16%并遇到 650℃以上高温或 0.28mJ 以上点火能量时能发生爆炸。

瓦斯生于煤层，储于煤层，是煤炭开采过程中的伴生物。早在 17 世纪，我国明代宋应星在《天工开物》（初刊于 1637 年）中曾记载道“初见煤端时，毒气灼人。有将巨竹凿去中节，尖锐其末，插入炭中，其毒烟从竹中透上，人从其下施䦆拾取者”，即在煤炭开采时发现煤层中存在着一种伤人的气体，并提出了利用竹管引排的方法[12]。16 世纪末，英国和其他西欧国家在煤炭开采过程中也遇到了“有害气体”。此后，随着煤层开采深度的增加，瓦斯含量增大，再加上井下经常使用蜡烛，导致煤矿瓦斯爆炸事故开始急剧增加。1733 年，英国发生了第一次瓦斯爆炸事故；1812 年 5 月 25 日，英国英格兰 Felling 煤矿发生的瓦斯爆炸是第一个规模较大且具有详细记录的瓦斯爆炸事故，共造成了 92 人死亡；1913 年 10 月 14 日，英国威尔士圣海德（Senghenydd）煤矿发生的瓦斯爆炸是英国历史上最为严重的煤矿事故，共造成了 439 名矿工丧生。1810 年，美国第一次发生瓦斯爆炸事故；1907 年，西弗吉尼亚州北阿巴拉契亚地区发生了一起瓦斯和煤尘爆炸，导致 362 人死亡，这是美国历史上最为严重的煤矿安全事故[5]。我国历史上第一次瓦斯爆炸事故已不可考，但 1942 年 4 月 26 日，日本人控制的辽宁本溪湖煤矿发生的“4·26”特大瓦斯爆炸事故是至今为止世界采矿历史上一次性死亡人数最多、最惨烈的一次矿难，共造成 1549 人死亡[5]。迄今为止，煤矿重特大瓦斯爆炸事故在国内外还时有发生，煤矿瓦斯灾害的防治仍是煤矿安全工作的重中之重。

2.1.2.1　瓦斯的生成

瓦斯是在煤化作用过程中形成的，瓦斯的生成和煤的形成是同时进行且贯穿于整个成煤过程中的[13]。按照瓦斯的成因类型不同，可将瓦斯分为生物成因瓦斯和热成因瓦斯两种。生物成因瓦斯是指经过各类微生物的一系列复杂作用过程而导致成煤物质降解所生成的瓦斯气体；热成因瓦斯是指随着煤化作用的进行，伴随温度升高、煤分子结构和成分的变化而生成的瓦斯气体[13]。

1. 生物成因瓦斯

生物成因瓦斯包括原生生物成因瓦斯和次生生物成因瓦斯两种。

原生生物成因瓦斯形成于生物地球化学煤化作用阶段（主要在泥炭—褐煤阶段）。此时成煤物质埋藏浅、所处环境温度低，热力作用尚不足以造成有机质结构的显著变化，因而以 CH_4 为主要成分的生物成因气是通过各类微生物参与下的生物化学反应而产生的。生物成因气的形成过程的实质是通过微生物作用使复杂的不溶有机质在酶的作用下发酵变为可溶性有机质，可溶有机质在产酸菌和产氢菌作用下首先变为挥发性有机酸、H_2 和 CO_2；而后 H_2 和 CO_2 在甲烷菌作用下生成 CH_4，导致甲烷生成量急剧升高。该阶段成煤物质多暴露在地表或埋藏很浅，煤炭或煤层压力低且孔隙基本被水占据，因此对气体的吸附作用较弱，遂使原生生物气逸散或溶解在地层水中，在之后的压实和煤化过程中便从煤中析出，导致绝大多数瓦斯逸散。

次生生物成因瓦斯是指煤层在后期抬升阶段，微生物通过位于补给区的煤层露头由大气降水带入，在相对低温条件下（56℃）代谢水分、正烷烃和其他有机化合物生成的 CH_4 和 CO_2 等。次生生物成因瓦斯在煤层中能够生成并保存下来的基本条件为煤层经构造抬升进入或曾经进入细菌活动带；煤层渗透性较好；有携带细菌的潜水活动；煤层压力高、围岩封闭性好。

2. 热成因瓦斯

热成因瓦斯包括热解成因瓦斯和裂解成因瓦斯两种。

热解成因瓦斯生成于长焰煤—贫煤阶段。在热力作用下，有机质中各种官能团和侧链分别按活化能大小依次发生分解，主要转化为具有不同分子结构的烃类和非烃类，形成的部分液态烃类则以沥青形式产出，但其多数会被煤基质束缚和吸收。这一阶段发生的化学反应，主要是官能团和侧链的裂解及其产生的烃类（油、湿气）的裂解和煤大分子结构的进一步芳构化和稠合。

裂解成因瓦斯生成于贫煤—无烟煤阶段。由于煤的基本结构单元上的大部分烷烃支链在成熟阶段已经消耗，化学反应由以裂解为主转变为芳香核之间的缩合为主，并由此产生大量 CH_4 气体。

在多数情况下，泥炭化作用形成的生物气常因保存条件不好而散失殆尽，煤中瓦斯得以保存多开始于褐煤阶段。在煤化作用过程中，产生的气体量随煤级增高而迅速增加，但煤的储气能力却随煤级增加而快速下降。除煤级外，煤中 CH_4 储存量也与温度和压力有关，含气量随压力增高而增加、随温度升高而减少，当自然因素或人为因素导致储层状态变化时，气体就会解吸、扩散和运移。

2.1.2.2　瓦斯的赋存

1. 瓦斯的赋存状态

瓦斯在煤体中的赋存状态主要有吸附状态和游离状态两种。吸附瓦斯是指瓦斯分子与碳分子之间通过范德瓦耳斯力吸附在煤体孔裂隙表面的瓦斯；游离瓦斯是指以自由气体状态存在于煤体的孔裂隙之中的瓦斯。在煤层赋存的瓦斯中，通常吸附瓦斯量占 80%～90%，游离瓦斯量占 10%～20%[14]。由植物变成煤炭的过程中，在褐煤至无烟煤变质阶段，瓦斯产生量的总和达 200～400m^3/t，其中 1/10～1/5 将保存在煤体内。

煤体内之所以能保存一定量的瓦斯，与煤的结构密切相关。作为一种复杂的孔隙性介质，煤具有发达的、各种不同直径的孔隙和裂隙，形成了庞大的孔隙表面与微空间。据测定，1g 无烟煤的微孔表面积达 200m^2 以上，为瓦斯赋存提供了条件，煤体中的孔裂隙结构如图 2.3 所示。煤体孔裂隙中的吸附瓦斯有三种类型：①吸附在煤的天然裂隙中（也称割理，有连续分布的面割理和不连续分布的端割理）；②吸附在煤的孔隙系统中（也称基质孔隙）；③吸附在煤的大分子结构内的纳米孔中。瓦斯主要吸附在煤的孔隙与裂隙表面上，且以微孔为主，吸附在纳米孔中的瓦斯量仅占赋存总量的 2%～3%[5]。

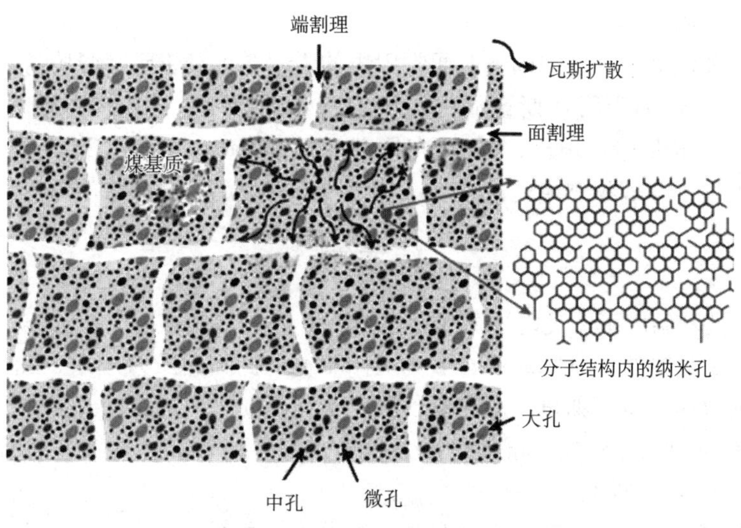

图 2.3　煤的孔裂隙结构示意图[5]

为了认识瓦斯在煤中的赋存与运移特性，人们对煤的孔径结构开展了大量研究，并提出了一些划分孔径的分类标准。一种是国内煤炭界广泛应用的，即苏联学者 B. B. 霍多特在工业吸附体孔隙分类基础上，根据煤的力学和渗透性质提出的分类方法，将煤的孔隙分为微孔（＜10nm）、过渡孔（10～100nm）、中孔（100～1000nm）和大孔（＞1000nm）[15]。另一种是国际纯粹与应用化学联合会（International Union of Pure and Applied Chemistry，IUPAC）1978 年提出的基于煤吸附特性的分类系统：微孔（＜2nm）、中孔（2～50nm）和大孔（＞50nm）[5]。同时，有不同的煤孔隙分布测试方法与这两种分类方法形成对应：压汞法和低温氮吸附法。压汞法的孔隙测试范围在 5.5nm 以上，不能对煤的微孔进行测试，但其对煤的中、大孔及裂隙所占空间测试比较准确，通过该方法可得知煤的渗透率大小，进而得知瓦斯在煤中流动的难易程度；低温氮吸附法可以较好地反映煤的微孔分布，但其测试范围小于 500nm，不能准确反映出煤的中、大孔隙及裂隙分布。因此，在测试煤中孔隙分布时，可以将两种方法结合使用，使测试结果更加科学准确。

2. 煤对瓦斯的吸附性能

煤体吸附瓦斯量的多少，主要与煤的变质程度和瓦斯压力、温度等条件有关。

在相同瓦斯压力下，煤吸附瓦斯的量总体上随煤变质程度的提高而增大。在成煤初期，煤的结构疏松，孔隙率大，瓦斯分子能渗入煤体内部，因此褐煤具有很强的吸附瓦斯能力。但褐煤在自然条件下，本身尚未生成大量瓦斯，所以它虽然具有很强的吸附瓦斯能力，但缺乏瓦斯来源，实际所含瓦斯量是很小的。在煤的变质过程中，在地压的作用下，孔隙率减小，煤质渐趋致密。在长焰煤中，其孔隙和表面积都减少，吸附瓦斯能力降低，最大的吸附瓦斯量在 20～30 m^3/t。随着煤的进一步变质，在高温高压作用下，煤体内部由于干馏作用而生成许多微孔隙，使表面积到无烟煤时达到最大，因此无烟煤的吸附瓦斯能力最强，可达 50～60 m^3/t。当无烟煤变质向石墨（超级无烟煤）转化时，煤的吸附性会急剧减小。

瓦斯压力和煤吸附性之间的关系通常用煤的吸附等温线表示。吸附等温线是指在某一固定温度下，煤的吸附瓦斯量随瓦斯压力变化的曲线。瓦斯的吸附理论有朗缪尔（Langmuir）单分子层吸附理论、BET（布鲁诺尔 Brunauer、埃梅特 Emmett、泰勒 Teller）多分子层吸附理论和容积充填理论等，目前使用最为广泛的是朗缪尔理论，即

$$x=\frac{abp}{1+bp} \tag{2.1}$$

式中，x 为在某一温度下，吸附平衡瓦斯压力为 p 时，单位质量（或体积）可燃基（除去水分和灰分）吸附的瓦斯量，m^3/t；p 为吸附平衡时的瓦斯压力，MPa；a 为吸附常数，标志可燃基的极限吸附瓦斯量，即在某一温度下当瓦斯压力趋近于无穷大时的最大吸附瓦斯量，m^3/t，据实际测定，一般为 13～60 m^3/t；b 为吸附常数，MPa^{-1}，即朗缪尔压力倒数，一般为 0.4～2.0MPa^{-1}。

在同一温度下，随着瓦斯压力的升高，煤吸附的瓦斯量增大，但增长率逐渐变小，当瓦斯压力无限增大时，煤的吸附瓦斯量趋于某一极限值（图 2.4）。在同一瓦斯压力下，温度越高，煤的吸附瓦斯量越小；煤的变质程度越高，煤的吸附瓦斯量越大，但对于高

变质无烟煤，由于煤的结构发生了质的变化，其对瓦斯的吸附能力大大降低，瓦斯含量很低。

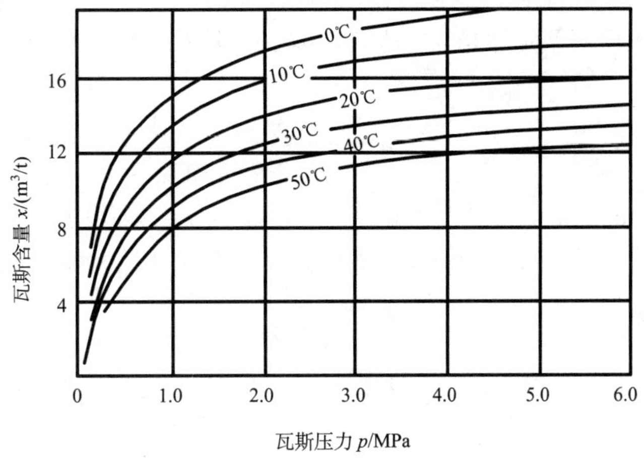

图 2.4　四种煤的吸附等温线[16]

2.1.2.3　瓦斯的流动

煤层一般由裂隙和裂隙切割的煤岩基块组成。煤岩基块中以微孔为主，是瓦斯吸附的储存空间。由于煤块中的孔径很小，煤块中的瓦斯运移相对于裂隙中的瓦斯运移要慢得多，造成煤块中的瓦斯浓度、压力与裂隙中的瓦斯浓度、压力不平衡，这种瓦斯浓度和压力的不平衡是煤块中瓦斯运移的动力。裂隙是瓦斯流动的主要通道，煤块中的吸附瓦斯不断解吸扩散到裂隙系统，裂隙中的瓦斯在渗流作用下迅速流向煤壁。

1. 瓦斯流动理论

1）瓦斯扩散理论

当煤体内存在瓦斯气体的浓度差异时，瓦斯气体会从高浓度区向低浓度区扩散。瓦斯在煤体孔隙的运移及瓦斯从孔隙向裂隙的运移均存在扩散流动。煤具有多孔特性及大分子结构，是一种良好的吸附剂。当瓦斯气体分子被强烈地吸附于煤的表面时，就会发生表面扩散，对于吸附性极强的煤来说，表面扩散占比很大。由于煤中孔隙直径远远大于瓦斯气体分子的平均自由程，因此可以用菲克定律描述瓦斯在煤中的扩散流动，即

$$J = -D_{\mathrm{F}} \frac{\partial c}{\partial X} \tag{2.2}$$

式中，J 为瓦斯气体通过单位面积的扩散速度，kg/（s·m^2）；$\frac{\partial c}{\partial X}$ 为沿扩散方向的浓度梯度；D_{F} 为菲克扩散系数，m^2/s；c 为瓦斯气体的浓度，kg/m^2。

上式中由于扩散是沿浓度减少的方向进行的，而扩散系数总是正的，故式中要加一个负号。

2）瓦斯线性流动理论

当煤体两端存在压力差异时，瓦斯会从高压力端向低压力端流动。例如，工作面前方及煤巷两端卸压区煤体内瓦斯流动、破碎煤体内的瓦斯流动及邻近层瓦斯型采空区流动等，可以采用达西定律描述。达西定律表示流体的流动速度与其压力梯度成正比，即

$$u=-\frac{k}{\mu}\cdot\frac{\mathrm{d}p}{\mathrm{d}x} \tag{2.3}$$

式中，u 为流速，m/s；μ 为瓦斯动力黏度系数，Pa·s；k 为煤层的渗透率，m^2；dx 为与流体流动方向一致的极小长度，m；dp 为在 dx 长度内的压差，Pa。

2. 煤层的透气性

煤是一种多孔介质，在一定压力梯度下，气体和液体可以在煤体内流动。煤层透气性反映了煤层中流体的流动能力。透气性越大，瓦斯在煤层中流动越容易。煤层的透气性是很低的，瓦斯在煤层中的流速也很小，每天仅几厘米到几米。

在国际上，通常将渗透率作为评价瓦斯在煤中流动难易程度的指标。渗透率是达西定律中的比例系数 k，它反映动力黏度为 μ 的流体在给定多孔介质中的传导能力。这种传导能力仅取决于煤岩内部孔隙与裂隙的几何结构，与流体性质无关。依据达西公式(2.3)，渗透率可表示为

$$k=-u\mu\frac{\mathrm{d}x}{\mathrm{d}p} \tag{2.4}$$

国际单位制中渗透率的单位是 m^2 或 μm^2，但在工程单位上的达西(D)或毫达西(mD)在国内外使用广泛。1D 的定义为介质中黏度为 1cP（1mPa·s）的均质流体，在 1 个标准大气压（0.1013MPa）的压力梯度下呈层流流动时以 $1cm^3/s$ 的流量通过 $1cm^2$ 的截面积的渗透能力。

在我国，通常采用煤层透气性系数 λ 表征煤中瓦斯流动的难易程度。λ 的单位是 m^2/（MPa^2·d），其物理意义是在 1m 长煤体上，当压力平方差为 $1MPa^2$ 时，通过 $1m^2$ 煤层断面每天流过的瓦斯体积。

由于瓦斯为可压缩性流体，在式(2.5)中，如果把流速 u 换成标准压力(0.1013MPa)下的量，按等温过程 $pv=p_n v_n$ 代入式（2.4），则

$$u_n=-\frac{k}{\mu}\frac{p}{p_n}\frac{\mathrm{d}p}{\mathrm{d}x}=-\frac{k}{2\mu p_n}\frac{\mathrm{d}p}{\mathrm{d}x}=-\lambda\frac{\mathrm{d}p}{\mathrm{d}x} \tag{2.5}$$

式中，u_n 为标准压力下的流速，也可视为比流量，即在 1 m^2 煤面上 1d 通过的瓦斯量，m^3/（m^2·d）；μ 为瓦斯的动力黏度系数，Pa·s，在 0.1MPa 和 20℃时，$\mu=1.08\times10^{-5}$Pa·s；λ 为透气性系数，m^2/（MPa^2·d）。

由式（2.5）可得出：渗透率的不同单位与透气性系数的换算关系见表 2.1。

表 2.1　不同单位的渗透率与透气性系数的换算关系

渗透率 k				透气性系数 λ
D	mD	m^2	μm^2	m^2/（$MPa^2 \cdot d$）
1	1000	0.986233×10^{-12}	0.986233	40000
1.0132×10^{12}	1.0132×10^{15}	1	10^{12}	4.053×10^{16}
2.5×10^{-5}	2.5×10^{-2}	2.46×10^{-17}	2.46×10^{-5}	1

我国煤层渗透率的变化范围很大，最大可达数个毫达西，最小的在 0.001mD 之下。总体上，我国煤层透气性普遍较低，70%以上煤层的渗透率小于 1mD（美国规定，k<2mD 是瓦斯突出的条件之一），除沁水盆地、松辽盆地、鄂尔多斯盆地、准噶尔盆地外，90%以上的高瓦斯矿区都是低渗难抽煤层，采用预抽就十分困难，必须配合使用保护层开采、爆破、水力割缝等卸压方法，方可实现瓦斯的有效抽采[17]。表 2.2 和表 2.3 分别是我国未卸压煤层瓦斯抽采难易程度分类标准和国内外部分矿区或地区煤层实测的渗透率值。

表 2.2　煤层瓦斯抽采难易程度分类

抽采难易程度指标	钻孔瓦斯流量衰减系数 a/d^{-1}	百米钻孔瓦斯极限抽采量 Q_j/m^3	煤层透气性系数 λ /（m^2/（$MPa^2 \cdot d$））	渗透率 k/mD
容易抽采	<0.003	>14400	>10	>0.25
可以抽采	0.003～0.05	14000～2880	10～0.1	0.25～0.0025
较难抽采	>0.05	<2880	<0.1	<0.0025

表 2.3　部分矿区或地区煤层渗透率[18]

矿区或地区	主要煤层	渗透率 k/mD	透气性系数 λ /（m^2/（$MPa^2 \cdot d$））
鄂尔多斯盆地	J_2y	5～10	200～400
铁法矿区	4-2#、9#、12#、15-2#等（K_1f）	0.12～1.51	4.8～60.4
阜新矿区	孙本煤层群、中间煤层群、太平煤层群（K_1f）	0.32～0.47	12.8～18.8
双鸭山煤田	30#、40#（P_1s～P_1t）	1.15～7.18	46～287.2
柳林北部	3+4#、5#、8+9#（P_1s-P_1t）	0.64～16.4	25.6～656
柳林中南部		0.02～2.26	0.8～90.4
鹤岗矿区	15#、18#（K_1c）	0.05～0.4	2～16
郑庄区块东部	3#（P_1s）	0.02～0.5	0.8～20
长治区块	3#、9#、15#（P_1s-P_1t）	0.02～0.1	0.8～4
沁源区块	3#、15#（P_1s-P_1t）	0.01～1.069	0.4～42.76
保德区块	4+5#、8+9#（P_1s-P_1t）	0.3～8.5	12～340
平顶山区块	2-1#、3-9#（P_1s-P_1t）	0.04～0.1	1.6～4
恩洪矿区	21#（P_2x）	0.056	2.24

续表

矿区或地区	主要煤层	渗透率 k/mD	透气性系数 λ /（m^2/（MPa^2 · d））
焦作矿区古汉山矿	2-1#（P_1s）	1.56～82.62	62.4～3304.8
焦作矿区恩村矿		0.0018～1.7	0.072～68
韩城北部下峪口矿	5#、8#（P_1s-P_1t）	0.032～1.61	1.28～64.4
韩城南部象山矿		0.17～16	6.8～640
彬长矿区	4#（J_2y）	3.06～5.73	122.4～229.2
寺河矿	3#（P_1s）	0.1～41.08	4～1643.2
赵庄矿	3#（P_1s）	0.02～0.25	0.8～10
寿阳块区	3#、9#、15#（P_1s-P_1t）	0.02～83.44	0.8～3337.6
柿庄块区	3#、15#（P_1s-P_1t）	0.01～0.075	0.4～3
大宁-吉县地区	5#、8#（P_1s）	0.01～11.9	0.4～476
安阳煤田 鹤壁煤田	1-1#、1-2#、2-1#（P_1s-P_1t）	0.026～3.29	1.04～131.6
潘集矿	13-1#、8#、11-2#、6-2#、1#（P_1s-P_2x-P_2s）	0.004～2.1	0.16～84
新集矿		0.038～0.39	1.52～15.6
顾桥矿		0.01～0.2	0.4～8
红阳三矿	7#、12#、13#（P_1s-P_1t）	0.002～0.17	0.08～6.8
淮北芦岭矿	7#、8#、9#、10#（P_1s-P_2x-P_2s）	0.058～0.99	2.32～39.6
荥巩煤田	2-1#（P_1s）	0.006～0.009	0.24～0.36
盘县盆地	龙潭组和长兴组（P_2l-P_2c）	0.001～0.5	0.04～20
阜康矿区	八道湾组和山西窑组（J_1b～J_2x）	0.01～13.83	0.4～553.2
新疆白杨河区块	39#、40#、41#、42#和 44#（J_1b）	0.022～7.3	0.88～292
黔西地区（六盘水煤田、织纳煤田）	龙潭组和长兴组（P_2l-P_2c）	0.000164～1.56	0.00656～62.4
东北地区（阜新、鹤岗、鸡西、南票等矿区）	阜新组、沙海组、石头庙子组、石河子组（J_3s-K_1f）	0.02～7.89	0.8～315.6
美国黑勇士盆地（Ceder Cove Area）	Black Creek、Mary Lee、Pratt、Cobb and Gwin coals（C_1）	0.63～38	25.2～1520
美国粉河盆地（中央地带）	Big George and Wyodak coals（E）	35～500	1400～20000

2.1.2.4 瓦斯的涌出

在煤矿生产和建设过程中，煤岩体遭到破坏，储存在煤体内的部分瓦斯将会离开煤岩体，释放到井巷和采掘空间，这种现象称为瓦斯涌出。根据瓦斯涌出在空间和时间上分布形式的不同，瓦斯涌出可分为普通涌出和异常涌出两种。普通涌出是指在时间和空间上分布比较均匀，普遍发生的不间断涌出；异常涌出是指在时间和空间上突然、集中发生，涌出量很不均匀的间断涌出。

1. 普通涌出

按涌出地点的不同，煤矿井下采掘空间瓦斯涌出的来源可分为煤（岩）壁瓦斯、采落煤炭瓦斯、采空区瓦斯等。

1）煤（岩）壁瓦斯

受巷道掘进或采煤的影响，煤壁在一定范围内形成卸压带，使煤壁的瓦斯压力平衡遭到破坏，从煤体内部到煤壁自由面的瓦斯压力呈降低趋势，这就导致煤体内部瓦斯压力存在梯度，使煤体内部的瓦斯向煤壁处流动。

煤壁瓦斯涌出强度随着煤壁暴露时间的增加而逐渐降低。在煤壁暴露初期，瓦斯涌出强度较大，但随后涌出强度衰减很快，经过一定时间后，涌出强度趋于一个稳定值。掘进工作面和采煤工作面煤壁瓦斯涌出强度基本都符合这一规律，但在时间长短上可能存在一定差别。图 2.5 为寺河矿 2301s 工作面北翼胶带巷综掘工作面煤壁瓦斯涌出强度随暴露时间的变化规律，从图中可以看出，煤壁暴露 1.5 天时，瓦斯涌出强度为 0.03m^3/（min·m），但仅暴露 5 天后，瓦斯涌出强度即降低至 0.014 m^3/（min·m），不到初始强度的一半，最终瓦斯涌出强度稳定至 0.054 m^3/（min·m）。

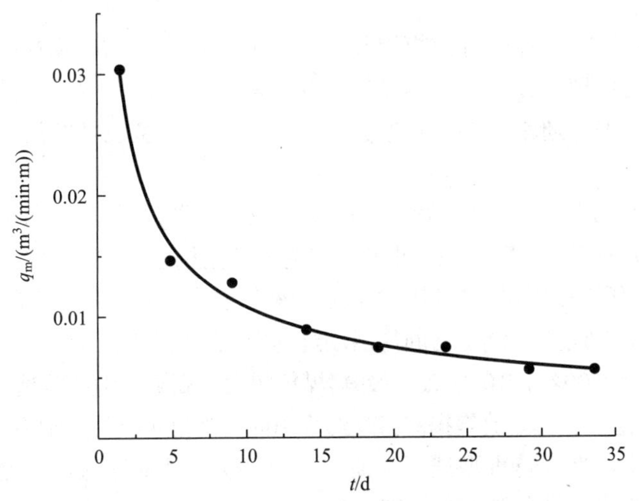

图 2.5　寺河矿综掘工作面煤壁瓦斯涌出强度随暴露时间的变化规律[19]

2）采落煤炭瓦斯

采落煤炭放散的瓦斯是采掘工作面瓦斯涌出的重要组成之一，采落煤炭的表面与其内部存在着一定的瓦斯压力梯度，瓦斯涌出以分子扩散为主，涌出量大小等于煤层瓦斯含量与煤炭被运出后的残存瓦斯含量之差。

采落煤炭瓦斯涌出量的大小主要受煤的粒度、煤块的瓦斯放散能力、残余瓦斯量以及块煤在掘进巷道内的停留时间等因素共同影响。在相同瓦斯放散能力的条件下，块煤的粒度越小，瓦斯扩散速度越快，涌出量越大。在粒度相同的条件下，煤的瓦斯放散能力越强，涌出量越大。块煤的残存瓦斯含量取决于煤的变质程度和原始瓦斯含量，随着煤的变质程度的增加和原始瓦斯含量的增大，残存瓦斯含量亦增大。

3）采空区瓦斯

采空区瓦斯主要是在采空区漏风作用下被带到开采空间的瓦斯。单一薄煤层和中厚煤层开采时，采空区瓦斯主要是遗煤放散的瓦斯，采空区所含瓦斯量很低；单一厚煤层开采时，采空区会由于暴露面积大且顶煤和底煤破碎释放瓦斯而有大量的瓦斯积聚；煤层群或单一煤层附近有瓦斯含量较大的岩层时，受采动的影响，除开采层瓦斯涌出外，还有邻近层的瓦斯通过裂隙涌出，在这种情况下，采空区瓦斯涌出量会显著增大。例如淮南谢二矿、谢三矿两个矿井，开采 13 号煤层时，由于受邻近层瓦斯涌出的影响，采空区瓦斯涌出量是该煤层瓦斯含量的 1.58～1.73 倍。

2. 异常涌出

从煤矿地质学角度来讲，瓦斯的异常涌出就是指瓦斯喷出和煤与瓦斯突出。本节所介绍的瓦斯的异常涌出较为宽泛，只要采掘空间的瓦斯涌出量与正常值相比显著增加，即认为产生瓦斯异常涌出。导致瓦斯异常涌出的因素主要包括地质构造、采矿活动、地应力、通风负压、地面大气压等。

1）地质构造

地质构造的存在，往往会导致煤层和封盖层的产状、结构、物性、裂隙发育状况和地下水径流条件均出现差异进而影响到煤层瓦斯的赋存特征，也是导致瓦斯喷出和煤与瓦斯突出的主要原因。通常，导致瓦斯异常涌出的构造类型包括断层、褶曲和岩浆岩侵入等。

（1）断层。断层对煤层瓦斯赋存的影响主要取决于断层性质（封闭型或开放型）、断层两侧岩性对接关系等。一般来说，正断层多为开放型构造，封闭性较差，不利于瓦斯的保存；逆断层多为压性或压扭性的封闭型构造，断层面成为阻隔瓦斯逸散的良好构造界面，有利于瓦斯的大面积保存。此外，若断层活动过程中在断层周围形成断层破碎带，则易形成瓦斯富集区。例如，2004 年 10 月 20 日，郑煤集团大平煤矿在地质构造复杂、距地表垂深达 612m 的岩石掘进工作面，放炮揭穿落差约为 10m、倾角 49°的逆断层时，如图 2.6 所示，导致 2-1#煤层发生延期性特大型煤与瓦斯突出，产生了瓦斯逆流，逆流到西大巷新鲜风流中的瓦斯，被架线电机车取电弓与架线产生的电火花引爆，造成 148 人死亡。

（2）褶曲。褶曲对煤层瓦斯赋存的影响主要和地下水的封堵以及地层压力有关。在向斜核部及其邻近部位，由于地层水位低导致静水压力大、储层压力高，有利于瓦斯的保存和吸附。背斜轴部由于受到拉张应力的作用，导致封盖层张性节理裂隙发育，封闭性差，瓦斯易于运移逸散，造成煤层瓦斯含量总体较低。此外，褶曲两翼的地层倾角越大，张性断裂越发育，煤层瓦斯越容易逸散；反之，两翼倾角越小，裂隙不甚发育，有利于形成小型的构造“圈闭”，或因构造挤压变形强度变大导致逆断层发育，则有利于瓦斯的保存。例如，位于燕山南麓河北省唐山市的开平向斜，是一个轴向 NE 的不对称向斜，北西翼地层倾角陡立，局部直立或倒转，甚至发育推覆构造；而南东翼地层较平缓，

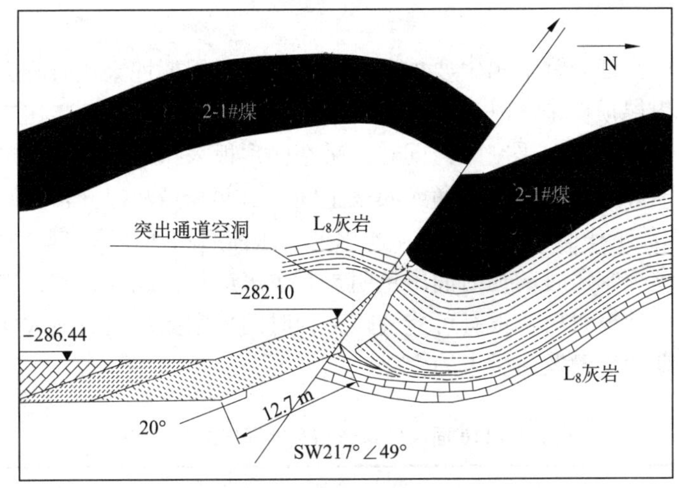

图 2.6　煤与瓦斯突出位置与逆断层关系图[21]

一般倾角为 10°～15°。正是由于两翼倾角的不同，开平向斜可以明显分为两大瓦斯区：北西翼为高瓦斯区带，分布 1 对高瓦斯矿井（唐山煤矿）和 2 对煤与瓦斯突出矿井（马家沟煤矿与赵各庄煤矿）；而南东翼则形成低瓦斯带，目前开采矿井均为低瓦斯矿井，分别为林西煤矿、吕家坨煤矿、范各庄煤矿和钱家营煤矿[20]。

（3）岩浆岩侵入。岩浆侵入含煤岩系或煤层，在岩浆热变质和接触变质的影响下，煤的变质程度升高，瓦斯的生成量和吸附能力增大；岩浆岩体有时会使煤层局部被覆盖或封闭，形成隔气盖层，对瓦斯排放起封闭作用；同时岩浆侵入使煤体受力，被揉搓粉碎，造成煤结构破坏。当采掘作业经过该区域时就可能造成瓦斯大量涌出。例如，2009 年 11 月 21 日，黑龙江鹤岗新兴煤矿在地质构造极其复杂、同时受火成岩侵入影响的三水平南二石门 15 层探煤巷掘进时（图 2.7），15 层煤发生特大型煤与瓦斯突出，突出的瓦斯逆流至二水平南大巷后，造成二水平卸载巷及附近区域积聚大量瓦斯，被卸载巷架线电机车架空线并线夹接头产生的电火花引爆，事故造成 108 人死亡。

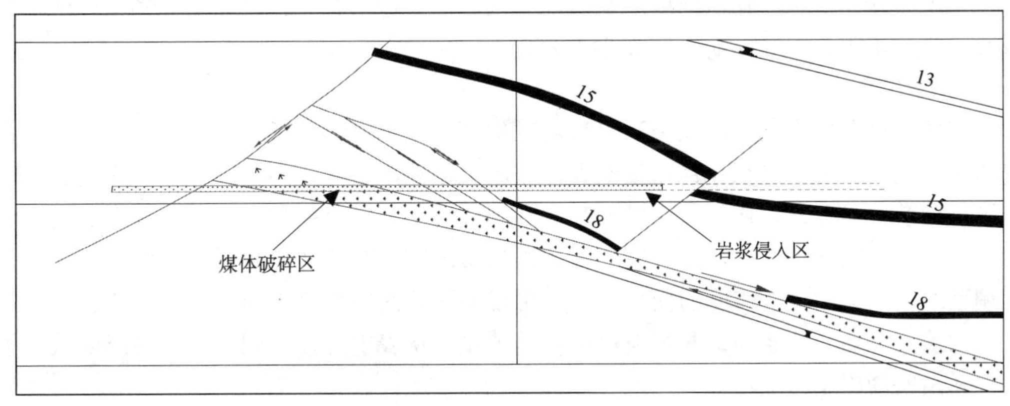

图 2.7　三水平南二石门 15 层探煤巷剖面图

2）采矿活动

采矿活动导致瓦斯异常涌出主要指采空区煤层顶板周期性来压时导致瓦斯涌出量显著增大。采空区煤层顶板来压时，采空区冒落的岩石和遗煤被进一步压实，其冒落空间中积存的瓦斯受挤压涌向回采空间；同时，采空区顶板来压导致裂隙通道增加，邻近煤层和周围采空区的卸压瓦斯会大量涌入回采空间，引起瓦斯涌出异常。靖远煤业公司魏家地矿 X1-110 综放工作面采空区顶板 4 次周期来压前后的瓦斯涌出量如表 2.4 所示，从表中可以看出，顶板来压时的瓦斯涌出量明显高于来压前。此外特别值得注意的是，对于冒落困难的坚硬顶板煤层，很有可能会在某一时间采空区顶板突然大面积冒落，这时会导致采空区瓦斯涌出量发生巨大的变化。

表 2.4　110 面周期来压与瓦斯涌出的关系[21]

来压次数	绝对瓦斯涌出量/（m^3/min）		倍数
	来压前	来压时	
1	2.80	3.00	1.07
2	2.40	3.25	1.35
3	2.20	5.16	2.35
4	2.76	3.24	1.17
平均	2.54	3.66	1.44

3）地应力

地应力导致瓦斯异常涌出的主要表现形式为冲击地压。冲击地压是指煤岩力学系统达到强度极限时，聚积在煤岩体内的弹性能以突然、急剧、猛烈的形式释放，将煤岩体冲击性地抛向井巷的动力现象，且通常伴随巨大震动。随着煤矿开采深度和开采范围的加大，地应力不断增大，冲击地压现象发生的频度和强度日益增强，当冲击地压发生区域瓦斯含量高时，就会导致在很短时间内瓦斯大量涌出。例如 2005 年 2 月 14 日阜新孙家湾煤矿发生冲击地压造成 3316 风道外段大量瓦斯涌出，3316 风道里段掘进工作面局部停风造成瓦斯积聚，瓦斯浓度达到爆炸界限，工人违章带电检修照明信号综合保护装置时，产生电火花引爆瓦斯，造成 214 人死亡。

4）通风负压

矿井通风负压变化时，瓦斯涌出量会发生变化。单一煤层开采时，瓦斯主要来自煤壁和采落煤炭，采空区积存瓦斯量不大，一般瓦斯涌出量变化不大。煤层群开采时，采空区积存着大量瓦斯，通风负压增加时，会导致采空区漏风的加大，瓦斯涌出量迅速增加，回风流中的瓦斯浓度可能急剧上升。通风负压减小时，情况相反。因此，为降低负压调节时回风流中瓦斯浓度的变化幅度，可以采取分次增加负压的方法。表 2.5 给出了辽源太信一井通风负压与矿井瓦斯涌出量的关系，从表中可知，通风负压的降低减少了矿井瓦斯的涌出量。

表 2.5　太信一井矿井通风负压与矿井瓦斯涌出量关系表[22]

通风负压/Pa	1668	1619	1472	1373	1275
绝对瓦斯涌出量/（m^3/min）	22.6	21.9	21.6	20.9	19.6
测定月份	1 月	2 月	3 月	4 月	5 月

5）地面大气压

地面大气压的变化会引起井下大气压的相应变化。根据测定，地面大气压一年内变化量可达（5～8）$\times10^{-3}$MPa，一天内最大变化量可达（2～4）$\times10^{-3}$MPa，该变化量对于从煤层暴露面涌出的瓦斯量影响甚微，但对采空区或冒落处瓦斯涌出的影响比较显著。当地面大气压突然下降时，井巷空气绝对压力减小，采空区瓦斯积存区的气体压力不变，使得采空区与井巷的气体压力差增加，瓦斯会更多地涌入风流中，使得矿井的瓦斯涌出量增加；反之，瓦斯涌出量减小。例如峰峰矿务局羊渠河矿，当气压由 0.09976MPa 增加至 0.1013MPa 时，矿井的瓦斯涌出量由 11.61m^3/min 降至 8.06m^3/min。

2.1.3　其他可燃物

除了煤炭和瓦斯两种主要可燃物外，煤矿井下的支护材料、生产装备及辅助材料中也存在一些可燃性物质。

2.1.3.1　木支护材料

支护材料中的可燃物主要是坑木。随着矿井巷道支护与开采新技术的推广，矿井生产中坑木的使用在逐渐减少，但是作为传统的支护材料，坑木质量较轻、容易加工架设、具有可缩性、经济方便，故仍在巷道、竖井、采煤工作面、特殊巷道等井下空间被使用。

1. 组成

坑木的主要成分是碳（50%）、氢（6.4%）和氧（42.6%），还有少量的氮（0.01%～0.2%）以及其他元素（0.8%～0.9%），但不含其他燃料中常含有的硫元素。坑木中的水分因其干燥程度不同而变化。一般而言，坑木中的含水量冬天略低于 10%，夏天为 12%左右。含水量越多，坑木越不易燃烧，导热性和导电性越强。坑木的燃烧热约为 2×10^4kJ/kg[23]。

2. 热分解

在井下高温环境或火源的加热下，坑木会发生分解。在不同的温度下分解的气体成分和含量不同：130℃时，首先是水的蒸发，接着开始微弱分解；到 150℃时开始显著分解；200℃时纤维素开始分解；270～380℃开始剧烈分解。坑木分解时在不同温度下，分解产物的总体积及各种气体成分的百分比见表 2.6。

表 2.6 坑木分解时产物总体积及各种气体成分的百分比[23]

分解温度/℃		200	300	400	500	600	700
每 100kg 坑木产生气体的总量/m^3		0.4	5.6	9.5	12.8	14.3	16.0
气体组成/%	CO_2	75.00	56.7	49.36	43.20	40.98	38.55
	CO	25.00	40.17	34.00	29.01	27.20	25.91
	CH_4	—	3.76	14.31	21.72	23.42	24.94
	C_2H_2	—	—	0.86	3.68	5.74	8.50
	H_2	—	—	1.47	2.34	2.66	2.81

3. 燃烧特点

坑木的燃烧大体分为有焰燃烧和无焰燃烧两个阶段。有焰燃烧是坑木受热分解出的可燃性气体的燃烧，同煤析出的可燃性气体燃烧一样，它的特点是燃烧速度快、燃烧量大，占整个坑木燃烧质量的 70%；火焰温度高，燃烧时间短，发展猛烈。可燃气消耗殆尽时，坑木中的碳才开始出现无焰燃烧，即表面燃烧。

2.1.3.2 橡胶类材料

1. 输送机胶带

随着对煤矿生产安全、高效运输的要求越来越高，带式输送机已成为煤矿井下的主要运输工具。输送机胶带作为带式输送机的主要部件之一，在煤矿井下的使用量逐步增大，因此，胶带火灾的防治也越来越受关注。

1）分类

目前煤矿井下使用的阻燃输送带主要包括织物整芯阻燃输送带和钢丝绳芯阻燃输送带两大类。织物整芯阻燃输送带分为塑料整芯阻燃输送带（PVC 型）和橡胶面整芯阻燃输送带（PVG 型）两种类型，适用于中低运载量和中低速度的输送机。PVC 型整芯阻燃输送带带芯的浸渍物和覆盖层均为聚氯乙烯，因而是一种塑料产品，对环境的适应性和爬坡性能较差。PVG 型整芯阻燃输送带带芯的浸渍物为聚氯乙烯，覆盖层为橡胶和聚氯乙烯的共混物，因而是一种橡塑产品，对环境的适应能力和爬坡性能优于 PVC 型。钢丝绳芯阻燃输送带具有初始规模大、拉伸强度高、伸长量小、弹性及耐冲击性好、运载能力大、运输距离长和使用寿命长等优点，广泛应用于煤矿井下的主皮带运输，适用于中低运载量和中低速度的输送机。

2）结构

输送带一般由带芯和覆盖胶层组成，带芯是输送带的骨架，能提供必要的强度和刚度，并能承受输送带工作状态下的全部负荷，覆盖胶层包括覆盖胶和边胶，是带芯的保护层，在工作时保护带芯不受物料的直接冲击、磨损与腐蚀，防止带芯早期损坏，延长输送带的使用寿命，如图 2.8 所示。为提高胶带的阻燃性，通常采用的技术手段是添加含锑、磷、卤素元素的有机与无机阻燃剂。

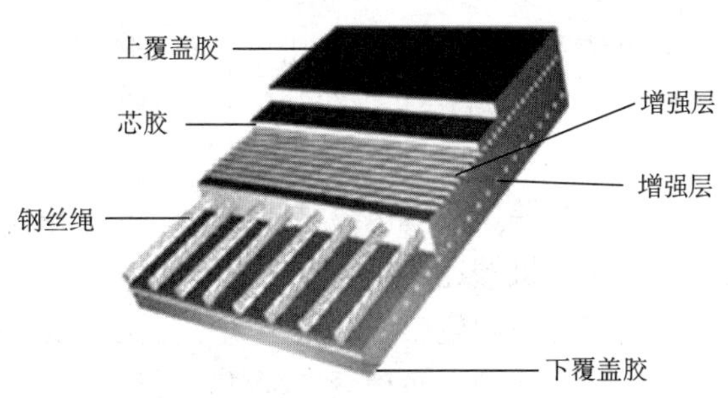

图 2.8　钢丝绳芯阻燃输送带内部剖面图

3）燃烧特性

我国煤矿主要应用聚氯乙烯（PVC）胶带，由于 PVC 胶带含有大量高分子氯聚合物，在环境温度接近 180℃时就发生热解反应，产生 HCl 气体。在初期燃烧阶段，HCl 释放率最高，其释放率取决于 PVC 胶带的含氯量、燃烧速率、可燃物数量及其与火源的距离等参数。PVC 热解还因加入增塑剂（酞酸酯）会产生大量的 CO、酞酐和不饱和碳氢化合物。在发生 PVC 胶带火灾时，13%～30%的羧基血红蛋白就可使受试动物半数死亡（LC_{50}），而纯 CO 血红蛋白为 85%才能达到 LC_{50}。因此，PVC 胶带火灾的生成物毒性比煤自燃火灾更大。在 PVC 胶带初期燃烧阶段，CO 生成量较少，但几分钟后，当温度超过 400℃时，紧接着生成 HCl 阶段，将产生大量 CO[24]。因此在火灾初期，生成物毒性分析以 HCl 为主，HCl 对人体的危害如表 2.7 所示；在火灾发展阶段，由于生成物 CO、HCl 的毒理不同，应叠加考虑 HCl 和 CO 的毒性作用。应注意的是，在 PVC 胶带燃烧结束后，HCl 还长期存在，PVC 火灾还会因 CO 和氯气流经炽热焦炭产生剧毒的碳酰氯（俗称光气）。

表 2.7　空气中 HCl 浓度对人体的影响

HCl 浓度/ppm	症状
1～5	人的嗅觉可发现
5～10	对黏膜中度刺激
35	短期暴露于该浓度对喉部产生刺激
50～100	难以忍受
1000	极短时间内将出现肺水肿

注：1ppm=10^{-6}。

2. 电缆

电缆火灾在煤矿井下的火灾事故中也占有一定比例，电缆在燃烧的同时可以产生大量烟雾和卤化氢、二噁英等有毒有害气体，不仅影响井下煤炭资源的正常开采，而且严重威胁到人们的生命财产安全。据不完全统计，从 2007 年到 2014 年，全国煤矿共发生电缆相关事故 10 余起，造成伤亡人数多达百余人[25]。

1）种类

煤矿中使用的电缆可分为铠装电缆、橡套电缆和塑料电缆三类。

（1）铠装电缆。铠装电缆是指用钢丝或钢带把电缆铠装起来，其特点是绝缘强度高、机械强度高、耐热性和安全性好，主要在井筒和巷道中作井下输电干线向固定设备供电用。

（2）橡套电缆。橡套电缆分普通橡套电缆、阻燃橡套电缆和屏蔽橡套电缆三种。橡套电缆主要在采掘工作面供移动机械连线用。

普通橡套电缆内部导线有 4 根导电芯线，其中 3 根为主芯线（粗的），另一根较细，为接地线，如图 2.9 所示。除上述的四芯橡套电缆外，还有二芯、三芯、六芯、七芯等橡套电缆。普通橡套电缆的外护套由天然橡胶制成。由于天然橡胶可以燃烧，而且燃烧时分解出的气体有助燃作用，容易造成火灾，所以有瓦斯、煤尘爆炸危险的煤矿井下，不宜使用普通橡套电缆。

阻燃橡套电缆的构造与普通橡套电缆相同，只是它的外护套采用氯丁橡胶制成。氯丁橡胶同样可以燃烧，但燃烧时分解产生的氯化氢气体可将火焰包围，使它与空气隔离并很快熄灭，不会沿电缆继续燃烧。

屏蔽橡套电缆主要用于采区工作面，以提高工作的安全性。其屏蔽层材料有半导体材料和尼龙网材料两种，屏蔽橡套电缆结构如图 2.10 所示。屏蔽橡套电缆的优点有：①避免了电缆主芯线绝缘破坏时造成相间短路的严重事故；②避免了由于电缆损坏使人触电的危险。正由于屏蔽橡套电缆与检漏继电器的配合有超前切断故障线路电源的作用，因此有效地防止了漏电火花和短路电弧的产生。特别适用于有瓦斯或煤尘爆炸危险的场所和移动频繁的电气设备，即采掘工作面的供电系统。

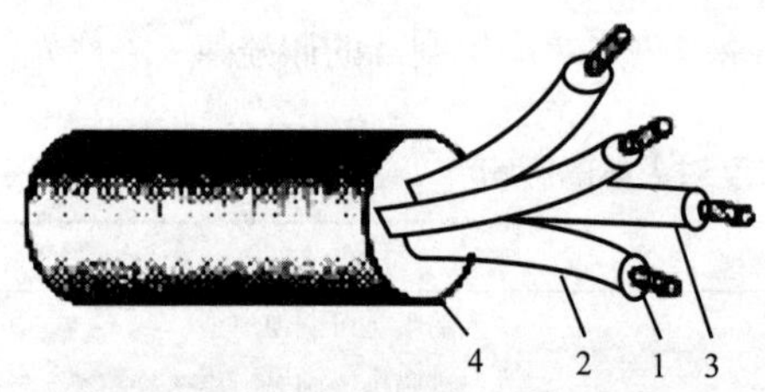

图 2.9　普通四芯橡套电缆结构图

1. 导电芯线；2. 橡胶绝缘层；
3. 橡套垫心；4. 橡胶护套

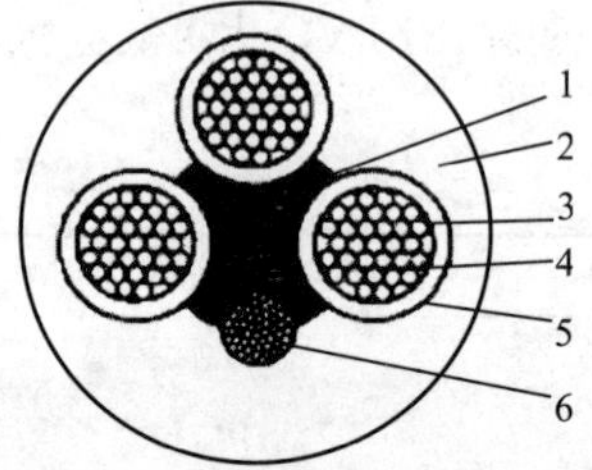

图 2.10　屏蔽橡套电缆结构图

1. 导电橡胶垫芯；2. 外护套；3. 主芯线；4. 主芯线绝缘层；5. 主芯线屏蔽层；6. 接地线

（3）塑料电缆。塑料电缆的主要结构与上面两种电缆基本相同，不同在于它的芯线绝缘和外护套都是用塑料（聚氯乙烯或交联聚乙烯）制成的。优点是许用温度高，绝缘性能好，护套耐腐蚀，敷设的落差不受限制等。

2）电缆着火原因

井下环境复杂多变，影响井下电缆着火的原因也很复杂，外部火源、绝缘层的老化、接线头处理不当、电缆的安装不合理等都是电缆着火的诱因。根据已发事故的分析，发现电缆着火的原因主要有以下几点：

（1）未使用阻燃性电缆。《煤矿安全规程》严格规定煤矿井下电缆必须使用阻燃电缆，且必须是通过国家矿用产品安全标志认证的电缆。但仍有一些小煤矿企业在使用无安全标志的非阻燃电缆，非阻燃电缆阻燃性能很差，当遇电气打火或明火很容易被点燃，并释放出大量的有毒有害气体对人体造成危害，甚至使人窒息死亡。

（2）电缆使用管理不当。主要包括选型不当，供电线路没有按规定载荷使用，在原有线路上任意增加大功率电气设备，电缆规格连接不当，对已老化设备未及时进行修补更新等。电缆火灾主要是由于煤矿企业的管理不当，系统不完善引起的。

（3）电缆绝缘护套失效。引起电缆绝缘失效的原因可归结为电的作用、化学作用、机械应力作用、温湿度的影响等，使电缆绝缘老化加剧，性能降低。绝缘层表面的污垢、潮湿、局部放电等致使电缆绝缘材料性能发生改变，且是不可逆转的。煤矿电缆的材料主要为聚氯乙烯材料，在外力作用下容易破损，且聚氯乙烯燃烧后产生大量气体烟雾和氯化氢、二噁英等，给人体健康造成极大的伤害。

2.1.3.3　高分子材料

由于一些高分子材料（以树脂类为主）具有灌注黏度低、渗透扩散性好、强度增长快、与煤岩体黏结力高等特点，被广泛应用于煤矿井下防灭火、充填、堵漏、加固等方面。但其中有些高分子材料在使用过程中存在自燃及引燃煤炭等其他可燃物的危险。据神华集团统计，高分子材料在使用过程中发生自燃现象 9 起，造成人员伤亡 3 起，另外，神华集团的锦界煤矿和乌兰煤矿发生过高分子材料高温引燃板闭的现象。据冀中能源峰峰集团统计，在使用高分子材料加固煤层顶板时，发生了多起高分子材料自燃进而引燃煤炭事故。

高分子材料的安全性问题主要由其易燃性和产热性导致。易燃性常用燃点或闪点进行评价，燃点与闪点代表材料着火的最低温度。燃点与闪点越低，表明越容易着火，则安全性越差。矿井使用的高分子材料的燃点或闪点通常不能低于 100℃。产热性是矿井堵漏、充填、加固用的高分子材料使用中面临的主要安全问题，该类材料在使用过程中会发生化学反应而放出热量，通常用化学反应的最高反应温度代表该特性，反应温度越高，释放出的热量就越大，则安全性越差。国内现有的行业标准中，规定充填用的承压或非承压高分子材料最高反应温度分别不能高于 95℃和 50℃，堵漏和加固用的高分子材料的最高反应温度不能高于 140℃。

因此，矿井高分子材料的安全性应当通过具有资质的专业检测机构进行测试，择优选用。受现有技术条件和使用需求紧迫性的限制，针对一些材料存在的安全问题，如放热较多的高分子材料，煤矿企业在使用时应当结合使用的环境与条件对其安全性进行评估，并制定相应的安全监测制度和防范措施，防止灾害事故的发生。

2.1.3.4　油料

井下使用的汽油、煤油和变压器油都是极易燃烧的物质，它们的着火点较低，一旦遇有适当温度的火源，容易着火燃烧，而且很快便扩散、传播开来，是引发煤矿井下外因火灾的重大隐患之一。

一般油料的沸点低于其燃点，燃烧过程先是油料蒸发，生成可燃蒸气，然后蒸气与空气混合而发生着火，例如汽油的燃烧；而对于重质油料，如重质柴油、润滑油等，这些油料的沸点高，在着火之前需要经历一个热分解过程，即油料由于受热而裂解成轻质碳氢化合物和炭黑，轻质碳氢化合物以气相形态燃烧，而炭黑则以固相形式燃烧。重质油料的燃烧过程属于分解燃烧范畴。

液体的闪点是衡量燃烧液体火灾危险性的一个重要参数，根据物质的闪点，可以区分各种液体燃烧危险性的大小。液体的闪点是指在一定条件下，易燃和可燃液体释放出足够的蒸气，在液面上能够发生闪燃的最低温度。液体的闪点越低，它的危险性也就越大。例如，煤油的闪点为 28.0～45.0℃，其在室温（20℃）条件下与明火接近时不能立即燃烧，这是因为低于闪点温度时，蒸发出来的煤油蒸气量少、浓度低，在液面上不会形成煤油蒸气和空气的混合气，因而遇到火源的瞬间不能发生燃烧。由此可见，只有液体处于闪点以上温度时，才有着火的危险。基于这样的考虑，我国在危险化学品分类时，对于易燃液体按照闪点的高低分为三类。第一类（低闪点液体）：闪点温度低于–18℃的液体。第二类（中闪点液体）：闪点温度在–18～23℃的液体。第三类（高闪点液体）：闪点温度在 23～61℃的液体。常见液体的闪点如表 2.8 所示。

表 2.8 常见液体的闪点[26]

液体名称	闪点/℃	液体名称	闪点/℃
汽油	−58.0～10.0	乙醇	11.0
二硫化碳	−45.0	二氯乙烷	13.0
甲醇	9.5	煤油	28.0～45.0

2.2 可燃物特性

煤矿中可燃物的特性主要指其氧化燃烧和爆炸特性。在煤矿井下，采掘作业产生的浮煤能发生自燃和燃烧，在其他动力作用下扬起的煤尘能发生爆炸；伴煤而生的瓦斯能够燃烧与爆炸；矿井建设与开采中使用的其他可燃材料也能发生燃烧。此外，煤矿中可燃物还具有的显著特性是煤与瓦斯共存、气固两相可燃物复合致灾。

2.2.1 煤自燃、燃烧与煤尘爆炸

2.2.1.1 煤自燃

煤自燃是在无外部热源条件下，煤氧化放热自行升温的现象。宏观上，是煤与空气中的氧气反应的氧化放热量大于向周围环境中散失的热量，发生热量聚集，促使煤温逐渐升高，并导致反应速率进一步加速，反应速率与热量的积累直接相关。微观上，是煤中的活性结构与氧反应的自由基链反应的过程，链反应活化中心的增加促使煤氧化反应速率加速和热量增加[27]。

1. 煤自燃机理概述

煤自燃是煤矿的主要灾害之一。煤自燃不仅是煤矿热动力的一种基本灾害，也是一种导致重特大事故发生的点火源。人们从 17 世纪就开始探索研究煤自燃的起因和过程。1686 年，英国学者 Plot 发表了一篇有关煤自燃的论文，他认为煤中含硫矿物的氧化是造成煤自燃的原因。在其后至今的几百年中，为解释煤自燃的起因，各国学者先后提出了各种假说，主要有黄铁矿作用、细菌作用、酚基作用、自由基作用、煤氧作用等假说[28, 29]。其中，煤氧作用假说从宏观角度指出煤的自燃是煤与氧气发生氧化反应产热所致，该假说目前在国内外得到了广泛认同，但未能从微观角度揭示煤氧作用的自燃机理，仍停留在假说阶段。

前人在煤自燃微观机理方面取得了一些研究成果，其中，在揭示煤氧化产生 CO、CO_2 等产物机理方面，以煤自燃两个平行反应模型最具代表性[30-32]。两个平行的反应一个是指煤与氧气直接氧化产生 CO_2、CO 与 H_2O 的反应，一个是煤与吸附的氧气产生煤氧络合物及分解产生 CO_2、CO 与 H_2O 等的反应。该模型基本阐明了煤自燃的反应过程及特性，但因受研究条件的限制，不可能从电子运动的角度定量阐明其关系，不能获得各反应的活化能，也就不能确定各反应发生的先后顺序，故不能揭示出煤的自燃机理。

2. 煤自燃氧化动力学理论[11]

随着量子力学计算和微观测试的现代化装备的推广与应用，煤自燃机理的研究从对煤氧作用的定性描述或列出由反应物经中间体到产物的简单过程，进入以量子力学为基础的电子层结构能量描述时代，通过量子化学获得的各基元反应的过渡态能量和放热量，可获得煤自燃基元反应的过程参数，实现了由定性推断发展到定量表征阶段，使煤自燃机理研究进入了量子化学研究的新时代。

量子化学是用量子力学的基本原理，通过构建与求解原子及分子中电子运动的“波动方程”，得到电子运动、核运动以及它们相互作用的微观图像，预测分子的稳定性和反应活性的一门学科。作者领导团队采用量子化学理论系统研究了煤中活性结构的变化过程，通过对 134 种煤化学结构的总结，确定出煤结构中可发生氧化反应的活性位点，基于活性位点的连接方式及骨架结构，建立了每一类活性位点的结构单元，再利用量子化学与前线轨道理论计算活性位点的反应能量参数（活化能等），得到了煤自燃的 13 个基元反应及其反应顺序的链式反应模型，从而形成了煤氧化动力学理论，如图 2.11 所示。

煤中活性结构氧化的基元反应群是煤自燃过程中的放热主体，而基元反应形成的以羟基自由基和碳自由基为活性中心、过氧化物分解为闭合反应的链式循环反应过程是煤中活性结构持续产生并氧化的核心。

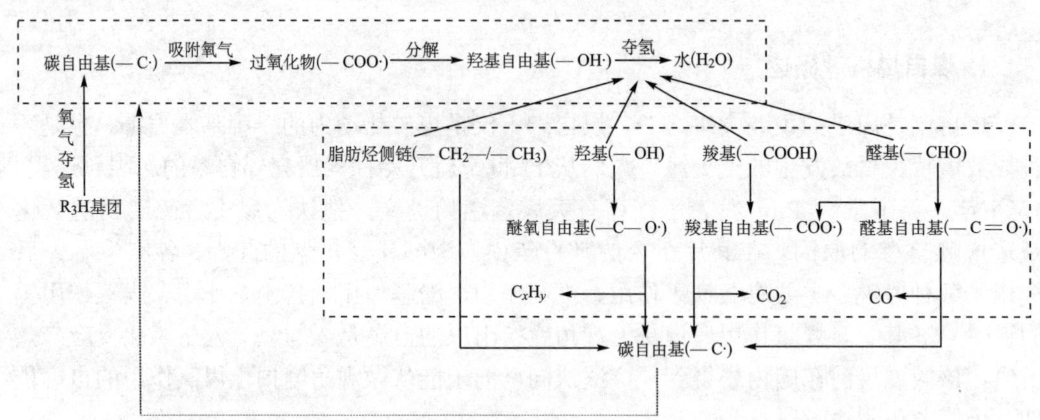

图 2.11　煤氧化动力学理论的链式循环反应模型

3. 煤的自燃倾向性

煤的自燃倾向性，即煤自燃的难易程度，是煤低温氧化性的体现，是煤自燃的内在属性。煤的自燃倾向性仅仅是煤的氧化特性和热释放强度的问题，它只和煤的变质程度、煤中的水分、煤的孔隙结构、煤的含硫量等内在因素有关，而与外在环境因素无关。

自燃倾向性是评价煤矿煤层自然发火危险程度的一个重要指标，是煤矿采取防治技术和管理措施的主要依据。为便于分类管理，我国将煤的自燃倾向性分为 3 类：容易自燃、自燃、不易自燃。由于煤的组成成分及结构的复杂性，国内外对煤的自燃倾向性鉴定方法还没有一致的认识，目前我国只有推荐性国家标准《煤自燃倾向性色谱吸氧鉴定法》（GB/T 20104—2006）与推荐性行业标准《煤自燃倾向性的氧化动力学测定方法》（AQ/T 1068—2008）。

《煤自燃倾向性色谱吸氧鉴定法》采用 1g 干煤在 30℃、常压下的吸氧量（物理吸附氧量）作为判别煤自燃倾向性的主要依据。该标准依据的基本原理是煤的吸氧量越大，煤越易自燃。由于煤的吸氧量与煤的自燃倾向性不完全是正相关，如褐煤和无烟煤都因孔隙率高而吸氧量大，但它们的自燃倾向性却相反，故该方法以挥发分 18%为界进行区分，对不易自燃的无烟煤、贫煤和瘦煤提高吸氧量标准，并增加含硫量为辅助标准。

色谱吸氧主要测试煤瞬间的物理吸氧能力，以此代表煤的自燃倾向性，其测试原理及测试结果的准确性一直受到质疑。其存在的问题主要有：①煤在常温下对氧的物理吸附能力并不能代表煤的氧化能力，煤对氧气的物理吸附量只与煤的表面性质和孔隙结构有关，不能反映煤的自燃化学特性；②采用多重指标造成测试结果误差大，尤其易在临界值（V_{daf}=18%；S_Q=2%）附近产生完全不同的鉴定结果。现场的实际情况也反映出了色谱吸氧法的不足。河北峰峰集团的羊渠河、小屯、牛儿庄、九龙、大淑村等煤矿所采煤层通过色谱吸氧法鉴定为不易自燃煤层，但在开采过程中均发生了煤自燃现象；河南郑州的王庄、米村、超化、裴沟、缸沟等煤矿开采的煤层通过吸氧法鉴定同样为不易自燃煤层，但据郑煤集团 2005 年的统计，上述煤矿已发火 69 次[33, 34]。应该指出，色谱法替代我国早期使用的双氧水法或着火点温度降低法，避免了测试过程中产生有害气体和污染环境的不足，该方法采用现代的色谱测试技术，测试快速、标准化好，弥补了其原理的不足，又补充了含硫量、挥发分的辅助参数，在要求不是特别严格的条件下基本满足了煤自燃倾向性测定的需要。随着时代的进步，为克服色谱方法面临的科学性不足，也需要寻求发展新的测试方法与技术。

《煤自燃倾向性的氧化动力学测定方法》是根据煤氧化动力学原理，通过测试煤在低温氧化阶段和快速升温阶段临界点的氧化动力学参数：煤样 70℃时的耗氧量（C_{70}）和交叉点温度（T_{cpt}），得出反映煤自燃综合特性的判别指数，据此评价煤的自燃倾向性，其分类指标如表 2.9 所示。

表 2.9　煤自燃倾向性分类方法

C_{70}/%	T_{cpt}/℃	类别	描述
<18.0	<170	I	容易自燃
18.0～20.5	170～190	II	自燃
>20.5	>190	III	不易自燃

煤样 70℃时的耗氧量可以很好地反映煤在较低温度时还保持一定原始水分时的氧化自燃特性热。同等条件下，煤与氧结合能力越强，耗氧越多，升温速率越快。实验测试方法为在进入煤样罐入口的干空气中的氧气含量一定的情况下，煤样氧化耗氧量的大小取决于煤样罐出气口的氧气浓度；出气口氧气浓度越小，煤样氧化耗氧量越大。因此，可通过测试相同实验条件下煤样 70℃时煤样罐出气口的氧气浓度来判定该煤样在低温阶段的氧化特性。

交叉点温度是国际上广泛采用的测试煤自燃倾向性的方法，其特点是测试煤在较高温度条件下的自燃特性，在该阶段煤中水分已蒸发完毕，反映的是干煤的自燃特性。交叉点温度是衡量加速氧化阶段升温速率快慢的指标。研究表明，加速氧化阶段反应速率快的煤交叉点温度低；反之，加速氧化阶段反应速度慢的煤交叉点温度就高。因此，通过测试交叉点温度的大小可以反映出煤在加速氧化阶段的内在氧化自燃特性。

煤自燃倾向性的氧化动力学测定法既能反映煤在低温缓慢氧化阶段的特性，也能反映煤在加速氧化阶段的特性，与煤的自燃特性吻合很好；测试装备可实现温度、氧气浓度一体化自动采集与分析，测试时间短。大量的测试应用结果表明，该方法的重复性好、操作简单，是一种科学、快捷和有效的煤自燃倾向性鉴定方法。该方法测得的结果还可直接换算成煤在绝热状态下的自然发火期，即将煤自燃倾向性的测试参数经量纲转化，并与绝热测试结果进行对比，可获得理论最短自然发火期，以发火期时间长短表征的煤自燃倾向性值，既提高了煤自燃倾向性表征的易理解度，又提高了煤最短发火期的科学性，使煤的最短发火期不是一个可随意变化的值，而是代表统一标准（实验室绝热）条件下的确定值。

2.2.1.2　煤燃烧

在煤自燃发展到一定程度时，如果不采取有效的治理措施，那么在供氧充足的情况下，就会形成大面积煤炭的燃烧，造成更大的危害和损失。

1. 煤的燃烧过程

煤的燃烧是一个煤不断加热升温的复杂过程，首先在 105℃以前析出吸附气体和水分，但水分要到 300℃左右才能完全释放。在 200～300℃时析出的水分称为热解水，此时也开始释放气态反应产物，如 CO 和 CO_2 等，同时有微量的焦油析出。随着煤温度的上升，煤颗粒开始不断地释放出挥发分。一般来说，逸出挥发分的量和挥发分的组分与煤的温度有关，挥发分放出之后剩余的固体称为焦炭，挥发分将在炭颗粒外围空间燃烧，形成空间气相火焰，而炭颗粒与氧气发生气固两相燃烧。

根据煤在燃烧过程中温度和质量的变化，一般把煤的整个燃烧过程分成加热、水分蒸发、挥发分析出及燃烧、焦炭燃烧及燃尽四个阶段。燃烧过程如图 2.12 所示。

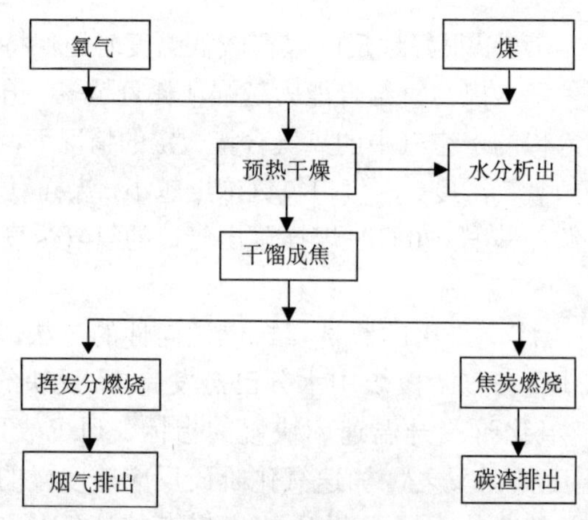

图 2.12　煤的燃烧过程

2. 煤的热解

煤被加热到一定温度时开始分解，产生煤焦油和被称为挥发分的气体，挥发分是可燃性气体、二氧化碳和水蒸气的混合物。可燃性气体中除了一氧化碳和氢气外，主要是碳氢化合物，还有少量的酚和其他成分。在一定的温度和供氧条件下，可燃性气体在煤颗粒周围着火燃烧，形成光亮的火焰。燃烧特点是速度快、温度高、火焰长、时间短、发展猛烈。

挥发分对煤的着火和燃烧有很大影响，一般认为，挥发分含量高的煤着火和燃烧都比挥发分含量低的煤要容易。变质程度低的煤，其挥发分含量比变质程度高的煤多，而且挥发分的活性也较强，也就容易着火。因此，变质程度越高的煤，着火点越高，着火和燃烧的危险性越小。不同变质程度煤的着火点范围如表 2.10 所示。

表 2.10　常见煤种的着火点范围[9]

煤种	燃点/℃	煤种	燃点/℃
褐煤	260～290	肥煤	340～350
长焰煤	290～330	焦煤	370～380
气煤	330～340	无烟煤	400～500

2.2.1.3　煤尘爆炸

煤尘爆炸是指由煤尘参与的化学性爆炸。煤矿井下的煤尘主要来源于采煤工作面、掘进工作面和转载点，其中，综采工作面的煤尘主要是由割煤、运煤、移架、放煤口放煤和工作面入口处煤的转载产生，放顶煤工作面的煤尘主要是由移架和落煤产生；掘进工作面的煤尘主要是由掘进机截割煤体以及煤块坍塌后与地面碰撞产生；转载点的煤尘主要是在煤从一皮带落到另一皮带和煤仓运输过程中产生。当井巷空间的煤尘达到一定浓度时，遇到点火源就可能发生煤尘爆炸。

1. 煤尘爆炸机理

煤炭属于有机生物岩，一旦被粉碎成细小颗粒后，表面积增大，当它悬浮在井下巷道的空气中时，煤粉与氧的接触面积增大，氧化加剧，同时受热面积增大，加速了热化过程。当煤尘颗粒受热时，单位时间内吸收较多热量导致温度快速升高，而温度的升高又加快了氧化速度，并使煤尘发生热分解，释放出可燃性气体，这些气体聚集在煤尘颗粒的周围，形成气体外壳。当气体浓度达到一定值并吸收一定能量时，激发链反应过程，自由基迅速增加，发生气体以及尘粒的燃烧，放出热量产生火焰，而这些热量又通过热传递和辐射传递给邻近的煤尘颗粒，使这些煤尘粒子受热而分解燃烧。由于热量的积累，氧化反应越来越快、温度越来越高、范围越来越大，导致气体运动并在火焰前形成冲击波。当反应放出的热量大于损失的热量时，这种反应可自持进行，进而达到跳跃性阶段，并最终导致煤尘爆炸。煤尘的爆炸过程如图 2.13 所示。

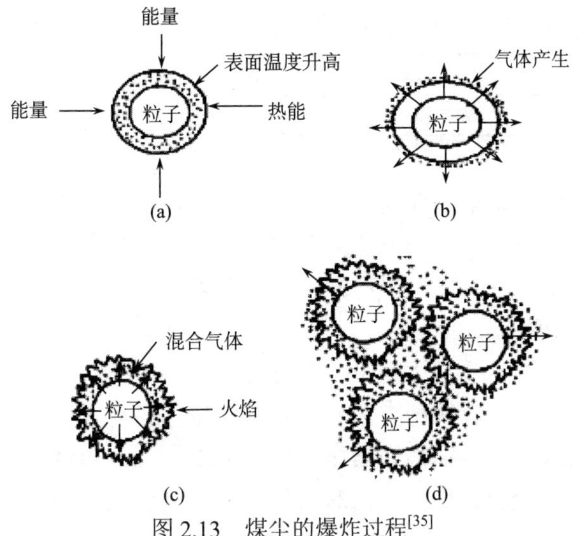

图 2.13　煤尘的爆炸过程[35]

2. 煤尘爆炸条件

井下的煤尘爆炸必须具备四个条件：煤尘本身必须具有爆炸性，空气中要保持一定的氧气浓度，要有能够引燃煤尘的点火源，煤尘必须悬浮在空气中且达到爆炸浓度，如图 2.13 所示。最后一个条件是煤尘与气相可燃物爆炸条件的区别，煤尘与瓦斯等气相介质不同，由于煤尘的比重通常较大，煤矿生产活动中产生的煤尘会逐渐沉降在巷道底板上，只有施加动力使其悬浮在空气中才会发生爆炸，使煤矿井下浮尘悬浮的动力通常为瓦斯爆炸、井下爆破或其他机械动力。

1）煤尘的爆炸危险性

煤尘爆炸主要是在尘粒分解的可燃性气体中进行的，因此煤的可燃挥发分含量是影响煤尘爆炸的最重要因素。一般说来，煤尘的可燃挥发分含量越高，爆炸性越强。煤尘中的挥发分主要取决于煤的变质程度，变质程度越低，挥发分含量越高；变质程度越高，挥发分含量越低。由于煤的可燃挥发分对煤尘爆炸的重要影响，一些产煤国家把可燃挥发分（V_{ad}）作为煤尘有无爆炸危险性的判断依据，如表 2.11 所示。

表 2.11　一些产煤国家的煤尘爆炸性判断依据[35]

国家	煤尘具有爆炸性/%	煤尘粒径/mm
日本	$V_{ad}>11$	<0.64
德国	$V_{ad}>14$	—
英国	$V_{ad}>15$	<0.59
美国	$V_{ad}>10$	<0.64
苏联	$V_{ad}>10$	<0.75～1

我国常采用可燃挥发分指数（V_{daf}），即煤尘爆炸指数作为判别煤尘爆炸强弱的一个指标，如表 2.12 所示。

表 2.12　我国煤尘可燃挥发分指数与其爆炸性的关系

可燃挥发分指数/%	<10	10～15	15～28	>28
爆炸性	基本无爆炸性	爆炸性弱	爆炸性较强	爆炸性很强

此方法只能用来判断煤尘爆炸的强弱，不能以此作为判断煤尘能否爆炸的依据。煤尘的爆炸性需要由具备相应资质的单位主要采用大管状煤尘爆炸性鉴定装置进行鉴定。这是因为煤的成分复杂，影响煤尘爆炸的因素有很多。

2）煤尘的爆炸浓度

井下空气中的悬浮煤尘只有达到一定浓度时，才可能引起爆炸，煤尘爆炸的浓度范围与煤的成分、粒度、引火源的种类和温度及试验条件等有关。单位体积中能够发生煤尘爆炸的最低或最高煤尘量分别称为爆炸下限和上限浓度。当悬浮的煤尘浓度低于爆炸下限浓度时，煤尘在火源的加热下颗粒的表面温度升高，煤粒中的可燃性挥发分气体逸出并发生着火，释放的能量也加速了颗粒周围尘粒的热解过程。但是由于浓度过低，此时形成的活化中心过少，不足以维持这种连锁反应的延续，导致反应自动终止，煤尘就不会发生爆炸。世界各主要产煤国家在不同试验条件下开展了煤尘爆炸下限浓度的试验研究，研究结果表明煤尘爆炸下限浓度平均值为 50g/m^3[36]。在井下生产过程中的实际条件下，悬浮煤尘量要达到该浓度是十分困难的，只有沉积煤尘在冲击波或其他动力源的作用下才能形成该浓度的煤尘。

3）氧浓度、引燃温度

实验表明氧气浓度低于 12%～16%时，煤尘的燃烧速度会大大下降，甚至会自动熄灭，不会引发爆炸。煤尘的引燃温度变化范围较大，它因煤尘性质、实验条件的不同而变化，一般引燃温度为 700～800℃，最小点火能为 4.5～40mJ[36]。

2.2.2　瓦斯燃烧与爆炸

瓦斯属于气相可燃物，与煤炭等固相可燃物相比，具有以下特点：①扩散流动性强。煤炭等固相可燃物存在位置相对固定，而瓦斯则不同，它具有很强的扩散性和流动性，在含瓦斯的空间内，瓦斯可扩散到任何位置。②点火能量低。气相可燃物的点火比固相可燃物要容易得多，瓦斯的最小点火能为 0.28mJ，很小能量的点火源就可以将瓦斯引燃。③致灾突发性强。煤炭等固相可燃物整个燃烧发展过程较长，一般具有明显的预兆，但瓦斯的燃烧与爆炸具有突发性，只要积聚的瓦斯被点燃，则燃烧爆炸就能够在极短的时间内迅速发展蔓延。④致灾后果严重。与煤炭等固相可燃物燃烧发生的火灾相比，瓦斯燃烧与爆炸传播速度快、产生的温度高，尤其是瓦斯爆炸产生的燃烧波及冲击波具有很强的破坏力，往往造成巨大的人员伤亡和财产损失。

2.2.2.1　瓦斯燃烧与爆炸的化学反应过程

瓦斯燃烧与爆炸，本质上都是以甲烷为主的可燃性气体和空气组成的爆炸性混合物在点火源作用下发生的一种氧化反应，甲烷与氧气反应的总化学反应方程式为

$$CH_4+2O_2 = CO_2+2H_2O+882.6\ \text{kJ/mol}$$

或

$$CH_4+2\left(O_2+\frac{79}{21}N_2\right) = CO_2+2H_2O+\frac{158}{21}N_2+882.6\ \text{kJ/mol}$$

由上式可知，混合气体中的氧气和甲烷都完全反应时，1 体积的甲烷要同 2 体积的氧气化合，即要同 $2\times\left(1+\frac{79}{21}\right)=9.52$ 体积的空气（当空气中的氮气浓度为 79%，氧气浓度为 21%时）化合，这时甲烷在混合气体中的浓度为 $\frac{1}{1+9.52}\times100\%=9.5\%$，这个浓度是理论上爆炸最猛烈的甲烷浓度。若氧气不足，反应不完全，产生 CO，其反应的总化学反应方程式为

$$CH_4+O_2 = CO+H_2+H_2O$$

上面给出的甲烷氧化的反应式仅仅表示甲烷在燃烧过程中一系列复杂化学反应的最终结果，但它不能表达甲烷燃烧化学反应的实际过程。在 20 世纪初期，人们就已经证实

所有气相反应都是通过一系列基元的自由基反应来进行的，而瓦斯燃烧与爆炸反应就是由这些基元的自由基反应组成的复杂的链反应。甲烷是一种简单的碳氢化合物，其燃烧是一种分支链式反应。在瓦斯的链反应机理中，链的起始是高温热源或电火花的作用，作用能量的大小必须大于链起始反应的活化能；链传递自由基与一个饱和分子的反应，链的中断是活化中心销毁速度大于其生成速度。

链反应亦称连锁反应，在链反应体系中存在被称为链载体的活性中间产物（如自由基或自由原子等），它们的化学活性很大，能与体系内稳定分子进行反应成为反应中心，一方面能使稳定分子的化学形态转化为产物，另一方面能使旧链载体消亡而产生新的链载体，新的链载体又迅速参与反应，如此继续下去而形成一系列的连锁反应，只要链载体不消失，反应就能一直进行下去。按照链的传递方式，链反应可分为直链反应与支链反应。如图 2.14（a）所示为直链反应，在链发展过程中不发生分支链，只产生一个新的链载体；如图 2.14（b）所示为支链反应，产生的新的链载体不止一个。

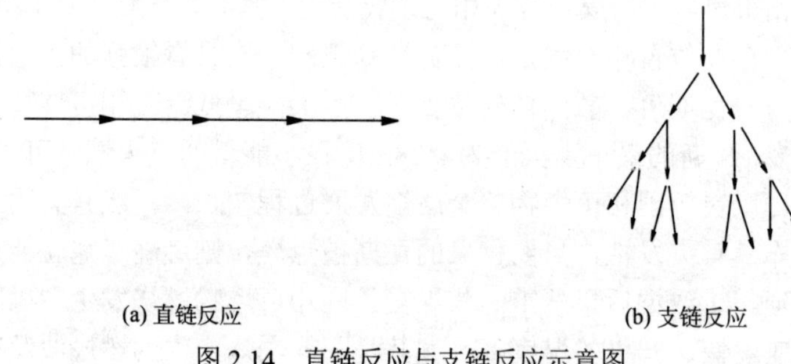

图 2.14　直链反应与支链反应示意图

在众多甲烷爆炸的详细化学反应动力学机理中，目前最为完整的是 GRI-Mech 3.0 机理，该机理包含 53 种组分和 325 个可逆基元反应，囊括了甲烷爆炸过程的几乎全部重要基元反应，同时也包括了氮氧化物的生成机理[32]，对瓦斯爆炸影响较大的主要的基元反应有 24 个，组成了瓦斯燃烧的 24 步反应机理，反映出了瓦斯燃烧（爆炸）的最重要的本质特性，如表 2.13 所示。

表 2.13　瓦斯燃烧的 24 步反应机理[37]

序号	基元反应	指前因子 B/（mol/（cm³·s））	拟合速率参数 m	活化能 E /（kJ/mol）
1	$CH_4 + O_2 \rightleftharpoons HO_2 \cdot + CH_3 \cdot$	3.98E+13	0.00	238.0
2	$CH_4 + HO_2 \cdot \rightleftharpoons H_2O_2 + CH_3 \cdot$	9.04E+12	0.00	103.1
3	$CH_4 + OH \cdot \rightleftharpoons H_2O + CH_3 \cdot$	1.60E+07	1.83	11.6
4	$CH_3 \cdot + O_2 \rightleftharpoons CH_2O + OH \cdot$	3.30E+11	0.00	37.4
5	$CH_2O + OH \cdot \rightleftharpoons HCO \cdot + H_2O$	3.90E+10	0.89	1.7
6	$HCO \cdot + O_2 \rightleftharpoons CO + HO_2 \cdot$	3.00E+12	0.00	0.0
7	$HCO \cdot + M \rightleftharpoons CO + H \cdot + M$	1.86E+17	−1.00	71.1
8	$H \cdot + O_2 + M \rightleftharpoons HO_2 \cdot + M$	6.76E+19	−1.40	0.0

续表

序号	基元反应		指前因子 B/（mol/（cm^3 · s））	拟合速率参数 m	活化能 E /（kJ/mol）
9	$H_2O_2 + M \rightleftharpoons 2OH\cdot + M$		1.20E+17	0.00	190.4
10	$CH_4 \rightleftharpoons CH_3\cdot + H\cdot$	k_0	6.59E+25	–1.80	439.0
		k_∞	2.22E+16	0.00	439.0
11	$CH_4 + H\cdot \rightleftharpoons H_2 + CH_3\cdot$		1.30E+04	3.00	33.6
12	$CH_4 + O\cdot \rightleftharpoons CH_3\cdot + OH\cdot$		1.90E+09	1.44	36.3
13	$CH_3\cdot + O_2 \rightleftharpoons CH_3O\cdot + O\cdot$		1.33E+14	0.00	131.4
14	$CH_3\cdot + O\cdot \rightleftharpoons CH_2O + H\cdot$		8.43E+13	0.00	0.0
15	$CH_3\cdot + HO_2\cdot \rightleftharpoons CH_3O\cdot + OH\cdot$		2.00E+13	0.00	0.0
16	$2CH_3\cdot \rightleftharpoons C_2H_6$	k_0	1.27E+41	–7.00	11.6
		k_∞	1.81E+13	0.00	0.0
17	$CH_3O\cdot + O_2 \rightleftharpoons CH_2O + HO_2\cdot$		4.28E-13	7.60	–14.8
18	$CH_3O\cdot + M \rightleftharpoons CH_2O + H\cdot + M$		1.00E+13	0.00	56.5
19	$CH_2O + H\cdot \rightleftharpoons HCO\cdot + H_2$		1.26E+8	1.62	9.1
20	$CH_2O + O\cdot \rightleftharpoons HCO\cdot + OH\cdot$		3.50E+13	0.00	14.7
21	$H\cdot + O_2 \rightleftharpoons OH\cdot + O\cdot$		3.52E+16	–0.70	71.4
22	$H_2 + O\cdot \rightleftharpoons OH\cdot + H\cdot$		5.06E+04	2.67	26.3
23	$H_2 + OH\cdot \rightleftharpoons H_2O + H\cdot$		1.17E+09	1.30	15.2
24	$H_2O + O\cdot \rightleftharpoons 2OH\cdot$		7.60E+00	3.84	53.5

注：反应速率 $k = BT^m e^{-E/(R^0T)}$。

在 24 步反应机理中，反应 1 和 10 是链式反应的起始步骤，生成的 CH_3 •与 HO_2 •引发后续的链式反应。其中，反应 1 中 CH_4 被 O_2 攻击生成 CH_3 • 与 HO_2 •，而在反应 10 中，CH_4 是通过热解的方式产生 CH_3 • 与 H •，因此反应 1 的活化能比反应 10 低，大约只是其一半。并且，在温度低于 1300 K 时，与反应 1 相比，反应 10 的反应速率可以忽略不计。但是当温度超过 2000 K 时，反应 10 是唯一的第一个链式引发反应。

自由基 OH •、H • 和 O • 主要分别通过反应 4、7 和 13 产生，由于反应 7 和 13 的活化能较高，当温度低于 1300 K 时，与反应 4 相比可忽略不计。但是当温度升高到 1400 K 之后，其反应速率基本与反应 4 相当。在低温条件下，反应 21 和 24 可忽略不计，但是随着温度的升高，H • 和 O • 自由基浓度随之升高，这两个基元反应的重要性开始凸显。一般来说，在低温和高温阶段，OH • 自由基比 H • 和 O • 自由基更为重要。甲基自由基 CH_3 • 主要由链式反应 2、3、11 和 12 生成。在 CH_3 • 浓度足够高时，基元反应 3 与 4 开始变得更加重要，并产生 CH_2O。在 CH_4 燃烧过程中，热量主要由基元反应 5 与 6 产生，在它们达到最大反应速率时，燃烧体系温度迅速升高，CH_4被成功点燃。

2.2.2.2 瓦斯的燃烧方式

瓦斯燃烧所需要的全部时间由两部分组成，即瓦斯与空气混合所需要的时间 t_{mix} 和瓦斯氧化所需要的时间 t_{che}。如果不考虑这两个时间上的重叠，瓦斯的燃烧过程所需时间为[39]

$$t = t_{mix} + t_{che}$$

在燃烧过程中，如果扩散混合时间大大超过化学反应所需的时间，即当 $t_{mix} \gg t_{che}$ 时，则整个燃烧时间近似等于扩散混合时间，即 $t \approx t_{mix}$。这种情况下可以发展成为扩散燃烧或燃烧在扩散区进行，此时燃烧过程的发展与化学动力因素关系不大，而主要取决于流体动力学的扩散混合因素。反之，若扩散混合的时间与氧化反应时间相比非常小而可以忽略，即当 $t_{mix} \ll t_{che}$ 时，则整个燃烧时间即可近似等于氧化反应时间，即 $t \approx t_{che}$。这种情况下燃烧过程强烈地受到化学动力因素的控制，例如瓦斯与空气混合气体的温度、燃烧空间的压力和反应物浓度等，此时的燃烧为化学动力燃烧，即预混燃烧。

扩散燃烧与预混燃烧的主要区别在于反应前可燃性气体与空气是否形成预混气体。若可燃性气体与空气预先混合，形成了爆炸界限范围内的预混气体，则点火后就会发生预混燃烧，这种燃烧会在混合气体分布空间内快速蔓延，发展成为爆炸。若可燃性气体与空气未经预先混合，当可燃性气体刚由孔口或局部空间流出的瞬间，可燃气流与周围空气相互隔开，然后，可燃性气体和空气迅速相互扩散，形成混合的气体薄层并在该薄层里燃烧，所形成的燃烧反应产物向薄层两侧扩散，且随着可燃性气体与氧气的不断补给、混合使燃烧得以继续，这种方式就属于扩散燃烧。扩散燃烧只燃烧不爆炸，因为在这种情况下，高于爆炸上限浓度的瓦斯与空气并未预先混合形成爆炸性混合气体，燃烧主要发生在高于爆炸上限浓度的瓦斯和空气的交界面上，不会形成火焰传播。

在扩散燃烧中，可燃性气体燃烧时所需的空气将从火焰外界依靠扩散的方式来供给，火焰的形状和火焰的面积大小取决于可燃性气体与空气间的混合速度。因此，不同的气流流动状态，其混合过程也不同。在层流状态下，混合过程是依靠分子热运动的分子扩散；在湍流状态下，混合过程主要是依靠微团扰动的湍流扩散。

扩散燃烧的火焰形状及扩散火焰高度随可燃气流速的变化分别如图 2.15、图 2.16 和图 2.17 所示，从图中可以看出：层流扩散火焰焰锋的边缘光滑、轮廓明显、形状稳定，随着气流速度的增加，焰锋高度几乎呈线性增长，直到达到最大值。当气流速度增加至某一临界值时，气体流动状态由层流过渡为湍流，火焰顶点开始跳动。若气流速度再增加，则火焰本身也开始扰动。这时，扩散过程由分子扩散转变为湍流扩散，可燃气与空气的混合加剧，燃烧过程得到强化，燃烧速度加快，因此火焰的长度便相应缩短。随着气流扰动程度的加剧，火焰开始丧失稳定性，火焰发生间断，甚至完全脱离喷口，形成脱火。此外，由于扩散火焰内表面附近的预热区内燃料始终处于缺氧状态，在这种情况下，燃料会发生热分解反应。碳氢化合物发生热分解反应将产生碳粒，这些碳粒如果来不及燃烧，则将被燃烧产物带走，造成不完全燃烧，并形成黑烟；如果这些碳粒能够及时燃尽，碳粒在高温下辐射出黄光而使整个火焰呈明亮的淡黄色，这就是我们经常观察到的扩散火焰中的黄色发光区。

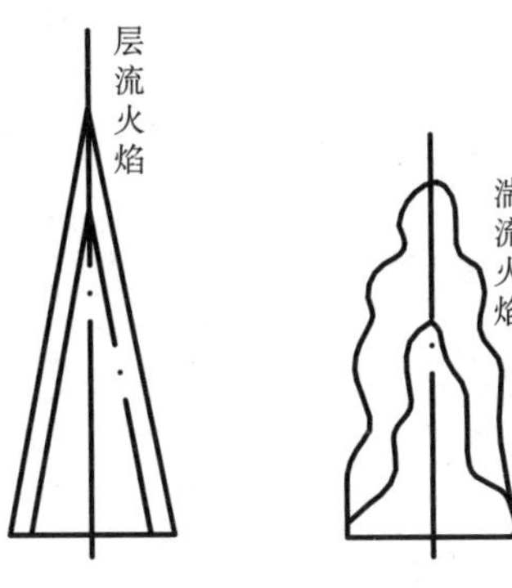

图 2.15　扩散燃烧的火焰形状

图 2.16　真实甲烷湍流扩散火焰

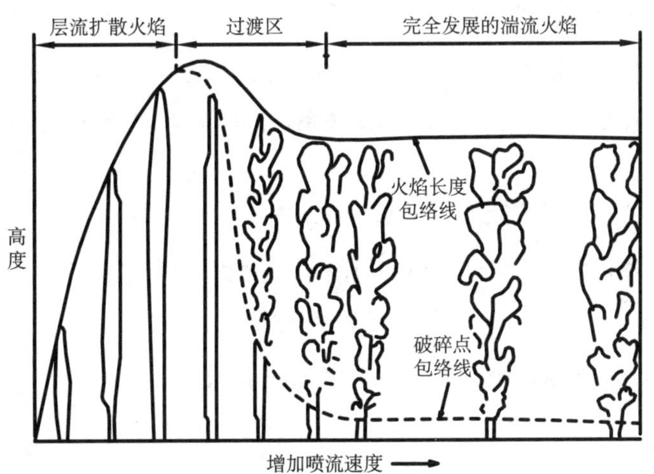

图 2.17　扩散火焰高度随可燃气流速的变化

扩散燃烧的火焰产生于可燃气与空气的交界面上。燃料和空气分别从火焰的两侧扩散到交界面，而燃烧产物则向火源两侧扩散开去，不存在火焰的传播。理想的射流层流扩散火焰前沿位置必定在化学当量比 β（可燃气与氧气刚好完全燃烧时，氧气与可燃气的质量比，即化学当量比）处。火焰前沿面上不可能有过剩的空气，也不可能有过剩的燃料，否则火焰前沿位置将不可能稳定。假如火焰前沿面有过剩的燃料，那么，过剩的燃料将扩散到火焰前沿外侧，遇到氧气将继续燃烧，消耗掉扩散进来的氧气，使得进入火焰前沿面的氧气减少。此时，火焰前沿面上瓦斯更加过剩，火焰前沿位置势必不能维持稳定，而要向外移动。反之，假如火焰前沿面处空气过剩，火焰前沿面要向内移动。所以，扩散火焰前沿面内只有燃料与燃烧产物，而在火焰前沿面外则只有氧气与燃烧产物，即火焰前沿处于从其外侧扩散过来的氧气量及内侧扩散过来的可燃气量恰好等于化学当量比 β 的各个位置上才可能稳定。火焰的形状也就取决于射流中 β 等值线所在的位置。图 2.18 是根据自由射流理论得到的射流边界层内的燃料质量分数 Y_f（其值等于单位体积内可燃气质量与单位体积内混合气总质量的比值）的分布情况。

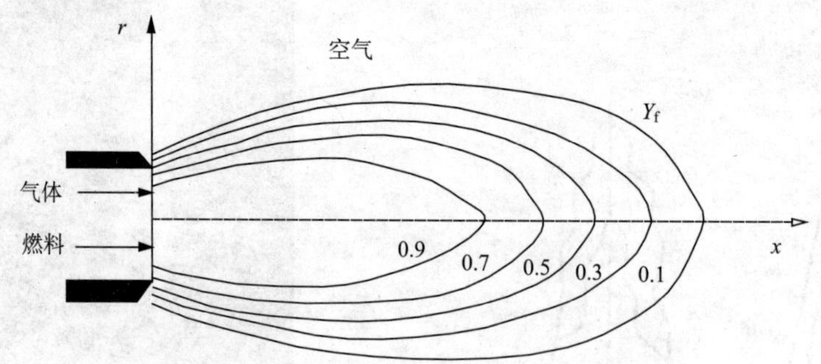

图 2.18　层流射流中燃料质量分数的等值线

以 $CH_4+2O_2 \xlongequal{\quad} CO_2+2H_2O$ 的层流扩散燃烧为例，由于其反应的化学当量比 $\beta=\frac{2\times 32}{16}=\frac{4}{1}$，则在化学当量比处甲烷和氧气混合物中对应的甲烷质量分数 $Y_{CH_4}=1/(1+4)=0.2$。也就是说，在 $Y_{CH_4}=0.2$ 的等值线上，由其内侧扩散过来的甲烷量与其外侧扩散过来的氧气量恰好呈当量比关系，因此火焰前沿也将稳定在该等值线上。若甲烷在空气中燃烧，其反应的化学当量比 $\beta=\frac{2\left(32+\frac{79}{21}\times 28\right)}{16}=\frac{274.67}{16}$，则其火焰前沿将稳定在质量浓度 $Y_{CH_4}=16/(274.67+16)=0.055$ 的等值线上。因此，甲烷在空气中进行层流扩散燃烧形成的火焰比在纯氧中的火焰要宽、长一些。

2.2.2.3　瓦斯燃烧爆炸事故发生特点与规律

1. 瓦斯燃烧特点

通过对煤矿井下瓦斯燃烧事故的具体分析，从中发现其具有以下几个特点：①火焰流动性强。煤矿井下瓦斯具有多源性，煤壁、落煤、采空区及上下邻近层都能成为瓦斯涌出的源头。瓦斯扩散性较强，在无风的条件下也能以较快的速度运移。同时，瓦斯具有很强的流动性，致使其火焰可形成类似于液体流淌火的蔓延火，即火焰随着瓦斯在井下空间中的运移而整体运移。因此，在瓦斯燃烧事故的灭火过程中往往出现一处的火焰消失了，又在其他位置出现了新的火焰，无法准确辨识火源点，造成灭火针对性差。②容易形成“喷射火”。除巷道外，煤层的多孔隙结构，特别是采空区的多孔介质结构，为瓦斯提供了大量的储存空间和运移通道。这些储存空间或运移通道会成为源源不断供给燃料的瓦斯罐，在遇到外界火源时，常常会形成“喷射火”。③可转变为瓦斯爆炸。瓦斯是一种扩散性很强的气体，在其扩散燃烧过程中，如果外界条件发生变化（如漏风或采用错误方式处理瓦斯燃烧事故等）引起空气的扰动，就能够造成局部可燃预混爆炸气体的形成，从而导致局部爆燃，爆燃产生的冲击作用又进一步扰动高浓度瓦斯区域，促使形成更大范围的预混气体，进而发生更大范围的爆燃，如此循环，直至发生爆炸。

2. 瓦斯燃烧地点统计

在煤矿井下正常的通风条件下，作业地点一般较难形成高浓度的瓦斯积聚，但是随着煤矿开采深度的增加，矿压加大，地质环境趋于恶劣。在复杂的地质条件下，瓦斯的异常涌出、通风不良等均能导致作业地点积聚高浓度瓦斯，而这些作业地点恰恰又是作业强度大的地方，人员往来频繁，各种电气、机电设备产生点火源的可能性也较大，因此，瓦斯燃烧事故也频繁发生。2000～2012 年我国煤矿发生的 74 起瓦斯燃烧事故发生地点的统计结果如图 2.19 所示，掘进工作面占 43%；采煤工作面占 41%；采空区、煤仓、巷道等其他地点占 16%。

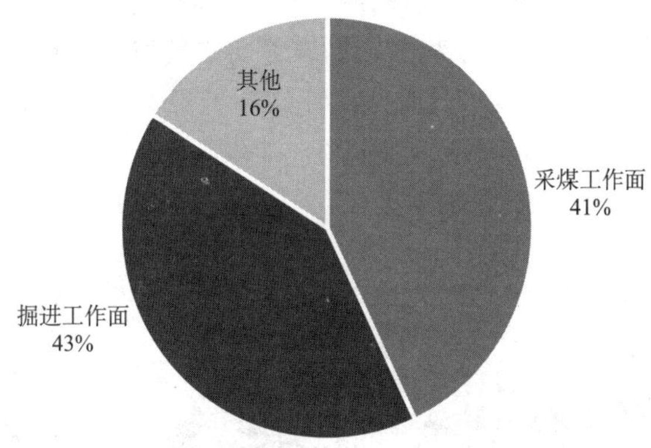

图 2.19　瓦斯燃烧事故发生地点分布图

3. 瓦斯积聚原因统计

煤矿井下瓦斯积聚的产生是瓦斯爆炸发生的根源，为研究造成瓦斯积聚的原因规律，作者统计分析了 2000～2016 年发生的 250 起重特大瓦斯爆炸事故瓦斯积聚产生的原因，如图 2.20 所示。统计表明，通风装备管理不善占 40%，通风系统不合理、不完善（包括

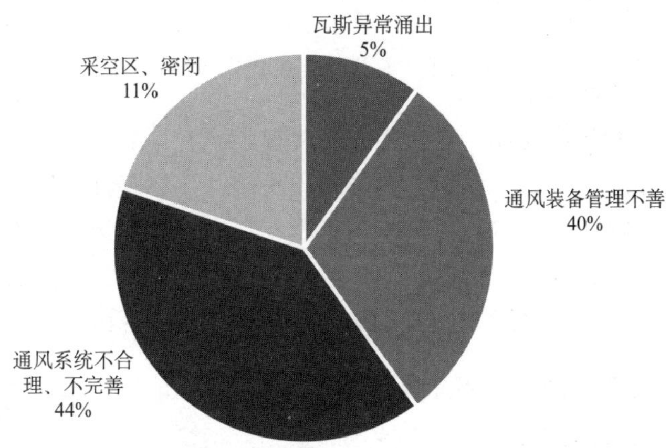

图 2.20　2000～2016 年重特大瓦斯爆炸事故瓦斯积聚原因

严重漏风与风流短路、井巷通风阻力大、超通风能力生产、通风系统不完善）占 44%，采空区、密闭占 11%，瓦斯异常涌出占 5%。

上述瓦斯积聚原因中，通风装备管理不善和通风系统不合理、不完善属于通风问题，且占到事故总数的 84%，但随着通风技术和安全管理水平的提高，通风问题导致瓦斯积聚的比例必将会逐渐下降。然而，随着煤矿采深、采高的逐渐增大，瓦斯异常涌出及采空区积聚瓦斯的可能性在不断变大。因此，它们将成为我国煤矿今后防治瓦斯积聚产生的重点。

4. 瓦斯爆炸地点统计

煤矿井下环境复杂，导致积聚瓦斯的原因众多，同时存在各种形式的引爆火源。作者对 2000～2016 年发生的 248 起重特大瓦斯爆炸事故的爆炸地点进行了统计，如图 2.21 所示。统计表明：瓦斯爆炸主要发生在掘进工作面和采煤工作面，分别占事故总数的 34% 和 32%；发生在巷道的占 21%，采空区占 5%，盲巷占 3%，密闭占 2%，硐室占 1%，上下山占到 1%，井筒占 1%。

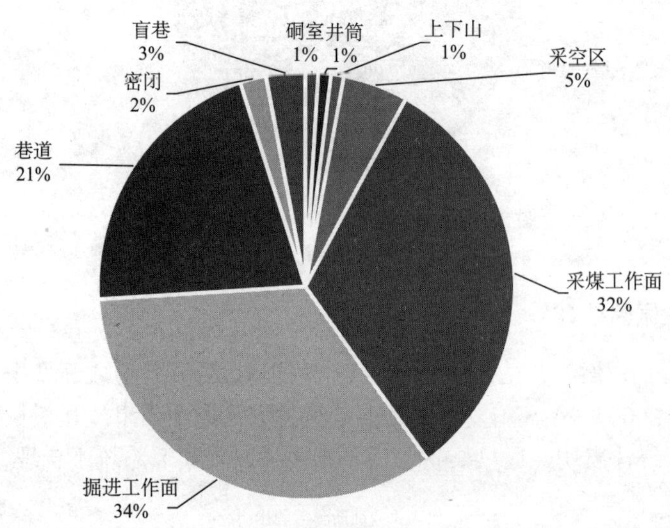

图 2.21　引爆地点统计分析

采掘工作面直接与煤层接触，采掘作业造成煤中的瓦斯卸压而大量涌出，易造成瓦斯积聚，同时存在电气设备、摩擦撞击等潜在点火源，所以瓦斯爆炸事故发生较多。通风不良的巷道、采空区、密闭等地点由于易积聚瓦斯，且存在煤炭自燃、岩石及支护材料摩擦撞击等点火源，故也有瓦斯燃烧爆炸事故发生。随着煤矿安全管理和技术水平的提高，情况复杂多变的采空区应成为防止瓦斯事故发生的重点区域。

2.2.3　煤、瓦斯及其他可燃物的相互作用

煤矿井下的主要可燃物是煤炭与瓦斯，二者相伴而生；除此之外，煤矿建设与开采中还使用了大量的可燃性材料。不同的可燃物构成了煤矿热动力灾害的多样性，各热动

力灾害类型还相互关联，常常形成复合灾害。其中，煤和瓦斯之间复合致灾的概率最高。在煤与瓦斯复合的复合灾害中，主要有三种方式：①煤自燃—煤燃烧—瓦斯燃烧与爆炸；②瓦斯燃烧—煤燃烧—瓦斯燃烧与爆炸；③瓦斯爆炸—煤尘爆炸。①与②都是煤燃烧导致了瓦斯燃烧与爆炸灾害，其不同点在于引发煤燃烧的起源不同，而一些煤矿在防治热动力灾害中存在的主要问题就是分不清楚其来源，故在防范中不能做到有的放矢，常导致该类事故频发，有时甚至还会引发更为严重的事故。

2.2.3.1　煤自燃—煤燃烧—瓦斯燃烧与爆炸

瓦斯是煤形成过程中的伴生物，只要有煤炭开采，就会有瓦斯涌出。煤和瓦斯是两种不同相别的可燃物，煤表现为固相、瓦斯为气相。固相的煤具有自燃与燃烧的特性，发火地点较难准确判定；气相的瓦斯具有扩散流动性强和易点火的特性。在煤因自燃而发生着火的区域内，如果有瓦斯不断涌出，且存在漏风条件，瓦斯与空气的预混达到爆炸界限浓度，就存在煤自燃导致煤燃烧再引发瓦斯燃烧与爆炸的危险性。1949～2016 年间我国共发生 11 起煤自燃导致煤燃烧引发的特大瓦斯爆炸事故，2000～2016 年间共发生 9 起煤自燃导致煤燃烧引发的重大瓦斯爆炸事故。

通过对煤自燃导致煤燃烧再引发瓦斯爆炸事故的分析，总结出该类事故的发生具有以下特点：①不论低瓦斯、高瓦斯还是突出矿井，都存在煤自燃导致煤燃烧再引发瓦斯爆炸的危险。这是因为瓦斯浓度是一个相对值，在一个很小的空间中，少量的瓦斯也可以达到爆炸的浓度。②煤自燃引发瓦斯爆炸主要发生在采空区和封闭火区等相对封闭的地点。这是由于这些地点具有煤自然发火导致煤燃烧的条件，为瓦斯爆炸提供了点火源。同时，空间相对封闭为瓦斯积聚达到爆炸界限浓度提供了条件。③存在漏风或控风不当区域易发生煤自燃导致煤燃烧再引发瓦斯爆炸事故。漏风是采空区、密闭等封闭空间内煤自燃最主要的氧气来源，同时为瓦斯爆炸提供了供氧条件。控风不当主要体现在火区封闭和启封过程中，风量的变化会引起火区内瓦斯和氧气浓度的变化，当空气与瓦斯预混的浓度达到爆炸界限，在已存在点火源的条件下，就易发生瓦斯预混气体的爆炸。

2.2.3.2　瓦斯燃烧—煤燃烧—瓦斯燃烧与爆炸

在煤与瓦斯燃烧爆炸关系方面，本书在绪论中已指出存在一种认识误区，将引发瓦斯爆炸的煤燃烧，都认为是煤自燃引起的，因此认为，只有易自燃或自燃煤层才会发生煤与瓦斯复合灾害。这种认识是忽略了在一些区域内，可能先发生瓦斯燃烧，然后导致煤燃烧，由于煤燃烧的持久性和难熄灭性，又易引发瓦斯灾害。因此，凡是高瓦斯矿井都面临瓦斯与煤着火的复合灾害问题。我国许多矿区开采的煤并不具有自然发火危险性，如宁夏白芨沟煤矿、汝箕沟煤矿的煤鉴定为不易自燃，但在实际生产过程中，这两个矿煤着火的情况都很严重，都曾因火灾问题造成全矿井封闭。平煤八矿在 2003 年和 2006 年分别在己$_{15}$-12100、戊$_{9、10}$-12180 综采工作面发生 2 起上隅角瓦斯燃烧，进而引燃周围煤体，最后都将工作面封闭，对工作面进行了长达几个月的封闭灭火处理后才将工作面安全启封，造成巨大经济损失。

瓦斯在与空气的接触处具有易点火特性，许多高瓦斯矿井工作面着火的主要原因是放顶煤工艺中实施爆破落煤、采掘机械摩擦、打钻作业、周期来压造成坚硬顶板的断裂与摩擦、违规使用电焊等都易造成瓦斯燃烧，瓦斯燃烧的火焰温度高，易引发煤着火。煤一旦着火，就会产生大量的 CO 等火灾气体，其产生的特征与煤自然发火特征完全相同，当这种现象发生在采空区等隐蔽区域内时，由于在煤炭开采期间浮煤与漏风的客观存在，故人们自然就认为是煤自然发火，也主要通过减少漏风和注氮气或二氧化碳防灭火，但煤一旦着火，在较低的氧气浓度（>3%）条件下就能维持长时间阴燃，采用降低氧浓度的方法一般难以奏效，人们只得采用封闭工作面的方法隔绝发火区域。在工作面封闭过程中，由于控风会造成瓦斯浓度的上升，加之存在点火源，就易发生瓦斯爆炸事故。

2.2.3.3　瓦斯爆炸—煤尘爆炸

煤尘悬浮在空气中，是煤尘爆炸的一个必要条件。在有煤尘沉积的区域，瓦斯爆炸产生的冲击波为煤尘的扬起提供了动力，同时瓦斯爆炸产生的高温为煤尘爆炸提供了点火源。除了瓦斯爆炸易引发煤尘爆炸外，煤矿井下的爆破也是引发煤尘爆炸的主要原因。在瓦斯爆炸过程中，有煤尘参与的事故很多。据已有的世界上发生的一次死亡 300 人以上的煤矿特大事故统计，共有 19 起，有煤尘参与的爆炸有 16 起，其中瓦斯引发煤尘爆炸 6 起。1949～2016 年间我国共发生 55 起瓦斯爆炸诱发的特大煤尘爆炸事故，24 起百人以上的煤矿特大事故中，瓦斯煤尘爆炸事故有 11 起。2000～2016 年间还发生了 3 起瓦斯爆炸诱发的重大煤尘爆炸事故。

煤尘多为沉积状态，当瓦斯爆炸产生的冲击波将沉积煤尘扬起，后被瓦斯爆炸产生的高温火焰点燃，煤尘也参与爆炸，其过程如图 2.22 所示。

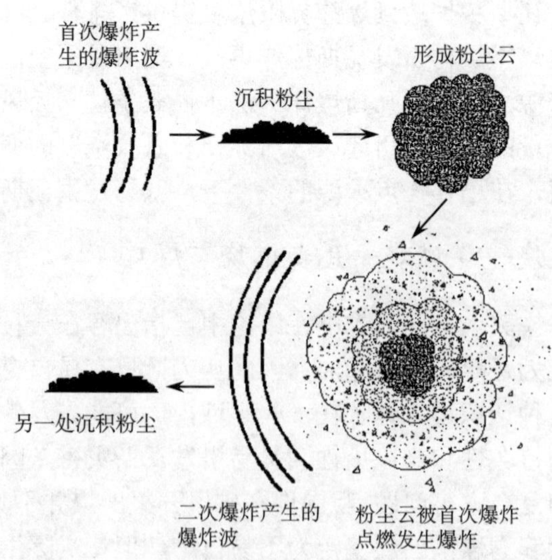

图 2.22　瓦斯爆炸冲击波引发煤尘爆炸示意图[35]

有煤尘参与的爆炸与单纯的瓦斯爆炸相比，具有更大的能量与威力，造成的人员伤亡更为严重，对井下巷道及设施的破坏程度更大。瓦斯煤尘爆炸区别于单一瓦斯爆炸的主要特征是瓦斯煤尘爆炸的现场会有焦皮渣和黏块存在。

2.3　预防可燃物着火方法

2.3.1　预防煤自燃

2.3.1.1　提高煤炭回采率和推进速度

无论采用何种煤炭开采工艺，都会有煤炭损失。此外，综采放顶煤工艺的广泛应用导致采空区遗煤量变大，大大增加了采空区发生煤自燃的概率。遗煤量的增大与综采放顶煤开采工艺回采率较低有关。提高回采率是减少采空区遗煤量进而遏制煤炭自然发火的关键，现主要通过开采技术的进步和采用合理工艺参数等技术措施提高煤炭回收率。

提高推进度是预防煤自燃的有效方法。回采速度慢，采空区遗煤和氧气的接触时间大大超过煤层的自然发火期，就易发生煤自燃。因此，在保证安全的前提下，加快回采速度，缩短煤氧接触时间，就可大大降低采空区遗煤自燃的可能性。

2.3.1.2　煤炭自燃阻化

煤炭自燃阻化技术是利用某些阻化剂喷洒于采空区或压注入煤体内以抑制或延缓煤的氧化过程，达到防止煤炭自燃的目的。根据阻化剂的基本类型，可以将阻化剂的阻化防火原理分为物理阻化和化学阻化两个方面。

物理阻化剂有 $NaCl$、$MaCl_2$、$CaCl_2$ 等卤盐类和氢氧化钙、水玻璃等，它们主要是通过隔绝煤氧接触或保水保湿来达到阻化效果，其与煤之间发生的是物理阻化作用。物理阻化原理可分为以下几类：①隔绝煤与氧气的接触。阻化剂一般是具有一定黏度的液体或者液固混合物，能够覆盖包裹煤样，使煤体与氧气隔绝。②保持煤体的湿度。阻化剂含有水分，并且一些阻化剂具有吸收空气中的水分使煤体表面湿润的功能，这样煤体的温度在有水分的作用下就不容易上升。③加速热量的散失。一方面阻化剂本身导热性比煤体特别是破碎的煤体好，另外，阻化剂本身所含水分的蒸发会吸收大量的热。

化学阻化剂是通过破坏或减少煤体中反应活化能较低的结构，防止煤自燃，这种阻化剂参与到煤的自由基链式反应过程中，生成一些稳定的链环，或者与煤分子发生取代或络合作用，从而提高煤表面活性自由基与氧气之间发生化学反应的活化能，使煤表面活性自由基团与氧气的反应迅速放慢或受到抑制，从而起到阻化煤自燃的作用。根据煤氧化动力学理论，煤中脂肪羟基的氧化在煤低温缓慢氧化阶段和过渡阶段都有发生，对煤自燃的发展具有重要影响。为此，作者研发出一种高效化学阻化剂，其能够将活性较高的过氧化物自由基破坏，使脂肪羟基氧化中断，从而达到阻化煤氧化的目的，其微观阻化过程如图 2.23 所示。

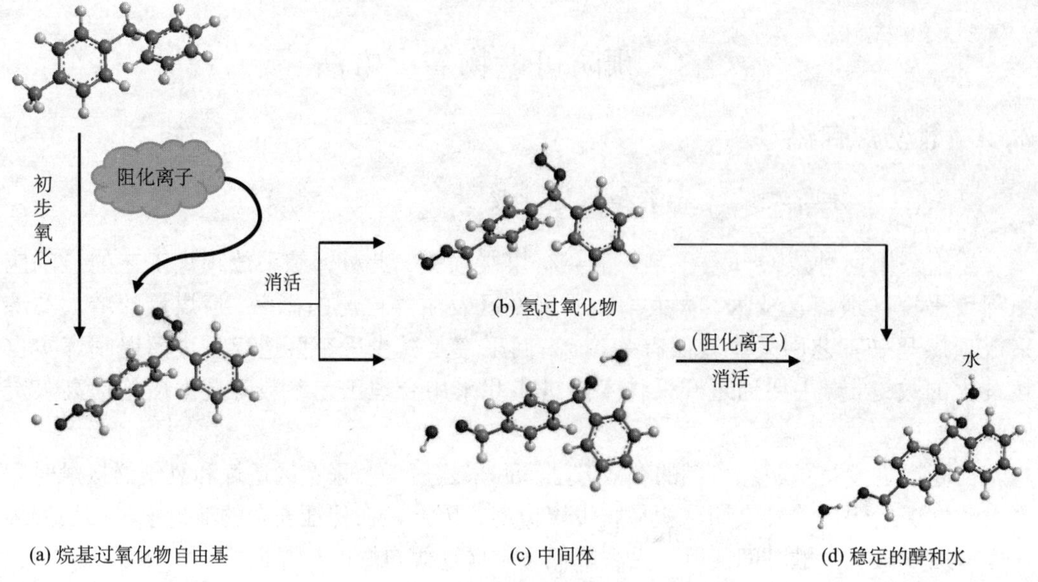

图 2.23　化学阻化剂微观阻化过程

化学阻化与物理阻化相比，其阻化效果更为突出，且阻化效果不受外界条件改变而影响，阻化寿命更长。为对比物理阻化剂和化学阻化剂的阻化效果，作者通过对煤样分别添加化学阻化剂、水以及20%的 $MgCl_2$ 阻化剂试液进行对比实验。实验采用中国矿业大学自主研制的程序升温实验系统对加入不同阻化剂的煤样的交叉点温度进行测定，实验结果表明，化学阻化剂的效果最好，其交叉点温度比原煤样提高了37.6℃，如表2.14所示。

表 2.14　不同类型阻化剂性能对比[11]

阻化剂类型	表面活性剂溶液/mL	阻化剂添加量/g	交叉点温度/℃
无	无	无	156.1
水	50	2	172.6
20%$MgCl_2$ 水溶液	50	10	178.7
化学阻化剂	50	2	193.7

2.3.2　预防煤尘爆炸

2.3.2.1　减少浮游及沉积煤尘

减少浮游及沉积煤尘是从减少可燃物的角度防止煤尘爆炸，是一种治本的方法。

1. 减少浮游煤尘

减少浮游煤尘可以通过降低采掘空间中悬浮煤尘的浓度，使其浓度低于煤尘爆炸下限，从而阻止爆炸的发生。减少浮游煤尘的方法可分为两类：①减少煤尘的产生。该方法主要指煤层注水，煤层注水是通过注水预先湿润尚未采落的煤体，使其塑性增强，脆性减弱，同时可将煤体中原生细尘黏结为较大的尘粒，从而在开采过程中减少浮游煤尘的产生。②降低浮游煤尘的浓度。该方法是指通过采取通风除尘、喷雾降尘、泡沫降尘等措施，达到稀释采掘空间浮游煤尘的浓度或通过与浮游煤尘结合从而达到使浮游煤尘沉降的目的，进而降低浮游煤尘的浓度。

2. 减少沉积煤尘

对于沉积煤尘，其不会直接导致煤尘爆炸，但如果有外力使沉积煤尘重新飞扬起来，就使其具有形成爆炸的能力，故减少沉积煤尘同样很重要。减少沉积煤尘可从两方面采取措施：①消除沉积煤尘。定期对存在沉积煤尘的区域进行清扫和冲洗，一般情况下，正常通风时应从进风侧由外向里清扫，且应尽量采用湿式清扫法。②降低沉积煤尘的飞扬能力。对巷道进行刷浆及喷洒黏结液，通过浆液和黏结液的黏结作用使沉积煤尘黏结，失去再次飞扬的能力。

2.3.2.2　撒布惰性岩粉抑爆

在开采有煤尘爆炸危险的矿井时，定期在巷道内撒布惰性岩粉，增加沉积煤尘的不燃成分，也是防止煤尘爆炸的重要措施。岩粉对防止煤尘爆炸的作用主要有两个方面：一是处于落尘层上的岩粉能阻止沉积煤尘飞扬；二是岩粉能将煤尘与热源隔离，采用物理或化学手段吸热，使爆炸的反应链断裂。

加入岩粉抑爆与未加入岩粉抑爆的煤尘爆炸的效果对比如图 2.24 所示，从图中可以看出，当管道内煤尘未加入抑爆岩粉时，爆炸发生时从管道内冲出大量的火焰；当管道内煤尘中混入抑爆岩粉时，爆炸发生时只在管子的出口形成一阵白烟和尘云，岩尘在相当大的程度上减少了煤尘爆炸能量的输出。

图 2.24　岩粉抑制煤尘爆炸的对比试验

以前煤矿中经常将黏土岩用于惰化煤尘，但由于其游离 SiO_2 含量过高，已被淘汰，美国标准规定粒径小于 75μm 的石灰岩粉尘为许用的惰性岩粉，因为它对肺部没有危害。为验证不同岩粉的惰化效果，英国研究人员对石灰石、黏土岩和其他岩粉的惰化效率进行了实验测试，表 2.15 记录了达到惰化效果所需的各种岩粉百分含量。波兰研究人员在巴尔巴拉煤矿也进行了大量的试验来核实上述结果，最后的结论表明，各种岩粉种类在阻止爆炸传播的效率上是基本相同的。

表 2.15 达到惰化效果所需的各种岩粉百分比[38]

惰性材料	百分比/%
板岩	67.5
硅藻土	62.5
硬石膏	60.0
石灰石	57.5
白云石	57.5
石膏	40.0

撒布岩粉用量一般根据岩粉和煤粉的混合物中不燃物质的含量而定，美国标准规定在采煤区域的顶板、两帮和底板的岩粉含量应不低于 65%，回风侧的岩粉含量应不低于 80%。国内外实验说明，不同类型巷道的岩粉撒布量并不是一个定值，而应以沉积煤尘的挥发分含量为标准确定岩粉的撒布量，沉积挥发分含量与岩粉的撒布量关系如表 2.16 所示。

表 2.16 沉积挥发分含量与岩粉的撒布量关系表

挥发分含量/%	20	25	30	35
岩粉的撒布量/%	>50	>60	>68	>72

2.3.3 预防瓦斯燃烧与爆炸

我国现以“先抽后采、监测监控、以风定产”作为瓦斯治理的工作方针，并着力建立“通风可靠、抽采达标、监控有效、管理到位”的瓦斯治理工作体系。从中可以看出，通风排瓦斯和瓦斯抽采是防止瓦斯事故发生最为重要的两种方法。下面主要介绍通过上述两种方法防止瓦斯的燃烧与爆炸的相关内容。

2.3.3.1 通风排瓦斯

瓦斯是一种气相可燃物，通风是治理瓦斯最基础、最有效的方法。煤矿重特大瓦斯爆炸事故的发生大多都与矿井通风系统有关，2.2 节对我国 2000～2016 年发生的重特大瓦斯爆炸事故瓦斯积聚原因的统计也证明了该事实，统计表明 84%的事故是因通风系统出现问题导致瓦斯积聚，进而引发瓦斯爆炸事故的。由此可知，通风系统的安全可靠对解决瓦斯问题、防治瓦斯事故发生极为重要。

人们很早就意识到通风对排除煤矿井下瓦斯的重要性，且随着时间的推移，矿井通风技术在不断进步。矿井通风技术的发展主要体现在通风装备的更新和通风方式的优化两方面：①通风装备方面。在古代时，矿井利用进风井与回风井的高差进行自然通风或人工通过简单的工具为井下提供新鲜风流，但远远满足不了井下安全的需要。直到 19 世纪，随着蒸汽机的发明，才出现第一台动力驱动的通风机，风机也从活塞式或气缸式变为离心式；1930 年，第一台电力驱动的轴流式通风机诞生了，由此加强了矿井通风排瓦斯的能力，井下环境安全有所加强。近年来，随着机械制造水平的不断提高，不断涌现出低功耗、高效率的新型风机，如 BDK、GAF 等。其中，BDK 系列通风机是我国自主研发的对旋式通风机，具有效率高（86%）、叶片角度可调、易实现反风等优点，在我国矿井得到广泛应用；GAF 系列通风机是在引进德国技术基础上研发的大型通风机，其最大风压接近 7000Pa，最大风量 30 000m^3/min，最高效率 88%，近年来在我国大型矿井开始推广[40]。除主要通风机外，局部通风机的通风能力也有很大提高，基本淘汰了 5.5kW 的风机，在长距离、大断面掘进工作面出现了 2×55kW 甚至 2×110kW 的大功率局部供风机，该技术在神东矿区的使用已较为成熟，如大柳塔矿采用高风压、大功率的（2×55kW）对旋式局部通风机和大直径（1200mm）、高强度风筒，配合长压短抽混合式通风方法，实现了 3000m 以上掘进巷道的有效供风，解决了超大断面、超长距离掘进巷道的供风难题[41]。②通风方式方面。古代时，人们使用独眼井通风，后来出现双眼井通风，但井下各区域采用串联通风，导致风流中的瓦斯浓度会越来越高。中华人民共和国成立后，我国大多数矿井实现了分区独立通风，但矿井通风系统以中央式为主。20 世纪 70～80 年代，一些大型矿井出现了对角式通风系统，与中央式相比，对角式通风系统每个区域都有独立的回风井，安全性更高。目前，除对角式通风系统外，还出现了安全性更高的区域式通风系统，即在每个生产区域都设置独立的进、回风井[42]。此外，为解决高瓦斯采煤工作面的瓦斯问题，一些矿区积极探索新的通风方式，如阳煤集团提出 U+L 或 U+I 形通风方式，在我国一些矿井得到推广应用。此外，巷道支护方式的改变也为矿井通风提供了有利条件。锚网支护使巷道支护由被动变为主动，增强了支护强度，有效控制了巷道变形，减小了通风阻力，从而为矿井提供了畅通的供风通道，对通风排瓦斯具有重要意义。

2.3.3.2　瓦斯抽采

受井下风流速度的限制以及矿井因采深逐渐增大导致瓦斯涌出量和异常涌出次数增加的影响，仅依靠通风很难保证井巷空间内瓦斯不积聚、不超限。因此，必须将瓦斯抽采作为一种手段，从本质上减少矿井瓦斯的涌出量，预防瓦斯超限，为矿井通风创造有利条件。

瓦斯抽采工作历史悠久，我国是世界上进行瓦斯抽放最早的国家，早在 1637 年，明代自然科学家宋应星在《天工开物》中记载了抽采煤矿中瓦斯的初期工艺[43]。1733 年，英国工程师在 Haig 矿尝试了将煤矿中的瓦斯密闭并用管道抽取出来以防止瓦斯爆炸，这也是欧洲范围内的首次煤矿瓦斯抽采试验[44]。19 世纪初，英国北威尔士地区首次采用了穿层钻孔抽放上覆未开采煤层瓦斯。美国采用钻孔抽放瓦斯始于 20 世纪初期，在西弗吉尼亚州的波卡洪塔斯（Pocahontas）4 号煤层施工了短距离水平钻孔抽放瓦斯。20 世纪 40 年代早期，在德国鲁尔地区 Mansfield 煤矿首次成功开展了大规模穿层钻孔抽放瓦斯的工程应用；1943 年，又在该矿率先采用垂直钻孔成功抽放未开采煤层瓦斯[45,46]。1952 年，在宾夕法尼亚州和西弗吉尼亚州交界处的塞威克利（Sewickley）煤层和匹兹堡（Pittsburgh）煤层，首次设计并施工了专门抽放煤层瓦斯的地面钻井；随后，研究人员又在匹兹堡煤层开展了长壁工作面水平钻孔抽放瓦斯的现场应用，但由于当时压裂技术不成熟，无论地面直井、垂直钻孔还是水平钻孔，抽采瓦斯的效率都不高[47,48]。之后，随着从石油工业引入的钻进和完井技术，尤其是定向钻进和压裂技术的发展，促进了瓦斯抽采效率的提高，抽采规模日益扩大。

我国瓦斯抽采最早始于 1938 年，抚顺龙凤矿利用机械设备对井下巷道积聚的瓦斯进行抽采，并在随后的 1940 年建立了地面瓦斯抽采泵站和瓦斯储罐。20 世纪 50 年代初期，在抚顺高透气性特厚煤层中首次采用井下钻孔预抽瓦斯，获得了成功，且抽出的瓦斯还被用作民用燃料[43]。20 世纪 50 年代中期，在阳泉四矿的煤层群开采中，首次成功采用穿层钻孔抽采上邻近层卸压瓦斯。此后，又在阳泉成功利用顶板高抽巷技术抽采上邻近层瓦斯，抽采率达 60%～70%[49]。到 20 世纪 60 年代以后，邻近层卸压瓦斯抽采技术在我国得到了广泛的推广应用。20 世纪 70～90 年代初，针对平顶山等矿区存在的单一低渗透高瓦斯煤层及有突出危险的煤层，首先采用通常的布孔方式预抽采瓦斯，而后陆续试验了强化抽采开采煤层瓦斯的方法，如水力压裂、水力割缝、松动爆破、网格式密集布孔、交叉布孔等[50]。同时，我国先后在抚顺龙凤矿、阳泉矿、焦作中马村矿、湖南里王庙矿等矿区施工地面钻孔 40 余个，并且进行了水力压裂试验。从 20 世纪 90 年代后期至今，全面开展了瓦斯（即煤层气）勘探、地面抽采试验和井下规模抽采利用，这一阶段开始引进国外瓦斯开发技术，开启了我国瓦斯抽采的新时代[50]。

根据抽采瓦斯和开采煤炭的顺序，可以将瓦斯抽采方法分为采前瓦斯抽采、采中瓦斯抽采和采后瓦斯抽采三类，瓦斯抽采方法如表 2.17 所示。

1. 采前瓦斯抽采

采前瓦斯抽采可分为地面钻井抽采和井下抽采两种。在煤层渗透率较高或瓦斯含量丰富时，可采用地面钻井的方法抽采瓦斯（如山西晋城矿区）。井下瓦斯抽采的方法选择与煤层赋存情况密切相关，当煤层赋存条件为单一突出煤层，或具备保护层开采条件但首采层为突出煤层，或具有突出危险性的特厚煤层以及层间距近的突出危险煤层群时，首采层通常采用在煤层底板布置岩巷，采用从岩巷钻场内施工穿层钻孔的方法抽采整个工作面或工作面煤巷局部范围内的瓦斯；当首采煤层为无突出危险性时，一般采用工作面顺层钻孔、交叉钻孔、顺层钻孔递进掩护（突出危险性较弱时）等方法抽采瓦斯。通过保护层开采的卸压作用，可抽采邻近层大量解吸的瓦斯，最常见的方法是利用底板岩巷穿层钻孔抽采，当被保护层处于顶板岩层内的断裂带时，可利用走向高抽巷抽采邻近层瓦斯。

2. 采中瓦斯抽采

采中瓦斯抽采是指在掘进工作面掘进和采煤工作面回采的同时，利用工作面前方应力变化使煤层透气性增加的有利条件，抽采煤体内瓦斯，同时抽采采空区及邻近层瓦斯。采中瓦斯抽采常用的抽采方法有顶板走向穿层钻孔抽采、沿空留巷穿层钻孔抽采、采煤工作面前方动压区顺层钻孔抽采、采空区埋管抽采等。另外，顶板高位预抽巷也可以同时抽采采空区瓦斯。

3. 采后瓦斯抽采

采后瓦斯抽采是指在采煤工作面或采区回采结束后，对密闭的采空区进行瓦斯抽采。采后瓦斯抽采可分为地面抽采和井下抽采两种。地面抽采主要利用采煤引起采空区上方岩石冒落，压力释放，透气性大大增加，瓦斯大量解吸并积聚于采空区，施工地面钻井抽采瓦斯；井下瓦斯抽采是在采煤工作面回采结束后、封闭前在该工作面的高瓦斯赋存区域预埋管或打钻，然后再填充、构筑密闭封闭该工作面抽取瓦斯，是一种普遍使用的传统方法。

表 2.17　瓦斯抽采方法分类[16]

抽采方法分类		抽采方法描述	适用条件	示意图
采前抽采	地面钻井抽采	由地面向开采煤层打钻，在地面安装抽采管网，在孔口负压下抽采井下卸压瓦斯，美国实现定向拐弯钻孔抽采	煤层瓦斯含量丰富，可通过压裂增透	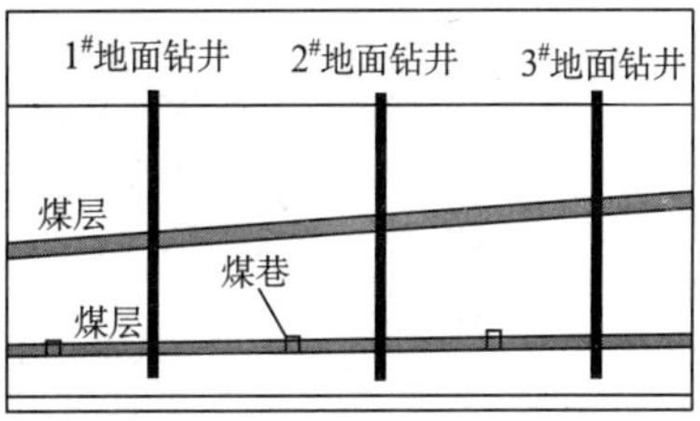 1#地面钻井　2#地面钻井　3#地面钻井　煤层　煤巷　煤层
	穿层钻孔抽采	钻场位于开采层底板，从岩巷布置的钻场内向煤层施工网格式上向钻孔	突出危险特别严重煤层、有突出危险性特厚煤层、层间距近的突出危险煤层群、突出煤层内含有较厚的夹矸	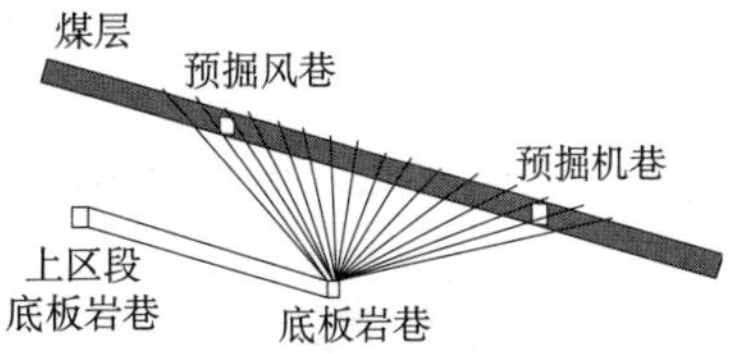 煤层　预掘风巷　预掘机巷　上区段底板岩巷　底板岩巷
		钻场位于开采层底板，从岩巷布置的钻场内向煤巷及煤巷两边需控制范围施工网格式密集钻孔	不具备保护层开采条件的突出煤层，为工作面煤巷掘进服务	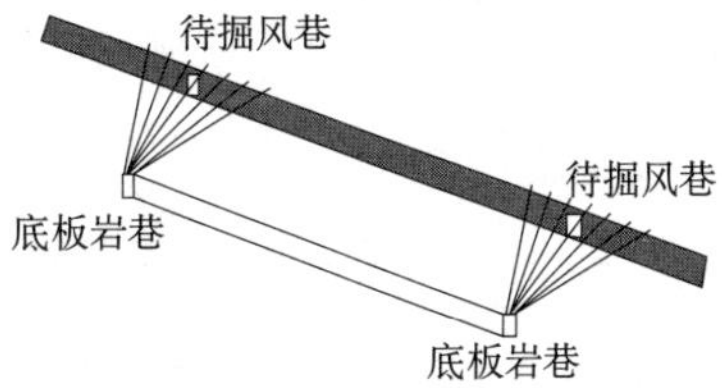 待掘风巷　底板岩巷　待掘风巷　底板岩巷
		在顶板岩层内施工顶板高位预抽巷，在每隔一定距离向煤层施工一定数量的预抽钻孔	高瓦斯煤层、突出煤层	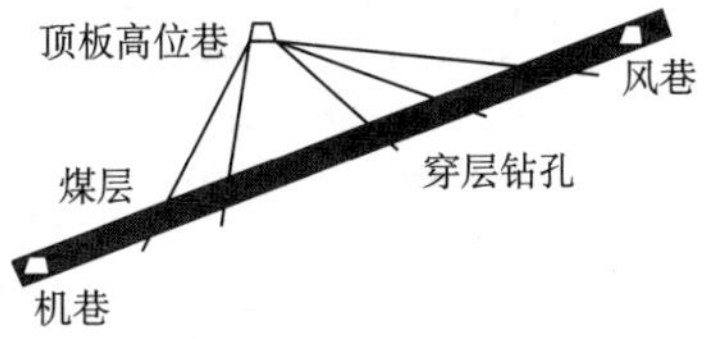 顶板高位巷　风巷　煤层　穿层钻孔　机巷

续表

抽采方法分类		抽采方法描述	适用条件	示意图
采前抽采	穿层钻孔抽采	沿空留巷向被保护煤层施工一定数量的穿层钻孔抽采被保护层瓦斯	保护层无煤柱开采工作面，煤层群开采	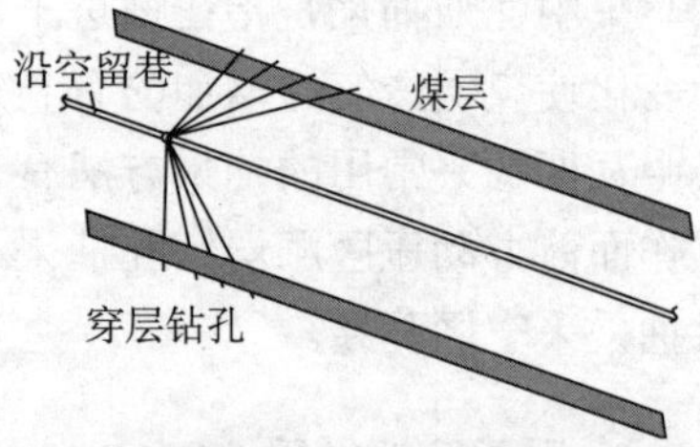 沿空留巷 煤层 穿层钻孔
	顺层钻孔抽采	在工作面已有的煤层巷道内，向煤体施工顺层钻孔，抽采煤体瓦斯	底板起伏较小、不含夹矸或含夹矸厚度小的煤层	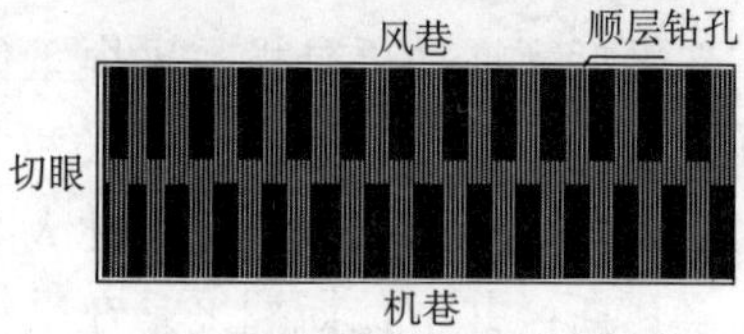 风巷 顺层钻孔 切眼 机巷
		利用上区段的风巷向邻近工作面煤层施工顺层长钻孔，预抽上半工作面煤层瓦斯；然后施工腰巷，再从腰巷向下半工作面施工顺层长钻孔，抽采煤体瓦斯	煤体硬度大、倾角小、赋存稳定，构造相对简单，突出危险性相对较弱且易于成孔的煤层	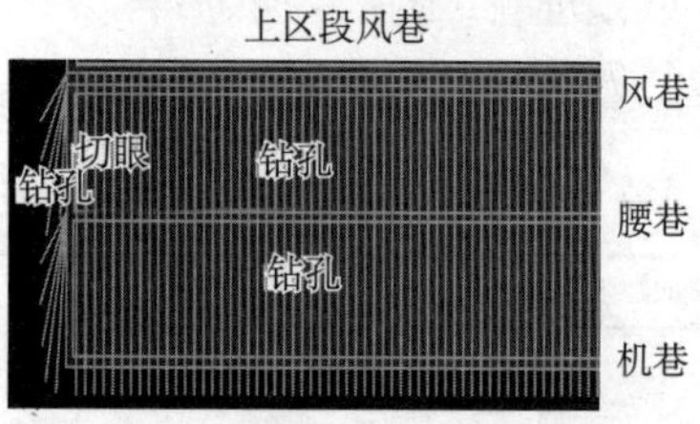 上区段风巷 风巷 切眼 钻孔 钻孔 腰巷 钻孔 机巷
		在工作面的机巷、风巷先施工一定数量顺层钻孔，然后在钻孔间施工与顺层钻孔斜交的交叉钻孔，抽采煤体瓦斯	适应性广（需与底板岩巷穿层钻孔煤巷条带瓦斯预抽配合使用）	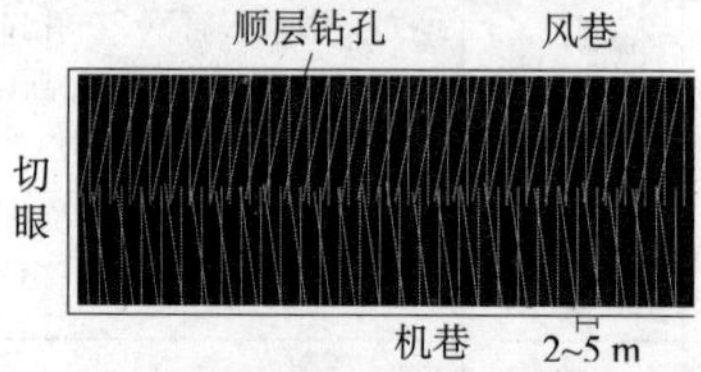 顺层钻孔 风巷 切眼 机巷 2~5 m
采中抽采	穿层钻孔抽采	从风巷中每隔一定距离施工斜巷进入煤层顶板，在煤层顶板内开挖钻场，从钻场中向采空区方向施工顶板走向钻孔，抽采采空区裂隙带瓦斯	高瓦斯煤层，上隅角瓦斯易积聚工作面	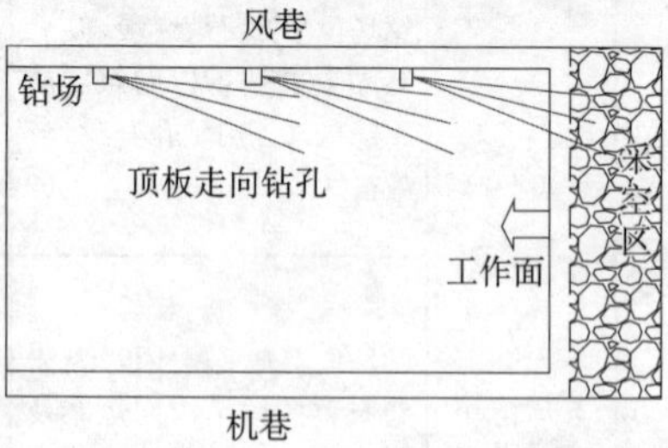 风巷 钻场 顶板走向钻孔 采空区 工作面 机巷
		在采煤工作面后方向采空区方向施工顶板、底板穿层钻孔，抽采裂隙带内瓦斯	适用于存在沿空留巷矿井，采空区瓦斯涌出量大	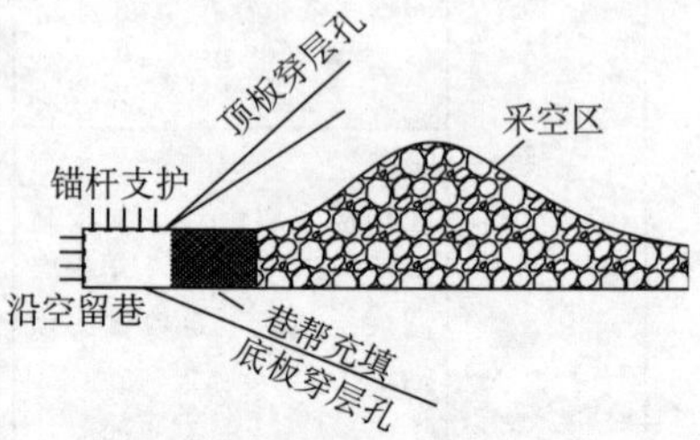 顶板穿层孔 采空区 锚杆支护 沿空留巷 巷帮充填 底板穿层孔

续表

抽采方法分类		抽采方法描述	适用条件	示意图
采中抽采	穿层钻孔抽采	开采初期由高抽巷向工作面开切眼方向施工穿层钻孔，之后在开采过程中可持续利用高抽巷抽采瓦斯	高抽巷在开采初期抽采效率低	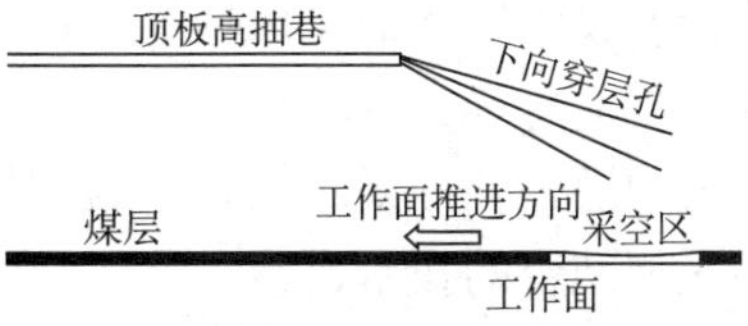
	顺层钻孔	从采煤工作面施工走向短钻孔进行瓦斯抽采，降低动压区内的瓦斯含量，减少煤层向工作面的瓦斯涌出量	高瓦斯、突出煤层	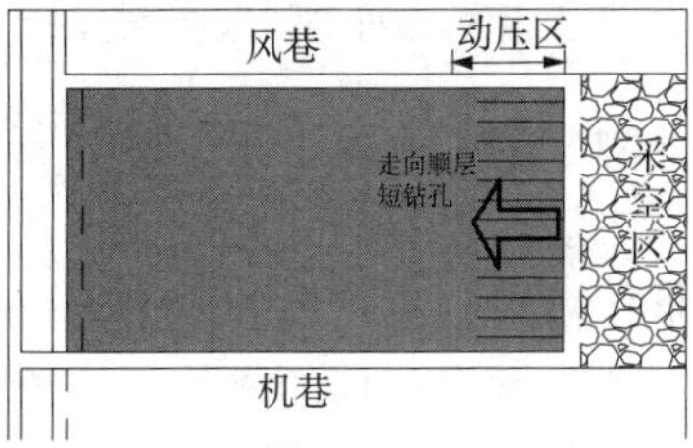
	巷道抽采	抽采巷道位于煤层顶板；从采区回风巷内以一定角度施工一段穿层斜巷，到达设计位置变平后施工水平巷道，抽采邻近层瓦斯	被抽采的邻近层处在顶板岩层内的断裂带内，可预抽被保护层瓦斯，同时抽采本煤层瓦斯	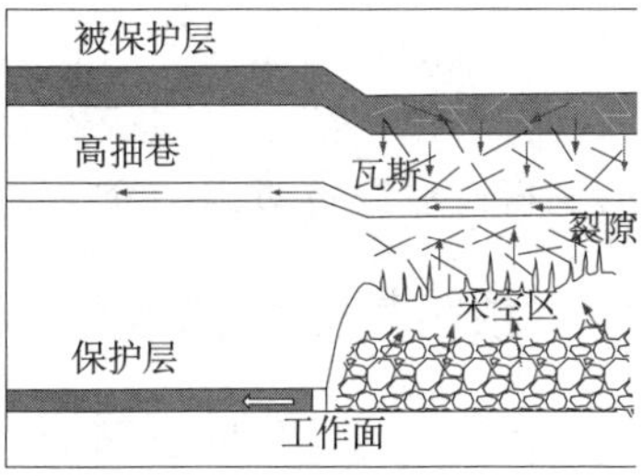
	埋管抽采	预先在采煤工作面回风巷上帮铺设瓦斯管路，在工作面推进中抽采采空区瓦斯	具有广泛的适用性	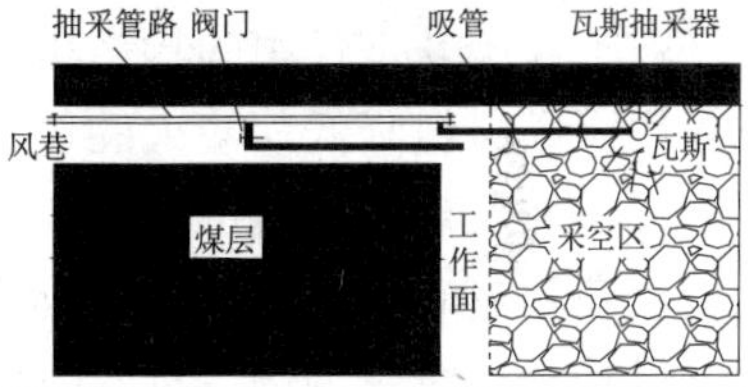
采后抽采	井下瓦斯抽采	在采煤工作面回采结束后、封闭前在该工作面的高瓦斯赋存区域预埋管或打钻，然后再填、构筑密闭抽采瓦斯	具有广泛的适用性	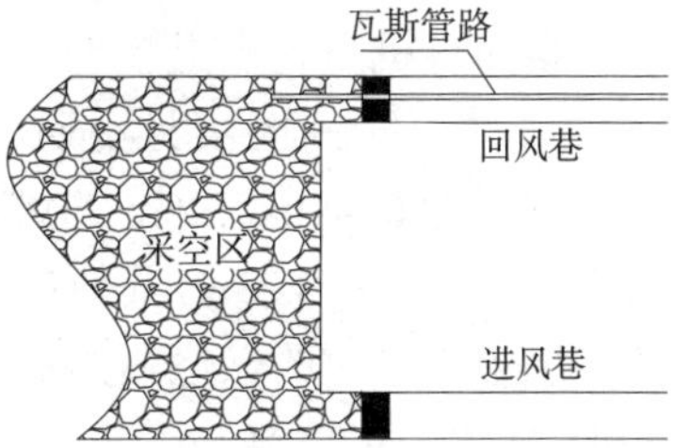
	地面钻井抽采	从地面打垂直钻孔抽采上邻近层及采空区的瓦斯	具有广泛的适用性，在开采过程中亦可使用	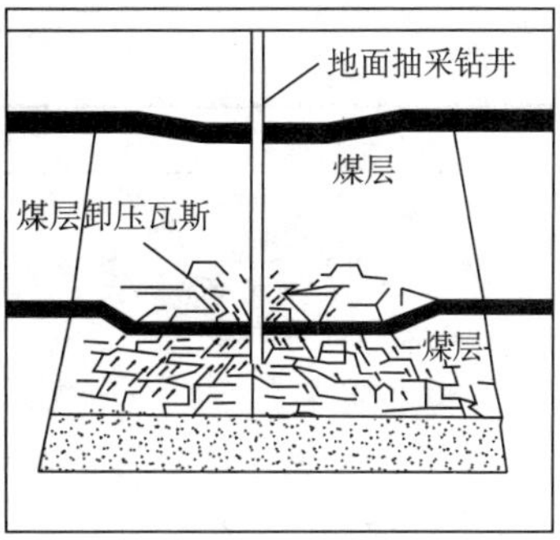

为了解决高产高效工作面多瓦斯涌出源、高瓦斯涌出量的问题，必须结合矿井的地质、开采条件，实施瓦斯综合抽采。即把开采煤层瓦斯采前预抽，卸压邻近层瓦斯边采边抽及采空区瓦斯采后抽等多种方法在一个采区内综合使用。在空间上及时间上为瓦斯抽采创造更多的有利条件，在工艺及方式方面，将钻孔抽采与巷道抽采相结合、井下抽采与地面钻孔抽采相结合、常规抽采与强化抽采相结合、垂直短钻孔抽采与水平长钻孔抽采相结合的技术措施[51]。

2.3.3.3　可燃爆区域注惰

对于密闭火区、采空区等封闭空间，可以采取向其内部注入惰性气体的方法来降低瓦斯燃烧与爆炸的危险性。向可燃爆区域注惰性气体主要可以起到两方面的作用：一是降低区域内瓦斯浓度，另外，当在瓦斯混合气体中注入惰性气体时，随着惰性气体的含量增加，混合气体的爆炸下限微有增加，而爆炸上限则迅速减小，当惰性气体与瓦斯混合气体的混合比达到某一定值时，混合气的爆炸下限和上限重合，混合气体彻底失去爆炸性；二是注入惰性气体以后，可以降低封闭区域的氧含量，当氧含量低于失爆氧浓度以后，可燃性气体就会因缺氧而失去爆炸性。注惰对可燃混合气体爆炸界限和氧气浓度的影响将在后续章节详细介绍。

2.3.4　预防其他可燃物着火

2.3.4.1　采用阻燃材料

对于煤矿井下使用的输送机胶带、坑木、电缆、风筒、塑料布等易燃材料，可以通过采用阻燃材料降低其着火的可能性和危险性。通常所采用的阻燃技术是在合成材料过程中通过加入难燃物质形成难燃保护层，来延长材料的点火时间或者在火源供给消失后材料会在较短时间内自行停止燃烧。

以输送机胶带为例，为了提高带体的阻燃性，通常采用的技术手段是添加含锑、磷、卤等元素的有机与无机阻燃剂。为研究不同类型输送带的燃烧特性，美国国家职业安全与卫生研究所匹兹堡实验室研进行了输送带的火焰蔓延实验[38]。实验装置为一个长4.9m、截面为0.46m×0.46m的燃烧室，使用甲烷燃烧器作为点火装置。每个输送带试样的长为2.5m，宽为0.23m，其他参数如表2.18所示。从表中可以看出，阻燃丁苯橡胶（SBR）比非阻燃丁苯橡胶的燃烧热约低 20%，阻燃氯丁橡胶和阻燃 PVC 的燃烧热则更低，分别为18.6 kJ/g和22.1kJ/g。

表 2.18　输送带样品参数

输送带类型	结构	厚度/mm	燃烧热/（kJ/g）
非阻燃 SBR	二层	9	35.4
非阻燃 SBR	三层	10	36.1
非阻燃 SBR	四层	15	36.8
阻燃 SBR	三层	11	28.8
阻燃氯丁橡胶	织物整芯	9	18.6
阻燃 PVC	织物整芯	11	22.1

实验中，在甲烷燃烧器点火 5min 后将其移走，实验结果表明：火源功率为 7 kW 时，只有二层和三层的非阻燃 SBR 输送带可以继续燃烧；火源功率为 14 kW 时，无论阻燃还是非阻燃 SBR 输送带都可以继续燃烧，但阻燃 SBR 输送的燃烧速度（0.30m/min）比非阻燃 SBR 的燃烧速度小得多（0.77m/min），阻燃氯丁橡胶和阻燃 PVC 输送带在点火源移除后的很短时间内即停止燃烧；火源功率为 21 kW 时，阻燃氯丁橡胶和阻燃 PVC 输送带均可持续燃烧，阻燃氯丁橡胶燃烧速度较慢，最后转变为阴燃，而阻燃 PVC 输送带则发生快速燃烧，如表 2.19 所示。从该实验可知，阻燃输送带的火灾危险性远低于非阻燃输送带，阻燃输送带不但点火难度大，而且点燃后火焰蔓延速度慢，燃烧产热少。

表 2.19　输送带火焰蔓延速度　　（单位：m/min）

输送带类型	火源功率/kW		
	7	14	21
非阻燃 SBR（二层）	0.47	0.71	未测试
非阻燃 SBR（三层）	0.69	0.77	未测试
非阻燃 SBR（四层）	不蔓延	0.76	未测试
阻燃 SBR（三层）	不蔓延	0.30	未测试
阻燃氯丁橡胶	未测试	不蔓延	0.23
阻燃 PVC	未测试	不蔓延	快速蔓延

2.3.4.2　采用不可燃支护材料

采用不可燃支护材料主要是指减少煤矿井下坑木的使用。随着煤矿井下支护技术的不断发展，井下巷道支护方式已由通过木材、金属承压的被动支护转变使用锚网、锚索与煤岩体相结合的主动支护。支护方式的改变，一方面使支护材料变为不可燃材料，减少了井下可燃物的存在；另一方面增加了井巷支护的强度和可靠性，保证了通风的可靠性，有利于煤矿井下通过通风的方法来防止瓦斯积聚和煤自燃。

2.3.4.3　采用不燃储物装置

煤矿井下可能使用到易燃物品，应采取相应的防火措施。《煤矿安全规程》规定：井下使用的汽油、煤油必须装入严盖的铁桶内，由专人押运至使用地点，剩余的汽油、煤油必须运回地面，严禁在井下存放。井下使用的润滑油、棉纱、布头和纸等，必须存放在严盖的铁桶内。用过的棉纱、布头和纸必须放在严盖的铁桶内，并由专人定期送到地面处理，不得乱放乱扔。严禁将剩油、废油泼洒在井巷或者硐室内。

2.4　本 章 小 结

煤和瓦斯是煤矿井下主要可燃物，两者共存于一体或一个空间，井下浮煤可自燃，也可被瓦斯的燃烧爆炸所引燃，煤炭一旦燃烧，燃烧地点稳定、持续时间长、需氧浓度低，常成为引发二次瓦斯燃烧与爆炸的点火源；瓦斯作为气相可燃物，扩散流动性强、可出现在所在空间的任何位置，含瓦斯的混合空气点火能量很低（0.28mJ），易发生燃烧与爆炸，是重特大煤矿热动力灾害的主要隐患；发生瓦斯爆炸等热动力灾害后，若被扬起的沉积煤尘具有爆炸危险性，就易引发煤尘爆炸，并具有更远的爆炸传播性，常导致特大事故的发生。本章对煤的形成、分类、组成结构，瓦斯的生成、赋存、流动及涌出特征进行了详细阐述；对煤与瓦斯的热动力基础特性，如煤自燃、煤燃烧、煤尘爆炸、瓦斯燃烧和瓦斯爆炸等进行了重点介绍，也特别对煤、瓦斯及其他可燃物之间的复合致灾关系，如煤自燃—煤燃烧—瓦斯爆炸、瓦斯爆炸—煤尘爆炸、瓦斯燃烧—煤燃烧—瓦斯爆炸、外因火灾-煤与瓦斯灾害等也进行了专门介绍。为从源头控制煤矿热动力灾害的发生，本章还介绍了预防煤矿中各类可燃物着火的方法，防范的重点是避免出现瓦斯与空气的混合，根本技术措施是确保通风可靠。

参 考 文 献

[1] Cassidy S M. Elements of Practical Coal Mining. New York: American Society of Mining, 1973.

[2] EIA. Energy in the United States:1635–2000. 2002.

[3] 陶著. 煤化学. 北京:冶金工业出版社, 1984.

[4] Van Genderen J L. Coal and peat fires: A global perspective: Volume 1: Coal-geology and combustion. International Journal of Digital Earth, 2010, 5(5):458-459.

[5] Flores R M. Coal and Coalbed Gas: Fueling the Future. Amsterdam:Elsevier Science, 2013.

[6] 宋洪柱. 中国煤炭资源分布特征与勘查开发前景研究. 北京:中国地质大学, 2013.

[7] 袁亮. 煤矿总工程师技术手册. 北京:煤炭工业出版社, 2010.

[8] Wiser W H P. Division of Fuel Chemistry. Washington D. C. : Chemistry for Life, 1975:122-126.

[9] 张双全. 煤化学. 徐州:中国矿业大学出版社, 2004.

[10] Dai S F, Zhang W G, Seredin V V, et al. Factors controlling geochemical and mineralogical compositions of coals preserved within marine carbonate successions: A case study from the Heshan Coalfield, southern China. International Journal of Coal Geology, 2013, 109-110:77-100.

[11] 王德明. 煤氧化动力学理论及应用. 北京:科学出版社, 2012.

[12] 秦风. 中国古代煤矿与近现代煤矿的区别. 休闲读品(天下), 2017, (4):120-121.

[13] 张子敏. 瓦斯地质学. 徐州:中国矿业大学出版社, 2009.

[14] 周世宁, 林柏泉. 煤层瓦斯赋存与流动理论. 北京:煤炭工业出版社, 1999: 8-9.

[15] 霍多特 B B. 煤与瓦斯突出. 宋士钊, 王佑安译. 北京:中国工业出版社, 1966.

[16] 俞启香, 程远平. 矿井瓦斯防治. 徐州:中国矿业大学出版社, 2012.

[17] 张子敏. 瓦斯地质学. https://wenku. baidu. com/view/18c0b4ca76c66137ee0619fd. html[2018-05-20].

[18] 康永尚, 孙良忠, 张兵, 等. 中国煤储层渗透率主控因素和煤层气开发对策. 地质论评, 2017, 63(5):1401-1418.

[19] 温永言. 寺河煤矿综掘工作面煤壁瓦斯涌出参数测试与分析. 煤矿安全, 2012, 43(5):115-117.

[20] 李树刚, 刘志云. 综放面矿山压力与瓦斯涌出监测研究. 矿山压力与顶板管理, 2002, 19(1):100-102.

[21] 林柏泉. 矿井瓦斯防治理论与技术. 徐州:中国矿业大学出版社, 2010.

[22] 王德明. 矿井火灾学. 徐州:中国矿业大学出版社, 2008.

[23] 方堃. 高分子材料在煤矿中使用的安全性分析. 华北科技学院学报, 2005, 2(1):24-27.

[24] 卢建. 煤矿用电缆火灾致因及其防范. 煤矿安全, 2016, 47(5):248-250.

[25] 张国顺. 燃烧爆炸危险与安全技术. 北京:中国电力出版社, 2003.

[26] 李增华. 煤炭自燃的自由基反应机理. 中国矿业大学学报, 1996, 25(3):111-114.

[27] Lopez D, Sanada Y, Mondragon F. Effect of low-temperature oxidation of coal on hydrogen-transfer capability. Fuel, 1998, 77(14):1623-1628.

[28] Wang H, Dlugogorski B Z, Kennedy E M. Theoretical analysis of reaction regimes in low-temperature oxidation of coal. Fuel, 1999, 78(9):1073-1081.

[29] Wang H, Dlugogorski B Z, Kennedy E M. Kinetic modeling of low-temperature oxidation of coal. Combustion and Flame, 2002, 131(4):452-464.

[30] Kam A Y, Hixson A N, Perlmutter D D. The oxidation of bituminous coal—I Development of a mathematical model. Chemical Engineering Science, 1976, 31(9):815-819.

[31] Kam A Y, Hixson A N, Perlmutter D D. The oxidation of bituminous coal—II Experimental kinetics and interpretation. Chemical Engineering Science, 1976, 31(9):821-834.

[32] 国家安全生产监督管理总局. 煤矿安全技术“专家会诊”资料汇编(上册). 北京:国家煤矿安全监察局, 2006.

[33] 国家安全生产监督管理总局. 煤矿安全技术“专家会诊”资料汇编(下册). 北京:国家煤矿安全监察局, 2006.

[34] 张延松, 王德明, 朱红青. 煤矿爆炸、火灾及其防治技术. 徐州:中国矿业大学出版社, 2007.

[35] 王德明. 矿尘学. 北京:科学出版社, 2015.

[36] Li S C, Williams F A. Reaction Mechanisms for Methane Ignition: ASME Turbo Expo 2000: Power for Land, Sea, and Air, 2002.

[37] Eckhoff R K. Dust Explosions in the Process Industries: Identification, Assessment and Control of Dust Hazards. Elsevier, 2003.

[38] Yuan L, Litton C D. Experimental study of flame spread on conveyor belts in a small-scale tunnel. Fire and Materials 2007-10th International Conference, 2007.

[39] 徐通模, 惠世恩. 燃烧学. 北京: 机械工业出版社, 2017.

[40] 况世华, 何丽华. 矿用通风机发展概述. 云南冶金, 2008, 37(6): 3-7.

[41] 王文才, 乔旺. 长距离局部通风技术的发展现状与趋势. 煤炭科学技术, 2012, 40(1): 46-49, 53.

[42] 王海龙. 矿山矿井通风技术分析. 能源与节能, 2017, (10): 47-48.

[43] 王魁军. 矿井瓦斯防治技术优选——瓦斯涌出量预测与抽放. 徐州: 中国矿业大学出版社, 2008.

[44] Bromilow J G, Jones J M. Drainage and utilization of firedamp. Colliery Eng., 1955, 32(6): 222-232.

[45] Venter J, Stassen P. Drainage and utilization of firedamp. Washington D. C.: Bureau of Mines, 1953.

[46] Perry H. Degasification of coalbeds in advance of mining. Nat. Safety Congr. Trans., 1959, 7: 21-34.

[47] Spindler M L, Poundstone W N. Experimental work in the degasification of the pittsburgh coal seam by horizontal and vertical drilling. AIME, preprint 60F106, 1960: 28.

[48] Diamond W P. Methane control for underground coal mines. Hydrocarbons from Coal, 1994, 180: 237-267.

[49] 于不凡. 煤矿瓦斯灾害防治及利用技术手册. 北京: 煤炭工业出版社, 2005.

[50] 谢和平, 周宏伟, 薛东杰, 等. 我国煤与瓦斯共采: 理论、技术与工程. 煤炭学报, 2014, 39(8): 1391-1397.

[51] 国家安全生产监督管理总局信息研究院. 煤矿瓦斯综合防治. 北京: 煤炭工业出版社, 2014.

第 3 章　煤矿中的供氧条件

煤矿热动力灾害的本质是氧化反应，因此，供氧条件直接影响其特性。煤矿井下的供氧条件包括供风量及氧气浓度，对不同类型的热动力灾害发生、发展过程起重要作用。

煤矿井下空间可分为通风区域和非通风区域，通风区域又分为正常通风区域及通风不良区域。在煤矿正常通风区域，依靠通风系统内的机械通风，供风量充足，气体成分符合安全卫生要求，即与地面基本相同，氧气浓度不低于 20%。而在非通风区域以及通风不良区域，如回采面采空区、封闭采空区、密闭巷道以及盲巷，由于缺少足够的新鲜风量供给，加之浮煤或煤层基质孔隙中吸附的瓦斯等气体不断解吸、浮煤氧化产生一氧化碳等气体、浮煤氧化消耗氧气等因素，导致区域内氧气浓度降低和瓦斯等有害气体浓度增大。本章介绍供氧条件对煤氧化与燃烧、瓦斯燃烧与爆炸以及外因火灾的作用与影响，在此基础上分析了控风、注惰等技术措施的控氧效果和控制热动力灾害的最低氧气浓度。

3.1　供氧条件在煤氧化燃烧中的作用

煤的自燃与燃烧是煤与氧气之间的氧化反应。其中煤自燃是煤体在常温下开始氧化、缓慢积聚热量使煤温逐渐升高达到着火点的过程，而煤燃烧则是高温下煤与氧气的剧烈氧化反应。氧气是煤自燃与燃烧的必要因素，参与整个煤自燃及燃烧过程，供氧条件的变化势必会对煤的自燃和燃烧过程造成相应的影响。

3.1.1　不同供氧条件下煤的自燃

3.1.1.1　供风量对煤自燃的影响

煤自燃是煤氧化产热和环境散热之间热平衡关系的变化过程，在煤体自燃过程中，供风一方面提供了煤自燃所需的氧气，另一方面也将煤体氧化所产生的热量带走。风量过小，供氧不足，氧气浓度偏低，煤氧化产生热量小，不足以引起自燃；风量过大，煤氧化产生的热量被热传导和风流焓变带走，也无法引起自燃。因此，在煤自燃过程中，供风量过大或过小均不利于煤自燃的发生，只有当供风量在某一区间内时，煤自燃的发生最为容易。如图 3.1 所示，在 80～160℃范围内，当供风量从 80 mL/min 增大到 130 mL/min 时，煤样整个氧化过程中耗氧速度增大，氧化反应速率加快，CO 浓度增大；但当风量继续增加到 180 mL/min 时，煤样的耗氧速率却转而降低，CO 浓度也降低，这是因为过大的风量造成了煤体本身积聚热量的大量散失，还使氧气与煤体接触的时间变短，使得二者之间反应进行得不够充分。这些因素均不利于煤体自身热量的积聚，延缓了煤的氧化反应进程[1, 2]。

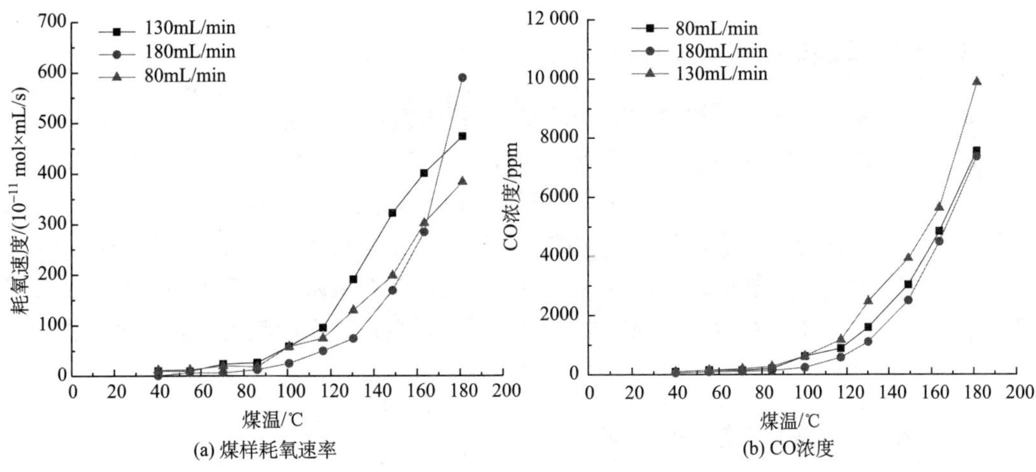

(a) 煤样耗氧速率　　(b) CO浓度

图 3.1　不同供风量下煤样耗氧速率及 CO 浓度与供风量关系曲线[3]

当供风量过小时，氧气浓度是影响煤自燃发生和发展的主要因素，相关内容将在下节详细阐述；而当供风量过大时，热量的散失则是影响煤自燃的主要因素。对于给定的松散煤体，存在一个上限供（漏）风强度，当供风强度增大到此值时，煤氧化产生的热量全部由热传导和风流焓变带走。上限供风强度除了与煤的放热强度、风流温度及煤岩体温度有关，还与松散煤体厚度密切相关。不同煤温、不同松散煤体厚度时的上限供风强度如图 3.2 所示，从图中可以看出，当煤温处于 55～65℃范围内时，上限供风强度最小；随着浮煤厚度的不断增大，上限供风强度整体升高。当松散煤体厚度为 0.5 m，煤温为 55～65℃时，上限供风强度为负值（图 3.2），说明煤氧化产生的热量通过热传导和热对流全部散失，即在该条件下，0.5 m 厚的松散煤体不会升温自燃[4]。

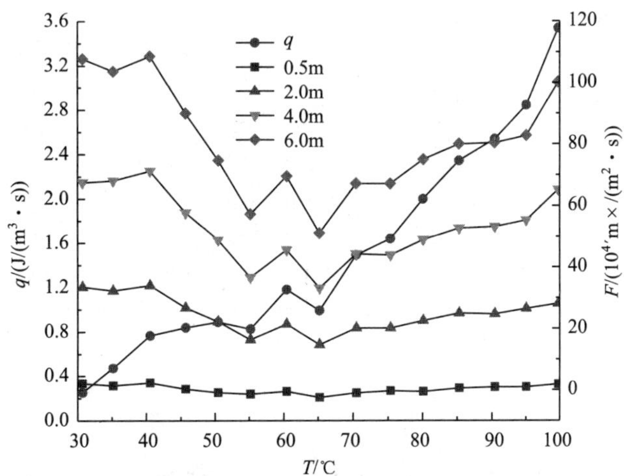

图 3.2　不同煤温不同松散煤体厚度时的上限供（漏）风强度[4]

3.1.1.2　氧浓度对煤自燃的影响

煤自燃的发展是一个非线性的动态过程，包括缓慢自热阶段（常温—自热临界温度）和快速氧化阶段（自热临界温度—燃点）[5, 6]，其中自热临界温度一般可视为 70℃。在缓慢自热阶段，主要是煤中羟基、羧基、甲基、亚甲基等活性基团与氧气间的物理吸附、化学吸附。进入快速氧化阶段后，煤中的主体反应会由物理化学吸附转变为快速的化学反应，并逐渐形成自由基链式循环反应。煤自燃的两个发展阶段具有不同的微观反应机理，氧气浓度的改变会对两个自燃阶段产生不同的影响，进而影响整个煤自燃过程的产热、产气等特性。

1. 氧浓度对缓慢自热阶段的影响

煤的低温缓慢自热阶段（常温～70℃）是煤氧化作用的结果，包括煤氧之间的物理吸附、化学吸附以及化学反应。当环境温度在 40～50℃以上时，化学吸附处于主导地位。同等条件下，煤与氧结合能力越强，耗氧越多，升温速率越快，煤越易达到自热临界温度。因此，可采用煤样在 70℃时的耗氧量来表征煤样在低温缓慢自热阶段的氧化特性。通过控制煤样罐进气口的氧气浓度，并测试煤样 70℃时煤样罐出气口的氧气浓度，即可获得在不同氧浓度条件下煤样在 70℃时的耗氧量。图 3.3 是煤自燃倾向性的氧化动力学测试系统，测试了不同氧气浓度条件下三种不同变质程度煤样升温至 70℃的耗氧量，测试结果如图 3.4 所示。

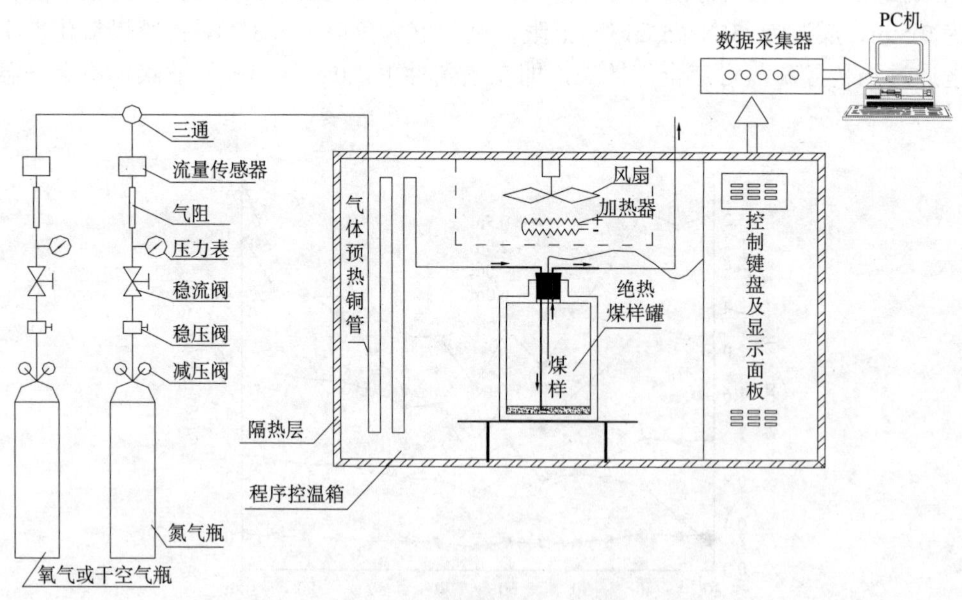

图 3.3　煤自燃倾向性的氧化动力学测试系统

在 5%～21%的氧浓度区间内，70℃时煤样耗氧量基本不随氧浓度的变化而改变，表明氧气浓度对煤在缓慢自热阶段的自热反应不会产生明显影响。这是由于在缓慢自热阶

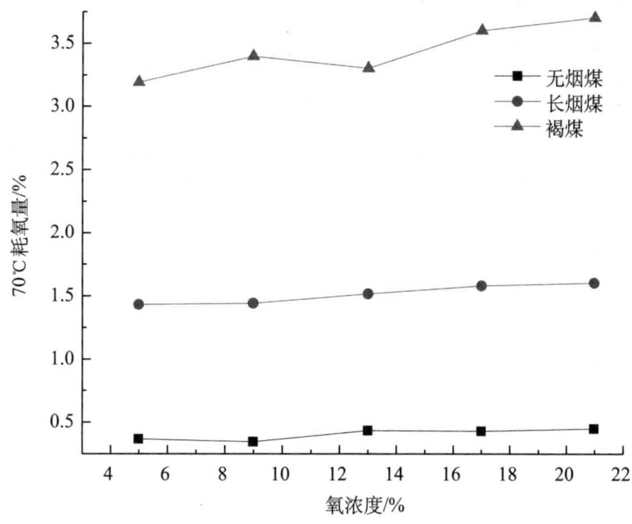

图 3.4　三种煤样在不同氧浓度气氛中 70℃时耗氧量

段，煤样温度低于 70℃，反应温度较低，在此环境下煤与氧气之间的复合作用速率受到限制，同时煤粒自由表面的活性位点数量也十分有限，较低的氧浓度即可满足煤与氧之间的物理、化学吸附以及化学反应。因此，氧气浓度的变化不会明显改变低温阶段煤氧之间的复合作用速率，氧气浓度在该阶段的影响十分微弱。因此，在煤矿生产实践过程中，采用注惰来降低防火区域氧浓度的措施并不能十分有效地抑制煤在缓慢自热阶段的氧化升温速率。

2. 氧浓度对快速氧化阶段的影响

印度、土耳其、新西兰、澳大利亚等国家采用交叉点温度法研究煤自燃倾向性[1, 7-14]，即将试验煤样装入一个立方体或圆柱体的钢丝网篮中，而后将网篮放入具有循环气流的炉膛中加热。试验时，炉膛内保持较强的循环气流，保证样品四周充分的空气对流，从而使样品边界的温度与炉温相同。炉膛内温度以一定的速率上升，样品初始温度低于炉膛温度，在传递的热量及自身反应放出的热量的作用下温度也开始升高，样品中心的温度会在某一时间节点与炉膛温度相等，在温度对时间的图上表现为样品温度曲线与炉膛温度曲线出现交叉点，如图 3.5 所示，此时的温度，即交叉点温度（crossing point temperature，CPT）。

在快速氧化阶段，若煤与氧气之间的复合作用速率高，产热速率快，则煤的交叉点温度就低；反之，煤交叉点温度就高。因此，不同氧浓度条件下交叉点温度的大小可以反映出氧气浓度对煤的整个自燃过程的影响。

采用图 3.3 所示的煤自燃倾向性的氧化动力学测试系统，对煤样在不同氧气浓度气氛中的交叉点温度进行了测试，结果如图 3.6 所示。氧浓度越低，煤的交叉点温度越高，尤其是在 13%～21%的区间内，随着氧气浓度的下降，交叉点温度会快速升高。当氧浓度低于 13%后，交叉点温度随氧浓度变化的增幅逐渐减小。交叉点温度的测试结果表明，

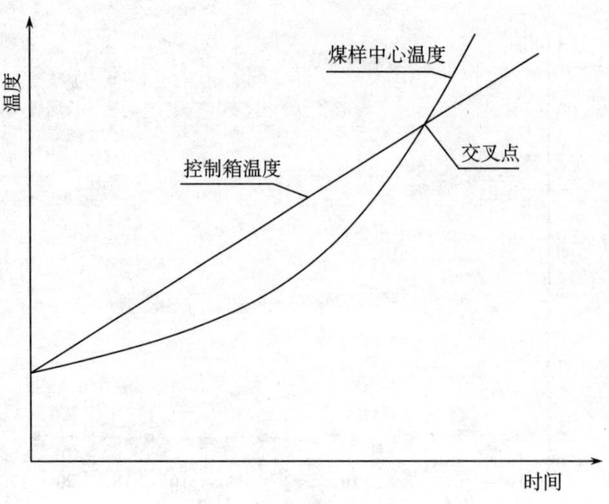

图 3.5　交叉点温度示意图

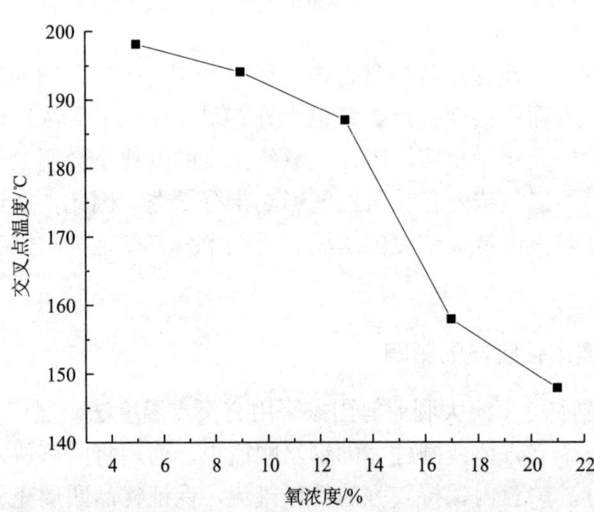

图 3.6　煤样交叉点温度随氧气浓度的变化曲线

煤在整个自热过程中的升温速率随着氧浓度的降低明显减缓，氧气浓度的降低主要抑制煤在快速氧化阶段的氧化反应，进而延缓煤的自热反应进程。其内在原因是，煤进入快速氧化阶段（70℃～燃点）后，由于温度的升高，煤与氧气的化学反应速率迅速提高，到达煤粒表面的氧气会很快与活性基团反应，此时控制煤自热反应进程的是氧气从周围气体向煤粒表面的扩散传质过程。氧气浓度的下降减弱了氧气的扩散传质速率，导致单位时间内到达煤粒表面的氧气量减少，从而对煤的快速氧化进程产生了明显的抑制效应。

3. 氧浓度对产热产气特性的影响

氧化产热是煤温不断升高最终导致燃烧的根本原因。同时，根据煤化学理论，煤的化学结构主要有缩合程度不同的大分子芳香环、脂环和杂环以及小分子化合物等，煤在氧化过程中，大分子开始裂解和解聚，在不同的温度阶段，对应产生不同的气体产物，气体产物的产生速率可以表征煤氧化自燃过程中的反应程度。不同氧浓度环境中的产热、产气特性也能够反映出氧浓度对煤自热危险性的影响。图 3.7 与图 3.8 分别展示了煤在低温氧化过程中的产热、产气特性随氧浓度的变化规律。

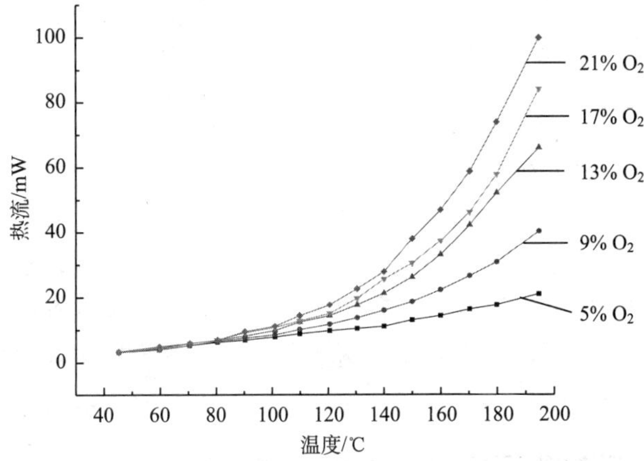

图 3.7 不同氧浓度气氛中煤低温氧化产热速率曲线

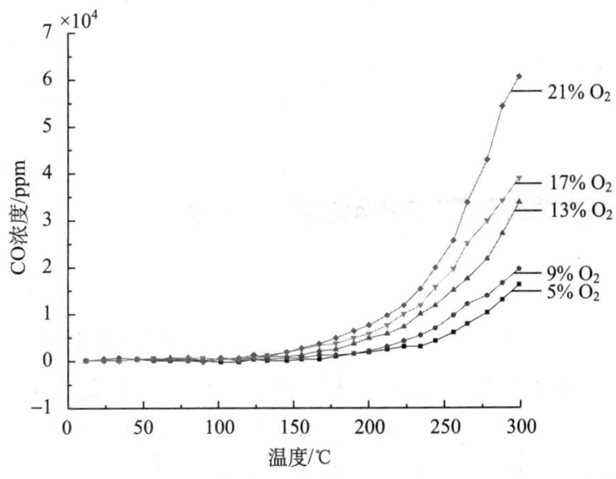

图 3.8 氧浓度对煤自燃过程中产生 CO 的影响

在低于 70℃的缓慢自热阶段，煤的氧化产热速率曲线以及煤样罐出气口处 CO 的浓度曲线，在氧浓度分别为 21%、17%、13%、9%、5%的氧化气氛中，都基本重合。这表明了在缓慢自热阶段，煤的耗氧产热、产气速率对氧浓度这一因素并不敏感，不会随着氧浓度的降低而显著降低。但是，在温度超过 70℃进入快速氧化阶段后，随着氧浓度的降低，煤的氧化产热速率以及 CO 的产生速率都显著下降。

不同氧浓度气氛中产热与产气的测试结果进一步表明，氧浓度的变化对煤的缓慢自热阶段不会产生明显影响，但是氧浓度的降低能够显著抑制快速氧化阶段的发展。这意味着，在采用注惰降氧的措施来预防煤自燃灾害时，降低氧浓度并不能有效延缓煤在缓慢自热阶段的升温速率，主要是对快速氧化阶段的自热升温速率产生明显的抑制作用。

3.1.1.3　煤矿井下易自燃区域

只有掌握煤矿井下煤自燃的规律，才能采取有针对性的预防措施。现根据煤矿开采特点及煤自燃条件，并结合现场实际情况，总结出了煤矿井下易自然发火区域，并对这些区域煤炭易自燃的原因进行了分析。

1. 采空区

采空区是煤矿井下易发生煤自燃的区域之一，据统计，国有重点煤矿采空区发生的煤自燃次数占煤自燃总次数的60%[15]。采空区之所以容易发生煤自燃，与采空区的环境特点密切相关。无论采用哪种采煤方法，都会在采空区产生遗煤，而且随着综采放顶煤开采技术的广泛应用，采空区遗煤量变得更大。有了破碎煤体的存在，就使采空区具备了煤自燃的初始条件。然而，并不是采空区的任何区域都会发生煤自燃。通常，根据采空区的空间特性，将采空区分为散热带、氧化升温带和窒息带，如图 3.9 所示。

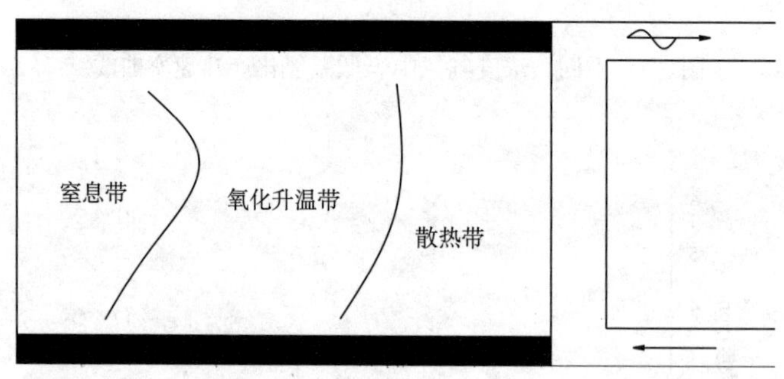

图 3.9　采空区自燃三带分布

其中，散热带紧靠工作面开采空间，该区域虽然有遗煤堆积，但由于顶板冒落的岩块呈松散堆积状态，孔隙大，且漏风强度大，煤氧化放出的热量被及时带走而无法积聚，再加上浮煤与空气接触时间尚短，一般不会发生自燃；氧化升温带位于采空区的中部，该区域由于冒落岩块逐渐压实，孔隙密度降低，风阻增大，漏风强度减弱，遗煤氧化产生的热量不断聚积，并可能最终导致煤自燃的发生；氧化升温带之后的大部分采空区为窒息带，该区域冒落岩块已基本压实，漏风基本消失，氧气浓度下降而无法维持煤氧化自燃过程的持续发展。

2. 进、回风巷道

进、回风巷道长期处于风流之中，也是煤矿井下易发生煤自燃的区域之一，这在个别矿区表现得尤为严重，如义马矿区 1959～2004 年间共发生自燃火灾 553 次，其中发生在进、回风巷道的有 218 次，占火灾总数的 39.4%[16]；兖州矿区历年来统计结果的这一比例则为 40.9%。根据发生原因的不同，工作面进、回风巷道的煤炭自燃主要可分为保护煤柱自燃、巷道高冒区自燃两种情况。

1）保护煤柱自燃

留煤柱保护区段巷道或无煤柱护巷采用留窄小煤柱的沿空掘巷方式时，在采动压力和地应力的作用下，煤柱容易被压裂、破碎或坍塌，形成大量的浮煤堆积，加之工作面端头回柱后冒落不彻底，留下漏风通道，容易发生煤炭自燃现象。

厚煤层采用分层开采方式时，这一问题更加突出。分层开采时，往往将各分层巷道倾斜布置，煤柱压裂破碎后形成的碎煤在区段平巷处堆积起来，构成煤自燃隐患的物质基础。另外，该开采方式在煤层底板中设岩石集中平巷，通过联络巷与各分层的区段平巷连接，工作面推过后，煤炭落入采空区的联络巷容易形成采空区的漏风通道，漏入的风流大部分通过垮落的区段平巷流向工作面，易使区段平巷处的堆积遗煤发生自燃，特别是区段平巷与联络巷连接的部位，更容易发生煤炭自燃。

例如，2000 年 9 月 20 日，黑龙江富华煤矿二段暗风井布置在鹤岗矿业集团富力煤矿已采 11 号煤层的底部，巷顶残留煤柱破碎、裸露、漏风，且由于采取压入式通风，未能及时发现煤炭自然发火征兆，易自燃煤层永久封闭巷道锚喷封闭不严，引起煤炭氧化升温自燃，导致火灾事故，事故造成 31 人死亡。

2）高冒区自燃

巷道冒顶空洞是巷道高冒区煤炭自然发火的必要条件，其形成主要与巷道施工质量、地质构造等因素有关。综放工作面的巷道一般都是沿煤层底板掘进，巷道顶部有比较厚的煤体。容易发生巷道冒顶的地点一般来说矿山压力都较显著，在巷道施工完毕后，煤体原有的压力平衡被破坏，造成局部压力集中。根据高冒区松散煤体的裂隙分布状态、煤体松散程度和冒落程度可分为三个区域：破碎区、离层区和断裂下沉区（图 3.10）。其中在破碎区内，煤体已经充分破碎，应力完全释放，大约有 2～3 m 厚的浮煤呈自然堆积状态存在，巷道中的空气可以通过该区域的裂隙渗透进入松散煤体中，并在裂隙暴露的煤表面与煤发生氧化反应。另外，高冒处的破碎煤体从冒顶形成以后就暴露在空气中，而该工作面剩余巷道的施工和煤层回采周期非常长，远远超过了煤的自然发火期，所以有足够的时间维持煤炭氧化自燃过程的发展。因此，巷道高冒区容易发生煤炭自燃。

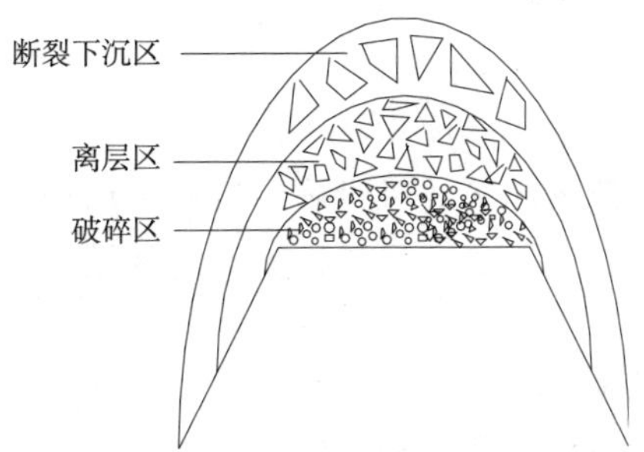

图 3.10　高冒区冒落各区分布示意图

义马、鹤岗等矿区巷道高冒区自然发火严重。如义马耿村矿 12190 工作面下巷煤质松软，且矿压较大，巷道顶板形成了大面积的冒顶空洞，空洞下部堆积了 2～3 m 厚的浮煤；巷道又有一定的倾斜度，风流的动压差和位压差以及空洞内存在高温点时产生的热风压使得漏风量增大；该矿在巷道支护时曾加设一层彩条塑料布以减少漏风，当高冒空洞区内出现高温点时，塑料布阻止了热量的散发，反而有助于浮煤的氧化自燃过程的进一步发展，从而最终导致煤炭自燃的发生。

3. 地质构造处

煤矿井下常见的地质构造形式主要有褶曲、断层、破碎带、陷落柱、岩浆入侵区等，它们破坏了煤层原有的连续性和完整性，给掘进施工和工作面回采造成了很大的困难，也给煤自燃防治工作带来了不利因素。其原因主要有以下三个方面：①构造带处由于煤层受张拉、挤压等应力作用，裂隙大量产生，煤体破碎，容易形成大量浮煤的堆积；②构造带附近漏风通道复杂，漏风严重，给煤氧化自燃提供了通风供氧条件；③构造带处一般具备良好的热量积聚环境。这些条件导致构造带附近区域煤自燃现象频繁发生。

1959～2004 年，河南义马矿区地质构造带附近区域的自然发火次数占发火总次数的 7%；而山东兖州矿区兴隆庄煤矿则表现得更为明显，1984～1995 年，该矿发生的 24 处自燃隐患或自然发火中，有 15 处发生在地质构造带附近。

4. 停采线和开切眼

停采线和开切眼附近由于浮煤堆积量大、漏风严重等原因，往往容易发生煤炭自燃现象。据山东兖州矿区截至 2000 年年底的煤自然发火情况统计，该矿区 7 对矿井共发生自燃 88 次，其中停采线处 20 次，开切眼处 2 次，分别占自然发火总次数的 22.7%和 2.27%[17]。据河南义马矿区 1959～2004 年的煤自然发火情况统计，停采线和开切眼处的自然发火次数占总次数的 10%[16]。

采用 U 形通风无煤柱后退式开采时，由于取消区段隔离煤柱，下一区段工作面的回风巷沿上一区段采空区掘进，该区段停采线的进风侧一般不设密闭。因此，从沿空掘巷开始直至工作面回采结束，停采线下端始终处于敞口状态，很难封闭；从开始掘进至工作面结束的整个采掘过程，回风巷的风流均向上区段停采线漏风。在这种情况下，采区上山两侧停采线的下端容易发生自燃。

5. 通风设施附近

风桥、风门、调风窗以及密闭等通风设施附近巷道周边煤体也是煤矿井下易自然发火地点之一，1959～2004 年，义马矿区通风设施附近区域的自然发火次数占发火总次数的 11%。

对建于煤巷中的通风设施（主要指风门和密闭墙），其上下侧的风压差随着局部风阻的增大而增加，为漏风的形成提供了有利条件。在通风设施安装及施工过程中煤巷周围形成了一定裂隙，之后在矿山压力的缓慢持续作用下，这些裂隙逐渐发育扩展，达到一定程度后，附近煤体具备了适宜的氧化蓄热条件，容易造成自然发火。对于建于假顶之下的通风设施，漏风情况更为严重，自然发火次数也相对频繁，如图 3.11 所示。此外，溜煤眼以及瓦斯抽放孔等处也是极易发生煤炭自燃的区域。

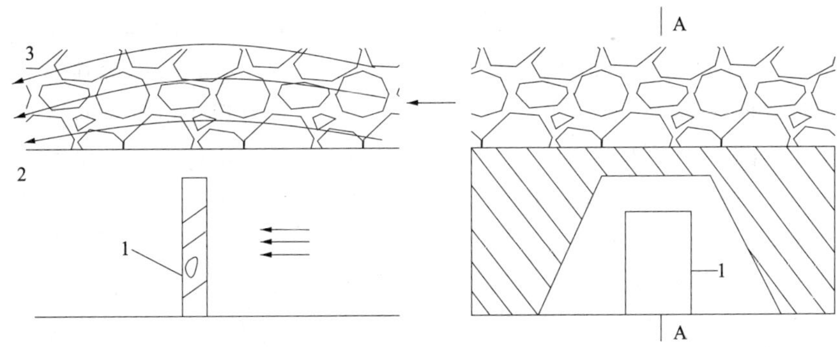

图 3.11　假顶下设置通风设施后风流分布图

1. 风门；2. 高温显现侧；3. 易产生高温区

3.1.1.4　基于供氧条件划定采空区易自燃区域

据统计，在国有重点煤矿中，60%以上的煤自燃灾害发生在采空区[15]，不同开采方式和地质条件下会形成不同的采空区空间特性，采空区空间垮落与孔隙分布规律不同，造成不同的漏风通道和蓄热条件，浮煤的氧化自热程度亦不同，同时由于工作面连续推进会引起采空区空间特性时空响应的动态演化，易自燃区域也会表现出很强的时空效应。为避免采空区发生煤自燃，应了解采空区易自燃危险区域，以便实施关键区域重点预防，因此，采空区易自燃区域的判定对于从供氧的角度合理选择防火技术措施，防止和控制煤的自燃，减少煤自燃引发的各种灾害具有重要意义。

根据煤发生自燃的可能性，可将采空区分为自燃难易程度不同的 3 个区域，即散热带、氧化升温带和窒息带，一般称之为采空区“三带”。目前，主要基于现场工作经验采用氧气浓度指标来判定采空区易自燃危险区域，如图 3.12 所示。散热带与氧化升温带采用的临界指标值为 15%（体积分数），窒息带与氧化升温带的通用临界指标值为 5%。

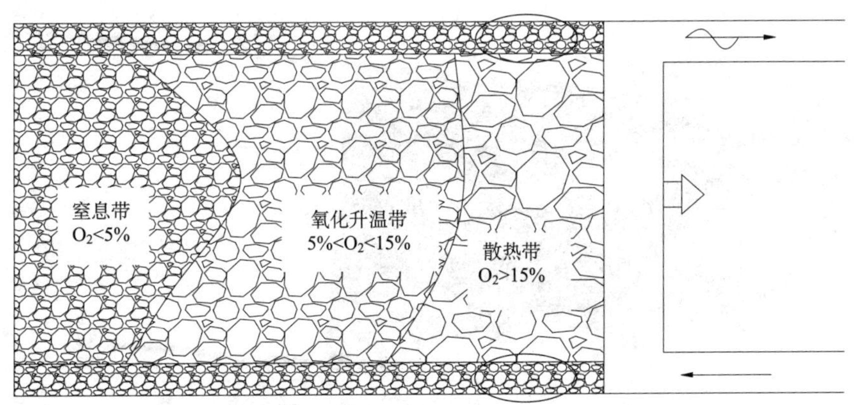

图 3.12　回采工作面采空区自燃带分布图

基于氧浓度将采空区划分为自燃三带的方法给煤矿现场的防火工作提供了一定的指导。一般认为散热带具备充足的供氧条件，但是由于漏风大造成煤氧化产生的热量随风散失，热量不能积聚；窒息带由于缺氧，氧化反应强度低，产生的微量热量会及时地通过周围的煤岩传导散失；而氧化升温带的漏风量小，既具备充足的供氧条件，又具有良好的蓄热环境，易发生煤自燃灾害。在掌握采空区自燃三带分布规律的基础上，可根据现场实际条件选取注泡沫、注惰气、注浆等方式，对氧化升温带进行针对性的预防或治理，做到采空区防灭火工作有的放矢，并能够对防灭火效果进行评估。例如，捷克学者 Alois Adamus 曾对该国 Lazy 煤矿 138202 工作面采空区注氮期间的氧气浓度进行了实测并分析了注氮效果，如图 3.13 所示[18]。实测结果表明：进风侧散热带宽度比回风侧大，长达近 200 m；注氮 85 h 后，采空区氧气浓度下降，散热带向工作面急剧紧缩，大部分区域氧气浓度变为氧化升温带（氧气浓度约 8%～8.5%），这意味着，注氮在明显缩减采空区散热带范围的同时延展了氧化升温带范围。

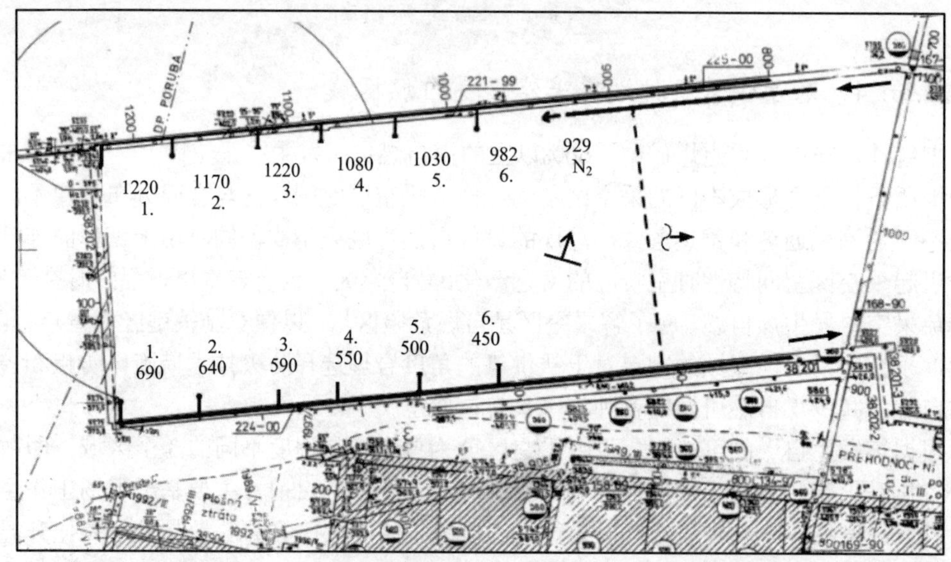

(a) 采样点布置

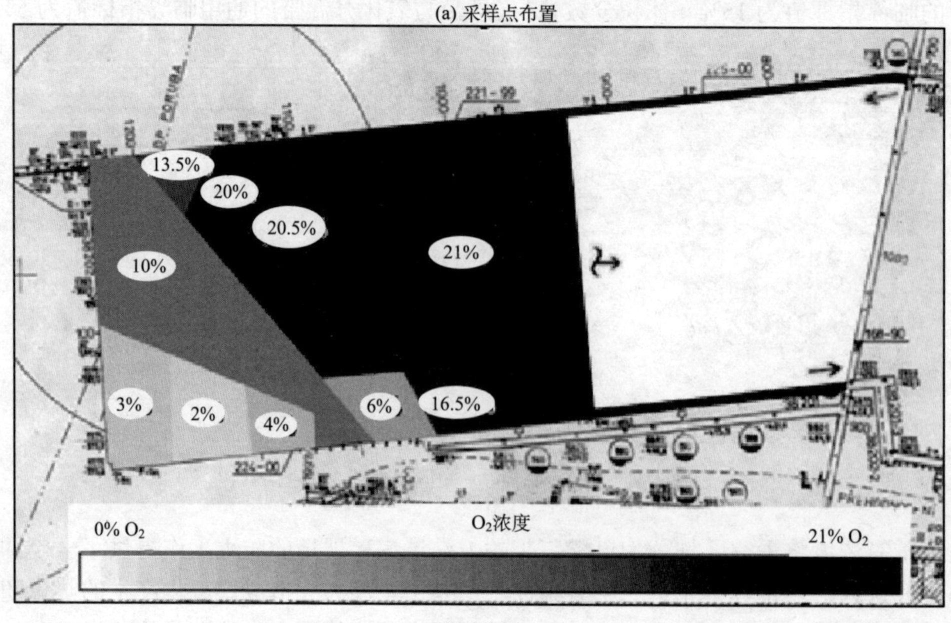

(b) 注氮前

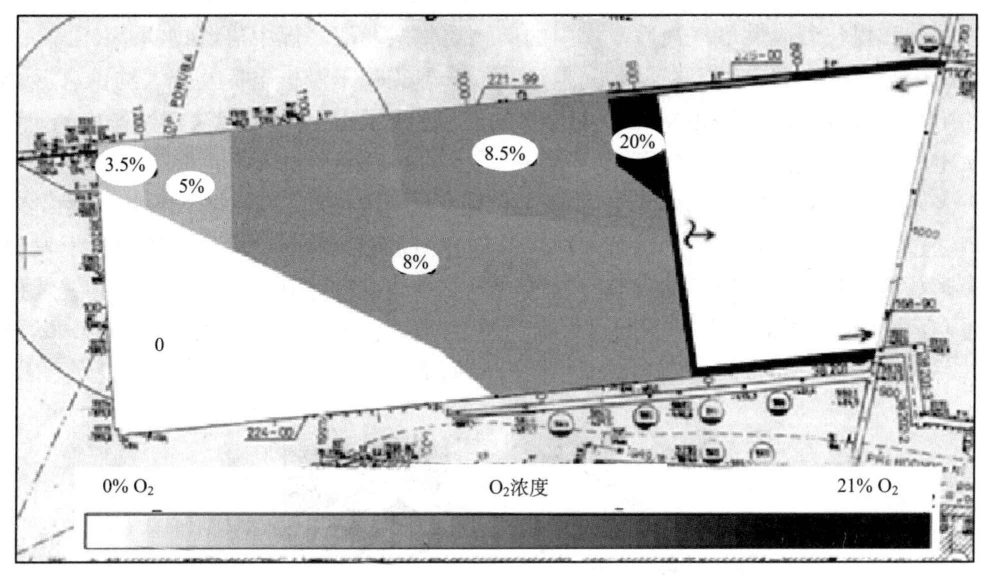

(c) 注氮85h后

图 3.13　捷克 Lazy 煤矿 138202 工作面采空区氧气浓度分布[18]

此外，需要说明的是，煤矿的实际发火情况表明上述单纯根据氧浓度划分采空区氧化三带的方法不能准确圈定浮煤易自燃区域，实际生产过程中采空区发生自燃的位置常常不在氧化升温带内。比如对义马矿区千秋、常村两煤矿 8 个采煤工作面自然发火统计表明，几乎所有的采空区发火都首先出现在采空区漏风的进风端，而这些区域实际上是属于图 3.12 中椭圆所标注的散热带内。因此，根据氧浓度划分采空区氧化三带的方法对圈定浮煤易自燃区域需要结合采空区的具体条件而确定，这是因为影响采空区煤自燃因素较为复杂的缘故。

3.1.2　不同供氧条件下煤的燃烧

煤的燃烧过程是一个复杂的受物理化学因素影响的多相燃烧过程，在此过程中，既发生燃烧化学反应，又发生质量和热量的传递、动量和能量的交换。氧气浓度的大小会直接影响煤燃烧过程中的气体扩散传质过程，从而影响到煤本身的燃烧状态。本节通过对火区低阶煤在不同氧气浓度（0～21%）燃烧过程中的特征温度、参数的演变规律进行介绍，揭示煤燃烧特性发生跃迁及阴燃煤堆熄灭时的临界氧浓度，为灭火工作和火区启封提供更加安全的氧浓度测试指标。

3.1.2.1　氧浓度对煤燃烧状态的影响

1. 煤的燃烧过程

煤的燃烧过程可分别以煤或气体为主体进行描述，以煤为主体描述煤的燃烧过程可分为以下三个阶段：首先是煤的颗粒被外来能量加热和干燥到 100℃以上，煤中水分逐渐蒸发；随着温度的进一步升高，煤中挥发分开始析出，煤焦开始形成，达到着火温度后挥发分和煤焦着火燃烧；最后，煤中的矿物质生成灰渣。煤中可燃物的主体——固定碳是产生热量的主要来源，燃尽时间也最长，一般来说干燥析出挥发分大约占总燃烧时间的 10%，而煤焦的燃烧占 90%[19]。煤焦的燃烧是煤燃烧过程中起决定性作用的阶段，它决定着燃烧反应的最主要特征。

若以煤燃烧反应中的气体为主体来描述煤的燃烧过程，则包括以下三个阶段：首先，氧气通过气流边界层在灰层中以及煤粒内部微孔中扩散；然后，氧气在煤表面上发生化学吸附与氧化反应，解吸后的反应产物通过内部微孔扩散达到煤的外表面，并继续扩散通过灰层；最终，反应气体产物通过气流边界层进入主气流进行扩散（图 3.14），燃烧过程的总体时间由化学反应时间和气体扩散时间构成。

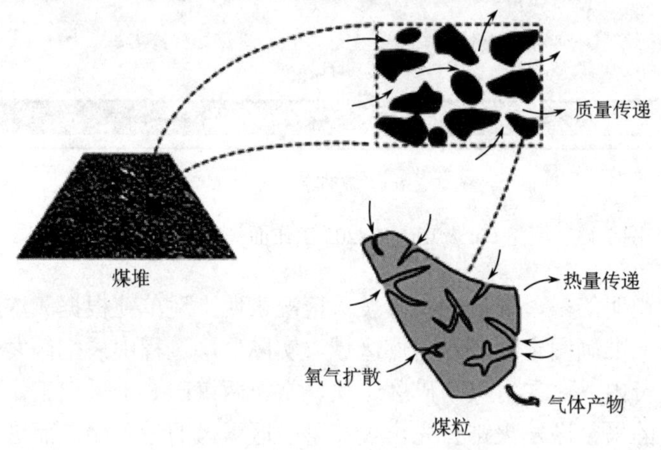

图 3.14　煤燃烧过程中的基本现象[20]

因此，煤的燃烧存在两种典型的反应状态。在化学反应速率控制状态时，整个燃烧反应速率受煤表面的氧化反应速度控制，反应时间主要由化学反应时间决定。在扩散速率控制状态时，整个燃烧反应速率取决于氧气扩散到煤粒反应表面上的速率。

Laurendeau 等学者[22]的研究指出煤燃烧时的主体状态受煤燃烧时粒径大小的影响。在颗粒粒径低于 1 μm 时，较小的粒径使可燃物表面与氧气的接触面积增加，氧气的扩散传质极为容易，因而此时化学反应速度是限制煤燃烧发展的因素，反应时间的长短主要由化学反应时间决定。而当粒径大于 100 μm 后，氧气扩散速率则成为限制煤燃烧的主要因素。此时，整个燃烧反应速率取决于氧气扩散到煤粒反应表面上的速率。在粒径介于 1～100 μm 范围内时，煤的燃烧状态介于二者之间，即同时由化学反应速率与扩散速率控制。从回采工作面液压支架下面采取煤样，对粒径为 0～20 mm 内煤样进行筛分，确定 86%的浮煤粒径大于 1 mm，如图 3.15 所示。因此，在采空区内，浮煤的燃烧状态受扩散速率控制，煤的燃烧强度主要取决于氧气的扩散传质过程。

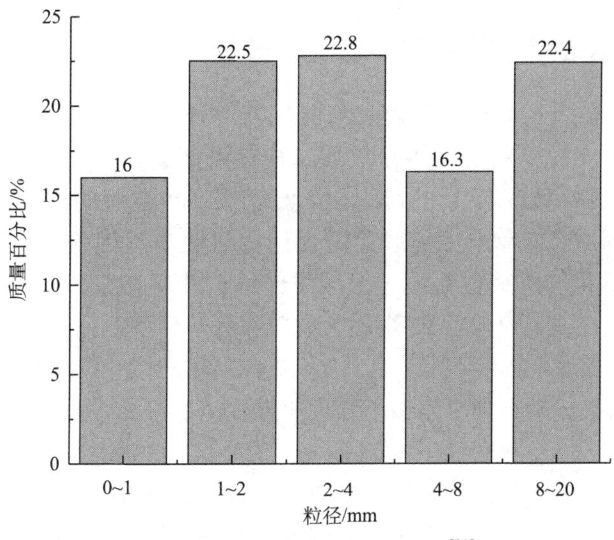

图 3.15　采空区浮煤粒径分布[21]

2. 煤的阴燃

采空区是煤矿井下的非通风区域，在浮煤氧化、瓦斯解吸等因素的作用下，氧气浓度会逐渐降低。由于采空区内浮煤的燃烧主要是处于扩散速率控制状态，氧浓度的降低会通过影响氧气的扩散传质过程改变煤的燃烧状态。

煤受热干燥后首先会热解生成挥发分并形成煤焦，满足燃烧条件后挥发分与煤焦会进一步燃烧。挥发分中的可燃性气体成分主要包括 CO、CH_4、C_2H_6 等，只有在点燃温度、可燃性气体浓度、氧浓度等参数均满足条件时，挥发分中的可燃性气体才能够燃烧。CO、CH_4 等气体燃烧的下限氧浓度分别为 6%和 12.1%，可以确定在采空区的氧气浓度条件下，特别是在氧浓度低于 5%的区域，煤热解产生的挥发分不可能发生燃烧，此时煤只能发生煤焦的表面燃烧。这种边热解吸出可燃挥发分（可燃挥发分不燃烧）边在煤焦表面燃烧的现象，称为阴燃燃烧。煤堆的阴燃燃烧过程如图 3.16 所示，可分为原煤区、预热干燥区、热解区、煤焦燃烧区以及燃后区。原煤预热干燥以及煤热解产生挥发分均是吸热反应，焦炭燃烧是产热源，由焦炭氧化燃烧产生的热量催动干燥前沿、热解前沿以及氧化燃烧前沿向前移动，使煤堆维持阴燃状态。

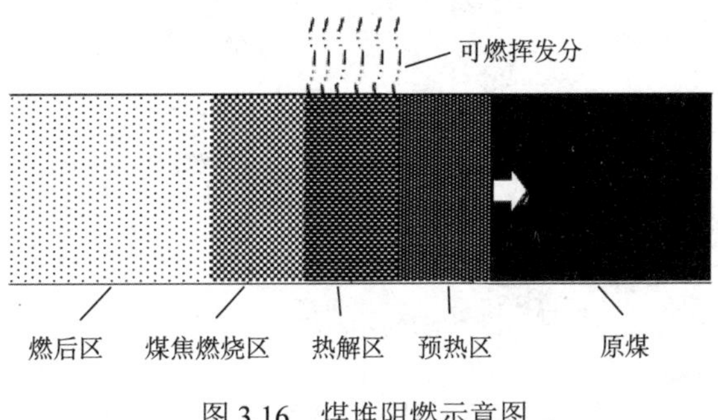

图 3.16　煤堆阴燃示意图

3.1.2.2　氧浓度对煤体阴燃的影响

众所周知，煤燃烧中煤结构热解和氧化同时存在，少量煤的燃烧形式是均相着火燃烧，即燃烧发生在煤结构的周围，以煤结构热解产物与氧气的剧烈氧化反应为主，而煤自身结构氧化作用较小，以热解为主。但煤燃烧更普遍的情况是煤热解产物剧烈氧化的同时伴随煤结构的氧化反应。此时煤结构热解与氧化竞相存在。氧气浓度的降低会减弱煤结构氧化，进而使得同一温度下的结构热解增强，影响煤的燃烧进程。

阴燃是煤田火灾、矿井及露天矿煤层火灾在隐蔽条件下靠空气渗透供氧的燃烧形式。本节旨在研究低阶煤在不同氧气浓度（21%～0）条件下热解和燃烧过程中产热、散热特性的变化规律，用来分析不同氧浓度下煤火阴燃性能的演变，并找出煤体熄灭时的临界氧浓度。

本节主要采用美国 TA 公司生产的 Q600 型同步热分析仪（图 3.17）和自行构建的阴燃煤堆火源测试系统（图 3.18）对不同氧浓度气氛下的煤样反应特性进行了测试。测试煤样分别为褐煤与长焰煤，其工业分析见表 3.1。

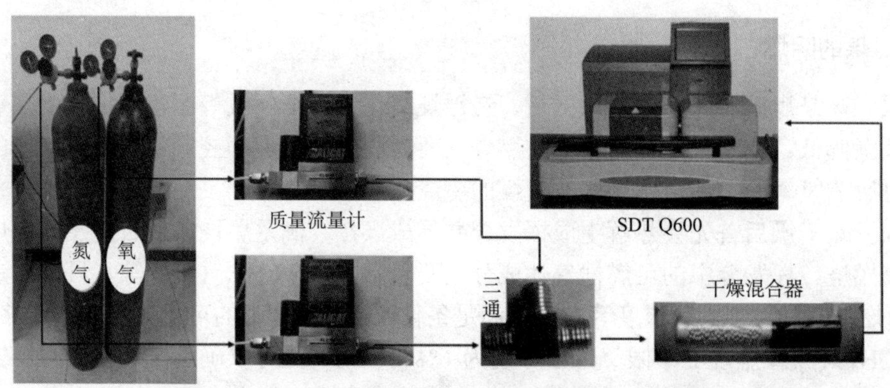

图 3.17　TG-DSC 测试系统

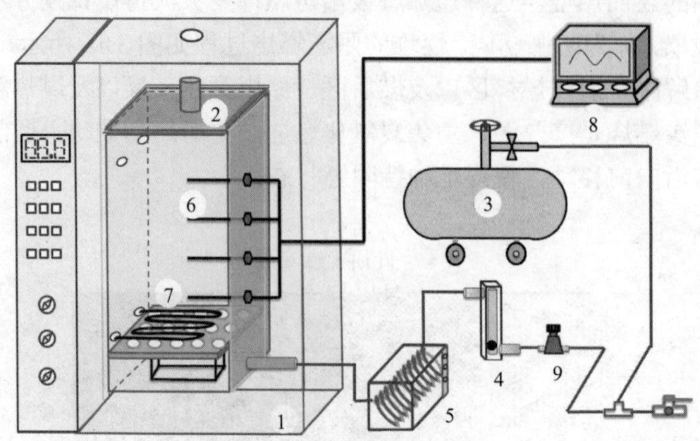

图 3.18　阴燃煤堆火源测试系统

1. 控温箱；2. 燃烧炉；3. 无油空压机；4. 转子流量计；5. 水浴恒温箱；6. 热电偶；7. 点火线圈；8. 无纸记录仪；9. 稳压阀

表 3.1　煤样的工业分析与元素分析

样品	工业分析/%				元素分析/%					R_0/%
	M_{ad}	A_{ad}	V_{ad}	FC_{ad}	C_{ad}	H_{ad}	O_{ad}	N_{ad}	S_{td}	
褐煤	23.05	22.69	28.56	25.7	45.86	5.365	47.59	0.195	0.986	0.31
长焰煤	8.99	6.74	29.64	54.63	65.50	2.947	30.97	0.162	0.418	0.49

注：ad 表示干燥基。M_{ad}：水分；A_{ad}：灰分；V_{ad}：挥发分；FC_{ad}：固定碳；R_0：镜质组反射率。

1. 氧浓度对煤阴燃性能的影响

图 3.19 所示为褐煤在升温速率 5 K/min 下阴燃的热重特性曲线、特征温度及参数变化规律。燃尽温度、最大失重点温度及燃烧半峰宽伴随氧浓度降低整体呈现增长趋势，且以 3%氧浓度为界，大于 3%氧浓度时，升高速率缓慢，而在 3%～1%氧浓度范围降低时，转变为快速升高。图 3.19 中各特征参数变化规律表明，煤阴燃前期反应能力、后期反应及燃尽能力和整体燃烧性能及稳定性随氧浓度减小而降低，并以 5%～3%为转折区间，由缓慢降低转变为快速降低。

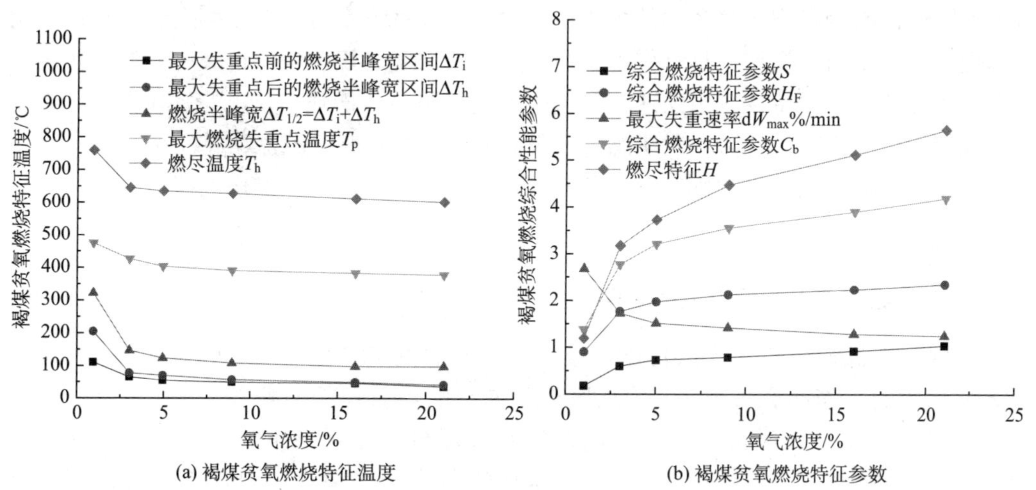

图 3.19　褐煤 5 K/min 下阴燃特征温度及参数变化规律

图 3.20 所示为长焰煤在升温速率 5 K/min 下阴燃的特征温度及参数变化规律。燃尽温度、最大失重点温度及燃烧半峰宽伴随氧浓度降低整体呈现增长趋势，与褐煤（升温速率 5 K/min）表现出一致的变化趋势，以 5%～3%氧浓度为过渡区间，由缓慢升高转变为快速升高。图 3.20 中各特征参数变化规律表明，煤阴燃前期反应能力/后期反应及燃尽能力和整体燃烧性能及稳定性随氧浓度减小而降低，并以 5%为转折氧浓度点，由缓慢降低（21%～5%）转变为快速降低（5%～1%）。

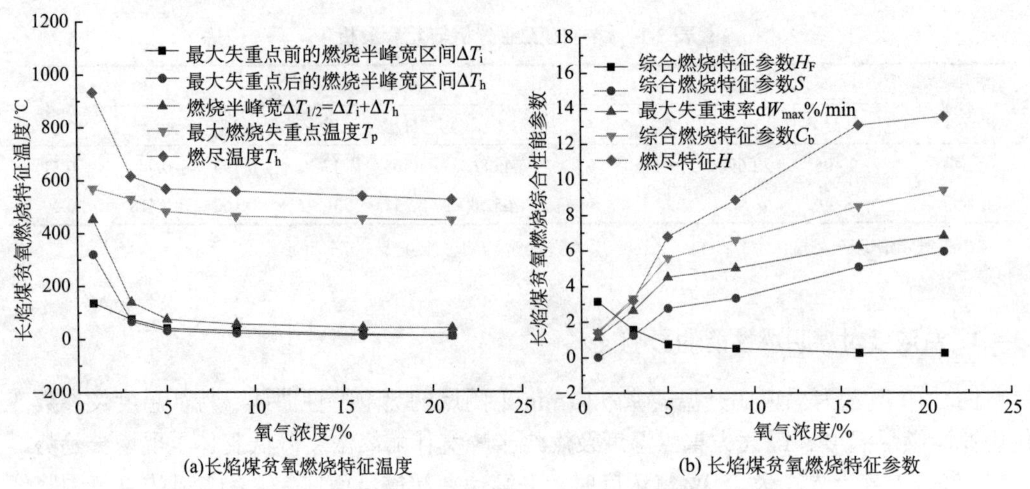

图 3.20　长焰煤 5 K/min 下阴燃特征温度及参数变化规律

综上所述，煤阴燃进程因氧浓度限制产生的氧化反应作用下降，基于煤燃烧特征温度的前期着火能力、综合燃烧性能及燃烧稳定性、燃烧最大失重强度和燃尽特性均伴随氧浓度降低而减少，煤燃烧各项能力均下降。在 3%氧浓度后，氧浓度限制了氧化作用内基元反应的动力学失衡，热解作用凸显，致使氧浓度对煤燃烧特征温度的推迟作用、各项燃烧性能的弱化特性发生跃迁，氧浓度限制作用显著增强，使煤的氧化作用严重受限。煤级的变化未改变氧浓度对阴燃特性限制的演变规律，3%氧浓度前后的燃烧特征、温度推迟及性能参数减弱更加显著，即氧浓度在低于 3%后，煤燃烧的强度会大大受到限制。

2. 阴燃煤体熄灭的临界供氧条件

我国重点煤矿每年由于煤自燃形成的火灾隐患约 4000 次，火灾约 360 次，每年因火灾封闭的工作面有近百个，因火区封闭冻结的煤量达千万吨以上，造成企业生产能力下降，带来巨大经济损失。因此，矿井火区封闭之后最重要的任务是如何有效治理火区，实现火区的快速安全启封，尽快恢复生产。但是，目前大部分矿区面临着启封火区的过程中或者在启封后快速复燃的问题，导致重新封闭，甚至引发瓦斯爆炸。

火区复燃存在两个方面的原因：一是已熄灭的火源因温度依然较高，供氧后快速氧化；二是火源未彻底熄灭。封闭火区中的低氧含量和微弱的漏风量决定了煤处于阴燃状态，长时间持续注惰后启封时快速复燃的火区实际上依然存在阴燃煤堆火源。

煤堆阴燃燃烧过程中，主要发生六步反应：①原煤（coal·H_2O）脱水干燥；②煤（coal）热解聚产生挥发分以及形成半焦（semi-coke）；③半焦缩聚生成焦炭（char）；④煤直接氧化形成焦炭；⑤半焦氧化形成焦炭；⑥焦炭氧化，如图 3.21 所示。

序列		
1	原煤干燥	$coal \cdot v_w H_2O \longrightarrow coal + v_w H_2O$
2	脱挥发分	$coal \longrightarrow v_{s,cp} semi-coke + v_{g,cp} gas$
3	半焦缩聚	$semi\text{-}coke \longrightarrow v_{ch,sp} char + v_{g,sp} gas$
4	煤氧化	$coal + v_{O_2,co} O_2 \longrightarrow v_{ch,co} char + v_{g,co} gas$
5	半焦氧化	$semi\text{-}coke + v_{O_2,so} O_2 \longrightarrow v_{ch,so} char + v_{g,so} gas$
6	焦炭氧化	$char + v_{O_2,cho} O_2 \longrightarrow v_{a,cho} ash + v_{g,cho} gas$

图 3.21　煤阴燃燃烧的宏观反应序列

w.水分；s.半焦；cp.煤热解；co.煤氧化；g.气体产物；O_2.氧气；ch.焦炭；sp.半焦热解；so.半焦氧化；cho.焦炭氧化

其中反应序列 1～3 是热解吸热反应，4～6 是氧化产热反应，即煤体阴燃过程中既存在吸热反应，也存在放热反应。氧气浓度逐渐降低时，会影响煤中的氧化作用，限制总包反应中氧化基元反应的数量，使得煤燃烧过程中的氧化反应比例降低。因此，即使在完全绝热的理想环境中，忽略煤堆内部的导热、对流散热、辐射散热等一切热损失因素，仅仅考虑煤体内部的吸热源（热解吸热反应）与产热源（氧化放热反应），随着氧浓度的下降，阴燃煤体也会因为氧化产热强度低于热解吸热强度而熄灭，阴燃煤体熄灭的最高氧浓度即为其临界氧浓度。

1）阴燃煤体熄灭的临界氧浓度影响因素

（1）煤化程度。煤化程度越低，煤的氧化能力越强，煤的自燃倾向性就越大。然而对于煤矿井下封闭火区的隐蔽火源，煤的变质程度对煤炭的阴燃燃烧速率影响不大。燃烧速率主要取决于氧气的供给速率以及煤与氧的复合作用速率，煤的变质程度会影响煤与氧的复合作用速率，但是在流经火源的风流速率非常低或者在氧浓度非常低的静止的气体环境中，煤氧复合作用速率远远大于氧气的供给速率，即氧气供给速率是煤燃烧速率的限制性环节，所以此时煤的变质程度的影响较小。

（2）煤的水分。阴燃燃烧向前蔓延传播的过程中，首先会对前方未燃燃料预热干燥，燃料中的水分蒸发会吸收大量的热量，同时，蒸发的水蒸气充满燃烧区使氧与可燃气浓度减小。因此，煤中水分含量越大，水分蒸发吸收的热量越多，限制了阴燃的传播，此时需要更高的供氧速率，否则产热速率不足以支持燃烧继续发展。

（3）火源温度。维持阴燃燃烧的临界供氧条件与火源温度有关，如图 3.22 所示，当惰气中的氧浓度为 C_3 时，当火源温度低于 T_2，散热速率大于产热速率，火源会熄灭；但如果火源温度高于 T_2，此时产热速率依然大于散热速率，含氧量为 C_3 的惰气依然会维持阴燃燃烧。即采用注惰气灭火时，若火源温度为 T_2，需将惰气中的氧含量至少降到 C_3 以下；而火源温度为 T_3 时，惰气中的最高允许氧含量为 C_4，否则火源不会熄灭。因此，火源温度越高，火源熄灭的临界氧浓度越低，即封闭火区内火源温度越高，惰气中的最高允许氧浓度越低。

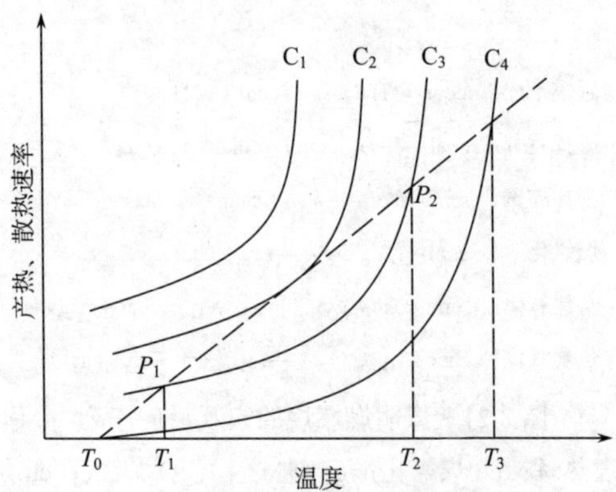

图 3.22　火源温度对临界供氧条件的影响

（4）蓄热环境。隐蔽火源是否熄灭取决于火源产热速率与散热速率的相对大小。采空区的遗煤是以煤堆的状态堆积，周围也是被破碎的岩石堆包裹，所以浮煤实际上是处于多孔介质中。多孔介质因为孔隙中被导热系数远低于固体及液体的气体填充，因而导热性很差，为浮煤提供了一个很好的蓄热环境。当封闭区内的环境温度升高时，散热速率更低，火源在一个比较低的产热速率下即可维持燃烧。因此，地温或者封闭火区内温度越高，向火区内注的惰气中的最高允许氧含量越低。

（5）风流方向。当隐蔽火源在漏风风流的作用下维持阴燃燃烧时，火源会同时顺着漏风流及逆着漏风流燃烧，分别称为正向阴燃与逆向阴燃，如图 3.23 所示。在正向燃烧中，新鲜风流会依次流经燃后区、炭燃烧区和热分解区，氧气在这些区域被消耗，然后高温低氧的风流进入原始燃料对燃料进行预热干燥。但是在逆向燃烧中，新鲜风流会先经过未燃的原始燃料，然后进入热解燃烧区域，大量的热量被风流带走进入燃后区，新鲜燃料不能被预先干燥。因此，逆向阴燃会比正向阴燃燃烧速率低，逆向阴燃需要更高的供氧速率才能维持。对于煤矿井下的隐蔽煤炭火，当漏风风流较小时，逆向阴燃燃烧强度较弱，耗氧量少，下风侧依然有大量的氧气支持火源正向阴燃燃烧。如果漏风风流较大，逆向阴燃燃烧强度大，下风侧的氧浓度低，限制了正向阴燃燃烧，此时火源主要表现为向进风流侧燃烧蔓延。

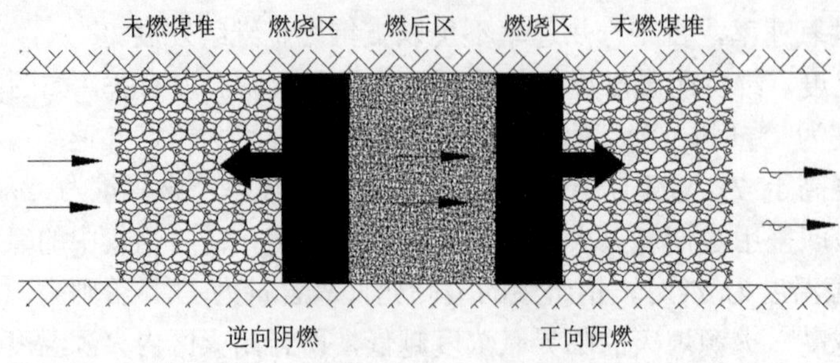

图 3.23　煤矿进行隐蔽煤堆火正向阴燃与逆向阴燃示意图

2）阴燃煤体熄灭的临界氧浓度

图 3.24 为褐煤与长焰煤煤样分别在氧浓度为 21%、10%、5%、3%、2%、1%气氛中的 DSC 测试结果。可以看到，在一定氧浓度的气氛中，煤样均是首先经历了一个吸热阶段，该阶段大约在 110℃之前，是煤样中的水分干燥蒸发导致的。110℃之后，开始进入由阴燃亚反应主导的表观产/吸热阶段。

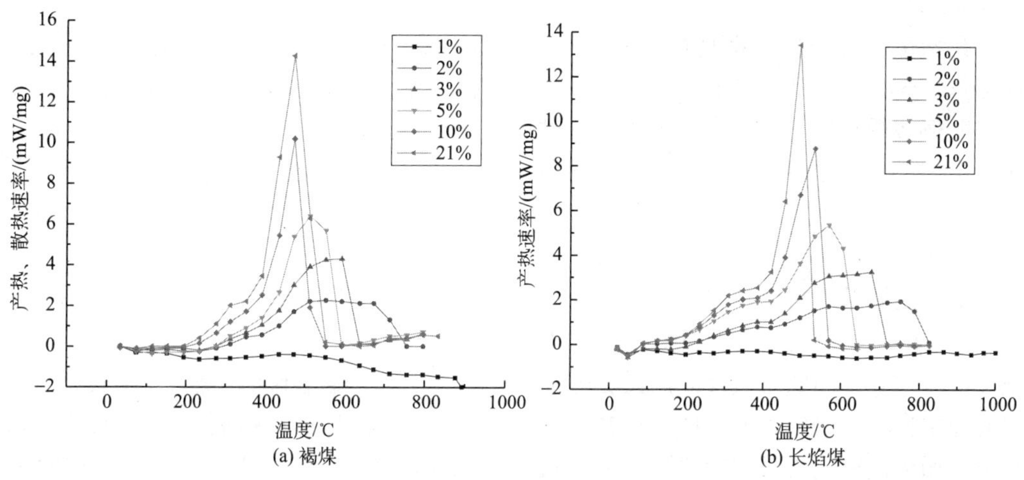

图 3.24　不同氧浓度气氛中的 DSC 测试结果

当氧浓度≥2%时，两个煤样在整个燃烧区间内都表现为净产热。如在氧浓度为 2%时，褐煤开始表现为净产热的临界温度为 280℃，长焰煤为 200℃。因此，两个煤样的阴燃煤堆温度只要分别高于 280℃、200℃时，即使通入氧含量为 2%的惰性气体，在绝热环境中，煤堆也依然会表现为净产热而维持阴燃燃烧。

当氧浓度为 1%时，两个煤样在整个测试区间（室温～1200℃）内均表现为净吸热，表明无论阴燃煤堆温度有多高，通入氧含量为 1%的惰性气体，煤堆均无法继续产热以维持阴燃燃烧，煤堆将会彻底熄灭。

综合以上分析，在理想的绝热环境中，即只考虑煤中的氧化反应产热源与热解反应吸热源时，阴燃煤堆熄灭的临界氧浓度基本在 1%～2%的范围内。《煤矿安全规程》第二百四十八条规定，火区启封要求火区内空气中的氧气浓度降到 5%以下。而阴燃煤堆熄灭的临界氧浓度在 1%～2%的范围内，此时煤堆仍然可能发生着贫氧浓度的阴燃，即使符合煤矿安全规程规定启封火区的五个条件，也不能认定火区熄灭。实际上即使所采集气样中氧浓度为零，由于煤对氧气有吸附作用，靠吸附的氧就能维持煤的阴燃，且这种阴燃状态在启封火区后由于供氧会发生复燃[23]。

3.2　供氧条件在瓦斯燃烧与爆炸中的作用

瓦斯燃烧是指高浓度瓦斯的扩散燃烧，瓦斯和氧气只在较小的范围内混合；而瓦斯爆炸则是瓦斯和空气混合后发生的预混燃烧，瓦斯与氧气已大范围充分混合。瓦斯燃烧与爆炸均是剧烈的氧化还原反应，化学反应机理完全相同，其主要区别在于反应速度不同，导致两者的放热速率和火焰传播速度存在差异。本节主要阐述氧气浓度对瓦斯燃烧与爆炸链式反应的影响、注惰抑爆的临界氧浓度以及通风对瓦斯积聚的影响等。

3.2.1 氧浓度对瓦斯燃烧与爆炸链式反应的影响

瓦斯爆炸的反应过程是CH_4及O_2分子首先分离成一系列自由基，自由基再与CH_4及O_2分子发生作用，产生新的自由基，而新自由基又迅速参与反应，如此发生链式反应即形成爆炸[24,25]。对于上述热力学过程的化学反应动力学机理及主要基元反应过程，国内外已开展了较多的研究，并形成了一定的共识，提出了包括 24 步基元反应的热力学模型，见第 2 章 2.2.2 节。相关内容已在本书第 2 章进行了详细介绍，在此不再赘述。

根据瓦斯燃烧与爆炸的基元反应模型，影响该热动力学发展过程的关键基元反应均受到供氧浓度的影响，主要包括反应序列 1、4、6、8、13、17、21。其中，反应序列 1 是CH_4与O_2之间的直接反应，其活化能不是很高，发生难度不大，是引发链式循环反应的起始步骤，所生成的$CH_3\cdot$与$HO_2\cdot$为后续链式反应提供了次生活化中心等反应物，是链式循环反应能否发生的关键。反应序列 4、6、8、13、17、21 则分别是次生的$CH_3\cdot$、$HCO\cdot$、$H\cdot$、$CH_3O\cdot$等活化中心与氧气在不同链式反应阶段所发生的基元反应，对于瓦斯燃烧爆炸链式反应能否持续发展并逐级强化起到至关重要的桥梁作用，是链式反应的载体和传递媒介。因此，氧气浓度条件及其变化直接决定了瓦斯燃烧与爆炸链式反应能否发生及其反应强度。

从反应机理角度来看，反应体系环境的氧气浓度减小将导致反应物中能参与反应的O_2分子数减少，无法产生足够的$O\cdot$基，上述七个与氧气直接相关的基团反应数量及强度也相应下降，从而抑制了$CH_3\cdot$、$HCO\cdot$、$OH\cdot$、$H\cdot$和$O\cdot$等活性较高自由基的生成，降低了其瞬时浓度和平衡浓度，使得整个链式反应进程遭受影响和破坏；当进一步降低氧气浓度到一定临界值时，链式基元反应将无法自发进行。为了证实这一理论分析，有的学者实验分析了不同浓度氧气条件对瓦斯燃烧基元反应的影响，通过对表 3.2 和表 3.3 中三种不同供氧条件下反应体系的基元反应速率进行分析，结果表明各基元反应速率随氧气浓度降低而减小，与理论分析结果一致。

表 3.2 每种方案中各物质的摩尔分数[26]

方案	摩尔分数		
	CH_4	O_2	N_2
1	0.0950	0.1900	0.7150
2	0.0712	0.1423	0.7865
3	0.0473	0.0947	0.8580

表 3.3　不同方案下瓦斯爆炸主要基元反应的最大反应速率[26]

基元反应	最大反应速率/（kmol/（m^3·s））		
	方案 1	方案 2	方案 3
$H_2 + O\cdot \rightleftharpoons OH\cdot + H\cdot$	90.929	36.751	10.328
$CH_3\cdot + O\cdot \rightleftharpoons CH_2O + H\cdot$	33.959	13.633	3.608
$H\cdot + O_2 \rightleftharpoons OH\cdot + O\cdot$	233.232	93.227	25.150
$CH_4 + H\cdot \rightleftharpoons H_2 + CH_3\cdot$	39.482	15.471	4.189
$CH_2O + H\cdot \rightleftharpoons HCO\cdot + H_2$	40.330	15.368	3.881
$H_2 + OH\cdot \rightleftharpoons H_2O + H\cdot$	155.618	68.829	20.413
$CH_4 + OH\cdot \rightleftharpoons H_2O + CH_3\cdot$	27.586	10.600	2.749

3.2.2　注惰抑制瓦斯燃烧与爆炸的临界氧浓度

瓦斯燃烧与爆炸的链式基元反应是通过积累活化中心的方式使反应自动加速，反应物浓度是甲烷链式反应的主要影响因素，破坏其中的一项或几项，则链式反应不能进行或中断，从而不会形成爆炸。煤矿井下通常采用注惰性气体的方式使混合气体组分避开可燃性区域，破坏链式反应发生的要素，防止瓦斯燃烧与爆炸的发生。具体来说，注惰抑制瓦斯燃烧与爆炸的机理可从以下四个方面来体现[27]：

（1）向火区充注惰性气体过程中，惰气流代替原来的部分或全部风流运移瓦斯，使火区中瓦斯维持在较低的浓度范围，使混合气体中甲烷的浓度不足，甲烷的低浓度有两种作用：一是反应物 CH_4 分子较少；二是不能产生足够的自由基 $CH_3\cdot$ 和 $H\cdot$，从而使反应链的数目减少，甲烷氧化反应速率降低，燃烧、爆炸反应不易发生。在一定的环境压力和温度下，当 CH_4 浓度小于一定值（爆炸下限 LFL）时，甲烷氧化反应的速率很低，不能进入爆炸状态。

（2）惰性气体注入火区后，降低了火区的氧浓度，能够参与反应的 O_2 分子减少，同时也不能产生足够的 $O\cdot$，链式反应中有 O_2 分子和 $O\cdot$ 参加的支链反应数目减少，反应强度降低，反应速率降低。

（3）现代燃烧学认为，大多数燃烧反应是在具有反应能力的反应物分子之间碰撞时发生的，分子碰撞的形式、能量、角度等因素不同，反应速率也不相同，反应可能会出现不同的效果。瓦斯爆炸反应机理中包括一些三体反应，如 $H\cdot + O_2 + M \rightleftharpoons HO_2\cdot + M$，$CH_2O + H\cdot \rightleftharpoons HCO\cdot + H_2$ 以及 $HCO\cdot + M \rightleftharpoons CO + H\cdot + M$ 等，其中 M 为第三体稳定分子。火区内瓦斯、空气混合物中加入惰性气体，就是在瓦斯爆炸反应机理中加强了三体反应，惰气分子作为第三体，参与链式反应中的三元碰撞。在较大的爆炸压力下，这些三元碰撞频率高于二元碰撞频率，使支链反应的活化中心浓度大大降低，大量的自由基或自由原子的能量转移到惰气分子上，系统反应能力降低，抑制了爆炸的传播。

（4）惰性组分的掺入在一定程度上将改变甲烷和空气的混合气的热物理性质，从而影响燃烧特性。火焰的传播速度与气体介质的平均热导率λ的平方根成正比，而与气体介质的比定压热容 c_p 的平方根成反比。如果惰性组分的掺入使得可燃混合气的λ / c_p减小，则将使得火焰传播速度进一步减小。比如，CO_2和N_2的λ / c_p值分别为6.2和9.5，CO_2能够使得可燃混合气的λ / c_p减小幅度更大，因而掺入CO_2引起可燃混合气火焰传播速度降低的幅度要比掺入同体积分数的N_2更大[28]。

在煤矿井下注惰气过程中，随着惰性气体含量的增加，瓦斯爆炸极限的范围将逐渐缩小，当惰性气体的浓度提高到某一数值时，混合气的爆炸下限和爆炸上限重合，该点称为爆炸临界点，对应的氧浓度称为极限氧浓度（LOC：6% CH_4，12% O_2）。如果氧浓度低于此值，则混合气体因缺氧而失去爆炸性。因此，在采用注氮气处理甲烷与空气的混合气体防止爆炸时，必须使得可燃混合气体中的氧浓度低于12%。

但是，在井下火区内，煤等可燃物的自燃与燃烧还会产生CO、H_2等可燃性气体。因此，在采用注N_2或者CO_2处理井下火区时，必须同时考虑其他可燃性气体的极限氧浓度。为了获取最大的安全系数，应该将氧浓度降到火区内各种气体的失爆氧浓度以下。由表3.4可知，不同气体的失爆氧浓度不同，其中在分别注N_2和CO_2抑爆时，都是H_2的失爆氧浓度值最低，分别为5.0%和5.2%。因此，火区内的可燃混合气体中有H_2时，向火区注氮抑爆应使火源附近的氧浓度降到5.0%以下，注二氧化碳则应将氧浓度降到5.2%以下。

表3.4　不同可燃性气体的极限氧浓度[29]

可燃性气体	惰气种类	极限氧浓度/%
CH_4	N_2	12
	CO_2	14.5
H_2	N_2	5.0
	CO_2	5.2
CO	N_2	5.5
	CO_2	5.5

3.2.3　供氧条件对瓦斯爆炸的影响

采空区中的冒落煤岩体是不均匀多孔介质，其中的瓦斯气体运移以渗流为主；采空区的自由空间中富含大量卸压瓦斯，当高浓度瓦斯涌出至工作面，易引发燃烧或爆炸。同时，采空区内的遗煤受漏风影响而被不断氧化，在满足蓄热和达到一定温度条件后发生自燃。煤自燃着火后，某些条件下甚至会引起采空区瓦斯燃烧与爆炸，造成重特大事故。如图3.25所示，采空区瓦斯与煤自燃复合灾害的防治过程中，从瓦斯防治角度来说需强化抽采和增大风量，而从煤自燃防治角度来说则需控风降氧，两者存在一定的矛盾性，实施中必须要注意二者的平衡，防止顾此失彼[30]。

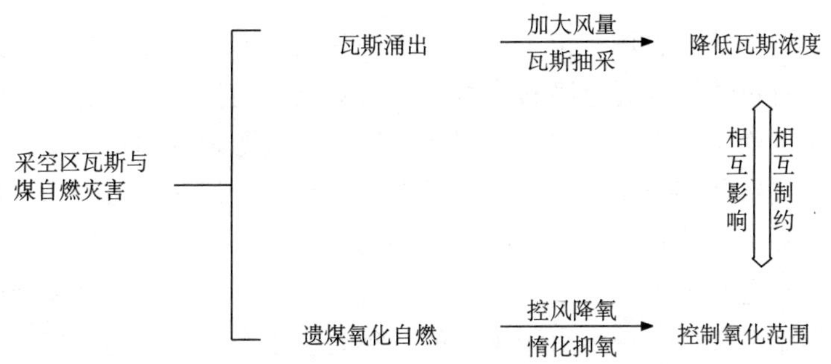

图 3.25　采空区瓦斯与煤自燃灾害特点

在回采面采空区、已封闭的采空区等非通风区域，由于漏风等原因，经常会发生煤自燃灾害。在出现火情后，往往需要采取控风等措施控制火灾的进一步发展。然而，在采空区内，浮煤以及临界煤层的孔隙中吸附的瓦斯会不断解吸，使采空区内存在持续的瓦斯释放源。因此，在采用控风的措施处理火灾时，必须注意火源附近各种气体组分比例，防止因为所采取的控风措施导致瓦斯浓度升高，酿成瓦斯爆炸事故。

图 3.26 为瓦斯爆炸三角形分析图，其根据火源附近各种气体组分所占的比例，对可燃混合气体进行分区。其中 *ABCD* 曲线是指在新鲜空气中通入瓦斯，使得混合气体发生变化的曲线，*A*（CH_4：0，O_2：21%）；*B*（CH_4：5%，O_2：19.88%）；*C*（CH_4：15%，O_2：17.79%）；*E*（CH_4：6%，O_2：12%）；*F*（CH_4：15%，O_2：0）。位于第一区，表明混合气体已具有爆炸性，一旦遇到火源就会发生爆炸，此时注惰性气体可以降低 O_2 和 CH_4 浓度使其进入其他分区而惰化。若位于第二区，因 CH_4 浓度太低而失去爆炸性，如果 CH_4 进一步持续地积聚，则会进入第一区而具有爆炸性。第三区是因为 CH_4 浓度过高、O_2 浓度不够而失去爆炸性，如果有漏风，则会使混合气体进入第一区而具有爆炸性。

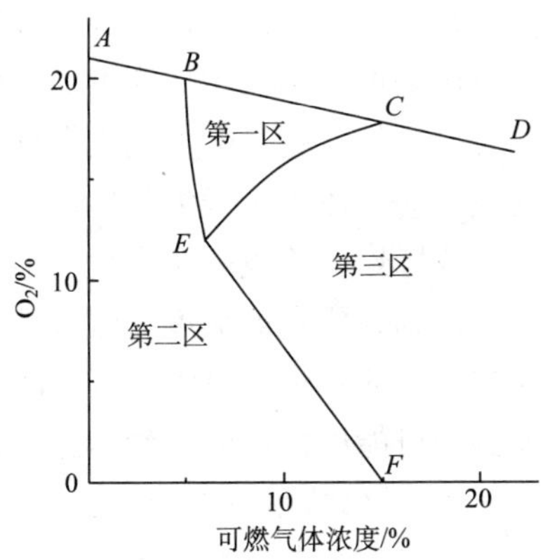

图 3.26　瓦斯爆炸三角形分析图[31]

隐蔽火源附近的混合气体如果位于第二区或第三区，则危险性非常大，此时采取的任何控风措施必须保证具有绝对的安全性，否则很容易使混合气体进入第一区而导致爆炸。在没有或者只有微弱的漏风流经过隐蔽火源时，火源附近的瓦斯浓度可能会非常高，火源附近的混合气体的状态通常位于第三区，因为氧气不足失去爆炸性。此时如果控风措施不当，导致有风流持续经过隐蔽火源，就会对火源附近的瓦斯进行稀释，使气体由第三区进入第一区而迅速爆炸。比如，封闭火区内，火源附近因基本没有漏风量而导致瓦斯浓度过高，气体状态位于第三区而不具有爆炸危险，但在启封时因重新供氧，使得瓦斯浓度快速稀释，气体状态由第三区转变为第一区，引发瓦斯爆炸。

当漏风持续经过隐蔽火源时，风流会将火源附近浮煤解吸出的瓦斯及时带走，使得火源附近的瓦斯浓度降低，通常火源附近的气体会位于第二区，混合气体内有足够的氧气，但因甲烷浓度不够而不具有爆炸危险性。但是，此时如果随意改变漏风流的状态，比如采取挂风障等堵漏措施，会因漏风流的突然减小而导致火源附近瓦斯迅速积聚，使混合气体由第二区进入第一区而引起瓦斯爆炸灾害。

3.3　供风条件在外因火灾中的作用

我国煤矿的外因火灾占矿井火灾总数的10%左右，虽然其所占比例不大，但由于外因火灾一般发展迅猛，往往造成重大的财产损失和人身伤亡事故。外因火灾一般发生在井下机电硐室、采掘工作面和有可燃物存在的巷道等正常通风区域。影响外因火灾的供氧条件主要是供风量，控风是治理外因火灾的一项有效技术措施。

木材、胶带等可燃物燃烧时首先会被预热干燥，水分逐渐蒸发，然后随着温度的升高会析出可燃挥发分发生有焰燃烧，待析出挥发分后形成的焦化残余物与氧接触后便开始发生表面氧化反应。

当风量充足时，燃烧产物中的一氧化碳、氢气及其他可燃性气体会继续和空气发生二次氧化反应生成二氧化碳和水。因此，在火源下风侧烟气中一般不再含有可燃性气体，下风侧烟气流中的氧浓度一般保持在15%以上。

当风量较小，可燃物热分解析出的大量炽热可燃挥发分气体因空气不足而不能全部燃烧，大量的可燃性气体进入下风侧烟流中。主风流中的氧气几乎全部耗尽，剩余氧浓度一般低于 2%。所以，此类火灾的蔓延受限于主风流供氧量。当含有大量可燃性气体的风流与相连巷道新鲜风流交汇，会形成可燃预混气体，如果此时可燃性气体温度足够高或遇到点火源，便会迅速燃烧或爆炸，造成火灾事故的扩大。

灭火过程中，往往需要采取控制、稳定或调度风流等技术与直接灭火配合使用。火灾时增加风量能够及时带走火灾产生的热量和可燃烟气，防止火灾向富燃料燃烧方向发展，同时也减少了发生烟流逆退的可能性，但供风量增加也会导致火势变得更旺。火灾时期对风流进行控制，有利于减少火区供风，控制火势，使人能接近火源灭火，但也会因减少供风使瓦斯浓度增大，从而引起瓦斯爆炸。因此具体进行风流控制时应根据火源位置、火势和火灾波及范围等因素综合考虑决定。灾变时的风流控制技术及适用情况见表 3.5。

表 3.5　灾变时的风流控制技术及适用情况

风流控制技术	适用情况
保持正常通风	①没有完全了解清楚矿井火灾的具体位置、范围、火势、受威胁地区等情况时； ②火源的进风侧有遇险人员尚未撤出或不能确认遇险人员是否已经牺牲，且矿井又不具备反风和改变烟流流向的条件时； ③火灾发生在矿井总回风巷或者在比较复杂的通风网络中，改变通风方法可能会造成风流紊乱、增加人员撤退的困难、出现瓦斯积聚等后果； ④采掘工作发生火灾，采取直接灭火时，维持工作面通风系统的稳定性，确保工作面内的瓦斯正常排放，为直接灭火人员创造安全的工作环境； ⑤火源位置在无头巷道内，应正常通风，防止火灾的反向蔓延
减风	发生于上行通风的区域，减风可以控制火势且不会引起风流逆转。使用此方法时，要严密监视瓦斯及火灾气体的变化情况
增风	①火区内及回风侧瓦斯浓度升高，应采取增风方法，降低瓦斯浓度； ②火区出现火风压为避免风流逆转，应增加火区风量，增加主要通风机作用在该支路的机械风压； ③发生瓦斯爆炸后、灾区内遇险人员未撤出时，增加风量及时吹散爆炸产物、气体和烟雾
反风	矿井进风井口、井筒、井底车场及其内部硐室、中央石门发生火灾时，采取全矿性反风措施。采区内部发生火灾，有条件可以利用风门的启闭实现局部反风，做到先撤人后反风
火烟短路	进风流发生火灾，原进风流与回风流之间如有能使风流短路的分支风路时，可直接利用这一支路将火烟排至总回风道
断隔风流	直接灭火无效时，对火区进行封闭。封闭时视火区内瓦斯和氧气浓度采取相应安全措施，增加风量冲淡瓦斯或充入惰气降低氧含量，同时确定安全的封闭程序和位置，防止在封闭过程中发生爆炸

3.4　本章小结

煤矿热动力灾害实质上是煤矿可燃物与氧气之间发生的剧烈程度不同的灾害形式，因此，煤矿井下的供氧条件（包括供风量与氧气浓度）对于煤氧化燃烧、瓦斯燃烧与爆炸、外因火灾等不同类型热动力灾害的发生发展过程均具有非常明显的影响。

对于煤氧化燃烧过程来说，缓慢自热阶段是煤自燃过程的起始阶段，自热反应速率受氧气浓度影响不大，降低氧气浓度对抑制煤在缓慢自热阶段的氧化作用有限；快速氧化阶段受控于氧气从周围气体向煤粒表面的扩散传质过程，降低氧气浓度能够明显抑制快速氧化阶段的自热进程。在煤的阴燃进程中，其燃烧特性在氧浓度低于 3%时出现跃迁式下降，而阴燃煤堆熄灭的临界氧浓度（体积百分比）在 1%～2%的范围内。因此，对于已着火的煤炭，仅采用控风与注惰不易将火区窒息，其原因是即使在低氧浓度下煤也能保持阴燃状态。

对于瓦斯燃烧与爆炸过程来说，链式循环反应的引发及循环强化均受到氧气浓度的影响，可通过控氧抑制瓦斯燃烧爆炸事故的发生；对于含瓦斯的非通风或封闭区域，通过减少漏风或注惰性气体可抑制瓦斯燃烧爆炸事故的发生。

对于外因火灾，控风对控制火势有明显作用，应在综合考虑火源位置、火势和火灾波及范围等因素的基础上选取合理的控风方法和具体参数。

参 考 文 献

[1] Küçük A, Kadìoğlu Y, Gülaboğlu M Ş. A study of spontaneous combustion characteristics of a turkish lignite: particle size, moisture of coal, humidity of air. Combustion and Flame, 2003, 133(3):255-261.

[2] 吕志金，欧阳辉，秦清河，等. 供风量对煤低温氧化特性影响的实验研究. 煤矿安全，2016, 47(11):23-25, 29.

[3] 李伟. 煤氧化自燃特性参数变化规律的实验研究. 西安:西安科技大学, 2008.

[4] 郭兴明，惠世恩，徐精彩. 煤自燃过程中极限参数的研究. 西安交通大学学报, 2001, 35(7):682-686.

[5] 王德明. 矿井火灾学. 徐州:中国矿业大学出版社, 2008.

[6] 王德明. 煤氧化动力学理论及应用. 北京:科学出版社, 2012.

[7] Jonakin J, Cohen P, Corey R, et al. Measurement of the Reactivity of Solid Fuels by the Crossing-Point Method//Proceedings-American Society for Festing and Materials. 1948: 1269-1292.

[8] GangulI M K, Banerjee N G. Critical oxidation and ignition temperature of coal. Indian Mining and Metal Association Review, 1953, 2(1).

[9] Bagchi S. An investigation on some of the factors affecting the determination of crossing point of coals. Journal of Mines, Metals and Fuels, 1965, 13(8):243-247.

[10] Mahadevan V, Ramlu M A. Fire risk rating of coal mines due to spontaneous heating. Journal of Mines, Metals and Fucls, 1985, 33(8):357-362.

[11] Kadioğlu Y, Varamaz M. The effect of moisture content and air-drying on spontaneous combustion characteristics of two Turkish lignites. Fuel, 2003, 82(13):1685-1693.

[12] Chen X D, Stott J B. Oxidation rates of coals as measured from one-dimensional spontaneous heating. Combustion and Flame, 1997, 109(4):578-586.

[13] Chen X D. On the mathematical modeling of the transient process of spontaneous heating in a moist coal stockpile. Combustion and Flame, 1992, 90(2):114-120.

[14] Banerjee S C. Spontaneous Combustion of Coal and Mine Fires. Rotterdam:Balkema Publishers, 1985.

[15] 王显政. 煤矿安全新技术. 北京:煤炭工业出版社, 2002.

[16] 付永水，李建新. 义马矿区自燃发火防治技术. 北京:煤炭工业出版社, 2006.

[17] 兖矿集团有限公司. 煤炭自燃早期预测预报与火源探测技术. 北京:煤炭工业出版社, 2002.

[18] Adamus A, Pošta V. Monitoring of Nitrogen Infusion Technology//Proceedings of the 1th International Mines Rescue Conference, 2003.

[19] 谢克昌. 煤的结构与反应性. 北京:科学出版社, 2002.

[20] Wang H H, Dlugogorski B Z, Kennedy E M. Coal oxidation at low temperatures: Oxygen consumption, oxidation products, reaction mechanism and kinetic modelling. Progress in Energy and Combustion Science, 2003, 29(6):487-513.

[21] 秦跃平，宋宜猛，杨小彬，等. 粒度对采空区遗煤氧化速度影响的实验研究. 煤炭学报，2010, 35(s1):132-135.

[22] Laurendeau N M. Heterogeneous kinetics of coal char gasification and combustion. Progress in Energy and Combustion Science, 1978, 4(4):221-270.

[23] 周心权，吴兵. 矿井火灾救灾理论与实践. 北京:煤炭工业出版社, 1996.

[24] 刘合. 基于敏感性分析和遗传算法的燃烧反应机理简化与优化. 上海:上海交通大学, 2012.

[25] Li S C, Williams F A. Reaction mechanisms for methane ignition. Journal of Engineering for Gas Turbines and Power, 2002, 124(3):471-480.

[26] 杨春丽，刘艳，胡玢，等. 氮气和水蒸气对瓦斯爆炸基元反应的影响及抑爆机理分析. 高压物理学

报, 2017, 31(3): 301-308.
[27] 邱雁, 高广伟, 罗海珠. 充注惰气抑制矿井火区瓦斯爆炸机理. 煤矿安全, 2003, 34(2):8-11.
[28] 徐通模, 惠世恩. 燃烧学. 北京:机械工业出版社, 2010.
[29] National Fire Protection Association. NFPA 69: Standard on Explosion Prevention Systems. USA:National Fire Protection Association, 2002.
[30] 余陶. 采空区瓦斯与煤自燃复合灾害防治机理与技术研究. 合肥:中国科学技术大学, 2014.
[31] 李文江, 霍丽敏. 利用爆炸三角形原理判断煤矿可燃性混合气体爆炸的危险性. 煤矿机电, 2008, (6):19-20.

第4章 煤矿中的点火源

点火源是燃烧与爆炸的必要条件之一。煤矿热动力灾害的点火源主要有放电点火、爆破作业导致的点火、摩擦撞击点火、自热点火、违规明火点火等。严格管理与控制点火源是煤矿热动力灾害防治的一个重要技术途径。本章结合我国煤矿井下实际发生的热动力灾害案例，对点火源类型、点火源特性及相应的管控措施进行介绍。

4.1 点火源基本概念

点火现象是指热源与可燃混合物接触时，贴近热源周围的可燃物被迅速加热，并开始燃烧和传播，使可燃物着火燃烧的现象。能够使可燃物与助燃物发生燃烧或爆炸的能量来源称为点火源[1]。这种能量来源常见的是热能、电能、机械能、化学能、光能等。

根据可燃物类型，点火现象可以分为可燃性气体点火、固体点火和液体点火。

（1）可燃混合气体点火。美国学者 Williams[2]给出了确定点火能否成功的两个基本准则：其一，只有当足够多的能量加入可燃性气体中，使局部可燃性气体的温度升高到绝热火焰温度，才能点燃，这意味着点火源的能量必须达到最小点火能或温度必须超过最低点燃温度，且持续一定的时间，即点火感应期；其二，燃烧区域内化学反应的放热速率必须近似平衡于热传导造成的散热速率，燃烧才能传播，这与可燃性气体自身的物化性质，如浓度、热值以及区域环境因素有关。

（2）可燃固体点火。根据点火源形式，可分为自热点火和受热点火。一方面，井下煤炭、有机高分子材料等在与氧气接触后发生自发的放热反应，蓄积热量并促使自身温度升高，当温度达到燃点时，发生自热点火，其既是可燃物又是点火源；另一方面，井下胶带、坑木等固体可燃物在外界热源热交换作用下温度升高，逐步分解释放出熔滴、小分子气体可燃物而发生受热点火，并迅速转化为燃烧。

（3）液体点火。对于汽油、煤油和变压器油等液态可燃物，其表面都有一定量的蒸气存在，蒸气浓度由液体的温度所决定，当与点火源靠近并达到一定温度时，可燃液体表面的蒸气与空气形成的混合气体会发生瞬间燃烧，出现一闪即灭的现象，即闪燃点火。可燃液体能够发生闪燃点火的最低温度称为闪点。闪点的高低取决于液体可燃物的密度、液面气压及轻质组分含量等因素。

煤矿热动力灾害中致灾最为严重的可燃物以瓦斯与空气混合气体为主，因此可燃性气体-空气混合体系的极限点火条件是热动力灾害点火源特性的基础。

4.1.1 最小点火能量

最小点火能量是指能够引起可燃性气体-空气混合物形成初始火焰中心的点火源需具备的最小能量，亦称临界点火能量。美国学者 Sacks 等[3]在研究闪电点燃矿井瓦斯爆炸的可能性时对最小点火能量给出了这样形象的描述：一个人在干燥的天气里走过地毯后，当他的手指触碰门把手，会产生静电火花，这种静电放电现象产生的能量远大于甲烷的最小点火能量，这意味着在可燃浓度范围内的可燃性气体-空气混合物极易被点燃。

可燃性气体-空气混合体系的最小点火能量受混合气体的温度、压力、组分浓度的影响。在煤矿井下，甲烷是引发热动力灾害的主要可燃性气体，而预混瓦斯浓度则是决定其最小点火能量的主要因素。燃烧学[1]中通常以化学当量比参数 φ 表征混合体系中可燃性气体的浓度，如式（4.1）所示。

$$\varphi=\frac{\left(\dfrac{N_{\text{Fuel}}}{N_{\text{O}_2}}\right)_{\text{实际条件}}}{\left(\dfrac{N_{\text{Fuel}}}{N_{\text{O}_2}}\right)_{\text{化学当量条件}}} \tag{4.1}$$

式中，N_{Fuel} 与 N_{O_2} 分别指可燃性气体和氧气在可燃混合气体中的质量分数。简而言之，化学当量比参数 φ 即混合体系中瓦斯与氧气浓度比与二者化学反应当量比的比值，当 $\varphi<1$ 时，表明混合体系氧气过剩，发生富氧燃烧；当 $\varphi>1$ 时，表明混合体系中可燃性气体过剩，发生富燃料燃烧。以甲烷为例，为研究不同供氧条件对瓦斯爆炸的影响，美国学者 Eckhoff[4]通过火花点火球形实验装置，进行了甲烷-空气混合体系中最小点火能量随等值比参数 φ 的试验研究，得出的变化规律如图 4.1 所示。

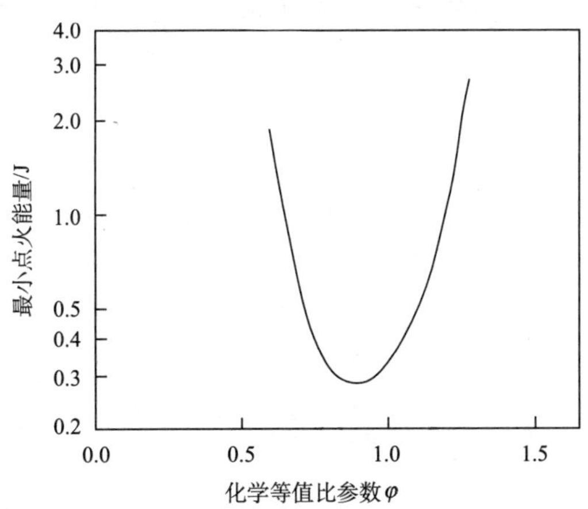

图 4.1　甲烷-空气混合体系最小点火能量随等值比参数 φ 的变化规律[4]

从图中可以看出，甲烷等值比参数 φ 在 0.65～1.3（甲烷浓度 6.8%～13.65%）时，其最小点火能量均为毫焦级，随甲烷浓度增加先减小而后增大。甲烷-空气混合体系在不同化学当量比和甲烷浓度下的最小点火能量值如表 4.1 所示。当甲烷当量比参数 $\varphi=0.81$（甲烷浓度 8.5%）时，混合体系的最小点火能量达到极小值 0.28mJ，根据美国学者 Crowl[5]描述，该能量值仅相当于一枚从若干毫米高处落下的硬币所具有的动能，可见在理想条件下，甲烷气体的最小点火能量极低。

表 4.1　室温常压条件下，甲烷点火能量的实测值[6]

甲烷浓度/%	氧气浓度/%	φ 值	最小点火能量/mJ
7.0	21	0.67	0.58
7.5	21	0.71	0.41
8.5	21	0.81	0.28
9.5	21	0.90	0.33
10.0	21	0.95	0.43
12.5	21	1.19	6.41

此外，在电气放电点火过程中，最小点火能量还与放电电极的电极间距有关。电极是指电气放电过程中输入或导出电流的两个端，输入电流的一端叫阳极或正极，放出电流的一端叫阴极或负极。电极间距是指参与放电并形成电流通路的金属导体间的最短距离。当电极距离过小时，点火形成的初始火焰向电极传热过大，传递给周围预混可燃气的热量相应减少，造成火焰不能传播。当电极距离小于某一临界值时，无论多大的点火能量都不能使混合气体点燃，这个不能点燃混合气体的电极间距 D_0 称为电极熄火距离，又称为淬熄距离。

如图 4.2 所示，当电极间距 $D>D_0$ 时，随着电极间距的增大，点火能量逐渐减小，直至在 $D=D_1$ 处得到最小点火能量，该电极距离 D_1 称为最危险电极距离，在该电极距离下，点火能量最小；随后，点火能量又会随着电极间距的增大而逐渐提高。在不同的电气点火条件下，淬熄距离以及最危险电极距离与电极间点火电压、气体介质组分、电极材料有关（表 4.2）。

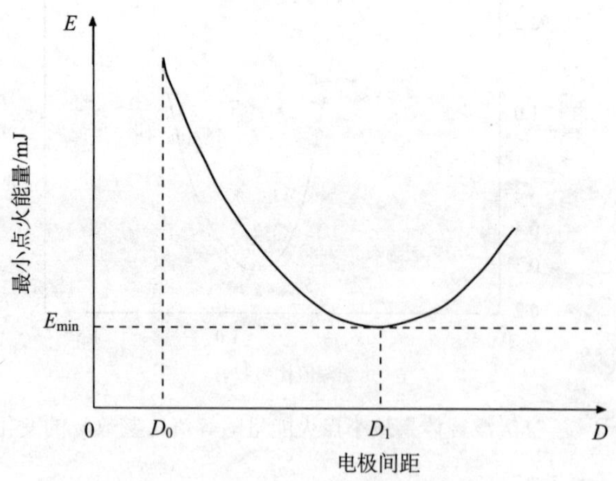

图 4.2　最小点火能与电极间距的关系

D_0 为淬熄距离；D_1 为最危险电极距离

因此，在煤矿井下隔爆电气设备设计时，其隔爆外壳接合面最大间隙不得超过瓦斯-空气混合体系的淬熄距离，以有效防止瓦斯点火。隔爆接合面又称火焰通路，是指隔爆外壳不同部件相对应的表面或外壳连接处配合在一起以阻止内部爆炸传播到外壳周围爆炸性气体环境的部位。根据《爆炸性环境第 2 部分：由隔暴外壳“d”保护的设备》（GB

3836.2—2010）规定，煤矿井下等爆炸性气体环境所用隔爆电气设备隔爆外壳接合面最大间隙应满足表 4.3 所示要求。

表 4.2　常温常压下常见可燃性气体化学计量混合时的淬熄距离

可燃性气体	助燃气体	淬熄距离/mm	可燃性气体	助燃气体	淬熄距离/mm
甲烷	空气	2.00	甲烷	O_2	0.30
氢气	空气	0.64	氢气	O_2	0.25
乙烯	空气	1.25	乙烯	O_2	0.19
乙炔	空气	0.76	乙炔	O_2	0.09
丙烷	空气	1.83	丙烷	O_2	0.24

表 4.3　井下隔爆电气设备隔爆外壳接合面最大间隙

接合面宽度 L/mm	与外壳容积对应的最大间隙/mm	
	$V\leqslant100\text{cm}^3$	$V>100\text{cm}^3$
$6\leqslant L<12.5$	0.30	—
$12.5\leqslant L<25$	0.40	0.40
$25\leqslant L$	0.50	0.50

4.1.2　最低点燃温度

当煤矿井下的可燃性气体-空气混合体系局部受到明火、高温煤体、炽热颗粒等高温热源而温度升高乃至发生自燃时，可以用最低点燃温度来表征可燃性气体-空气混合体系的点火特性。最低点燃温度又称自动点火温度，是指能够使可燃性气体-空气混合物局部自发着火并向邻近气体逐层传播的最低温度。

作为煤矿热动力灾害的主要可燃物，瓦斯的最低点燃温度一直是国内外煤矿灾害领域研究的热点。表 4.4 列举并对比了国外学者在不同的实验装置内测得的瓦斯最低点燃温度，观察发现，不同文献中的瓦斯最低点燃温度都在 600℃以上，但受实验容器的形状、容积影响较大。这一现象可以通过苏联化学家弗兰克-卡门涅茨基提出的经典热自燃理论进行解释。下面将依据图 4.3 对该理论进行定性阐述。

表 4.4　国外文献中不同实验容器测得的最低点燃温度

最低点燃温度/℃	实验容器	文献来源
601	0.8dm^3 钢质球	Robinson and Smith, 1984[7]
606～650	0.24dm^3 玻璃缸	Freyer and Meyer, 1893[8]
632	0.44dm^3 石英缸	Naylor and Wheeler, 1931[9]
656	陶瓷管	Coward, 1934[10]

续表

最低点燃温度/℃	实验容器	文献来源
659	0.2 dm^3 钢质球	Fenstermaker, 1982[11]
673	0.19 dm^3 二氧化硅缸	Townend and Chamberlain, 1936[12]
675	0.275 dm^3 玻璃缸	Taffenel, 1913[13]
748	直径 10mm，长 165mm 的钢管	Bunte and Bloch, 1935[14]

弗兰克-卡门涅茨基热自燃理论，是关于放热化学反应和放热系统的热自动点火理论。该理论认为，可燃性气体与空气中的氧气发生缓慢的氧化反应，反应放出的热量一方面使可燃性气体温度升高，另一方面通过边界向环境散失。对不具备自燃条件的体系而言，随着气体内部温度逐渐升高，经过一段时间后，气体内部温度分布趋于稳定，这时化学反应放出的热量与通过边界向外流失的热量相等。对具备了自燃条件的体系而言，从物质堆积开始，经过一段时间后，体系着火。在后一种情况下，体系自燃着火之前，可燃性气体内部不可能出现不随时间变化的稳定温度分布。因此，体系能否达到稳态温度分布就成为判断可燃性气体-空气混合体系能否自燃的依据。该理论的数学表征如下：

$$\ln\left(\frac{\delta_c \cdot T_c^2}{x_0^2}\right)=\ln\left(\frac{EQA\rho}{kR}\right)-\frac{E}{RT_c} \tag{4.2}$$

式中，x_0为可燃性气体体系尺寸；T_c为临界环境温度；R 为气体常数；k 为热导率；A 为指前因子；ρ 为可燃性气体浓度；E 为活化能；Q 为反应热；δ_c在体系形状不变时为定值。

按照该理论，可燃体系内部的稳态温度分布取决于体系的形状和尺寸大小；当物体的形状确定后，其稳态温度分布仅取决于其尺寸。可燃体系尺寸越大，则对应的临界环境温度越低。举例而言[4]，假设在甲烷浓度为7%的甲烷-空气混合体系中，体积为 V 的甲烷-空气混合气体在外界热源的作用下温度逐渐升高，如图 4.3 实线部分所示，曲线代表甲烷与空气反应的放热速率 G（T），根据阿伦尼乌斯理论，其与温度呈指数函数关系；直线代表受热气体边界向外部环境的散热速率 L（T），其与受热气体和外部环境间的温度差值呈线性关系，线性系数随受热气体边界的表面积大小而变化。当混合气体温度 $T<T_2$ 时，甲烷氧化反应的放热速率 G（T）始终低于散热速率 L（T），因此混合体系仅靠化学反应放热不可能自发升温。

在外界热源的作用下，当混合气体温度 $T>T_V$ 时，甲烷氧化反应的放热速率 G（T）超过了散热速率 L（T），反应放热对混合体系产生“热反馈”效应，并开始仅靠化学反应放热自发维持混合体系温度升高，并最终导致甲烷-空气混合体系发生点火。

当受热混合气体体积增大为 $2V$ 时，如图 4.3 的虚线部分所示，由于气体体积加倍，此时的化学反应放热速率随之加倍为 $2G$（T），而由于散热速率与受热混合气体的表面积呈线性关系，故此时向外部环境的散热速率为 $2^{2/3}L$（T）。如图 4.3 所示，在相同的甲烷浓度下，甲烷-空气混合体系体积为 $2V$ 情况下的最低点燃温度 T_{2V} 低于体积为 V 的混合气体的最低点燃温度 T_V。因此，研究表明在外部热源作用下，可燃性气体-空气混合体系的最低点燃温度随受热体积的增大而逐渐减小。

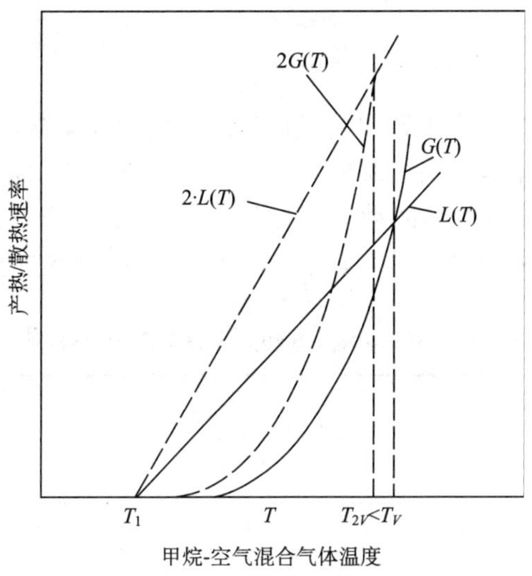

图 4.3　弗兰克-卡门涅茨基热自燃理论基本原理示意图[4]

同时，大量文献研究结果表明，可燃性气体-空气混合体系的最低点燃温度还与可燃性气体浓度有关。图 4.4 显示了国外学者 Robinson、Naylor 等[7,9]在不同反应容器内测得的甲烷-空气混合体系的最低点燃温度随混合体系中的甲烷浓度的变化规律。通过观察对比发现，一方面，在同一甲烷浓度下，最低点燃温度随甲烷体积的增大而降低；另一方面，在不同的反应容器中，最低点燃温度随甲烷浓度的变化规律基本一致，最低点燃温度随甲烷浓度的增加，先减小后增大，并在甲烷浓度为 7%时，最低点燃温度达到最小值。此外，可燃性气体-空气混合体系的最低点燃温度也受到系统散热条件、气体压力等方面的影响，在绝热压缩情况下，可燃性气体-空气混合体系的最低点燃温度降低至 565℃[16]。

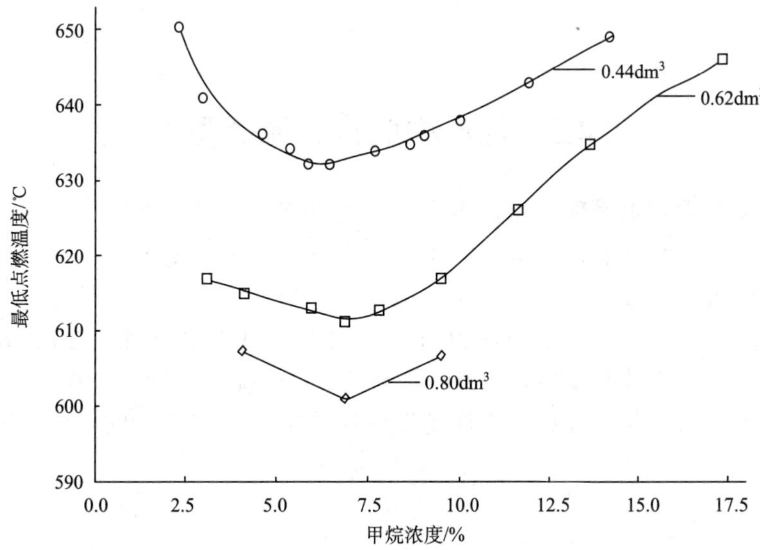

图 4.4　不同文献中最低点燃温度随甲烷浓度的变化规律[15]

4.1.3　点火感应期

瓦斯空气混合物从接触点火源起到氧化反应转化为快速燃烧为止的时间间隔称为感应期，这与链式反应的形成和自由基的累积有关。点火感应期是指点火后的一段延迟时间，它的长短取决于可燃性气体的种类、浓度、大气压力以及点火源的温度等，如表 4.5 所示。可知，随着点火源温度的升高和甲烷浓度的下降，感应期将缩短。

表 4.5　不同甲烷浓度和点火源温度的感应期[17]

火源温度/℃ 感应期/s CH_4浓度/%	775	825	875	925	975	1075	1175
6	1.08	0.58	0.35	0.20	0.12	0.039	—
7	1.15	0.60	0.36	0.21	0.13	0.041	0.010
8	1.25	0.62	0.37	0.22	0.14	0.042	0.012
9	1.30	0.65	0.39	0.23	0.04	0.044	0.015
10	1.40	0.68	0.41	0.24	0.15	0.049	0.018
12	1.64	0.74	0.44	0.25	0.16	0.055	0.020

瓦斯-空气混合气体的感应期，对煤矿安全生产意义很大。虽然在井下高温热源是不可避免的，但关键是控制其存在时间在感应期内。例如，使用安全炸药爆炸时，其初温能达到 2000℃左右，但高温存在时间只有 10^{-7}～10^{-6}s，都小于瓦斯的燃烧爆炸感应期，所以不会引起瓦斯的燃烧爆炸。如果炸药质量不合格，炮泥充填不紧或放炮操作不当，就会延长高温存在时间，一旦时间超过感应期，就发展成瓦斯燃烧或爆炸事故的点火源。此外，井下电气设备通过采用安全火花型或隔爆型，将电火花存在的时间控制在 10^{-6}～10^{-2}s 内，电弧存在的时间控制在 10^{-4}～1s 内，以使点火源失去点火能力。

4.2　煤矿中的点火源类型

在煤矿井下实际生产环境中，点火源种类繁多，从井下实际情况出发，结合重大热动力事故案例统计分析，本书将煤矿井下热动力灾害的基本点火源分为以下五种：①放电点火；②爆破点火；③摩擦撞击；④自热点火；⑤违规明火。依据此分类，作者不完全统计了我国 1949～2016 年发生的 221 起一次死亡 30 人及以上的煤矿特大热动力灾害事故和 2000～2016 年发生的 260 起一次死亡 10~29 人的煤矿重大热动力灾害事故，其中各种点火源诱发灾害次数占总灾害数的比例情况分别见图 4.5 和图 4.6。

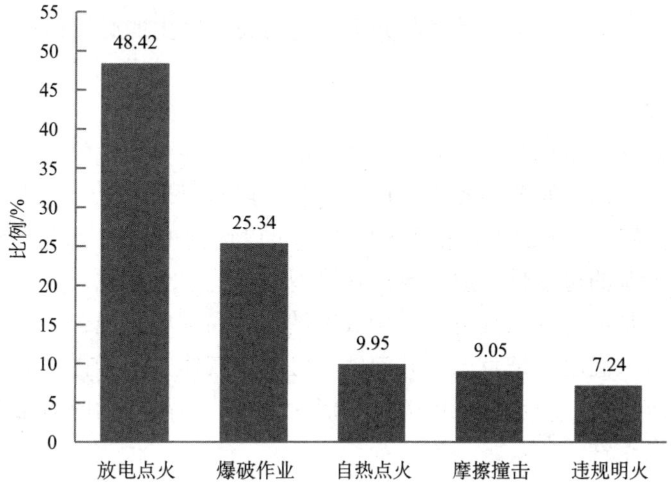

图 4.5　1949～2016 年煤矿特大热动力灾害事故点火源的分类比例

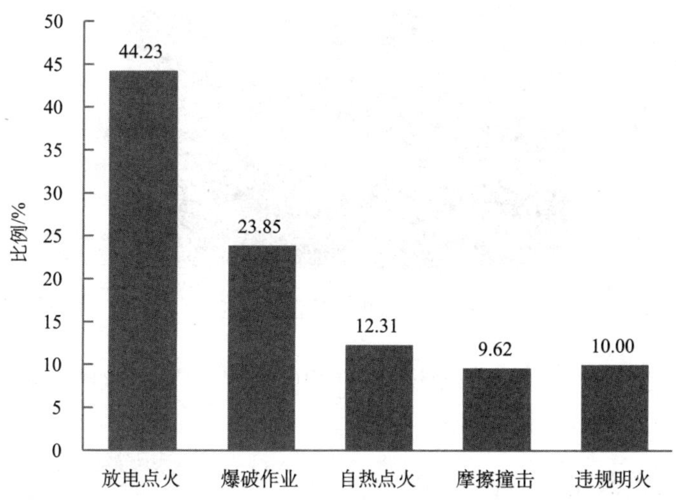

图 4.6　2000～2016 年煤矿重大热动力灾害事故点火源的分类比例

从图中数据横向对比可知，一方面，在 1949～2016 年发生的 245 起煤矿特大热动力灾害事故和 2000～2016 年的 294 起煤矿重大热动力灾害事故中，由放电点火和爆破作业诱发的煤矿热动力灾害事故次数在事故总数中都占有绝对高的比例，随后依次为自热点火、摩擦撞击以及违规明火。

另一方面，通过纵向对比可以发现，随着技术的发展、煤炭经济效益的逐渐向好以及监管机制的不断健全，在煤矿井下热动力灾害事故的点火源诱因组成中，由放电点火和爆破作业引发的灾害占比减小，但二者在各类点火源中所占比例仍居高不下；由摩擦撞击、自热及违规明火作为点火源诱发的事故比例则略有升高；同时，各基本点火源在事故结构中所占比例顺序基本不变。

基于以上分析，煤矿井下热动力灾害的基本点火源尤其是放电点火源和爆破点火源，是点火源管理工作的重点。在认识各基本点火源的种类、点火过程的基础上，总结相应的管理控制方法，是从根源上有效遏制井下热动力灾害发生的必要途径。

4.2.1　放电点火

放电现象是高压带电体与导体间形成强大电场，使得其间空气瞬间电离，电荷通过电离的空气形成电流，同时伴随发光、放热现象，通常以形成电火花或电弧的形式表现出来，如图4.7所示。由于放电过程中瞬时温度可以达到1000℃以上，因此放电火花或电弧具备成为点火源的可能性。放电点火是典型的强迫点火方式，关于其点火机理通常有两种观点：一种是着火的热理论，认为放电过程为局部可燃混合气体提供了一个高温热源，使其达到着火温度而被点燃，并向整个可燃性气体空间传播；另一种是着火的电理论，认为放电过程中，放电通道内的可燃混合气体被电离而形成活化中心，为燃烧链式反应提供了引发条件[18-20]。

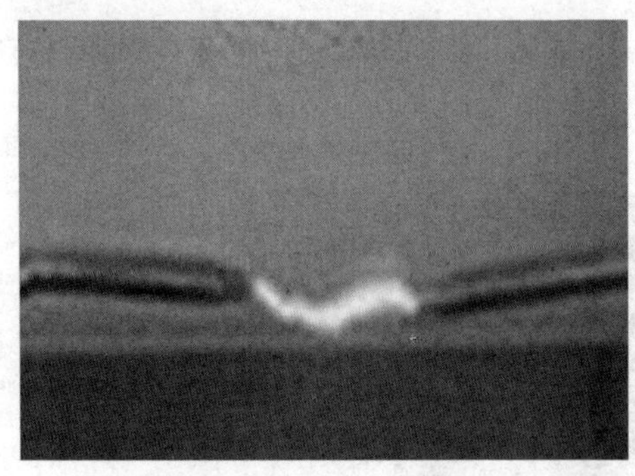

图4.7　放电现象演示实验

在井下生产过程中，常见的放电现象包括电气放电、静电放电、杂散电流、感应放电，其中又以电气放电现象最为普遍。

4.2.1.1　电气放电

电气放电是指煤矿井下电气设备、电缆在电路接通、切断或发生故障时电源和电路储能元件（电感、电容、电路自感）联合向通断电极间隙处放电的现象。无论从数量还是致灾规模上看，电气放电都是诱发井下热动力灾害最重要的点火源，原因其一，煤矿生产强度大，生产系统以及辅助系统都需要电气设备来维持其正常运行，井下电气设备种类及数量众多，电气放电现象普遍存在，纵然电气放电点燃瓦斯是小概率事件，但由于电气放电基数比较大，由其引发的热动力重大事故比例就会很高；其二，井下环境条件复杂，瓦斯、尘、风、水、热等共存，电气设备及电缆在此极为恶劣的环境下运行，电气故障或者电缆老化现象频发，易产生放电现象；其三，井下电气设备的采购、准入、安装、调试以及维护保养等规范制度和监管制度不健全，缺乏对电气防爆性能的有效管理；其四，井下作业人员对电气设备使用、操作不当，未能对危险信号予以辨识，发生故障时处理不当等人的不安全行为也是电气放电点火的一大诱因。

1. 点火源形成过程

电气放电点火引发燃烧（爆炸）由点火过程和传播过程两步构成。在井下电气设备、电缆电路发生闭合、断开瞬间，通断电极处形成高压放电，使得电极间隙的空气被电离而形成放电通道，同时释放出极高的瞬时热量（局部可达千焦以上），加热可燃混合物使之局部着火并形成初始火焰，即为点火过程。此外，在一定的放电持续时间内，初始火焰在放电能量的驱动下逐渐膨胀并形成临界火焰核心，构成了燃烧自由基链式反应的必要条件，燃烧过程摆脱放电能量而通过自由基链式反应提供能量，标志着点火的完成。随后，燃烧反应沿可燃性气体分布方向扩散蔓延，并在一定的可燃性气体浓度范围内转化为爆炸[21-24]。

英国学者 Lintin[24]利用高压点火腔体研究了可燃混合气体体系的点火特性，并通过暗室高速摄像技术客观还原了瓦斯点火过程，证实了在一定的电极距离（2mm, 大于淬熄距离）下，电气放电发展为点火源诱发燃烧或爆炸，必须满足两个条件：

（1）发火过程瞬时点火能量足够大，能够形成初始火焰。在发火过程中，初始火焰能否形成，取决于瞬时放电能量以及电极间隙内可燃性气体的最小点火能量的大小，后者与可燃性气体的自身物化性质，包括气体温度、压力和浓度等因素有关。当瓦斯浓度为 8.5%时，只有当瞬时点火能量高于瓦斯-空气混合体系的最小点火能 0.28mJ 时，初始火焰才能够形成并向外传播。

（2）传播过程的放电持续时间足够长，能够维持初始火焰发展成为临界火焰核心。临界火焰核心是能够提供达到可燃混合气体燃烧自由基链式反应能量势垒所需最低能量并引发可燃混合气体自发燃烧的火焰核尺寸。在初始火焰的传播过程中，初始火焰一方面不断损失热量，另一方面通过持续放电过程得到热量补偿以维持燃烧反应所需的能量供应并逐渐膨胀，只有当放电持续时间满足初始火焰发展成为临界火焰核心时，才能引发可燃混合气体的自发持续燃烧。

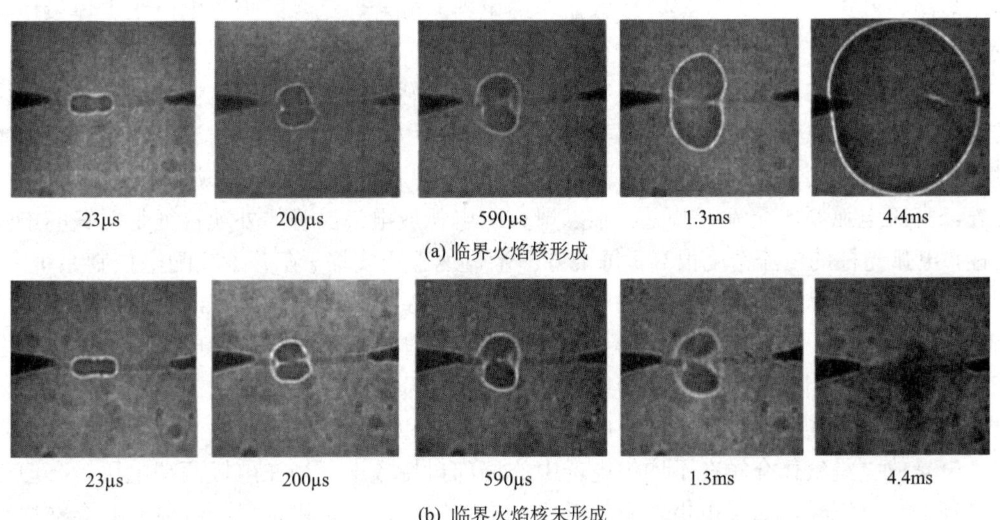

图 4.8　不同放电持续时间点燃甲烷-空气混合物时火焰核发展过程的暗室照相图[24]

图 4.8（a）初始火焰在放电能量驱动的膨胀过程中，一旦达到临界火焰核尺寸，可燃混合气体燃烧体系的产热与向周围环境的热损失就失去了平衡，即产热量高于热损失量，为燃烧自由基链式反应的进行提供了能量条件，燃烧自此开始自发蔓延扩散并进一步转化为爆炸。反之，如图 4.8（b）所示，如果放电持续时间不足以使初始火焰发展为临界火焰核心，燃烧反应自行放慢而进入衰减冷却阶段，直至火焰核消失[24]。Lintin 的研究得出，对于 φ=0.9（甲烷浓度 9.4%）的瓦斯-空气混合体系，在 0.5mJ 的瞬时点火能量下，能够维持初始火焰持续传播并发展成为点火源的最短放电持续时间为 2ms。因此，电气放电点火火焰能否传播并发展为可燃混合气体的持续自发燃烧或爆炸，取决于放电持续时间。

2. 点火源类型

1）电气放电类型

根据电路负载性质（电阻性、电感性、电容性）的不同，电气放电类型可以分为电阻性放电、电感性放电和电容性放电。电阻性电路放电是由电源能量和电阻自感联合作用的结果；电感性电路放电是由电源能量和电感储能元件的共同作用所诱发的；而电容性电路放电是电源能量和电容储能元件共同作用的结果。

根据放电形式，井下常见的电气放电类型可以分为火花放电、电弧放电、电晕放电[25-32]。

火花放电是一种断续的放电现象，从表观看来，呈明亮曲折而有分枝的细束状，一般发生在低压大电流的电路中，例如电容放电和化学电源放电。火花放电发生时，根据火花通道的亮度和火花能量的测定表明，火花通道内的气体温度可达 10 000℃以上，足以引发可燃性气体的燃烧反应；与此同时，火花放电过程往往伴随连续的剧烈冲击或小的爆炸，即发声效应，这是因为火花通道中的压强很高，高压强区域的迅速形成及其在气体中的移动是一种爆炸性的现象，形成连续的爆炸声响。井下电气设备在接触不良、回路短路、开关器件（断路器、接触器、继电器）分合、绝缘磨损放电、带电体接地、线路或设备过载时都有可能产生火花放电现象。

电弧放电多由高压击穿使空气电离而形成，电感电路因开关速度快，储能多，易诱发电弧放电。电弧是一束高温电离气体，在外力作用下，如气流、外界磁场甚至电弧本身产生的磁场作用下会迅速移动（每秒可达几百米），拉长、卷曲形成十分复杂的形状，此外，直流电弧要比交流电弧更加难以熄灭。电弧放电最显著的外观特征是明亮的电弧光柱，电弧光柱的电流密度很高，每平方厘米可达上千安培。在井下输配电控制系统中，开关分断电路时常常会出现电弧放电，且电弧长度及能量随高压电流的升高而增大，最高可达 20～30m，一旦延展或移动至预混可燃性气体区域，极有可能成为点火源引发燃烧或爆炸灾害，因此要求井下中高压输配电力系统开关必须配置真空灭弧室，使得高压电路切断电源后能迅速熄弧并抑制电流，避免事故和意外的发生。

电晕放电是气体介质在不均匀电场中的局部自持放电，当在电极两端电压较高但尚未达到击穿电压时，如果电极表面附近局部电场很强，则电极附近的气体介质会被局部击穿而产生电晕放电现象。电晕放电的特征是伴有“嘶嘶”的响声，并在电极附近形成辉光，其能量密度远小于火花放电，但局部放电能量仍可达数十焦，足以超过瓦斯等可燃性气体的最小点火能量。电晕放电现象在井下电力系统和电气设备中常常出现，如在高压电力传输线和同轴圆筒所包围导线的表面，或在针形不规则导体的附近以及在带有高电压的导体表面等处。

2）煤矿井下易点火的电气设备

煤矿井下易发生放电现象点燃可燃物的电气设备（包括电力线路）主要有电缆电线、矿灯、煤电钻、开关、接线盒等。这是由于这些电气设备长时间处于动态运移中，例如电缆电线随着设备的转移而反复架设或撤收；矿灯伴随矿工的作业而时常扯拉碰撞；煤电钻因钻孔位置的多变而来回转移，其与电缆连接部位极易松动；开关和接线盒会随着电气线路的开断而反复地开通与切断，从而容易发生动态疲劳损伤，出现故障，阻碍电流的正常流动而产生放电现象。据作者统计，在 1949～2016 年发生的 107 起特大和 2000～2016 年的 115 起重大由放电点火引发的热动力灾害中，电气设备分类比例情况如图 4.9 所示。

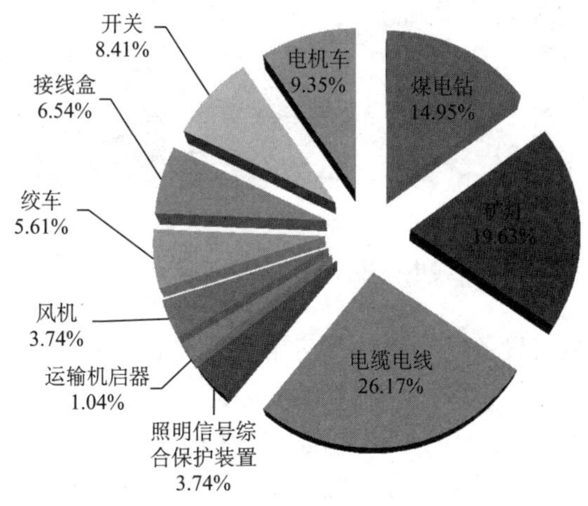

(a) 1949~2016年煤矿特大热动力灾害事故

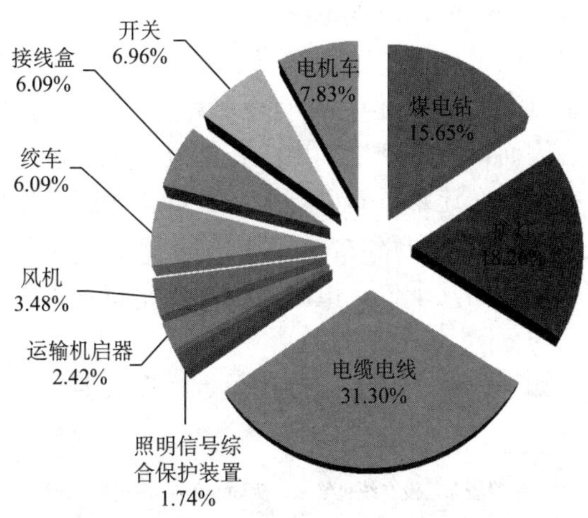

(b) 2000~2016年煤矿重大热动力灾害事故

图 4.9　电气放电点火源分类比例饼图

根据统计结论，发生电气放电引起热动力灾害事故的电气设备，主要以电缆电线、矿灯和煤电钻、开关、接线盒为主。

首先，当电缆电线短路时，在短路点或线路连接松弛的电气接头处极易产生电火花或电弧，电弧温度高达几千摄氏度，不但可引燃电线电缆本身的绝缘材料，还可将其附近的可燃材料、气体、煤尘引燃。造成电缆电线短路的原因常见的有电线接线方式不当，如存在“鸡爪子”①“羊尾巴”②，如图 4.10（a）、（b）所示；电缆电线使用过久，绝缘层老化、破裂，失去绝缘作用，如图 4.10（c）所示；过电压使用使绝缘层击穿；电缆电线使用维护不当，长期“带病”运行；井下冒落岩石或其他物体撞击或长时间摩擦电缆电线，使其绝缘层破坏等。

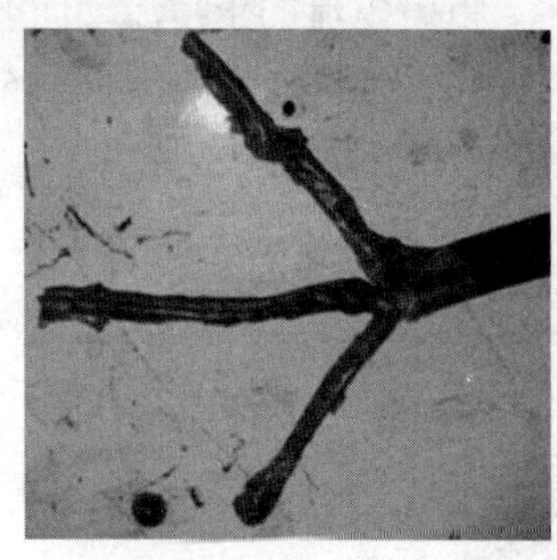

（a）“鸡爪子”

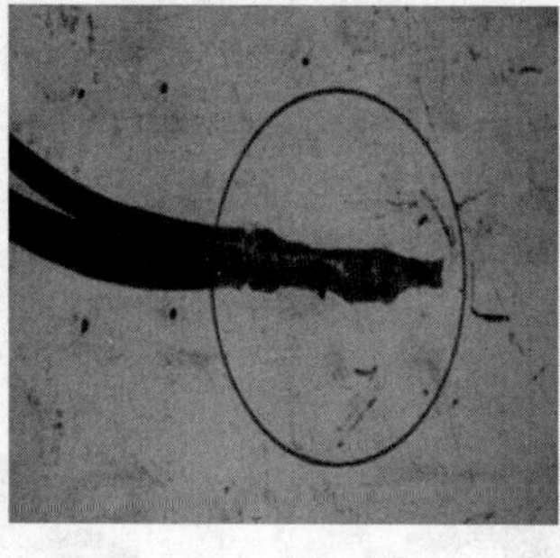

（b）“羊尾巴”

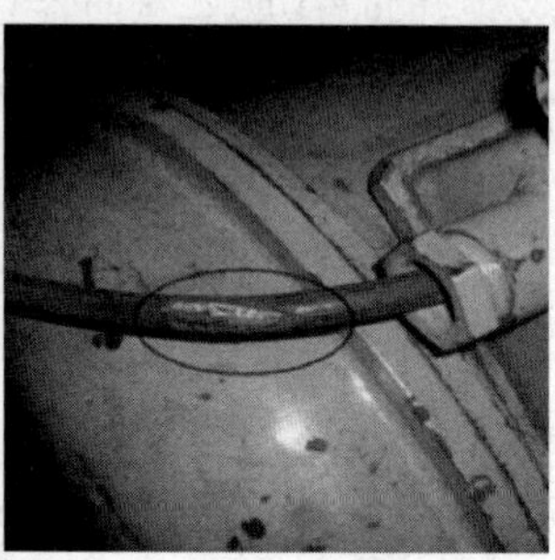

（c）绝缘层破裂

图 4.10　电线电缆短路失爆的常见现象[72]

其次，矿灯作为矿用电气设备的一种，其应用已延伸到矿井的每个角落，散布面积超过了所有其他种类的矿用电气设备，因而矿灯的安全使用及管理是极为重要的。但是，由于矿灯的电压低、功率小，曾长时间被认为没有潜在危险性，是安全火花型电气设备，不会成为矿井爆炸性气体混合物引爆的点火源。由于这种不正确认识的影响，出现了各种违章的不安全行为，诸如：在井下打开矿灯放炮；打开矿灯修理；打开矿灯利用短路电弧抽烟；打开矿灯头更换灯泡；或在出现电缆损坏、灯头、灯体、电池极板短路产生高温等情况时，不立即退出危险区域等，以致造成了重大事故。矿灯在正常状态下开断电路产生的电火花是不具备点燃能力的，但当矿灯受到敲打或撞击时灯丝发生黏结缩短，灯丝电阻减小或趋向于零，因而，断路产生的电火花能量及电源供出的功率都将大大增加，使引爆概率大大提高；或者在违章拆卸矿灯头，各种机械应力作用损坏电缆护套绝缘而造成灯头、矿灯电缆或电瓶极柱短路时，短路电流远远大于正常工作电流，短路产生的电火花能量将是正常工作时的几千倍，电源供出的功率将是正常时的几倍，均大大超出了引爆极限而具有极高的危险[32,33]。

再次，其他电气设备，如煤电钻、开关、接线盒等，在长期使用并检修维护不当而

①“鸡爪子”：指三相接头分别缠以绝缘胶布，没有统包绝缘，犹如鸡的爪子一般。这样做潮气极易侵入，使绝缘电阻降低。

②“羊尾巴”：指不连接电气设备的末端，三相分别胡乱包以绝缘胶布，再统包绝缘胶布，吊在巷道边上，犹如绵羊的尾巴。

失去防爆性（图 4.11）、带电安装或检修、线路接触不良、过载等不安全工作条件下，当电气线路发生开断或短路时，极易出现不安全放电现象，产生能点燃可燃物质的电火花或者电弧，一旦与可燃可爆性物质接触，就会引发火灾或爆炸事故。

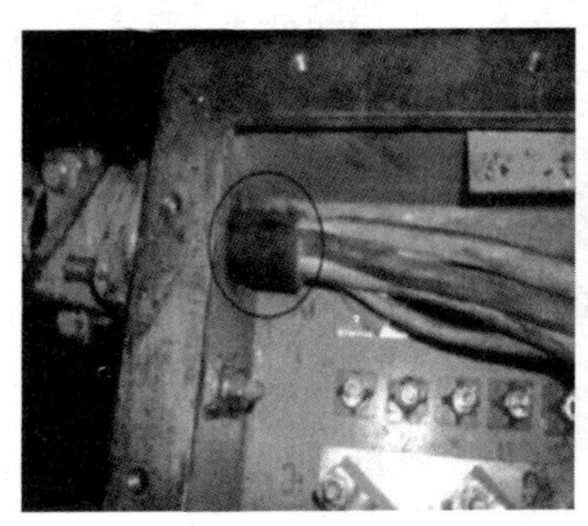

（a）电缆护套进入接线室超过 15mm，不合格

（b）电缆护套进入接线室不足 5mm，不合格

（c）电缆护套进入接线室 5～15mm，合格

图 4.11　电缆与接线室连接方式正误图[72]

3. 阜新矿业集团孙家湾矿海州立井“2 · 14”瓦斯爆炸事故[73]

1）事故概况

2005 年 2 月 14 日孙家湾煤矿海州立井发生特大瓦斯爆炸事故，死亡 214 人，受伤 30 人，其中重伤 8 人。

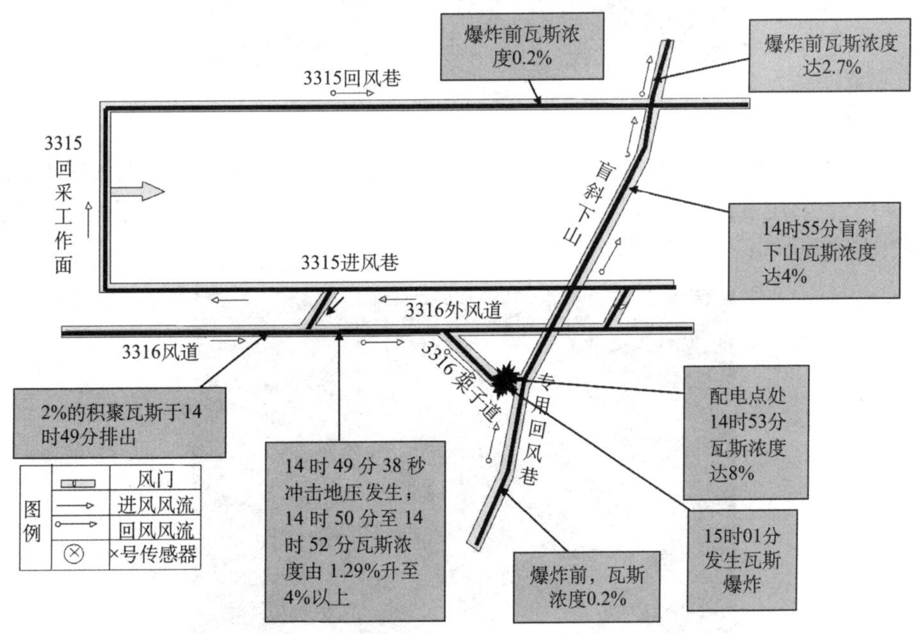

图 4.12　事故发生经过

2）事故经过

2 月 14 日 14 时 49 分 38 秒，3316 风道外段发生冲击地压，造成瓦斯大量异常涌出，3316 风道里段掘进工作面局部停风造成瓦斯积聚，瓦斯浓度由 1.29%上升至 4%以上。

2 月 14 日 14 时 53 分，3316 架子道配电点处瓦斯浓度 8%，达到爆炸界限。

2 月 14 日 15 时 01 分，架子道距专用回风上山 8m 的临时配电点处发生瓦斯爆炸（图 4.12）。

3）点火源分析

经调查认定引爆瓦斯的火源为–500m 水平 3316 架子道内，距专用回风道 8m 处的配电点 ZBZ-4.0M127V 型照明信号综合保护装置接线腔内电火花，主要依据如下：

（1）3316 架子道配电点 ZBZ-4.0M127V 型照明信号综合保护装置上方顶板，两排钢筋、锚杆托盘呈红锈色，有明显过火痕迹；相邻钢筋没有相似痕迹（图 4.13）。

图 4.13　锚杆托盘呈红锈色，有明显过火痕迹

（2）3316 架子道照明信号综合保护装置接线腔内有两个接线端子的压紧螺帽松动（图 4.14），一个是接线腔内接地端子，另一个是一相动力电源线接线端子，开关在带电作业下电缆扰动可产生电火花。

图 4.14　照明信号综合保护装置接线腔内两个接线端子的压紧螺帽松动

（3）接线腔内两个接线端子有剩余长约 2～2.5cm 的两根铜芯丝，其端头圆滑有熔化迹象（图 4.15）。

图 4.15　照明信号综合保护装置接线腔内铜芯丝端头圆滑有熔化迹象

（4）3316 架子道配电点靠煤帮一侧附近发现该照明信号综合保护装置接线腔盖板和一只附着其上的螺丝，该螺丝中部弯曲 120°内角、有扭丝和丝扣拉伤痕迹；接线腔盖板防爆接合面侧固定该螺丝的螺孔有明显压伤痕迹；接线腔防爆接合面处，固定该螺丝的螺孔也有明显向外拉伤凸起痕迹；表明接线腔内爆炸压力大于配电点处环境压力。

（5）3316 架子道配电点附近有 10 人遇难，并发现两串钥匙和一个扳手，表明事故现场有人作业。

4.2.1.2　静电放电

静电放电是指带电体周围的场强超过介质的绝缘击穿场强时，因介质产生电离而使得带电体上的静电荷部分或全部消失的现象，如图 4.16 所示。在实际情况中，静电放电的发生往往是由于物体上积累了一定的静电电荷，对地静电电位较高，同时，静电放电多数是高电位、强电场、瞬时大电流的过程，尤其是带电导体或手持金属导体（如螺丝

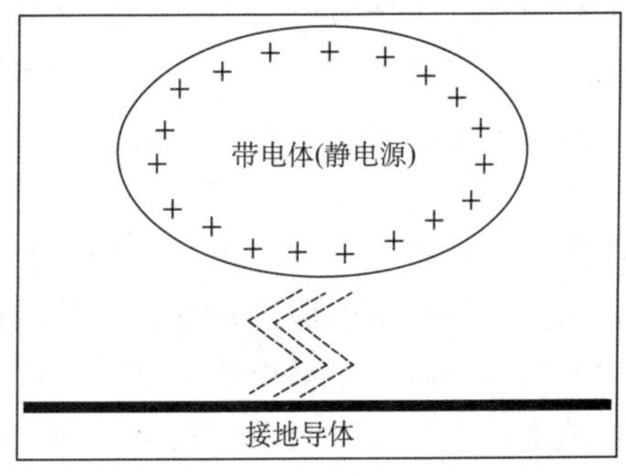

图 4.16　静电放电现象

刀等工具）的带电人体对接地体放电时，产生的瞬时脉冲电流强度可达到上百安培。静电放电最常见的表现形式是火花放电，同时也是危害最大的一种表现形式。在放电过程中，其放电特征是，有明亮的放电通道，通道内气体完全电离，电流密度很高，同时所有电荷几乎全部进入放电火花，即火花几乎消耗所有静电能量，在可燃混合气体氛围中极易造成引燃、引爆问题。

煤矿井下使用了大量高分子聚合物制品，如风筒、输送带、管材、电缆保护层、塑料网、仪器设备外壳或零部件等。这些高分子聚合物制品在煤矿井下使用过程中受到机械摩擦、高速风流及风流中所含的粉尘与其表面发生摩擦而产生静电。由于高分子聚合物材料都是绝缘材料，因摩擦产生的静电荷积聚在表面不易消失，形成静电源。当静电荷积聚达到一定程度时会对接地体或附近空气产生放电现象，其释放的瞬时能量足以成为诱发燃烧或爆炸事故的点火源。1992 年 7 月 23 日江西赣州高桥煤矿水平南大巷中，发生高压橡套电缆（6000V）与电缆挂钩间的静电火花放电；另外，鹤岗、綦江、北票、丰城、鸡西、淮南等矿区的煤矿也曾发生过多起因使用非阻燃抗静电风筒引起瓦斯爆炸的事故[34]。

目前，煤矿井下普遍采用具有阻燃抗静电性能的高分子聚合物制品，但在使用过程中，高分子聚合物制品会随着时间推移而发生老化，抗静电剂发生迁移，导致安全性能降低，甚至失效。因此，为了防止静电火花引燃可燃物或引起瓦斯爆炸，应选择具有阻燃抗静电性能的煤矿井下用高分子聚合物制品，同时完善其维护、检修、报废制度和标准；在有爆炸危险场所中的金属设备、管道和其他导电物体，均应有可靠的接地，其防静电的接地电阻不得大于 100Ω，当该接地装置与电气设备防雷电的接地装置共用时，接地电阻值取其中最小值；此外，必须采用抗静电阻燃风筒；专用排瓦斯巷内必须使用不燃性材料支护；井上、井下接触爆炸材料的人员，必须穿棉布或抗静电衣服；严禁穿化纤衣服下井等。

4.2.1.3　杂散电流

凡是不经过回归线路，分散地流经金属管道、电缆外皮、岩石、煤层、水沟、接地网等的电流都称为杂散电流。在煤矿井下运输供电系统中，有交流和直流两种供电系统，因此杂散电流又相应地分为交流杂散电流和直流杂散电流[35]。

煤矿井下电机车运输过程中易产生杂散电流，其产生原理如图 4.17 所示，即在理想情况下，负荷电流 I 经过钢轨、回流线返回牵引变电所，但由于井下敷设的轨道实际上与大地不完全绝缘，轨道通过枕木路基等与大地相接触，轨道与大地间形成了一定的轨地电阻，产生了对大地泄漏的杂散电流。杂散电流除了会对电缆、风管、水管等井下管线产生腐蚀外，还能引起电雷管先期爆炸，使井下高压开关监视系统出现误动作，严重时会烧毁井下低压电气设备等，这些都可能成为热动力事故的潜在点火源。

削弱杂散电流危害的主要途径是减小杂散电流，减小架线电机车杂散电流的具体措施有：缩短轨道长度；增加轨道的条数和选择单位长度较重的钢材；提高牵引电压；在运输轨道合适的位置上设置回流线，可以使用废旧钢丝线等，将轨道与变电所回流点连接起来，这样轨道内的一部分电流会通过回流线流回变电所的负极，从而使通过轨道内的电流减小，杂散电流也相应减小。

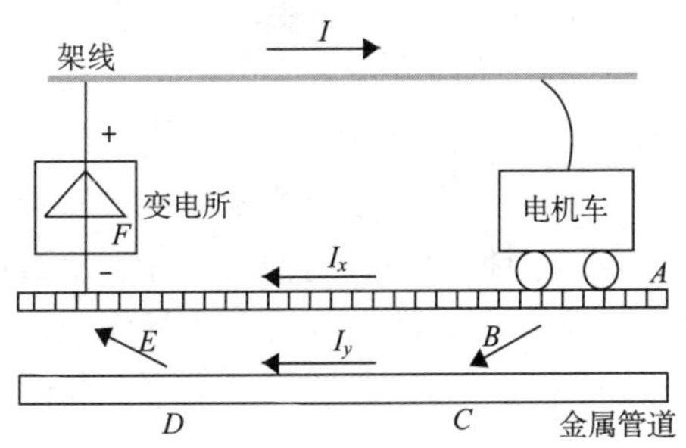

图 4.17　煤矿井下电机车杂散电流产生原理示意图[26]

1990 年 4 月 15 日 6 时 30 分，黑龙江省七台河桃山煤矿，当架线电机车进入采区石门后，轨道电机车未安设绝缘装置，致使电机车杂散电流进入与主运道相连的掘进面轨道，在瓦斯尚未排放的情况下点燃掘进面瓦斯，引起瓦斯爆炸，造成 33 人死亡，11 人受伤。

4.2.1.4　感应放电

雷击是高空带有负电荷的积雨云与带有正电荷的地面导体间通过形成强大电场而发生的强烈弧光放电现象（图 4.18）。雷击具有电磁感应效应，即感应雷，具体表现为雷电放电电流在传导过程中，能够在密闭区域内产生电磁场，导致遗留在密闭区域内的金属导体上产生感应电压，当这个电压超过电子器件的耐压值很多时，就会发生火花放电现象，导致电气元器件被击穿或烧毁，也就是说发生了感应雷击。感应雷击的特点是电气设备被击穿或烧毁的地点距离雷击的发生地还很远，近则数百米，远则数千米或几十千米。另一方面，由于感应雷击时的电压幅值远高于电气器件的工作电压值，再加上雷雨时空气的相对湿度比较高，电子器件间的爬电距离也会变小很多，线路板上密集的电子器件也会因此而导通发生短路现象，导致电气设备的损坏。

图 4.18　雷电放电现象[36]

由于煤矿生产环境属于地下相对封闭空间，再加上井下电气设备密集，老空区等密闭空间内废弃电气设备、电线电缆较多，当雷电放电向大地传导时，极易在井下封闭空间内发生雷电电磁感应，在电气设备、电线电缆等金属导体上感应出高电压，并在间隙或端头引发放电火花或电弧，其能量有可能成为引发热动力灾害事故的潜在点火源。

例如，2006 年 1 月 2 日，美国西弗吉尼亚州曼斯维尔市萨戈（Sago）煤矿发生瓦斯爆炸事故，造成 13 名矿工死亡。根据事故调查报告显示，事故原因为已封闭的左二采区遗留有水泵及其电缆，事发当天，雷电密布，雷击在封闭空间内形成电磁场，导致电缆内部形成电压，造成电弧放电现象，电弧能量超过聚集瓦斯的点火条件，引爆瓦斯[36]。

4.2.2　爆破点火

煤矿井下爆破作业是将煤矿专用安全炸药、电雷管装入打好的炮孔内，用非固定线路（放炮母线）一端与电雷管脚线连接，另一端接通放炮器，通过供给电雷管电能引爆炸药，达到破碎煤体和岩体的目的[37]。在当前矿井生产过程中，纵然随着综合机械化采掘技术的推广，炮采、炮掘的数量在减少，但由于我国煤层地质条件复杂多变，煤层开采过程中的过断层、强制放顶等还存在放炮作业，此外，由于炮采、炮掘在经济成本上较综合机械化开采大幅降低，且灵活操作的特点大大提高了其对于小型矿井的适用性。然而在实际爆破过程中，井下恶劣的环境条件以及爆破操作本身的复杂性，导致爆破点火源诱发瓦斯、煤尘爆炸等热动力灾害的频频发生。

4.2.2.1　爆破点火源类型

在煤矿井下的采煤或掘进工作面经常聚集着一定浓度的瓦斯或煤尘，而爆破作业往往是在有瓦斯、煤尘爆炸危险的条件下进行的。在爆破过程中，如果安全技术措施不到位，爆炸产生的高温、高压气体以及爆炸冲击波极有可能发展成为点火源而诱发瓦斯、煤尘爆炸等热动力灾害事故。煤矿井下爆破作业的特征主要包括：①大量放热。炸药爆炸时，其化学潜能在瞬间转化为热能，局部最高温度可达 2000～3000℃。②生成大量气体。由于气体具有很大的压缩膨胀性，在爆炸瞬间处于强烈的压缩状态，能够贮存极大的压缩能，因而爆破产生的高温气体在膨胀过程中可将爆破热能迅速转化为机械能，形成爆炸冲击波。③爆破线路连接复杂。井下爆破线路主要包括发爆器、爆破母线（辅助母线）、电雷管脚线、炸药、封孔炮泥，在接线不规范的情况下，极有可能产生电火花。④爆破环境中可能存在预混瓦斯、煤尘等可燃物。基于以上煤矿井下爆破作业的特征，爆破作业中点火源类型包括违规产生的爆破火焰、炽热颗粒和电火花三种。

1. 爆破火焰

爆破火焰是指爆破作业时从爆破孔中喷射而出的高温可燃性气体燃烧形成的火焰。爆破火焰发展形成点火源，一般要满足以下三个条件：①火焰产生高热，即火焰伴有高温气体或炸药爆炸后外壳材料产生爆炸火花，高热火焰温度远远高于瓦斯最低点燃温度。爆破时切忌使用含有金属元素的爆破器材，其一旦形成燃烧颗粒，温度极高、燃烧时间较长，且燃爆轨迹不易控制。②燃烧持续时间长。当热源存在的时间超过着火感应期，就会点燃瓦斯。因而在爆破作业时必须使用水炮泥进行封孔，它不但能有效降低爆热和吸收爆破产生的有害气体，而且能极大地降低火焰的燃烧时间，一般只要火焰存在时间低于 130ms 就不会点燃瓦斯。③环境的瓦斯浓度。当环境中瓦斯浓度处于爆炸极限范围时，一般只要火焰温度和存在时间达到临界值即可点燃瓦斯，因而必须要严格贯彻落实“一炮三检”制度，无风、微风环境中绝不开展放炮施工[37]。

2. 炽热颗粒

当炸药爆炸不完全时部分正处于燃烧的炸药颗粒从炮孔中飞出混入空气-瓦斯可燃性混合气体中时，极易引起瓦斯爆炸。此外，反向爆破时起爆药卷在炮孔最深处，点爆药卷后，药卷的爆破冲力会反向冲出炮孔，大量的高温爆生气体卷积着固体燃烧颗粒，点燃瓦斯并造成事故[38]。因此，采用正向爆破，杜绝反向爆破（图 4.19），保证炸药完全爆炸，使产物中不含炽热固体颗粒等，可避免放炮时产生炽热固体颗粒引燃（爆）瓦斯。

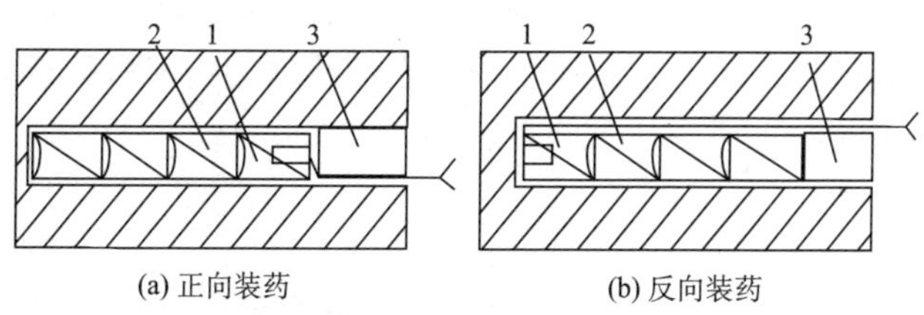

(a) 正向装药 (b) 反向装药

图 4.19 正向装药和反向装药

1. 起爆药卷；2. 药卷；3. 炮泥

3. 爆破电火花

煤矿井下爆破通常使用电力起爆法，电力起爆法是指利用电雷管通电后爆炸产生的能量起爆炸药的方法，此法通过电源和导线将电雷管连接成电爆网络实施起爆。若爆破网络连接不当，如在接头绝缘不良、与其他导体短接、输出电流过大等情况下，会产生爆破电火花。

4.2.2.2 爆破产生点火源的原因

井下爆破作业工程引起热动力灾害事故归结起来共有两点原因：①不安全的爆破器材及工艺；②爆破作业过程中作业人员的不安全行为。作者的团队通过对具有较好数据基础的 118 起由爆破点火引发的重、特大煤矿热动力灾害事故的点火源来源进行归类，如图 4.20 所示，在 1949～2016 年由爆破作业点火引发的 56 起特大热动力灾害事故中以及 2000～2016 年由爆破作业点火引发的 62 起重大热动力灾害事故中，由爆破作业人员的不安全行为导致的事故占比都达到 70%左右。由此可见，爆破作业人员的不安全行为是爆破点火引发瓦斯爆炸最主要的诱因。本节将从以上两个方面综合分析爆破事故的潜在点火源。

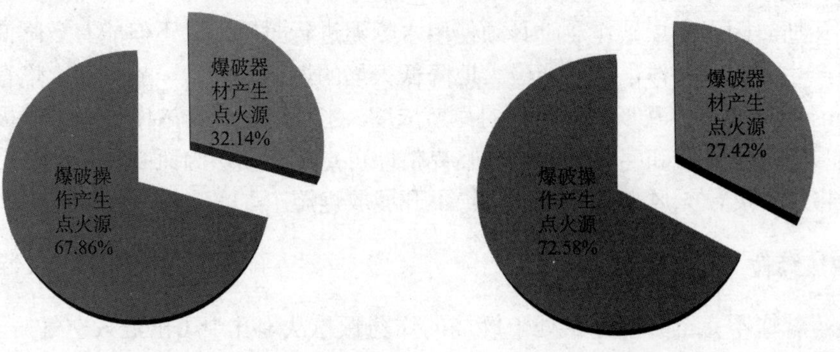

(a) 1949~2016年煤矿特大热动力灾害事故　　(b) 2000~2016年煤矿重大热动力灾害事故

图 4.20　井下爆破点火源分类比例图

1. 爆破操作产生点火源

根据工序流程，整个爆破过程可以分成准备期、布置检查期、爆破过程、结束期四个阶段。对 83 次由爆破操作中的不安全行为引发的热动力灾害事故点火源类型进行了统计，结果如图 4.21 所示。

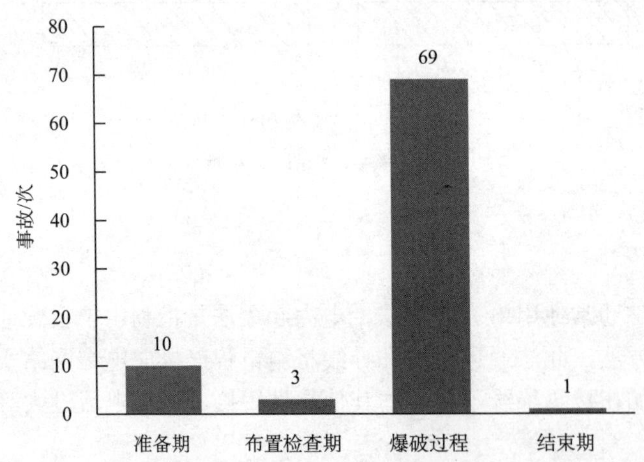

图 4.21　爆破不同阶段不安全行为因素的对比图

可以看出爆破过程中的不安全行为导致瓦斯爆炸所占的比例最高，为 69 次（83.13%），所以爆破过程中的不安全行为是研究的重点。

在井下爆破作业中，爆破过程可以分为打孔装药、二次检查、连接装置、开始爆破、爆后检查。对 69 次在爆破过程中的不安全行为产生点火源的事故进行了分类统计，结果如图 4.22 所示。

1）打孔装药过程中的不安全行为

据图4.22，可以看出打孔装药过程中的不安全行为引起瓦斯爆炸的比例最高（37次），占了一半以上（53.62%）；打孔装药是爆破过程中的关键环节，其步骤依次为设计并施工爆破钻孔、装药和封孔。

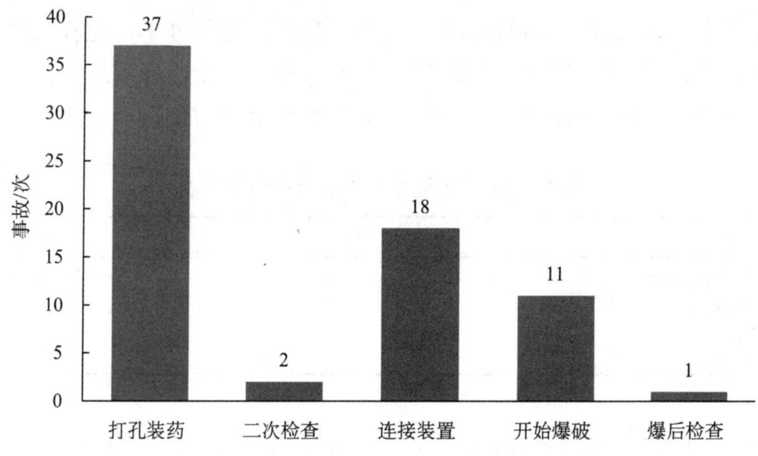

图 4.22　爆破作业过程中的不安全行为的对比图

在设计施工爆破钻孔过程中，依据事故统计，将爆破工的不安全行为分为以下 4 类（表 4.6）：

表 4.6　设计施工爆破钻孔中的不安全行为分类表

违规操作	致灾次数	点火源种类
距采空区 15m 前，没有打探眼	1	爆破火焰
距贯通地点 5m 内，没有打超前探眼	1	爆破火焰
没有清理炮眼里的煤粉	2	炽热颗粒
炮孔抵抗线过小	1	爆破火焰

（1）爆破地点距老空 15m 前，没有打探眼。未探明采空区的准确位置，导致放炮崩通采空区，向采空区串火，明火引爆瓦斯。正确做法是爆破地点距老空 15m 前，必须通过探钻等有效措施，探明老空区的准确位置范围、水、火、瓦斯等情况，必须根据探明的情况采取措施，进行处理。2004 年 11 月 28 日 7 时 10 分左右，陕西省铜川陈家山煤矿 415 采面发生特大瓦斯爆炸事故，当时井下有 293 人作业, 其中 127 人获救，166 人遇难。经现场勘察和分析认定，爆破火焰是引爆瓦斯火源。据证言和相关资料，发生事故的 415 工作面因上隅角顶煤放炮产生火焰引起支架后部采空区瓦斯爆燃，并引燃工作面 53～56 架之间及 83～86 架处的煤燃烧，出现明火。

（2）爆破地点距贯通点 5m 内时，没有打超前探眼探明贯通点的准确位置，导致放炮崩透工作面，明火引起瓦斯爆炸。正确做法是距贯通地点 5m 内，要在工作面中心位置打超前探眼，探眼深度要大于炮眼深度 1 倍以上，眼内不准装药，在采煤工作面，爆破前用炮泥将探眼填满。

（3）没有清理炮眼里的煤粉。爆破工放炮装药前没有清除炮眼内的煤粉，放炮产生的高温点燃炮眼内的煤粉，发生瓦斯爆炸。

（4）炮孔浅，抵抗线小。如果将一个集中药包埋入岩体或煤体内，被爆破的岩体或煤体与空气接触的界面叫做自由面。从药包中心到自由面的垂直最短距离叫最小抵抗线。

若炮孔过浅，炸药爆炸火焰容易从炮孔口喷出；若炮孔间距过小，炮孔内的炸药爆炸时火焰容易从炮孔侧向喷出，这两种情况都可能引起井下瓦斯燃烧或爆炸。

在装药过程中，依据事故统计，将爆破工的不安全行为分为以下 3 类（表 4.7）。

表 4.7　装药过程中的不安全行为分类表

违规操作	致灾次数	点火源种类
未将药卷紧密接触	1	炽热颗粒
反向爆破	1	炽热颗粒
装药量过多	2	爆破火焰

（1）未将药卷紧密接触。炮眼里的煤、岩粉使装入炮眼的药卷不能装至眼底，或者药卷之间不能密实接触，影响爆炸能量的传播，以致造成残爆、拒爆和爆燃，炸药不完全反应而产生大量炽热颗粒。

（2）在有瓦斯和煤尘爆炸危险的爆破地点采用反向爆破。在有瓦斯和煤尘爆炸危险的爆破地点，不提倡采用反向爆破。反向起爆时，炸药的爆轰波和固体颗粒的传递与飞散方向是向着眼口的。当这些微粒飞过预先被气态爆炸产物所加热的瓦斯时，很容易使瓦斯点燃。

（3）装药量过多。装药量过多，相对来说炮泥充填的长度就要减少，瓦斯、煤尘爆炸的可能性就会增加。

在封孔过程中，依据事故统计，将爆破工的不安全行为分为以下 4 类（表 4.8）。

表 4.8　封孔过程中的不安全行为分类表

违规操作	致灾次数	点火源种类
没有封炮眼	3	爆破火焰
放糊炮	4	爆破火焰
封孔不使用水炮泥	10	爆破火焰
未填足封泥	11	爆破火焰

（1）没有封炮眼。爆破工装药后没有封炮眼，产生爆破火焰，引起瓦斯爆炸。

（2）放糊炮。放糊炮指由于爆破地点不打炮眼，而是将炸药药卷用炮泥直接糊靠在大块煤、岩石表面上放炮，所以产生的火焰暴露在空气之中，极易引起瓦斯、煤尘爆炸。此外，糊炮的爆破方向和爆炸能量都不易控制，难以防止崩倒和崩坏支架，容易造成冒顶事故或崩坏工作面的机械和电气设备。由于糊炮在空气中的震动强烈，容易把支架和煤、岩帮上的落尘扬起，使工作面粉尘浓度增大而引发煤尘爆炸。

（3）封孔不使用水炮泥。当封孔时使用了如下材料：炮纸、顶板泥和煤渣混合、煤块、碎煤、不燃性材料时，爆破时会产生大量的可燃性气体（H_2、CO、CH_4、NH_3等）。这些气体与矿井瓦斯（浮尘）混合后，形成“二次火焰”，易于引燃矿井瓦斯或煤尘。1988 年 6 月 18 日，山西铁磨沟煤矿发生了一起瓦斯爆炸事故，造成了 40 人死亡。事后调查显示，事故原因是在没有查明瓦斯浓度的情况下，采煤工擅自用碎煤代替炮泥进行封堵爆破，最后导致了事故的发生。

（4）未填足封泥。装填封泥时，有如下状况：炮眼封泥过少；炮泥没有装满；炮孔充填不严；致使最小抵抗线不够，产生火焰，引起瓦斯煤尘爆炸。

2）连接爆破装置过程中的不安全行为

据图 4.22，连接爆破装置过程中的不安全行为共 18 次，占爆破作业不安全行为的 26.09%。依据事故统计，将连接爆破装置过程中爆破工的不安全行为分为以下 4 类（表 4.9）。

表 4.9　连接爆破装置过程中的不安全行为分类表

违规操作	致灾次数	点火源种类
多母线放炮	8	爆破火焰及电火花
悬挂母线位置不当	5	爆破电火花
没有包好爆破母线接头	3	爆破电火花
放炮前没有检查线路	2	爆破电火花

（1）多母线放炮。爆破时采用多芯或多根导线做爆破母线。多母线放炮的危害有：①多母线放炮每炮的延期时间，至少为 2s。先响的炮松动了就近的煤层，加速了煤层中瓦斯向外泄出；与此同时，也震动了邻近炮眼中的封泥，使孔内积聚起来的带有一定压力的瓦斯向外涌出时，很容易被后响的炮眼炸药高温火焰所点燃而发生瓦斯燃烧或爆炸事故。②多母线放炮每起爆一次，即有一根导线与发爆器的另一个接线柱对接，在接触中很容易产生电火花。③多母线放炮，炮与炮之间不能检查瓦斯，要一连串把所连各炮放完，违反了炮前炮后检查瓦斯和“一炮三检”的安全管理制度，很容易引起瓦斯、煤尘爆炸事故。

（2）悬挂母线位置不当。母线放置于淋水处或积水潮湿的地方；与电缆悬挂在一起；从电气设备上方通过；母线与轨道、金属管、金属网、钢丝绳、刮板输送机等接触都容易产生电火花引爆瓦斯。

（3）未包好爆破母线接头。没有包好爆破母线接头，导致爆破母线短路；爆破母线多处明接头，放炮时产生火花，引起瓦斯爆炸。

（4）放炮前没有检查线路。放炮前，爆破工未检查爆破母线；未检查连接线，导致通电后爆破母线短路或明接头碰撞产生电火花，引爆附近积聚的瓦斯。1993 年 10 月 11 日，黑龙江保合煤矿发生瓦斯爆炸事故，死亡 70 人，原因正是放炮母线短路产生电火花引燃瓦斯。

3）起爆过程中的不安全行为

据图 4.22 所示，起爆步骤中爆破工的不安全行为共引发事故 11 次，占了 15.94%；作者依据事故统计，将起爆过程中爆破工的不安全行为分为以下 3 类（表 4.10）：

（1）明电放炮。包括在井下爆破时不使用发爆器，用电插销、煤电钻电源插销、矿灯、多支捆绑 1 号干电池、电缆、动力线明电爆破。1997 年 3 月 4 日，河南红土坡煤矿发生瓦斯爆炸事故，死亡 89 人，事后查明是由使用照明电源直接放炮引起。

表 4.10　起爆过程中的不安全行为分类表

违规操作	致灾次数	点火源种类
明电放炮	7	爆破电火花
一次装药，多次放炮	2	爆破火焰及炽热颗粒
放“连珠炮”	2	爆破火焰及炽热颗粒

（2）一次装药，多次放炮。在一个工作面内短时间连续多次放炮，工作面内的瓦斯、煤尘还来不及吹散，又开始下一次的爆破，爆破产生的空气冲击波、炽热的固体、高温爆生气体及二次火焰极易引爆积聚的瓦斯或飞扬的煤尘。1991 年 3 月 7 日，湖南列家桥煤矿发生瓦斯爆炸，死亡 35 人，事故原因即是一次放炮分期装药且反向装药。

（3）放“连珠炮”。放炮母线用四芯电缆，分两组，每组两根放一次炮，一般称之为放“连珠炮”。第一次爆破结束后煤岩中瓦斯释放出来，煤尘也飞扬悬浮在空气中，很容易达到爆炸范围，紧接着第二次放炮，炸药爆炸的火焰或者产生的炽热颗粒物很容易引燃引爆瓦斯或煤尘。此外，两次放炮之间无法即时检测瓦斯和采取降尘措施，所以放“连珠炮”很危险，易引起瓦斯煤尘爆炸事故。

2. 不安全的爆破器材及工艺

通过统计 35 起由爆破器材产生点火源从而进一步引发的热动力灾害事故，对产生点火源的爆破器材种类进行归类，如图 4.23 所示。

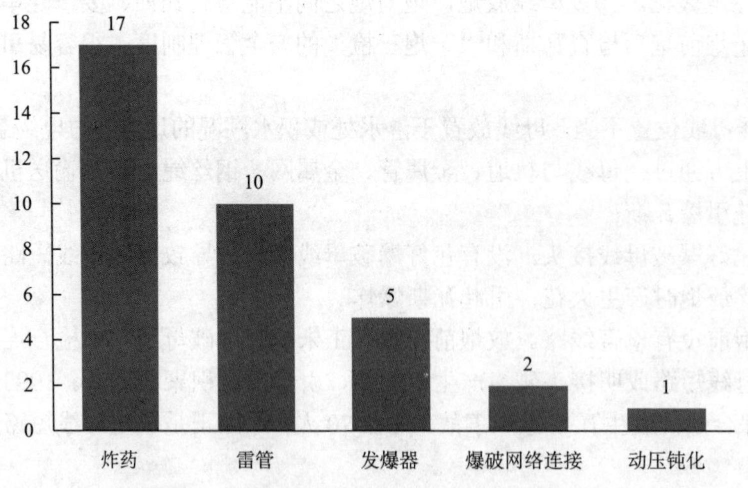

图 4.23　爆破器材产生点火源的种类对比图

1）炸药

炸药是在一定条件下能发生化学爆炸的物质，其在外界作用下能够发生热分解、燃烧、爆炸等一系列自发的放热反应，同时形成强烈压缩状态的高压气体并迅速膨胀对周围介质做机械功。常用的工业炸药品种包括铵油炸药、水胶炸药、乳化炸药、硝化甘油炸药以及铵梯炸药。炸药的爆炸性能通常通过爆热、爆温等参数来表示。炸药爆炸反应生成的热量称为爆热，通常以 1kg 炸药爆炸所产生的热量表示，一般的工业炸药爆热为 600～1000kJ/kg；爆温是炸药爆炸瞬间爆炸产物被加热达到的最高温度，一般可达 3000～5000℃，由此可见，在不采取安全措施的情况下，无论从能量角度还是温度角度，爆破过程都足以引起瓦斯、煤尘与空气混合物的燃烧和爆炸。炸药爆炸过程中的点火源来源主要包括：

（1）空气冲击波。井下爆破过程中，炸药爆炸形成的空气冲击波具有很大的压力，可以压缩含瓦斯气体使其温度升高。例如，400g 煤矿安全炸药爆炸后，空气冲击波波前压力可达 20 个大气压，传播速度可达 2500m/s，压缩带温度 400～500℃。值得注意的是，初始冲击波温度往往低于瓦斯或煤尘与空气混合物的最低点火温度，不足以引起瓦斯或煤尘爆炸，然而当爆破点附近有障碍物时，冲击波在传播过程中会发生反射叠加作用，冲击波波前压力将大大增加，压缩带温度也可能升高至瓦斯或煤尘与空气混合物的最低点火温度以上，进而引起瓦斯或煤尘爆炸事故。

（2）炽热固体颗粒。炸药爆炸时，通常会产生反应不完全的炽热固体颗粒或燃烧着的颗粒向外溅出，一旦进入预混瓦斯介质中，会继续发生分解反应或被空气介质氧化而燃烧并保持高温，可能引发瓦斯爆炸。

（3）高温爆炸气体及二次火焰。炸药爆炸气体产物的瞬时温度可达 3000℃以上，大大超过了瓦斯、煤尘的发火温度，同时与瓦斯作用时间长，可能引燃瓦斯。此外，高温气体还可通过二次火焰的间接作用使预混瓦斯发火。二次火焰是指炸药爆炸后，尤其是爆炸不完全时，产生的 H_2、CO、CH_4 等可燃性气体在空气中燃烧产生的火焰。二次火焰温度可达 1600～2000℃，远在瓦斯介质的最低点火温度之上。

因此，相比于普通的工业炸药，煤矿井下爆破由于其特殊作业环境的需要，必须使用煤矿许用炸药。煤矿许用炸药是我国工业炸药的重要组成部分，它是根据工业炸药使用条件分类，专门适用于有可燃气和煤尘爆炸危险的煤矿井下所使用的炸药。煤矿许用炸药具有四个显著特点：①在保证一定爆破能力的条件下，按炸药的安全等级要求，控制爆温和爆热，爆炸后不致引起矿井大气的局部高温，如加入 15%～20%的氯化钠以降低炸药的爆温；②有较高的起爆敏感度和较好的传爆能力，保证爆炸反应完全，爆炸反应中未反应的炽热固体颗粒减少，防止产生二次火焰；③炸药成分中不含有易在空气中燃烧的物质，如金属铝、镁等粉末，保证爆炸反应后不生成引起瓦斯燃爆的金属炽热粒子；④炸药成分中加有一定量的消焰剂，保证炸药使用的安全度，同时又不至于大幅度降低炸药爆轰性能[39,40]。煤矿许用粉状铵梯炸药、水胶炸药、乳化炸药、粉状乳化炸药和膨化硝酸铵炸药是我国目前应用较为广泛的几种典型煤矿许用炸药，其中使用煤矿许用乳化炸药、粉状乳化炸药等不含 TNT、可燃气安全度高、性能优的硝铵类炸药以替代铵梯炸药，是煤炭行业工业炸药发展的总趋势。

2）雷管

雷管是通过产生起爆能引爆炸药的起爆材料，分为火雷管和电雷管两种。由于火雷管使用过程中会产生火焰，煤矿井下爆破作业采用电雷管进行引爆。电雷管根据延期时长，可以分为瞬发电雷管、秒延期电雷管和毫秒延期电雷管。雷管的不规范使用同样是爆破作业引爆瓦斯的一大诱因。例如，秒延期雷管价格低廉，但由于加入延期药且延期时间超过 130ms，其在延期时间内会喷出火焰，一些小煤窑为追求成本，在井下爆破中使用秒延期雷管，是极其危险的。非安全电雷管引起瓦斯爆炸的机理，归纳起来有三点：

（1）电雷管爆炸后飞出的灼热碎片或残渣在含瓦斯介质中引起爆炸。因此，应尽量避免采用铁壳和铝壳，并不得使用聚乙烯绝缘爆破线。

（2）雷管内副起爆药爆炸时产生高温和火焰引起瓦斯爆炸。因此在副起爆药中应当加入适量的消焰剂，或使用燃烧温度低、气体生成量少的其他物质。

（3）延期爆破中，后爆装药中的雷管有可能因冲击作用而发生异常，且因雷管的刚性结构，这种异常现象不具备复原性，从而成为煤矿发生爆破异常的另一诱因。装在药卷中的雷管，借助于药卷的保护，抗冲击能力有所上升，但仍不能避免异常发生。

为避免雷管异常点火引爆瓦斯或煤尘，必须在井下爆破作业中推广使用煤矿许用电雷管。煤矿许用电雷管是允许在有可燃气或煤尘爆炸危险的煤矿井下使用的电雷管。常见的煤矿许用电雷管有煤矿许用纸壳瞬发电雷管、覆铜壳瞬发电雷管、毫秒延期电雷管和无起爆药电雷管。例如，对于毫秒延期雷管，由于其加入了硅铁（FeSi）作为还原剂和硫化锑（Sb_2S_3）作为缓燃剂，调整延期药的燃速，所以可实现雷管燃速稳定、达到延期时间精确控制。毫秒延期雷管从根本上解决了雷管爆炸安全性的问题，产气量小，燃烧温度低，火花时间维持在 130ms 以下，适用于井下安全爆破作业[41,42]。

3）发爆器

发爆器，即为起爆电源，可以分为发电机式和电容式两类，前者一般质量大，起爆能力小，现在很少采用。目前普遍采用的是电容式发爆器。在井下爆破工程中，发爆器的不正当使用常常导致雷管拒爆（瞎炮、盲炮），即正常点火起爆而雷管或炸药未爆的现象。例如，长期处于工作状态的发爆器，一方面其内的电池电压值降低，无法达到充电电压，会造成网路中的雷管全部或部分拒爆。另一方面，由于其电容容量降低，可能导致在使用过程中氖灯提前启辉，使工人误认为已达额定激发电压。另外发爆器开关触点接触不良也会使发爆器的输出引燃能量降低，这些均会降低发爆器的起爆能力，导致拒爆[42-44]。

在有瓦斯、煤尘爆炸危险矿井中的爆破作业，必须使用矿用防爆型电容式发爆器。当使用结束时，必须将发爆器开关调至“放电”位置，消耗剩余电能，以免下次接线操作时电容器放电发生事故，此外，严禁用发爆器打火放电检测电爆网路是否导通。1973 年 3 月 4 日，甘肃大水头煤矿发生瓦斯爆炸死亡 47 人，事故原因正是使用发爆器短路法检查母线是否断线时，母线放出电火花点燃瓦斯。

4）爆破网络连接“失通”

井下爆破作业中的爆破网络连接，是指爆破母线与各辅助母线及雷管间的连接方式，主要包括串联连接、并联连接和混合联连接方式。

在井巷爆破时，通常全断面一次起爆的雷管为数十发，为使雷管全部准爆，必须合理选择电爆网路中雷管的连线方式，保证每发雷管在网路未断电前都能获得足够的准爆电流和起爆能，以避免发生雷管拒爆现象，从而造成潜在点火源。因此，在瓦斯、煤尘矿井中进行爆破作业时，为确保安全，必须采用串联网路。串联网路中，通过每个雷管的电流相同，便于检查总电路的导通情况，同时，该网络连接方式所需的电源负载能力小，导线消耗少，是安全性和稳定性较好的连接方式[45,46]。

5）动压钝化

井下爆破作业中的动压钝化是指在分次爆破时，工作面先爆炮孔的爆炸效应使邻近炮孔炸药在引爆前受动压作用而感度（即起爆的难易程度）降低的现象，常易导致炸药爆速降低、拒爆等爆破异常事故，从而导致爆炸反应时间延长而达到引燃瓦斯的条件[47,48]。邻近炮孔的最小抵抗线太小，过装药和延期爆破等都易造成动压钝化现象。

4.2.3　摩擦撞击点火

表面粗糙且坚硬的物体相互撞击或摩擦时，往往会产生火花或火星，这种火花实质上是撞击和摩擦产生的高温发光的炽热颗粒。人类很早便认识和使用了摩擦生热的原理。《韩非子·五蠹》记载燧人氏钻木取火，直至中华人民共和国成立前我们应用火镰取火，现在使用的装有打火石的火机，都是利用摩擦生热以及金属材料摩擦产生火花的原理。因为摩擦、撞击使物体表面在很短的时间内，产生变形、磨损，并伴随着能量的转化，摩擦做功将机械能转化为内能，使得摩擦表面温度急剧升高或者使表面脱落的微小颗粒被加热到熔融状态[49,50]。

在煤矿生产过程中，撞击、摩擦现象普遍存在，如金属器械之间，采掘截齿与岩石、垮落岩石与金属器械（如铁轨、支架）、垮落岩石与底板岩石、垮落岩石与已垮落岩石之间，垮落岩石之间的撞击、摩擦等，特别是当煤岩动力（顶板来压、冲击矿压、煤与瓦斯突出等）显现时，聚集在煤岩体中的能量突然释放而使得煤岩之间或者煤岩与周围物体发生剧烈的撞击、摩擦并产生火花或火星，炽热的火花颗粒在很短的时间内释放出大量的热量，足以把颗粒附近的瓦斯气体混合物薄层加热到点燃温度[51]。另外输送机胶带与滚筒之间的摩擦起热可能引燃胶带，发生矿井火灾。据作者统计，在 1949～2016 年发生的 20 起特大和 2000～2016 年的 25 起重大由摩擦撞击点火源引发的热动力灾害中，材料及岩石的摩擦组合及比例情况如图 4.24 所示。从上述事故案例和统计数据看，煤矿井下物体间的摩擦撞击引爆瓦斯或引发火灾是比较常见的，给矿井的安全高效开采以及矿井作业人员的生命安全带来了严重的危害。

4.2.3.1　岩石间摩擦撞击

岩石撞击摩擦，特别是采空区坚硬顶板大面积垮落时破断岩块间的瞬时剧烈碰撞摩擦，会在其接触面上形成高温热条痕，同时由于接触面的磨损或岩石矿物的高温熔融而产生沿接触面切线方向飞射的炽热颗粒（火花）。从形状上看，高温热条痕属于面点火源，而炽热颗粒为点点火源。在条件适宜的情况下，当可燃瓦斯-空气混合气体与高温热条痕或者炽热颗粒接触一定时间后可能会被引燃，导使瓦斯热动力灾害的发生[50]。对于采煤方法落后、回采率低的矿井，由于采空区丢煤多，悬顶区内瓦斯积聚严重，当悬顶区老顶大面积垮落时，采空区瓦斯燃烧爆炸事故频频发生。岩石间摩擦撞击对于预混瓦斯的点火特性，主要受到岩石岩性以及摩擦过程物理学参量的影响。

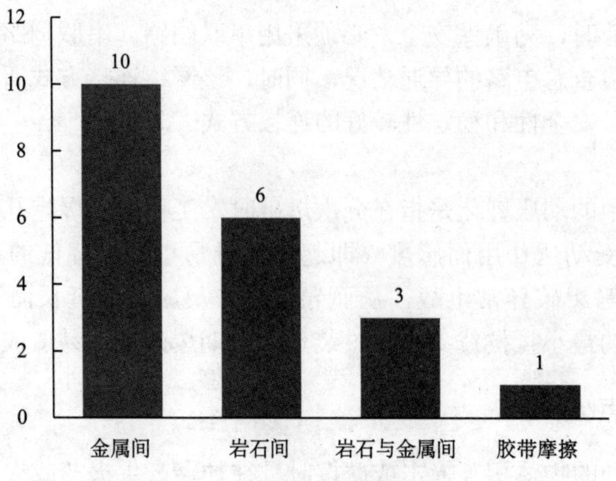

(a) 1949~2016年煤矿特大热动力灾害事故

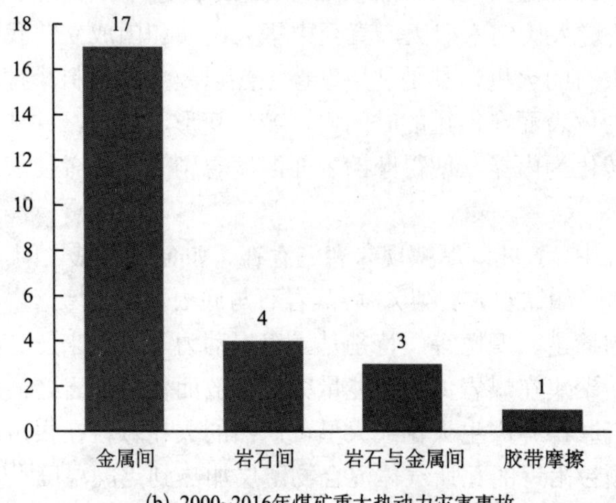

(b) 2000~2016年煤矿重大热动力灾害事故

图 4.24　摩擦撞击点火源分类比例图

1. 岩石岩性的影响

岩性是一种岩石的分类名称，用来表征岩石的矿物组分、结构、构造等特征属性，不同的岩性决定了岩石的摩擦系数等物理性质，从而影响岩石摩擦升温值的大小。1978年，英国采矿研究院（Mine Research and Development Establishment, MRDE）对致密硅岩、砂岩、细粉砂岩、粗粉砂岩、泥岩和泥铁矿六种岩石进行试验，得出岩石之间摩擦引燃瓦斯的主要影响因素是岩石中的石英含量的结论[51]。

石英晶体是典型的压电材料，受压时会产生压电效应。压电效应是指压电材料在压力作用下将产生与压力成正比的电荷量。正常状态下石英晶体中电偶极矩为零，晶体表面不带电，当在机械作用（应力与应变）下发生形变时，晶体正负电荷中心发生相对位移，产生极化现象，从而导致石英晶体两端表面内出现正、负相反的束缚电荷，面电荷密度与作用力大小之间呈线性关系，并可写成：

$$q = d \cdot F$$

式中，d 是压电模数，其表征着压电电荷与作用力间的定量关系，石英晶体的压电模数变化范围为 6.23×10^{-8}～6.8×10^{-8}。

岩石本身并非压电材料，其压电性取决于其中石英颗粒的百分含量及定向排列的有序度，石英颗粒含量越大，排列定向性越强，则岩石的压电效应越显著。当岩石发生摩擦或撞击时，岩石中的石英颗粒可能通过压电效应在作用面产生电荷并形成电场，引起局部放电产生电火花，为预混瓦斯气体的点燃提供条件。

国内学者许家林等[52,53]也曾开展了不同石英含量和内部结构的泥岩、细-中砂岩、中砂岩、粗砂岩、含砾粗砂岩的摩擦升温特性的实验研究，结果如表 4.11 所示，在保持摩擦物理学参量均相同的情况下，岩石摩擦接触面温度升高值与岩石中的石英含量基本成正比关系，且石英颗粒越粗，摩擦放热效应越显著，这与国内外众多学者的研究结论相一致。

表 4.11　不同岩性岩石与粗砂岩摩擦的升温特性[53]

岩性	石英含量/%	摩擦组合	接触压力/N	摩擦速度/（m/s）	摩擦时间/s	平均升温/℃	最大升温/℃
泥岩	0	与粗砂岩	120	3	20	42.78	66.25
细-中砂岩	16	与粗砂岩	120	3	20	61.47	89.86
中砂岩	27	与粗砂岩	120	3	20	64.28	92.36
粗砂岩	40	与粗砂岩	120	3	20	78.96	108.95
含砾粗砂岩	48	与粗砂岩	120	3	20	84.19	119.87

1991 年，澳大利亚学者 Ward 等[54]通过落锤实验结合红外测温技术，研究得出岩石摩擦生热与岩石中坚硬组分，例如石英、岩屑和长石的含量有着密切的关系，而云母、黏土和碳酸盐等较软组分在摩擦过程中产生的热量有限，且会抑制摩擦点火过程。图 4.25 所示为 Ward 得到的岩石摩擦点火能力与岩石组分间的关系图[54]。从图中可以看出，低黏土和碳酸盐含量的砾岩、岩屑砂岩以及石英砂岩、硅质石英凝灰岩，经过硫铁矿或者硅质侵入的煤岩摩擦时点火能力最大。产生上述结果的原因是岩石摩擦过程中的摩擦热主要产生在没有显著磨损破坏的地方，同时岩石的低导热性意味着热量难以消散，易于积聚在摩擦表面，难以磨损的坚硬表面就为热量的积聚提供了时间和空间上的有利条件。

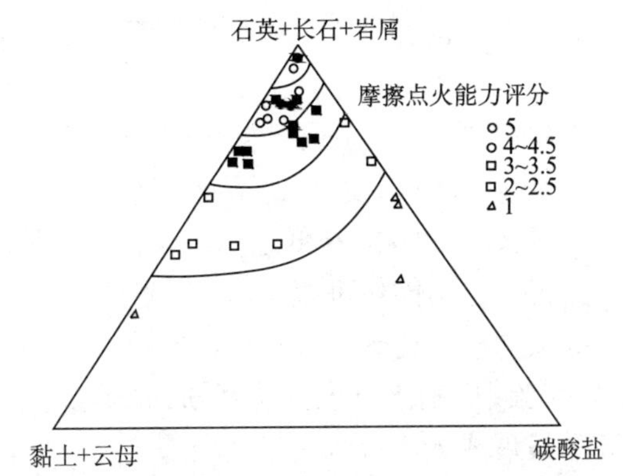

图 4.25　岩石摩擦点火能力与岩石组分间的关系图[54]

2. 摩擦物理学参量的影响

岩石碰撞摩擦的点火能力还取决于摩擦角度、摩擦速度、接触压力、接触面积等物理学参量。

1）摩擦角度

在岩石碰撞摩擦过程中，撞击表面升温幅度随着撞击角度的增大先升高后降低，产生这种现象的原因是随着撞击角度的增大，岩石表面能量的积聚由单一的撞击转化为撞击和摩擦双重作用，然而随着撞击角度的继续增大，岩石间的瞬间接触压力会减小，撞击和摩擦升温作用都减弱。有实验研究表明，当撞击角度大于 20°后，单位质量升温值随撞击角度的变化而变化较快，撞击瞬间岩石撞击点或飞溅的岩石破碎体温度达到的最大值可达 200～250℃[55]。另一方面，在采用等能量模拟的方式弹射岩样使其和爆炸槽内固定的岩柱碰撞来模拟顶板垮落岩石相互撞击引燃引爆采空区瓦斯实验的过程中，纵然将弹射能量置于模拟量的最大值（1960J，相当于 196kg 的岩石在垮落高度为 1m 时的撞击能量），岩石之间正面撞击，20 次撞击实验中都未能引燃瓦斯[50]。由此可知，岩石撞击过程中摩擦引起的升温值要比单纯的正面撞击引起的升温值高，即采空区顶板岩石冒落撞击过程中的摩擦火花更易引起瓦斯燃烧或爆炸。

2）摩擦速度

澳大利亚联邦科学与工业研究组织（Commonwealth Scientific and Industrial Research Organization, CSIRO）和日本煤炭研究中心（Coal Mining Research Center of Japan, CMRCJ）合作研究提出，在煤矿实际开采条件下，顶板岩块在突然破断下落时，该岩块的破断边缘以一定速度相对于其毗邻的岩块下滑，下滑过程中两岩块相互挤压摩擦使接触边缘温度升高到足以引燃瓦斯的温度，并且引燃、引爆时间随着破断岩块荷重的增加而减小。CSIRO 安全试验站研究认为，一般顶板岩石冒落以 5～12m/s 的速度撞击摩擦会引起瓦斯燃烧或爆炸[56]。此外，波兰采矿研究总院（GŁÓWNY INSTYTUT GÓRNICTWA, GIG）巴尔巴研究所，曾对波兰矿井采空区冒落岩石之间相互碰撞摩擦引燃、引爆瓦斯事故做了系统的研究。经大量试验得出：岩石下落冲击在旋转的砂轮上（切向速度为 8.3m/s）时，摩擦火花点燃瓦斯的概率为 0.4，即转化为煤矿现场开采过程中时，若煤层厚度为 3m 或以上时，顶板冒落岩石间的冲击摩擦可能引燃、引爆采空区积存的处于可燃极限范围内的瓦斯[57]；Ward 曾测得在摩擦速度为 2.2m/s 和 5.1m/s 时，石英砂岩摩擦接触部位在受力 600N 时的温度为 1100℃和 1550℃[58]。

当砂岩间以较低速度摩擦时纵然可以产生火花，但火花呈红黄色，强度弱，温度低，持续时间短，摩擦接触面的温度也较低，达不到瓦斯燃烧（爆炸）需要的最低温度条件，如图 4.26 所示。从表 4.12 所列数据可知，在低速摩擦条件下，即使选择升温最为明显的含砾粗砂岩与粗砂岩相互摩擦，也不能使可燃（爆）极限内的瓦斯燃烧（爆炸），而在高速摩擦情况下，可以产生持续的橘黄色簇状火花流，如图 4.27 所示。在砂岩高速摩擦形式下进行的 10 次瓦斯引燃实验中，有 8 次发生了瓦斯的燃烧或爆炸，表明岩石摩擦速度越大，则其产生放热火花并发展成为点火源引发瓦斯爆炸的可能性越大。

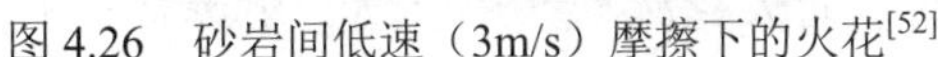

图 4.26 砂岩间低速（3m/s）摩擦下的火花[52]

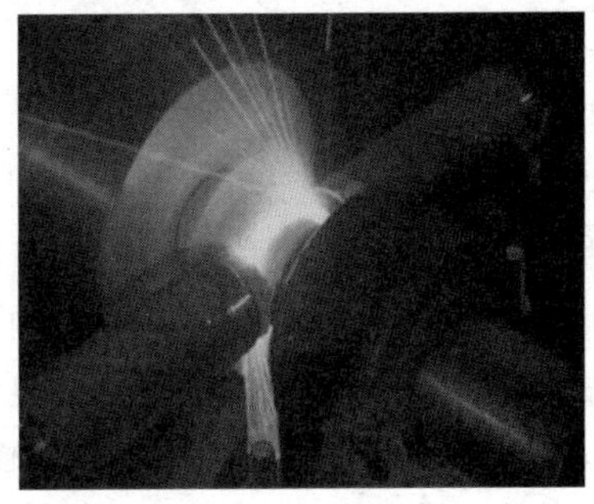

图 4.27 砂岩间高速（10m/s）摩擦下的火花[52]

表 4.12 不同岩石组合摩擦引燃（爆）瓦斯次数[52]

相互摩擦岩石	摩擦速度/（m/s）	瓦斯浓度/%	接触压力/N	摩擦时间/s	实验次数	燃烧（爆炸）次数
粗砂岩与粗砂岩	3	5～16	120.0～150.0	10～988	10	0
含砾粗砂岩与粗砂岩	3	5～16	120.0～150.0	10～988	10	0
泥岩与粗砂岩	10	5～16	171.0～228.0	9～60	10	0
泥岩与含砾粗砂岩	10	5～16	171.0～228.0	9～60	10	0
粗砂岩与粗砂岩	10	5～16	171.0～228.0	6～32	10	7
含砾粗砂岩与粗砂岩	10	5～16	171.0～228.0	6～32	10	8

3）接触压力与接触面积

此外，岩石摩擦能否引燃瓦斯，与摩擦接触面积和接触压力有很大关系，如表 4.13 所示。接触面积过大，接触压力过小，则热面积增大，热量散失增大，表面升温幅度下降，从而使火花流的温度不能点燃瓦斯；接触面积过小，接触压力过大，会使热面磨损速度急剧加快，热量难以在表面积聚，热条痕存在时间过短，从而也不能点燃瓦斯[59]。

表 4.13 岩石摩擦接触面积和接触压力对引燃（爆）瓦斯的影响[59]

瓦斯浓度/%	接触面积/cm^2	接触压力/MPa	结果
9～10	4.00	0.35	橘黄色火花流
9～10	4.06	0.46	橘黄色火花流
9～10	2.40	0.98	发生爆炸
9～10	1.42	1.04	发生爆炸
9～10	0.5	2.51	橘黄色火花流

综上所述，影响岩石摩擦撞击火花引燃引爆瓦斯的因素主要有岩石本身特性（较硬的石英砂岩和含硫铁矿的岩石容易撞击摩擦起火）、石英颗粒粒径、相对摩擦速度和接触压力及接触面积。单纯的岩石正面撞击接触点或飞溅物的温度较低，一般不超过 250℃，较难引燃瓦斯，且并不是只要产生撞击或摩擦火花就能引燃（爆）瓦斯，只有通过岩石间撞击摩擦在一定的条件下产生的连续火花和摩擦产生的高温接触面或热条痕的共同作用才能引燃瓦斯。

在煤矿井下实际条件下，煤炭采出后悬露的顶板在没有破断之前受上覆载荷作用处于弹性变形状态，蓄存了大量的弹性势能和重力势能，一旦超出承受极限，顶板开始破断，势能快速释放，破断岩块，特别是石英含量高的砂岩顶板破断岩块之间相互撞击摩擦，形成炽热表面热痕和连续的火花流，当采空区积聚的瓦斯浓度在可燃（爆）极限之内时，炽热表面热痕对经过其表面的瓦斯流进行预热，然后预热的瓦斯由连续火花流引燃（爆），从而使得采空区的预混瓦斯燃烧或者爆炸。特别是在基本顶初次来压和周期来压期间，由于基本顶破断回转过程中的错动摩擦或者滑动失稳过程中的滑动摩擦，产生热量，岩石的接触面温度急剧升高，并产生连续的火花流，这是引燃、引爆瓦斯的关键时段。工作面基本顶来压呈现得越强烈，岩块摩擦热痕和摩擦火花引燃瓦斯的可能性越大。

3. 神华宁夏煤业集团汝箕沟煤矿“6 · 4”瓦斯燃烧事故[60]

1）发火经过

2011 年 6 月 4 日 6 时 20 分，汝箕沟煤矿 32213_1 综采工作面在采煤机返机至 62#支架处时，工作面 76#支架后尾梁上方发现明火。

2）点火源分析

（1）开切眼上部后方 2-1#煤层火点引燃瓦斯的可能性。如图 4.28 所示，在工作面开切眼上部后方 2-1#煤层存在 8620 及 32210 高温火点，此火点是汝箕沟煤矿经历过的火点，由于受地面打钻条件的限制，该火未被扑灭。其中 8620 火点离 32213_1 工作面开切眼上部仅 100m 左右，工作面第 1 次发火，就是由于此高温火点引起的。

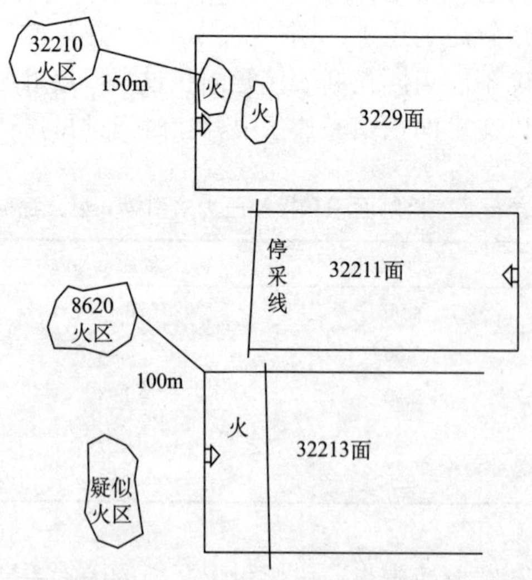

图 4.28　工作面与上部火区位置图

（2）采煤机割煤引燃瓦斯的可能性。32213_1 综采面工作面 76#支架后尾梁后方发现明火前 1 个小时内，工作面采煤机处于自机头至 69#支架段的返机和停机阶段，在此时间内现场跟班队长、班长、安检员、通风跟班干部、采煤机前后滚筒司机均没有发现采煤机滚筒产生火花，且工作面采煤机喷雾、采煤机另外加设的高效喷雾和支架喷雾均使用正常，喷雾效果较好，所以可以排除采煤机截齿摩擦撞击引燃瓦斯的可能。

（3）顶板摩擦火花引起瓦斯燃烧的可能性。①工作面岩石垮落后从架后喷出瓦斯火。2011 年 6 月 4 日 6 时 20 分，在工作面没有割煤和拉架的情况下，工作面作业人员听见采空区有岩石垮落下顶的声音，随后就发现 76#支架后尾梁喷出瓦斯火苗。说明瓦斯燃烧的火点来自采空区岩石垮落摩擦产生的火花。②工作面周期来压情况。32213_1 工作面自 2011 年 3 月 10 日复采以来，以第二岩梁的断裂为周期来压结束标志，工作面已经历过 5 次周期来压。通过对前 5 次周期来压数据进行分析，以第二岩梁为基准衡量的周期来压步距为 20～39.9m，平均来压步距 28.7m，第四与第五次来压平均步距为 25.5m。6 月 4 日工作面进尺，距 5 月 23 日第五次周期来压结束，机巷又推进了 21.7m，风巷又推进了 26.5m；此时，风巷距开切眼推进 237m，机巷距开切眼推进 222m，推进距离已接近工作面长度 257m。根据顶板运动“见方”理论，当工作面推进距离与工作面长度接近时，老顶运动及运动产生的岩层错动会比较强烈。从来压步距上分析，可以考虑工作面已接近第六次周期来压范围。③工作面与 2-1#煤煤柱位置关系。自 5 月下旬开始，工作面下部 1#～40#支架开始逐步推离 2-1#煤 825 和 860 工作面间保护煤柱，至 6 月 4 日，已推离煤柱 25m 左右。通常情况下周期来压岩层以弯拉破坏为主，但当采场覆岩上方存在煤柱时，在煤柱支承应力及上部工作面底板岩层支撑力作用下，工作面顶板岩层整体形成剪切破坏，这一现象可从工作面 1#～40#支架工作阻力变化情况得到充分验证。从 6 月 2 日开始，工作面下部 33#～73#支架工作阻力出现增大趋势，6 月 3 日 20 点，该范围支架工作阻力明显增高，说明该时间段内，工作面下部区域顶板出现了剪切断裂活动，这一断裂活动诱发了工作面的周期来压。

工作面推离顶板煤柱区时，顶板岩层在煤柱集中应力和底板支撑力双向作用下，极有可能由原有弯拉破坏演化为剪切破坏，造成顶板岩层同步断裂，其示意如图 4.29 所示。

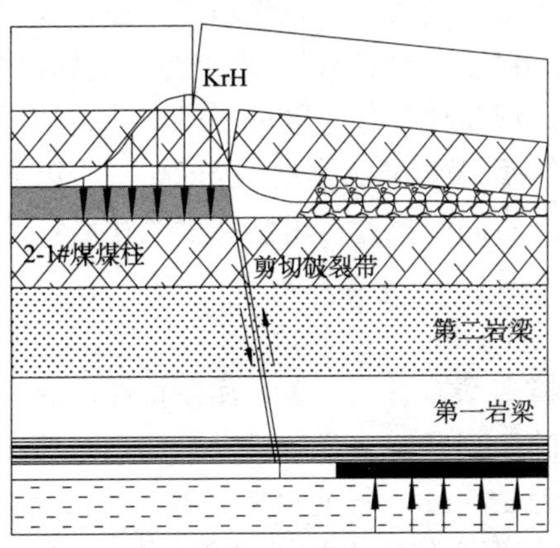

图 4.29　采场上覆岩层剪切破断示意图

自 6 月 2 日开始，老顶剪切破裂带开始形成；6 月 3 日剪切破裂活动开始增强，摩擦加剧。根据矿压资料分析，6 月 3 日 20：00～6 月 4 日 5：00，是剪断破裂活动频繁时期。此时，煤柱因素及“见方”阶段造成剪断破坏最为强烈。

工作面岩石剪切破坏摩擦生热、温度升高是普遍现象，坚硬岩层如石英砂岩发生剪切破坏的摩擦升温更甚。由于顶板石英砂岩剪切错动摩擦生热，并且产生连续的由炽热颗粒组成的火花流，加之形成的裂隙带空间有限、通风不畅，热量积聚而产生的高温岩粉及裂隙形成的高温瓦斯通道给工作面的发火提供了火源基础。

综上所述，此次工作面发火的原因应为工作面采空区顶板岩石垮落过程中摩擦产生火花，引起瓦斯燃烧所致。

4.2.3.2　岩石与金属摩擦撞击

在煤矿井下生产过程中，金属器具和岩石发生摩擦撞击而产生火花的种类有很多，如采掘工作面的采掘机械截齿切割煤岩产生的火花；掘进迎头风镐、钢钎与岩石摩擦撞击产生的火花；井下工人用镐、钎、铁锹掏挖孔槽和装卸岩石等撞击产生的火花以及顶板岩石冒落与支架等金属器具碰撞产生的火花；采掘工作面进行爆破作业或冒顶产生冲击时，可能使金属杂物、破碎岩块、黄铁矿结核等以很高的速度撞击金属支柱或设备，形成高速冲击火花等。

岩石与金属相互间摩擦撞击的火花能量的大小是随着二者摩擦撞击的剧烈程度而变化的。有关研究人员对金属与岩石摩擦撞击产生火花的机理过程研究结果表明：在金属与岩石撞击或相互剧烈摩擦的部分形成灼热层，导致熔化的颗粒沿着二者相对旋转或飞散的轨迹飞溅，颗粒在离切削表面 10～30cm 处最先产生火花，这时其切削面的表面温度往往能达到或超过 1400℃，足以致使瓦斯被点燃或引爆[61]。据报道，1982 年 1 月，加拿大某矿采煤工作面采用滚筒式机组采煤，其滚筒截齿截入岩石产生摩擦撞击火花引起瓦斯爆炸，造成多人伤亡事故。我国煤矿机械或器具与岩石摩擦撞击产生火花引发事故也频频发生，例如 1982 年 10 月 2 日，山东省某局某矿四采区二层胶带输送机运输上山掘进头，因停工停风 2 个月，造成瓦斯积聚超限，在恢复掘进排放瓦斯时发生瓦斯爆炸事故，死亡 13 人。根据事故调查报告，其点火源是金属镐撞击岩石产生火花引起的。

在采掘工作面等瓦斯、煤尘爆炸危险区域，机械截齿与煤岩的摩擦碰撞无时无刻不在发生，属于最为典型的金属-岩石摩擦类型，因此作者将以截齿与岩石之间撞击摩擦的点火特性为例分析金属与岩石间摩擦撞击引燃（爆）瓦斯特性。

1. 点火源形成过程

针对截齿与岩石间的撞击摩擦引燃（爆）瓦斯特性，国外如英国、美国等产煤发达国家建立了大型机床组成的切割摩擦装置，研究了切割摩擦产生火源的过程。英国学者曾对砂岩（主要颗粒尺寸为 250μm，石英含量 70%）做截齿切割实验，切割速度 3m/s，截深 13mm，所用瓦斯-空气混合气体中瓦斯浓度为 7%。实验得出：燃烧发生在截齿后面的灼热带上，并位于截齿后方一段距离处，在截齿后方温度超过 1400K 的灼热带长度可达到 100mm，足以引燃瓦斯[62]。研究认为截齿与岩石间的撞击摩擦产生点火源的过程为：采掘机械截齿的切割磨损面与砂岩之间发生摩擦，使接触面温度急速上升到两材料中较低一方的熔点；熔融的材料或遗留在砂岩表面的切痕，形成炽热斑，炽热斑通过导热、对流、热辐射等方式与环境进行热交换。当炽热斑具有一定的温度、存在时间及表面积，就会使预混瓦斯气体着火，甚而引起爆炸。在实际切割过程中，截齿通过压、剪、拉等综合作用破碎岩石，同时截齿底端面与岩石接触并发生剧烈摩擦，接触面温度急剧上升并达到截齿材料或被切割岩石的熔点，截齿发生磨损，并形成位于截齿后方遗留在岩石切槽表面上的高温炽热切屑，即点火源。

2. 影响因素

截齿与岩石之间的撞击摩擦引燃瓦斯概率主要取决于被切割岩石岩性（切割煤体不至于引燃瓦斯）、截齿速度和截齿的磨损程度。澳大利亚联邦科学与工业研究组织（CSIRO）对石英含有率约为40%～45%的岩石分别用新截齿和钝截齿切割，在切割速度为 1.7m/s、切割深度为 11mm 时，新截齿最高温度为 235℃，钝截齿最高温度为 353℃，相比之下，钝截齿在与相同岩石在相同条件下发生摩擦时产生的温度更高，这与在使用过程中截齿的损耗导致其摩擦阻力系数增大有关[63]。图 4.30 中显示了截齿类型和切割速度对摩擦引燃瓦斯概率的影响。可以看出，在切割速度相同的情况下，相对于新截齿，磨损齿更易于引燃瓦斯；另一方面，对于同一种截齿的情况，切割速度越快，瓦斯被引燃的概率越大。

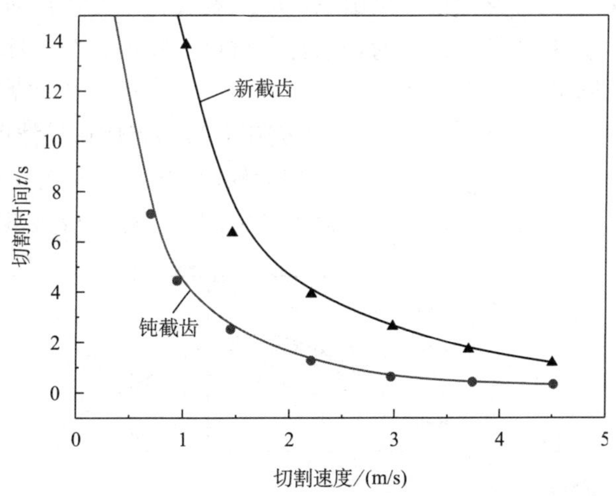

图 4.30　不同的切割速度在引燃瓦斯概率为 50%时所需要的切割时间[63]

4.2.3.3　金属间摩擦撞击

随着煤矿机械化程度的不断提高，轻合金（如铝合金、镁合金、钛合金）在井下的应用越来越广，如支柱、风机叶轮等。这些轻合金与其他金属碰撞、摩擦时，容易产生具备点燃甲烷能力的摩擦碰撞火花，在煤矿井下生产中成为一种潜在的火源。

1. 点火源形成过程

针对金属间摩擦撞击的火花产生机理，被国内外广泛认同的是高热剂混合物理论，该理论认为，轻合金金属与生锈的钢相撞击，钢表面能形成一层极薄的轻合金金属涂抹层，轻合金金属涂抹层与破碎的生锈的钢形成一层高热剂混合物。在撞击、冲击或滑动摩擦过程中，撞击、冲击或摩擦所产生的热使高热剂混合物燃烧，发生铝热反应。燃烧着的轻合金金属涂抹层的颗粒被抛入瓦斯-空气混合物中，使瓦斯-空气混合气体着火燃烧。例如，铝与金属铁产生撞击摩擦时，产生的铝颗粒不仅与空气中氧发生氧化反应，并且和铁锈发生铝热反应，整个反应都为放热反应，撞击摩擦表面温度快速升高，温度达到铝的熔点时（932K），铝首先被点燃，温度达到氧化铝的熔点时（2327K），氧化层熔化，并以炽热颗粒（火花）的形式向外溅射，从而形成点火源[64]。

2. 影响因素

金属间摩擦撞击产生火花引燃瓦斯的概率主要取决于撞击金属种类、撞击角度、撞击能量等因素。1994 年日本学者 Takeshi Komai 曾研究了不同金属材料组合摩擦时对甲烷-空气混合物的点燃概率，如图 4.31 所示，在撞击角度、撞击能量等条件相同的情况下，可以看出钢与金刚砂之间的摩擦对瓦斯的点燃能力最大，紧随其后的便是铝合金与生锈铁之间的摩擦，而这些摩擦撞击现象在煤矿井下生产过程中都十分常见[65]。例如，1988 年 2 月 16 日，东煤公司某局某矿胶带机巷道，因局部通风不好，造成瓦斯积聚，又因输送机机头电动机风扇摩擦撞击风扇罩产生高温火花，发生瓦斯爆炸事故。事故后经现场调查电动机风扇叶片及叶轮均为轻铝合金材料，其中 6 个叶片有 2 个因摩擦撞击而折断，且与风扇罩有明显的擦伤痕迹。根据试验证实：铝及其合金在与锈蚀铁摩擦撞击时，其叶轮线速度达到 10.5m/s 时，将产生火花并极易点燃甲烷浓度在 6.5%～8.5%的甲烷-空气混合物。而当时该矿胶带电动机风扇运转时，风扇叶片的线速度已达到 24m/s，因此确认输送机电动机风扇与风扇罩摩擦撞击产生的火花是造成该事故的点火源。

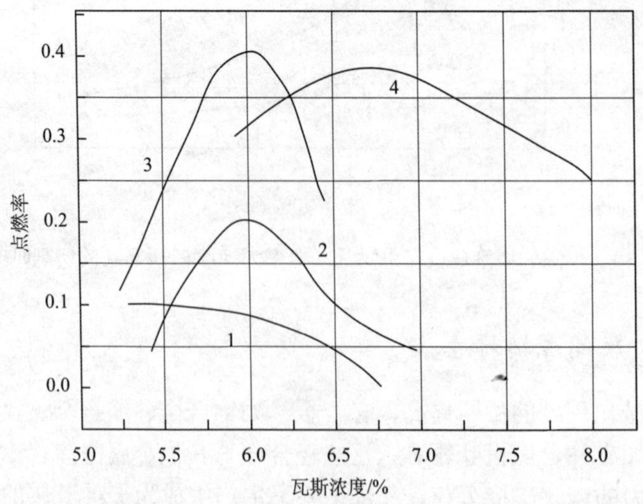

图 4.31　材料碰撞时摩擦火花点燃甲烷-空气混合物的点燃率与甲烷浓度的关系[65]

1. 钢与黄铁矿；2. 钢与钢；3. 钢与金刚砂；4. 铝合金与生锈铁

此外，为了进一步研究撞击角度和撞击能量对瓦斯点燃概率的影响，英国学者曾开展过这样的实验[66]：将常用的 Al-Si 型轻合金加工成直径 60mm、长 50mm 的圆柱形试样，并安装到钢制重锤上，跌落重锤与生锈的钢板进行撞击摩擦，通过设置重锤的高度改变冲击能量和冲击角度的大小，从而观察金属间的冲撞摩擦对可燃瓦斯-空气预混气体的引燃特性。实验中从红外线测温图像解析装置的测定结果可知，火花开始飞散时的温度在 1600～1800℃的范围内，火花的持续时间（从飞散到炽热消失的时间）为 0.01～0.02s。这些冲击摩擦火花来源于冲击摩擦时试样材料的一部分剥离，并在摩擦热的作用下形成的高温粒子。实验中还研究了在不同的撞击角度、落锤高度、落锤质量情况下撞击摩擦火花对可燃瓦斯-空气预混气体的点燃率。如图 4.32 所示，在冲击角度为 45°的条件下点燃率最大，随着冲击角度偏离 45°，点燃率相应减小，这是因为冲击角度在 45°的情况下，冲击摩擦时的做功量最大的缘故，因此，在冲击角度为 45°时所产生的冲击摩擦火花的引燃概率最高；另一方面，图 4.33 显示了不同冲击能量下对应的瓦斯点燃概率，可以看出，当冲击能量超过 20J 时，有引燃性火花产生，当冲击能量达到 32J 时，点燃率接近 20%，冲击能量达到 40J 时，点燃率可达 50%。

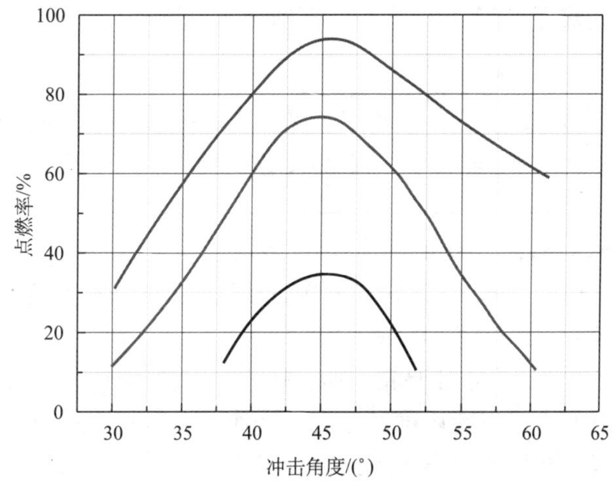

图 4.32　冲击角度与点燃率的关系[66]

综上所述，轻合金与其他金属器械间的摩擦碰撞极易产生火花并足以引燃或引爆预混瓦斯气体。2011 年 10 月 16 日，陕西田玉煤矿生产过程中耙斗机钢丝绳与绞车铝质外壳摩擦产生火花，引爆积聚瓦斯，事故造成 11 人死亡。为最大限度地避免该类火花出现，可采用喷涂方法在铝合金表面涂上锌层作为保护层，该保护层可以在轻合金表面形成一层致密的氧化膜，避免与其他金属表面发生快速撞击时发生铝热反应而产生火花。此外，还可以采用环氧树脂结构涂料来避免铝合金与钢碰撞摩擦时产生火花引燃瓦斯。

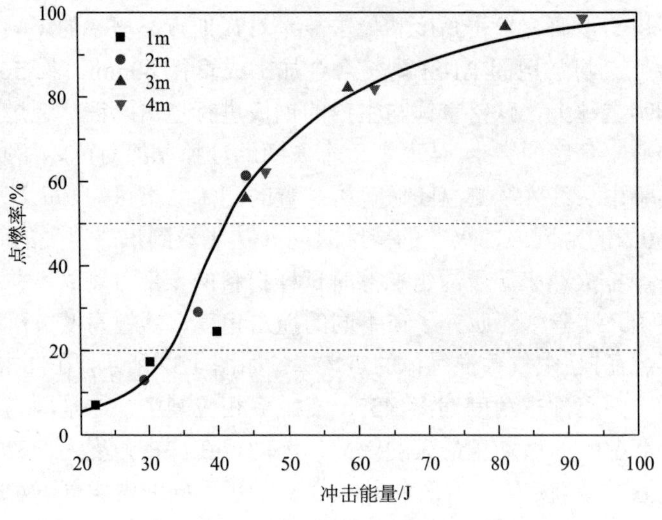

图 4.33　冲击能量与点燃率的关系[66]

3. 山西阳泉煤业集团寺家庄矿“1·7”瓦斯爆炸事故[74]

1）事故概况

2013 年 1 月 7 日 15 时 5 分，山西阳泉煤业集团晋东公司寺家庄煤业 15112 工作面内错尾巷发生一起较大瓦斯爆炸事故，事故共造成 7 人死亡。

2）事故经过

1 月 7 日 8 点班，15112 工作面共出勤 35 人，其中掘进二队 30 人，通风队 5 人。

当班施工状况：掘进二队 10 人在切巷掘进施工，5 人在探巷施工，其余 15 人为辅助作业工。通风队 5 人在 10#横贯闭墙处抹面。

1 月 7 日 15：05，切巷内正在打锚索眼，探巷正在打锚杆，10#横贯闭墙处正在抹面堵漏。突然切巷上方的内错尾巷内部发生瓦斯爆炸，内错尾巷封闭区两端及 7#～11#横贯内的闭墙全部被爆炸产生的冲击波摧毁，10#横贯处闭墙料石被抛出，将通风队 5 名工人和途经此处的掘进二队 1 名工人埋压，同时冲击波激起的硬物击中切巷溜煤岗位工后脑致其死亡。事故共导致 7 名矿工遇难，其他人员全部安全升井。事故巷道布置情况如图 4.34 所示。

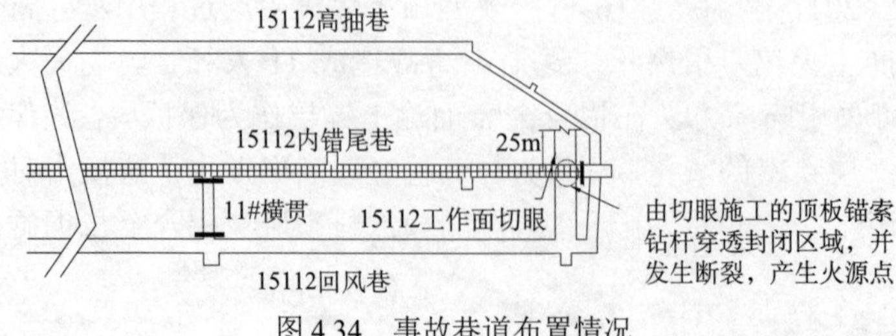

图 4.34　事故巷道布置情况

3）点火源分析

经调查认定引爆瓦斯的点火源为在切眼内施工的顶板锚索钻杆在内错尾巷内断裂产

生的摩擦火花，主要依据如下：

（1）事故发生时，切巷已向前掘进 25m，掘进头正处于内错尾巷正下方，根据 15112 切巷工作面锚索钻机摆放情况判断（图 4.35），掘进二队正在向顶板内错尾巷方向施工锚索眼。

图 4.35　15112 切巷工作面锚索钻机摆放情况

（2）据实地勘察，锚索钻杆穿透岩层（5m）并进入内错尾巷，第 7、8 两根钻杆连接部位在内错尾巷内左帮超挖处出露，并在距巷道顶板 0.7m 处发生断裂，断距 0.215m（图 4.36）。

图 4.36　15112 内错尾巷帮部锚索钻杆断裂位置

（3）根据 15112 内错尾巷内钻杆断头位置截面磨损情况（图 4.37）判断，事故发生前，第 7、8 两根钻杆连接部位受到剪切应力作用而发生断裂，断裂过程中金属钻杆互相摩擦产生火花引爆瓦斯。

图 4.37 15112 内错尾巷钻杆断头位置磨损情况

4）结论

根据现场勘查，由于对内错尾巷与工作面回风巷之间的横贯进行了封闭，内错尾巷底板底裂隙、探煤孔及抽放孔释放的瓦斯在内错巷内发生了积聚，瓦斯浓度升高。在切巷施工顶板锚索钻机的钻杆穿透封闭区，钻杆接头拧断、金属钻杆互相摩擦，产生高温火花，最终引爆了封闭区域内高浓度瓦斯。

4.2.3.4 胶带摩擦

可伸缩胶带输送机是煤矿生产中承担长距离、大运量运输任务的一种主要的运输设备。胶带输送机由胶带、驱动滚筒、从动滚筒、机架等部件组成。胶带输送机是靠胶带和驱动滚筒产生的摩擦力驱动的连续运输机械，由于胶带输送机在正常的生产过程中一直处于连续运行状态，加之煤矿井下环境复杂恶劣，使得胶带输送机出现打滑、超温、跑偏、纵撕等异常摩擦现象，导致胶带机机头或胶带局部出现高温区，若不能及时发现处理，极有可能发展成为点火源，引发火灾、爆炸事故[67]。我国煤矿随着开采机械化程度的提高，胶带输送机的使用量迅速增加，使得胶带摩擦引起的火灾事故不断发生，例如枣庄、峰峰、潞安、铁法、鸡西等矿区都发生过重大胶带火灾事故，造成 100 余人死亡，直接经济损失近千万元。2015 年 11 月 20 日，黑龙江杏花煤矿皮带道皮带跑偏摩擦着火，有毒有害气体沿风流进入 30#层左四采煤工作面，造成该工作面 22 名作业人员中毒窒息死亡。

胶带输送机运行过程中，因异常摩擦而发展成为潜在点火源的故障类型主要包括以下两类。

1. 胶带跑偏

胶带输送机胶带跑偏是最为常见的故障，在输送机正常运行中，胶带与托辊及滚筒摩擦运行，胶带纵向中心线与托辊组及滚筒的轴线基本垂直，胶带基本沿直线运行，当胶带横向受力不平衡时，就会偏离原来的中心线，即为胶带跑偏。

在实际生产中，产生跑偏的主要原因有驱动滚筒、从动滚筒、托辊组、机架等安装不正，使得托辊和滚筒的轴线与胶带的中心线不垂直，胶带两侧受力不平衡；胶带本身老化变质或质量问题，导致输送带两侧松紧不均匀；托辊组和滚筒表面圆度不够，使胶带受力不平衡。

2. 胶带打滑

胶带输送机是靠驱动滚筒与胶带之间产生摩擦力来实现运行的，胶带打滑的根本原因是胶带与滚筒的摩擦力不够，无法实现摩擦传动，这是由运行阻力增大导致摩擦力小于运行阻力，和摩擦系数变小导致摩擦力不足两个主要因素造成的。

在实际生产中，发生打滑的主要原因有超载、堵料、托辊组卡死不转造成运行阻力增大；胶带表面浸水、张紧系统故障造成张紧力不足，滚筒摩擦力减小发生打滑。打滑后温度迅速上升，时间过长容易点燃胶带，导致胶带冒烟起火，引发火灾等事故。

4.2.4　自热点火

4.2.4.1　煤炭自燃

在煤矿热动力灾害中，煤自燃有两层概念，其一煤自燃是矿井火灾中的内因火灾，其本身就是热动力灾害的一种灾害形式；其二煤自燃是引发其他灾害形式，例如瓦斯燃烧、瓦斯爆炸、煤尘爆炸发生的点火源。对于高瓦斯易自燃煤层的矿井，煤自燃的这种双重属性决定了瓦斯与火灾共生灾害的严重性。

煤自燃引发瓦斯爆炸的情形包括：①采空区或破碎煤岩体发生煤炭自燃引发采空区或局部区域积存的瓦斯燃烧或爆炸；②遗煤自燃出现明火后，从工作面喷出，烧坏支架，致使工作面风流阻力增大，风量减小，瓦斯积聚，达到爆炸范围时，明火引爆瓦斯；③采空区出现遗煤自燃，采取封闭治理过程中，因封闭过程会使风量逐渐减小，封闭区域内瓦斯积聚，达到爆炸范围内时，遗煤自燃高温点引发封闭区域内瓦斯爆炸。其中，采空区遗煤自燃并进一步点燃积存瓦斯引发燃烧或爆炸是最常见的灾害形式。

1. 煤自燃点火特性

1）降低瓦斯爆炸浓度上限和下限

当采空区发生遗煤自燃时，会产生大量火灾气体（以 CO、小分子碳氢化合物为主），产生的 CO 与采空区中的积存瓦斯混合，将大幅改变 CH_4 气体的爆炸界限，从而使混合气体的爆炸危险性大幅提高。图 4.38 所示为通过气体爆炸试验系统测得的不同混合比例下的 CH_4 与 CO 混合气体的爆炸浓度界限，观察可知，CO 与混合瓦斯气体爆炸浓度上、下限呈正相关性，混合气体爆炸浓度极限值随着 CO 含量的增加而增加，其中下限增加缓慢，而上限增加很快。因此，CH_4 气体中 CO 的含量越高，则混合气体的爆炸极限浓度范围越宽。此外，煤炭自燃产生的小分子烷烃、烯烃类气体与 CH_4 气体混合后，会大幅提高混合爆炸气体的爆炸威力。在矿井生产过程中，可通过采空区气体取样，利用色谱分析采空区混合气体成分中 CH_4 和 CO 占的百分比，并推断混合气体是否处于爆炸浓度范围内[68]。

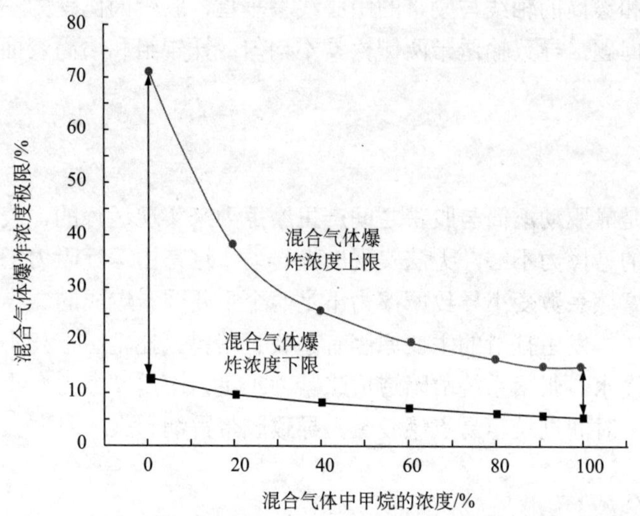

图 4.38　不同浓度下的 CH_4 和 CO 混合气体爆炸浓度极限[68]

其次，煤炭自燃过程中，随着环境温度的升高，甲烷-空气混合气体的爆炸下限会降低，当混合气体温度达到 400℃时，瓦斯的爆炸下限降至 4%。

2）促进瓦斯气体积聚

对于有一定倾角煤层的采空区，当发生煤炭自燃后，由于自燃区域温度升高将形成火风压，采空区 CH_4 和火灾气体形成的混合气体在火风压及温度场的共同作用下向回风侧上部区域积聚且温度逐渐升高，导致爆炸事故的发生。

2. 煤自燃点火条件

正常推进工作面的采空区，在风流的扩散和稀释作用下，采空区 CH_4 浓度外低里高，下部低上部高，根据瓦斯气体 5%～15%的爆炸界限，由里向外依次可分为高浓度不爆区、易爆浓度区、低浓度不爆区；另一方面，根据采空区煤自燃规律，采空区可以分为三带，即不自燃带、氧化带和窒息带，只有在氧化带内，由于垮落岩块逐渐压实，孔隙度降低，风阻增大，漏风强度减弱，遗煤氧化产生的热量不断聚积，并可能最终导致煤自燃的发生；而其他两带不存在自燃情况。因此，可推断存在一个适合的氧气浓度和瓦斯气体浓度区域，同时具备发生煤炭自燃与瓦斯爆炸的必要条件，以促使煤自燃成为点燃瓦斯并引起爆炸。

例如，陕西某矿 415 工作面煤层厚度平均为 10m，自燃倾向性为容易自燃，自然发火期 3～6 个月，最短发火期 24d，且属于高瓦斯突出矿井。在发生第 1 次瓦斯爆炸后，救护队通过 415 灌浆巷向密闭区域注惰气，在该过程中发生了第 2 次瓦斯爆炸，之后相继发生了 4 次瓦斯爆炸。这是由于自燃采空区注惰气防灭火时会出现活塞效应，导致已

自燃的采空区内 O_2 浓度场、CH_4 浓度场和温度场处于动态变化中，促进了场间交汇区的形成，如图 4.39 中点 *ABCDEFG* 所圈定区域所示。

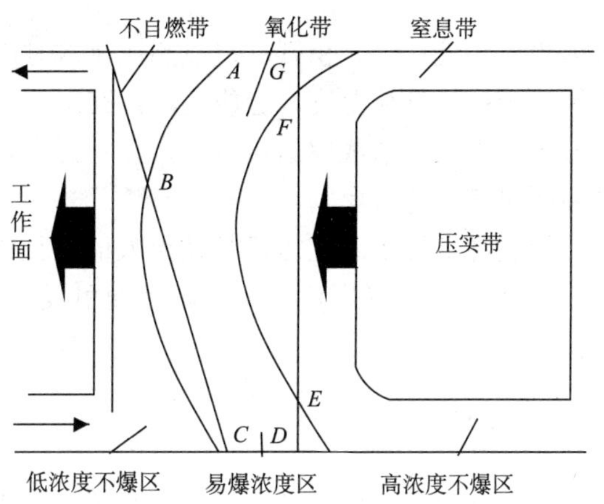

图 4.39　采空区煤自燃引爆瓦斯区域判定示意图[60]

因此，煤炭自燃作为点火源导致瓦斯燃烧或爆炸的区域就是在采空区氧化带与采空区混合瓦斯气体爆炸浓度范围交汇区，在一定条件下，O_2 浓度场、CH_4 浓度场和温度场在采空区松散空间内交汇，且满足氧浓度大于爆炸临界氧浓度、温度大于引火温度、瓦斯处于爆炸范围之内等条件时，煤自燃就能够点燃瓦斯并引发瓦斯爆炸。

4.2.4.2　机械设备自热

机械设备自热是指井下用电设备在短路或过载情况下发生电热转化而导致的热积聚现象，其表现形式以高温热表面为主，当热表面周围存在可燃物时，通过直接接触的热传导或者距离很近时的热辐射、热对流使得可燃物温度逐渐升高，当达到最低点火温度时即可点燃可燃物。

与高温质点的点火条件不同，大的热表面在点火时，由于具有较大的加热面积，可以使得可燃混合物在较大范围内保持高温，容易形成更大范围的燃烧反应区域，有利于可燃物快速升温和燃烧的持续进行。高温热表面能否成为点火源主要与其温度有关，此外其形状、面积大小、表面粗糙度、接触状况、接触时间以及通风情况等也会直接影响其引燃能力。首先，洁净光滑的金属表面比粗糙或有一层氧化膜的金属表面热点火温度要低，同时，点火温度与热表面的尺寸成反比；其次，当可燃混合气体成分、流速、热导率一定时，点火温度与点火距离增大呈指数关系升高[69]。

井下生产过程中通常的机械设备自热现象包括电机高温外壳、高温热工质、空压机气缸烧缸、空压机内高温高压气体喷出、灯泡过热等。以常见的空压机高温事故为例，近年来随着煤炭开采强度的加大，井下用风生产设备（风镐、风锤、风泵、锚杆机等）、压风自救系统以及制氮机等对空压机的需求也逐渐加大，空压机在井下得到了广泛的应用。然而由于设备综合保护装置失灵、工人操作不当以及通风系统不合理等因素，由空压机引起的火灾时有发生。空压机产生高温源引燃周边可燃物有以下几种原因[70]：

（1）因设备维护不当或使用润滑油不合格，造成风包、缸体或管道高温甚至爆裂，高温表面或者爆裂瞬间产生的高温、高压气体引燃周边可燃物而发生火灾或者进而引发爆炸。

（2）安全阀、汽缸盖等气阀处积尘、积碳，造成高压排放时产生炽热气体或火星。

（3）润滑油闪点指标低于排气气体温度，造成润滑油在缸体或风包内燃烧。

（4）气体出口或者管道阻力大，造成空压机过载，在过温保护装置失灵的情况下，空压机缸体温度急剧升高而引燃周边可燃物。

2004 年 4 月 14 日，福建林坑煤矿因空压机长期无人值守且维护不当而断油引起烧缸，电机过载，电缆过流、燃烧，引燃周边木支架，从而引发矿井火灾，事故造成 11 人死亡。

4.2.4.3　高分子材料自热

煤矿井下条件复杂，又是相对封闭的空间，在煤矿井下用于堵漏、充填、加固的高分子发泡材料在使用过程中往往会释放热量，当大量使用时，产生的热量快速积累并引起局部温度快速升高，成为诱发热动力灾害的潜在点火源。例如，在煤矿井下广泛用于封闭、堵漏、加固的聚氨酯材料，其发泡固化过程分为发泡和熟化两个阶段。从基料混合到泡沫体积膨胀停止的发泡过程中，体系放出大量的反应热（1mol 活泼氢和 1mol 异氰酸酯根反应可放热约 109kJ），反应热使发泡剂汽化进入泡沫体的每个泡孔，驱使泡孔体积不断膨胀，发泡过程中，最高反应温度可达 137.80℃。泡沫停止膨胀后，体系内部的化学反应并未完全结束，而是在进行着速度较慢的交联反应，伴随着热量的持续释放，直至泡沫体达到最终强度，这个过程称为泡沫体的熟化过程。据资料显示，聚氨酯泡沫在后期交联熟化过程中的最高反应温度可以达到 154.59℃，当大量使用时，将会产生更高的瞬时反应温度[71]。此外，煤矿井下常用的高分子发泡材料如罗克休泡沫、酚醛树脂、脲醛树脂等在使用过程中也会引起较高的反应温度，从而为热动力灾害的发生提供点火的温度条件。因此，在煤矿井下使用高分子发泡材料进行堵漏、充填、加固时，必须实时监测材料的反应温度从而调整用量，避免温度过高而形成点火源。

4.2.5　违规明火

明火相对于阴燃（无可见光的缓慢燃烧），是一种相对快速稳定的发光放热现象。本节所讨论的违规明火点火源指的是除放炮明火焰、煤自燃产生的明火外出现在煤矿井下的能够点燃或引爆井下可燃性气体混合物的所有发光放热的燃烧现象。作者通过统计在 1949～2016 年发生的 16 起特大和 2000～2016 年的 26 起重大由违规明火引发的热动力灾害事故，将其点火源进行归类如图 4.40 所示。

观察可知，由工人吸烟、焊接操作等人为因素以及炸药管理不当而自燃造成的明火火源占比较高。

1. 工人吸烟

我国部分地方煤矿由于工人素质不高，存在侥幸心理，同时生产管理混乱，井下人

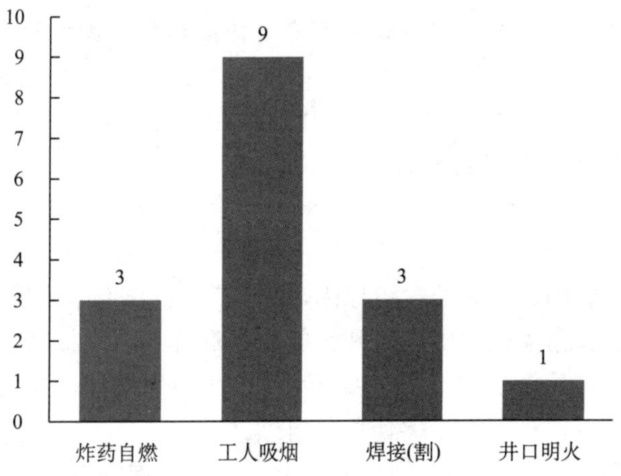

(a) 1949~2016年煤矿特大热动力灾害事故

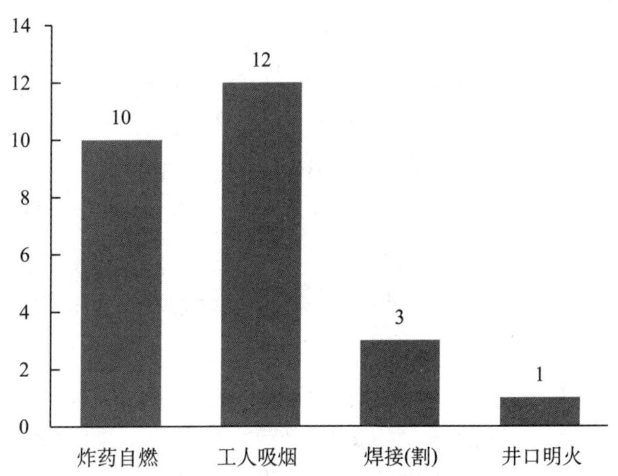

(b) 2000~2016年煤矿重大热动力灾害事故

图 4.40　明火点火源分类比例图

为携带烟火、工人吸烟等现象频发。香烟中烟草的燃烧状态，可分自由燃烧和吸烟燃烧两种，二者交替进行。一般说来，香烟卷纸的燃烧边缘温度达 200～300℃，而烟草中心部位温度高达 800～900℃，超过井下常见可燃物如木材、油料、胶带、电缆的燃点，也高于瓦斯的最低点燃温度，属于典型的井下违规明火，极易作为点火源造成井下火灾乃至爆炸等热动力灾害事故。

2. 焊接（割）作业

近年来由于煤矿机械化程度提高，井下机械设备众多，在安装、维修的过程中难免会用到电焊、气焊切割作业，如果管理不当，常常在操作过程中产生违规明火引起热动力灾害事故。电焊是利用电流在瞬间短路时产生的高温熔化基材（焊接件）和填充物（焊条）形成熔池，冷却后形成焊缝，其电弧温度在 6000～8000℃左右，熔滴平均温度达到 2000℃，熔池平均温度达到 1750℃。而气焊则是利用可燃气体与助燃性气体混合燃烧生成的火焰为热源，其火焰温度可达3000℃左右。由此可见，无论是电焊还是气焊操作，其作业温度都远高于瓦斯的最低点燃温度。因此，焊接（割）作业过程中必须全程检测作业场所可燃性气体和粉尘浓度，只有检查作业地点附近20m范围内巷道顶板支护良好且瓦斯浓度不超过0.5%时，方可进行作业。

3. 炸药自燃

我国部分地方煤矿由于缺乏监管等原因，仍有使用非安全炸药甚至自制炸药的现象，且炸药存放管理混乱。常见的氯酸盐类和铵类炸药混合存放是极其危险的，二者易在常温下反应生成极不稳定的氯酸铵，在常温下也会发生自燃爆炸，当与炸药中的有机成分接触时会发生放热反应，积聚热量促使炸药自燃。

2006年11月12日，山西南山煤矿井下爆炸品材料库发生火灾事故，造成34人死亡。事故直接原因是井下爆炸品材料库违规存放5.2t化学性质不稳定、易自燃的含有氯酸盐的铵油炸药，由于库内积水潮湿、通风不良，加剧了炸药中氯酸盐与硝酸铵分解放热反应，热量不断积聚导致炸药自燃，并引起库内煤炭和木支护材料燃烧。

4.3 煤矿中的点火源管控

4.3.1 放电点火控制

从统计的由电气放电诱发的重、特大热动力事故来看，易产生放电现象并引发瓦斯燃烧或爆炸的情况包括：电气失爆、煤电钻明接头及其电缆反复拖拉磨损、架线机车取电弓接触不良、矿灯失爆及人为拆卸、电缆被砸、人为带电操作等。电气放电引燃（爆）可燃混合物的直接原因是电气放电产生的电火花、电弧等，但究其背后造成电气放电的原因既有物的不安全状态，又有人的不安全行为，即既有技术上的缺陷，又有管理、教育和人身安全意识上的不足，因此对电气放电的控制则需要从两方面着手。

4.3.1.1 采用防爆电气设备

煤矿井下使用的电气设备必须是经过煤矿安全认证，且铭牌上带有煤安标志（MA）的防爆电气设备。现有技术条件下，常用的防爆电气设备类型如下（表4.14）：

（1）隔爆型电气设备，是指具有隔离外壳的电气设备，能把点燃爆炸性混合物的部件封闭在一个外壳内。该外壳能承受内部爆炸性混合物的爆炸压力并阻止其向周围爆炸性混合物传爆。目前广泛采用的隔爆型电气设备是利用缝隙熄火机理的防爆外壳，即将电机、电器或变压器等能产生火花、电弧或炽热表面的部件或整体装在隔爆和耐爆的外壳内，即使壳内发生瓦斯的燃烧或爆炸，不至于引起壳外瓦斯事故。

（2）增安型电气设备，是指在正常运行条件下，不会产生点燃爆炸性混合物的火花或危险温度，并在结构上采取措施，提高其安全程度，以避免在正常运行条件下和规定的过载条件下出现点燃爆炸性混合物的火花或危险温度。

（3）本质安全型电气设备，是指在正常运行情况下或标准试验条件下所产生的火花或热效应，均不能点燃爆炸性混合物。

（4）正压型电气设备，是指具有保护外壳，且壳内充有保护气体，其压力保持高于周围爆炸性混合物气体的压力，以避免外部爆炸性混合物进入外壳内部。

（5）充油型电气设备，是指全部或某些带电部件浸在油中，使之不能点燃油面以上或外壳周围的爆炸性混合物。

（6）充砂型电气设备，是指外壳内充填细颗粒材料，以便在规定使用条件下，外壳内产生的电弧、火焰传播，壳壁或颗粒材料表面的过热温度，均不能点燃周围的爆炸性混合物。

表 4.14　主要的防爆电气设备类型[75]

序号	防爆型式	代号	国家标准	点火源防控方式
1	隔爆型	d	GB 3836.2	隔离存在的点火源
2	增安型	e	GB 3836.3	防止产生点火源
3	本安型	i	GB 3836.4	限制点火源的能量
4	正压型	p	GB 3836.5	
5	充油型	o	GB 3836.6	将危险物质与点火源隔开
6	充砂型	q	GB 3836.7	

4.3.1.2　加强电气设备管理

煤矿井下电缆的选用、敷设、连接以及电气设备的搬运、操作、维护都要严格遵循相关规定和要求，以避免形成点火源，具体如下：

（1）井下电缆接头严禁存在“鸡爪子”、“羊尾巴”、明接头，特别要注意电钻电缆压线嘴处，使用 15 天内应切头重做，以防绝缘损坏。电缆的连接应符合下列要求：电缆与电气设备的连接，必须用与电气设备性能相符的接线盒。电缆线芯必须使用齿形压线板（卡爪）与电气设备进行连接；不同型号电缆之间严禁直接连接，必须经过符合要求的接线盒、连接器或母线盒进行连接。

（2）井下严禁带电检修、搬迁电气设备。检修或搬迁前，必须切断电源并检查瓦斯，在其巷道风流中瓦斯浓度低于 1%时，再用与电源电压相适应的验电笔检验，检验无电后，方可进行导体对地放电。

（3）严格执行停送电管理制度，机电设备安装试送电前必须跟踪检查瓦斯；在高瓦斯矿井、煤（岩）瓦斯突出矿井中，所有掘进头局部通风机必须实行“三专两闭锁”供电，“三专”是指专用变压器、专用开关、专用线路供电。“两闭锁”指掘进工作面瓦斯电闭锁和风电闭锁，其中瓦斯电闭锁是指当掘进工作面瓦斯浓度超限时，声光报警并自动切断工作面迎头被控设备电源；风电闭锁是指当局部主通风机停止运转或风筒风量低于规定值时，自动切断掘进工作面内（除备用风机电源外的）所有设备电源。

（4）电气设备隔爆面须保持光洁、完整，并有防锈措施；采用螺栓紧固的隔爆面，螺栓、弹簧垫圈必须齐全且紧固；隔爆面上不得喷涂油漆。

（5）矿灯应保持完好，出现电池漏液、亮度不够、电线破损、灯锁失效、灯头密封不严、灯头圈松动、玻璃破裂等情况时，严禁发放；严禁矿灯使用人员拆开、敲打、撞击矿灯；矿灯必须装有可靠的短路保护装置，高瓦斯矿井应装有短路保护器。

（6）加强电气防爆安全教育，提高工人安全作业意识。将可视化的不安全行为、事故案例、安全法规、评价过程嵌入对工人训练方法中，以使其形成安全行为习惯和建立长效安全生产效果。

4.3.2　爆破点火控制

爆破作业对瓦斯煤尘的引燃（爆）性，主要取决于炸药爆炸后是否产生火焰、火焰能量高低、是否有炽热的粒子、气体产物中是否有高温可燃性气体等，而爆破对瓦斯煤尘的安全性除了上述因素外，还有爆破母线和发爆器是否产生电火花、电火花的能量及存在时间长短等。基于以上分析，防止爆破引燃（爆）瓦斯煤尘的技术及管理措施必须从爆破器材管理和爆破作业管理两方面开展。

4.3.2.1　爆破器材管理

爆破器材的选用、领取、运输、存放和回收都必须遵循相关规定和要求，具体如下：

（1）必须选用煤矿许用炸药和煤矿许用电雷管。严禁使用黑火药、冻结或半冻结的硝化甘油类炸药。同一工作面不得使用 2 种不同品种的炸药。在采掘工作面，必须使用煤矿许用瞬发电雷管或煤矿许用毫秒延期电雷管。使用煤矿许用毫秒延期电雷管时，最后一段的延期时间不得超过 130ms。不同厂家生产的或不同品种的电雷管，不得掺混使用。不得使用导爆管或普通导爆索，严禁使用火雷管同时不得使用过期或严重变质的爆炸材料。

（2）井下爆破必须采用矿用防爆型发爆器，并定期校验发爆器的各项性能参数，并进行防爆性能检查；严禁用发爆器打火放电检测电爆网路是否导通。

（3）爆炸材料运输过程中，必须装在耐压和抗冲撞、防震、防静电的非金属容器内，电雷管和炸药必须分开运送；爆炸材料箱必须存放在顶板完好、支护完整、避开机械和电气设备及通风良好的地点。

（4）保证井下爆破设备本质安全，定期维修保养，到达使用年限及时更换，从源头上杜绝设备点火源的产生。

4.3.2.2　爆破作业管理

据前文统计，井下爆破作业中，打孔装药、连接爆破母线及起爆过程的不当操作引起的点火源在爆破火源中占有绝对高的比例，是爆破作业点火源防控的关键。

1. 打孔装药过程

（1）施工爆破孔时，炮孔深度和炮孔的封泥长度应符合下列要求：①炮孔深度小于 0.6m 时，不得装药、爆破；②炮孔深度为 0.6～1.0m 时，封泥长度不得小于炮孔深度的

1/2；③炮孔深度超过 1m 时，封泥长度不得小于 0.5m；④炮孔深度超过 2.5m 时，封泥长度不得小于 1m；⑤光面爆破时，周边光爆炮孔应用炮泥封实，且封泥长度不得小于 0.3m；⑥工作面有 2 个或 2 个以上自由面时，在煤层中最小抵抗线不得小于 0.5m，在岩层中最小抵抗线不得小于 0.3m。浅眼装药爆破大岩块时，最小抵抗线和封泥长度都不得小于 0.3m。

（2）装药前，首先必须清除炮孔内的煤粉或岩粉，再用木质或竹炮棍将药卷轻轻推入，不得冲撞或捣实，不得使用钎杆捣药。炮孔内的各药卷必须彼此密接。有水的炮孔，应使用抗水型炸药。装药后，必须把电雷管脚线悬空，严禁电雷管脚线、爆破母线与运输设备、电气设备以及采掘等导电体接触。

（3）炮孔封泥应用水炮泥，水炮泥外剩余的炮孔部分应用黏土炮泥或用不燃性的、可塑性松散材料制成的炮泥封实。严禁用煤粉、块状材料或其他可燃性材料作炮孔封泥。无封泥、封泥不足或不实的炮孔严禁爆破。

2. 敷设爆破母线过程

爆破母线和连接线应符合下列要求：①必须使用符合标准的爆破母线；②爆破母线和连接线、电雷管脚线和连接线、脚线和脚线之间的接头必须相互扭紧并悬挂，不得与轨道、金属管、金属网、钢丝绳、刮板输送机等导电体相接触，且用绝缘胶带裹住；③只允许采用绝缘母线单回路爆破，严禁用轨道、金属管、金属网、水或大地等当作回路；④爆破母线与电缆、电线、信号线应分别挂在巷道的两侧。如果必须挂在同一侧时，爆破母线必须挂在电缆的下方，并应保持 0.3m 以上的悬挂距离。

3. 起爆过程

（1）在有瓦斯或有煤尘爆炸危险的采掘工作面，应采用毫秒爆破。在掘进工作面应全断面一次起爆，不能全断面一次起爆的，必须采取安全措施；在采煤工作面，可分组装药，但一组装药必须一次起爆。严禁在 1 个采煤工作面使用 2 台发爆器同时进行爆破。

（2）处理卡在溜煤眼中的煤、矸时，如果确无爆破以外的办法，经矿总工程师批准，可爆破处理，但必须遵守下列规定：①必须采用经国家煤矿安全监察部门批准的用于溜煤眼的煤矿许用刚性被筒炸药或不低于此安全度的煤矿许用炸药；②每次爆破必须使用 1 个煤矿许用电雷管，最大装药量不得超过 450g；③每次爆破前，必须检查溜煤眼内堵塞部位的上部和下部空间的瓦斯；④每次爆破前，必须洒水降尘；⑤在有危险的地点必须撤人、停电。

（3）严格执行装药前、放炮前、放炮后检查瓦斯的“一炮三检”制度和“三人连锁爆破”制度。“一炮三检”制度是指装药前、爆破前、爆破后要认真检查爆破地点附近的瓦斯，瓦斯超过 1%，不准爆破。“三人连锁爆破”制度是指爆破前，爆破工将警戒牌交给班组长，由班组长派人警戒，并检查顶板与支架情况并确认完好；然后班组长将自己携带的爆破命令牌交给瓦斯检查员，检查瓦斯、煤尘情况，确认符合爆破要求；然后瓦斯检查员将自己携带的爆破牌交给爆破工，爆破工发出爆破口哨进行爆破；爆破后三牌各归原主。

4.3.3 摩擦撞击点火控制

采煤机截齿割顶产生的摩擦火花、金属撞击、岩石摩擦和撞击产生的火花，在瓦斯燃烧、爆炸事故中占有较高比重，因此是煤矿热动力灾害点火源管理控制的重点。

（1）在岩石与金属摩擦点火控制方面，随着机械化程度的提高，机械摩擦、冲击热源引起的点火危险性逐渐增加，在机械摩擦火花引燃的瓦斯事故中，多数发生在采掘机械截齿切割顶底板岩石的过程中。英国根据实验室的模拟试验研究，采取了下列措施：截齿要定期检查，使其保持完整和尖锐状态，在截齿的后部喷水或泡沫。苏联各种型号的采煤机都安装喷水装置，在滚筒附近形成防护介质保护环境。美国和英国研制了采煤机燃烧探测器和抑制系统，探测器为一紫外线传感器，当探测到火源存在，便会自动打开灭火装置，以抑制瓦斯燃烧。法国研制了类似原理的用于巷道掘进机的本安型识别系统和控制系统。为了防止截齿摩擦冲击火花和过热危险，我国《煤矿安全规程》规定：工作面遇有坚硬夹石或硫化铁夹层、采煤机割不动时，不得用采煤机强行截割；掘进工作面遇有掘进机不能截割的岩石时，应退出掘进机；截齿要定期检查，使它保持完整和尖锐状态；在滚筒截齿的后部设置多孔喷水或泡沫等以防止摩擦火花引燃瓦斯。

（2）在岩石间摩擦点火控制方面，针对采空区顶板岩石较硬，石英含量高或含有大量黄铁矿集合体的工作面要加强顶板管理，必要时要进行强制放顶措施，防止因悬露顶板“见方”过大，势能蓄积过大，顶板一旦破断时破断岩块间摩擦撞击激烈，而导致摩擦撞击引燃引爆采空区瓦斯。

（3）在金属间摩擦点火控制方面，落锤冲击引燃瓦斯试验结果显示，不同材料引燃瓦斯的能量不同：铝合金为34.3J，镁合金为264.8J，碳钢为627.2J，铍铜合金大于627.2J。因此，在煤矿井下具有爆炸危险的气体环境中，必须避免使用铜、铁等脆而容易氧化并且发热量大的材料制作的工具，更不能用铝合金、镁合金，相应地要利用铍铜合金等不易氧化而发热量又小的材料制作的工具进行替代。此外，防治金属间摩擦点火的主要措施还包括：在摩擦发热的部件上安设过热保护装置和温度检测报警断电装置；在摩擦部件金属表面，溶敷活性低的金属（如铬），使之形成的摩擦火花难以引燃瓦斯，或在铝合金表面涂苯乙烯化的醇酸、甲基丙烯酸甲酯等涂料，以防止摩擦火花的产生。对于动力传动机构摩擦产热处，时常进行润滑、保养、清除污物、严防异物进入等。

（4）在胶带摩擦点火控制方面，采用滚筒驱动带式输送机运输时，必须使用阻燃输送带，带式输送机托辊的非金属材料零部件和包胶滚筒的胶料，必须具有阻燃性和抗静电性；此外，输送机必须装设驱动滚筒防滑保护、堆煤保护和防跑偏装置以及温度保护、烟雾保护和自动洒水装置。

4.3.4 自热点火源及明火控制

（1）煤自燃点火源控制的关键在于煤自燃的预防。为了防治煤炭自燃，国内外广泛采用注水、灌浆、喷洒阻化剂、注惰等技术。近年来，又较广泛地采用了凝胶、胶体泥浆、阻化气雾、泡沫树脂等防灭火技术。这些防灭火技术皆有优缺点，存在时空上的局限性，因此在煤自燃预防过程中要具有针对性，同时也要综合地利用各项技术。

另外，近年来发展并完善的三相泡沫技术，其本身就是一种综合防治技术，能够高效防治大范围采空区或巷道高冒火灾、采空区隐蔽火源及高位火源、综放及俯采工作面煤炭自燃，因此三相泡沫技术在煤自燃点火源控制上能够起到关键性作用。

（2）在机械设备自热点火源控制上，主要方式是采取隔热措施，采用绝热材料对热表面进行保温绝热处理，同时，附着在高温表面上的易燃易爆物料及污垢必须及时清除。此外，依据《煤矿安全规程》规定：电气设备不应超过额定值运行；井下电气设备，应具有短路、过负荷保护装置；选用防爆照明灯具等。

（3）为了防止违规明火引发热动力灾害，必须严格对井下明火加以控制。在焊接（割）火源防治方面，作业时必须由专职瓦检员现场检查作业地点前后及开关附近 20m 内风流中的瓦斯浓度，只有在检查证明巷道顶部和支护背板后无瓦斯积存时，方可进行作业。每次焊接作业 10min 时，应停止 2～3min，待空气流动将有害气体稀释后方可继续作业。若作业地点风流中瓦斯浓度大于 0.5%时必须立即停止作业，切断电源。风、电焊工必须佩戴便携式瓦斯报警仪，发现瓦斯超限必须立即停止作业，待查出原因处理好后方可继续作业。井口明火火源防治方面，井架以及以井口为中心的建筑必须用不燃性建筑材料；在井口房和通风机附近 20m 范围内，不得有烟火或用火炉取暖；进风井口应设置防火铁门；地面泵房和泵房周围 20m 范围内，禁止堆积易燃物和明火；井口房内不得从事电焊、气焊和喷灯焊接等工作。

4.4 本章小结

我国煤矿瓦斯爆炸事故统计表明，井下点火源主要划分为五类：放电点火、爆破点火、摩擦撞击、自热点火、违规明火。电气放电点火和爆破点火是主要点火源，其中放电点火以电气放电为主，是诱发井下热动力灾害最重要的点火源，易发生放电现象的电气设备主要有电缆电线、矿灯、煤电钻、开关、接线盒等。爆破点火源以爆破器材的非本质安全性（炸药、雷管）和爆破操作的不规范、不安全性（封孔过程最为突出）为主，是井下煤尘爆炸事故的一大诱因。摩擦撞击点火源主要包括顶板岩石冒落和采矿空间中金属与岩石间的摩擦撞击。本章依据电点火理论，提出了岩石中的石英晶体等在摩擦压力作用下发生压电效应，引起局部放电产生电火花点燃预混瓦斯气体的新认识。煤矿井下环境中的点火源普遍存在，仅依靠控制点火源防止瓦斯爆炸难以奏效，更重要的是控制瓦斯与空气混合条件的产生。

参考文献

[1] 徐通模, 惠世恩. 燃烧学. 北京：机械工业出版社, 2010: 98-115.

[2] Williams F A. Combustion Theory. 2nd ed. Menlo Park: Benjamin-Cummings Publishing Company, 1985.

[3] Sacks H K, Novak T. A method for estimating the probability of lightning causing a methane ignition in an underground mine. IEEE Transactions on Industry Applications, 2008, 44(2): 418-423.

[4] Eckhoff R K. Explosion Hazards in the Process Industries. Houston: Gulf Publishing Company, 2006.

[5] Crowl D A. Understanding Explosions. New York : Wiley-AIChE, 2003.

[6] 刘易斯, 埃尔贝. 燃气燃烧与瓦斯爆炸. 3 版. 王方译. 北京:中国建筑工业出版社, 2010.

[7] Robinson C, Smith D B. The auto-ignition temperature of methane. Journal of Hazardous Materials, 1984, 8(3):199-203.

[8] Freyer F, Meyer V. On the ignition temperatures of explosive gas mixtures. Z. Phys. Chem, 1893, 11: 28.

[9] Naylor C A, Wheeler R V. The ignition of gases. Part VI. Ignition by a heated surface. Mixtures of methane with oxygen and nitrogen, argon, or helium. J. Chem. Soc, 1931: 2456-2467.

[10] Coward H F. Ignition temperatures of gases. "Concentric tube" experiments of (the late) Harold Baily Dixon. Chem. Soc. (Resum.), 1934: 1382-1406.

[11] Fenstermaker R W. Study of autoignition for low pressure fueldgas blends helps promote safety. Oil Gas J. 1982, 80: 126-129.

[12] Townend D, Chamberlain E. The influence of pressure on the spontaneous ignition of inflammable gas-air mixtures. IV. Methane-, ethane-, and propaneair mixtures. Proc. R. Soc. Lond. Ser. A, Math. Phys. Sci. , 1936, 154:95-112.

[13] Taffenel J. Combustion of gaseous mixtures, and kindling temperatures. Comptes Rendus, 1913, 157:469.

[14] Bunte K, Bloch A. Ignition temperatures of gases. Gas- Wasserfachm, 1935, 20: 349.

[15] Kundu S, Zanganeh J, Moghtaderi B. A review on understanding explosions from methane–air mixture. Journal of Loss Prevention in the Process Industries, 2016, 40:507-523.

[16] 米亚斯尼科夫 A A. 煤矿中沼气与煤尘爆炸的发生和传播过程的总概念. 宋世钊译. 煤炭工程师, 1988, 1.

[17] Bennett G F. Explosion Protection: Electrical Apparatus and Systems for Chemical Plants, Oil and Gas Industry, Coal Mining. Oxford, UK:Butterworth-Heinemann, 2004.

[18] 柯拉夫钦克 B C. 安全火花电路. 张丙军译. 北京: 煤炭工业出版社, 1981.

[19] 柯拉夫钦克 B C. 电器放电和摩擦火花的防爆性. 杨洪顺译. 北京: 煤炭工业出版社, 1990.

[20] 卡伊玛柯夫 A A. 矿用电气设备防爆原理. 张力译. 北京: 机械工业出版社, 1987.

[21] Ziegler G F W, Wagner E P, Maly R R. Ignition of lean methane-air mixtures by high pressure glow and ARC discharges. Symposium (International) on Combustion, 1985, 20(1): 1817-1824.

[22] Widgition D W. Ignition of methane by electrical arc discharges. SMRE, 1966, (240):22.

[23] Grodon R L, Hord H, Widginton D W, Ignition of gases by sparks produced by breaking wires at high speed. Nature, 1961, 19(6):237-240.

[24] Lintin D R, Wooding E R. Investigation of the ignition of a gas by an electricspark. Brit. J. Appl. Phys, 1959, 10:159-165.

[25] 徐学基, 诸定昌. 气体放电物理. 上海: 复旦大学出版社, 1996.

[26] 武占成, 张希军. 气体放电. 北京: 国防工业出版社, 2012.

[27] 刘建华. 爆炸性气体环境下本质安全电路放电理论及非爆炸评价方法的研究. 徐州:中国矿业大学, 2008.

[28] 刘树林, 钟久明, 樊文斌, 等. 电容电路短路火花放电特性及其建模研究. 煤炭学报, 2012, 219(12):2124-2128.

[29] 孟庆海, 牟龙华. 本质安全电感电容复合电路电弧放电特性的研究. 煤炭学报, 2004, (4):510-512.

[30] 刘建华, 王崇林, 姜建国. 直流电阻性本质安全电路低能电弧放电分析. 中国矿业大学学报, 2003, (4): 440-442.

[31] 王其平. 电器电弧理论. 北京: 机械工业出版社, 1991.

[32] 张燕美, 李维坚. 本质安全电路设计. 北京: 煤炭工业出版社, 1992.

[33] 孟庆海. 爆炸性环境本质安全电路功率判别及非爆性评价. 徐州: 中国矿业大学出版社, 2008:1-14.

[34] 贾雨顺. 煤矿事故典型案例汇编. 徐州：中国矿业大学出版社, 2012.
[35] 赵猛. 煤矿井下杂散电流产生机理及防治措施的研究. 太原:太原理工大学, 2015.
[36] Yadav J S, Rajender V. Investigators have concluded that last year's Sago Mine blast in West Virginia, which caused the deaths of 12 miners, was caused by a lightning bolt. European Journal of Organic Chemistry, 2007, 2010(11):2148-2156.
[37] 汪海涛. 露天煤矿爆破工. 徐州：中国矿业大学出版社, 2007.
[38] 张少波, 高铭, 滕威, 等. 煤矿爆破异常现象发生机理研究. 煤炭学报, 2005, 30(2):191-195.
[39] 王肇中, 汪旭光. 我国煤矿许用炸药的研究与发展. 中国矿业, 2006, 15(2):44-46.
[40] 吴洁红, 夏斌, 周平. 煤矿许用炸药爆燃倾向测试方法综述. 煤矿爆破, 2005, (2):25-27.
[41] 宋晶焱, 高学海. 有关煤矿许用毫秒延期电雷管及其应用技术的探讨. 煤矿安全, 2008, 39(5):90-92.
[42] Wieland M S. The relative sensitivity of permissible explosives to dynamic pressure desensitization// Proceedings of the 21st Safety in Mines Research Inst. Sydney, 1985: 21-25.
[43] 杜春雨, 陈东科. 煤矿爆破安全与新型发爆器. 矿业安全与环保, 2001, 28(6):4-5.
[44] Mainiero R J, Verakis H C, Wieland M S. The relationship between hole spacing and misfires of permissible explosives. Proc eedings of the 2nd Mini-Symposium on Explosives and Blasting Research. Atlanta, GA, Soc. of Explo. Eng. , Mon-ville, OH, 1986: 14-14, 16-27.
[45] 张少波, 高铭, 藤威, 等. 煤矿爆破异常现象发生机理研究. 煤炭学报, 2005, 30(2): 191-195.
[46] 李贵忠等. 煤矿安全爆破. 北京:煤炭工业出版社, 1999.
[47] 王玉贵. 井下爆破中引起瓦斯、煤尘爆炸的防治. 煤炭技术, 2005, 24(11):64-66.
[48] 国家煤矿安全监察局行管司. 煤矿井下爆破作业. 徐州:中国矿业大学出版社, 2014.
[49] 秦玉金, 姜文忠, 王学洋. 采空区瓦斯爆炸(燃烧)点火源的确定. 煤矿安全, 2005, 36(7):35-37.
[50] 姜文忠. 采空区瓦斯爆炸(燃烧) 机理及防治技术研究. 徐州:中国矿业大学, 2002.
[51] Murray W L, Godwin D W, Smith D T. Recent work on deflagration at SMRE. Propellants Explosives Pyrotechnics, 1978, 3(1-2):74-76.
[52] 许家林, 张日晨, 余北建. 综放开采顶板冒落撞击摩擦火花引爆瓦斯研究. 中国矿业大学学报, 2007, 36(1)：12-16.
[53] 屈庆栋, 许家林, 马文顶, 等. 岩石撞击摩擦火花引爆瓦斯的实验研究. 煤炭学报, 2006, 31(4):466-468.
[54] Ward C R, Cohen D, Panich D, et al. Assessment of methane ignition potential by frictional processes from rocks in Australian coal mines. Mining Science and Technology, 1991, 13:184-206.
[55] 余为, 缪协兴, 茅献彪, 等. 岩石撞击过程中的升温机理分析. 岩石力学与工程学报, 2005, 24(9):1535-1538.
[56] Boland J, Speight H, Gurgenci H, et al. Frictional heating in drag tools during cutting. Rock Mechanics, 2000, 22(2): 117-122.
[57] Doyle R, Moloney J, Rogis J, et al. Safety in Mines: the Role of Geology. Coalfield Geology Council of New South Wales, Newcastle, 1984: 169-175.
[58] Ward C R, Crouch A, Cohen D R. Identification of potential for methane ignition by rock friction in australian coal mines. International Journal of Coal Geology, 2001, 45(2):91-104.
[59] 王玉武, 姜文忠, 牛德文, 等. 岩石摩擦引燃引爆瓦斯实验研究. 煤矿安全, 2002, 33(12):8-10.
[60] 王华, 刘洋, 王伟. 岩石摩擦撞击引发瓦斯燃烧原因分析及治理措施. 煤炭技术, 2015, 34(12): 187-189.
[61] Robert B. Methane ignition by frictional impact heating. Combustion and Flame, 1975, 25:144-152.
[62] Evans I. A theory of the cutting force for point-attack picks. Geotechnical and Geological Engineering,

1984, 2(1):64-71.

[63] Hurt K G, Macandrew K M. Cutting efficiency and life of rock-cutting picks. Mining Science & Technology, 1985, 2(2):139-151.

[64] 王玉成. 煤矿用金属材料撞击摩擦火花安全性的研究. 沈阳:煤炭科学研究总院, 2008.

[65] Komai T, Uchida S, Umezu M. Ignition of methane-air mixture by frictional sparks from light alloys. Safety Science, 1994, 17(2):91-102.

[66] Kumar K, Das S K, Achari J. Light aluminium alloys and the ignition hazard of frictional sparks from these alloys. Journal of Mines, Metals & Fuels, 1985, 33 (2). 46-51.

[67] 刘雨忠, 吴吉南, 冯学武, 等. 煤矿胶带火灾救灾决策的研究与实施. 北京科技大学学报, 2000, 22(6):501-504.

[68] 秦波涛. 采空区煤自燃引爆瓦斯的机理及控制技术. 煤炭学报, 2009, 34(12): 1655-1659.

[69] 邬长城. 燃烧爆炸理论基础与应用. 北京：化学工业出版社, 2016.

[70] 陆承信. 空压机的火灾与爆炸事故. 工业安全与环保, 1979, (4):40.

[71] 周鹏, 李同续. 瓦斯抽放用聚氨酯封孔材料放热问题研究. 化学推进剂与高分子材料, 2015, 13(4):79-84.

[72] 李文武, 王礼才. 煤矿井下施工电气设备常见的失爆现象及防范措施. 城市建设理论研究, 2013, (24).

[73] 文一. 孙家湾煤矿“2.14”特大瓦斯爆炸——事故调查专题报道. 安全与健康, 2005, (11): 4-8.

[74] 边俊国. 寺家庄煤矿重大瓦斯爆炸事故原因分析及教训. 能源技术与管理, 2017, 42(3): 25-26.

[75] 高峰. 煤矿井下电气设备各分类与防爆途径. 中国科技博览, 2011, (29): 22.

第 5 章　煤矿热动力灾害的致灾特性

煤矿热动力灾害主要包括燃烧与爆炸，两者在本质上都是氧化还原反应，所产生的高温、有毒烟气和冲击波是此类灾害的主要致灾因子，往往导致井巷设施损毁、通风系统破坏和人员伤亡。本章主要针对煤矿井下煤与瓦斯等常见可燃物的燃烧与爆炸，阐述其致灾因子及致灾特性，为煤矿热动力灾害的科学防控提供理论指导。

5.1　高温致灾特性

煤矿热动力灾害发生后，释放的大量热量导致煤岩体和周围环境温度升高，高温效应会导致人员伤亡、设施破坏，甚至引发瓦斯、煤尘爆炸等次生灾害，本节将从上述角度系统介绍煤矿热动力灾害的高温特性及其致灾机制。

5.1.1　煤矿井下常见的燃烧形式

5.1.1.1　瓦斯燃烧和爆炸

井下瓦斯燃烧是一种特殊的气体扩散燃烧。煤矿井下的采空区和上隅角易形成瓦斯积聚，在采掘工作面，当较高浓度的瓦斯从一些孔口、狭缝涌出，在涌出界面与工作面新鲜风流扩散混合，在附近存在摩擦等点火源时便会在该混合区域发生自由射流扩散燃烧，此类燃烧的温度约为 1800℃。瓦斯爆炸实质上是一种受限空间内发生的剧烈预混燃烧，燃烧温度最高可达 2650℃（非定压）。图 5.1 表达了 1 个大气压力、25℃环境中，不同浓度甲烷-空气预混气体燃烧的绝热火焰温度，可知化学当量浓度预混条件下火焰温度最高，可达约 1930℃。

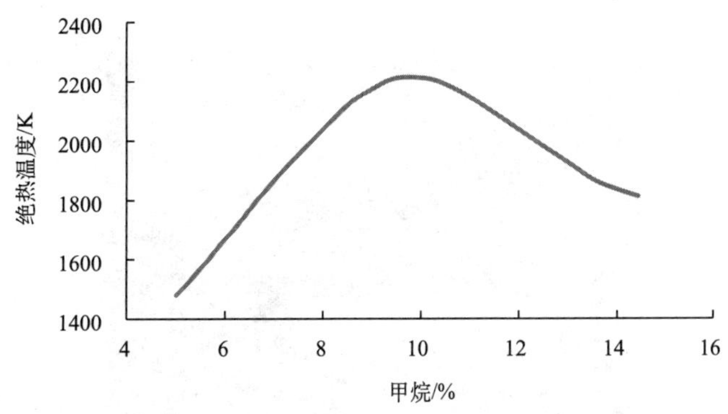

图 5.1　空气中不同浓度甲烷定压燃烧的绝热火焰温度（0.1MPa, 25℃）[10]

5.1.1.2　煤燃烧

煤燃烧过程中，释放大量热，致使煤体温度和周边岩体、空气温度很高，形成高温致灾源，如图 5.2 所示。其中，煤岩体、空气温度和火源颜色受供氧条件影响较大。供氧不充足时，煤体呈红色阴燃状态，温度超过 900℃，在供氧不发生较大变化的条件下，该类燃烧可维持稳定并逐步向外蔓延，最终形成燃烧空洞区。供氧充足时，煤燃烧产生亮红色火焰，煤体热解可燃物发生气相燃烧并强化燃烧强度，温度超过 1300℃，周围岩体受烘烤作用可升温至 800℃左右。煤燃烧的高温效应远超人与一般矿井设施的耐受极限，往往导致人员伤亡和设施损毁。此外，煤燃烧在一定条件下可构成瓦斯、煤尘爆炸的点火源，从而可能导致重特大恶性事故的发生。

图 5.2　煤的高温燃烧

5.1.1.3　坑木燃烧

坑木作为有机易燃材料，其主要成分是碳（约 50%）、氢（约 6.4%）和氧（约 42.6%）等。井下坑木燃烧主要是分解燃烧，燃烧热约 20 kJ/g，着火点约 240℃；270～380℃开始剧烈热分解，热解可燃物在坑木表面形成气相燃烧（火焰温度高于 1200℃）；坑木热分解产物的气相燃烧结束后，主要表现为坑木中固定碳的无焰表面燃烧（温度约 700℃）。在此过程中，坑木燃烧产生的高温也会导致人员伤亡、设施损毁，甚至诱发其他次生灾害（图 5.3）。

图 5.3　井下坑木燃烧

5.1.1.4　电缆与输送胶带燃烧

矿井电缆与胶带主要成分为添加不同阻燃剂的二烯橡胶（SBR，简称丁苯橡胶）、氯丁（二烯）橡胶（NP）和聚氯乙烯（PVC）等。我国煤矿现在使用的阻燃输送胶带大多数是钢丝绳芯阻燃输送带，该类输送带以天然橡胶（NR）、顺丁橡胶（BR）、丁苯橡胶（SBR）为主要原料，燃烧温度可达 1000℃以上。添加阻燃剂有效减少了输送胶带火灾的发生次数，但一旦发生火灾，此类输送带火灾烟气的毒性远大于非阻燃输送胶带，是导致矿井外因火灾重大人员伤亡的主要因素之一（图 5.4）。

图 5.4　钢丝绳芯阻燃输送胶带

5.1.1.5　有机高分子材料燃烧

煤矿井下有机高分子材料主要包括防灭火、充填封堵、煤岩体加固和封孔等过程采用的聚氨酯、酚醛树脂等，其最高允许工作温度约 180℃，高于该温度后材料物性将发生变化。有机高分子材料的燃烧温度高于 1000℃，高温危害效应明显。此外，部分高分子材料燃烧会产生氰化氢、氯化氢、二氧化硫等毒性气体产物，危害性更大。

5.1.2　高温致灾特性

5.1.2.1　高温的直接致灾特性

燃烧与爆炸导致的高温超过人或井下设施的耐受极限时，将直接导致人员伤亡和设施损毁，主要表现为高温导致的生理性伤害和结构性损伤，包括高温导致的井下人员灼伤、丧失行动能力甚至死亡，和高温导致的井下设施原材料的物性变化甚至焚毁。

1. 人体耐温极限

人具备主观能动性，可躲避火焰高温，但火灾区域环境温度常高达 50℃以上，破坏人体的温度调节机制，使体温逐渐升高。人的体温达到 39℃时，汗腺的排汗降温机能已濒临衰竭；达到 40℃时，大脑机能受到影响，开始顾此失彼、头昏眼花、站立不稳；达到 41℃时，人体排汗、呼吸、循环系统全部降温能力已至极限；达到 42℃时，体内部分蛋白质开始凝固。目前有记录的人体耐温极限约为 46.5℃。

不同环境条件下，人体的耐温极限不同。人处于干燥环境时可通过排汗散热，能够比湿空气中承受更高的温度；若环境温度缓慢升高，人可短时间忍受略大于 100℃的环境高温；116℃是人呼吸的极限温度。在干燥环境中且人体若与热源分离的情况下，实验人员在 71℃、82℃、93℃、104℃等高温环境下能够坚持的时间分别为 1h、49min、33min、26min。一般来说，当温度达到 65℃时即开始考虑人体损伤。实验表明，人体处于 120℃、140℃和 170℃等不同环境中时，导致人体不可恢复性损伤的耐受时间分别为 15min、5 min 和 1min[1]。此外，瓦斯爆炸时快速掠过人体的燃烧波温度高达 1800℃，虽然时间短暂，但仍会导致人员体表、呼吸道、胃黏膜等部位灼伤，如 2005 年 8 月 27 日贵州老屋基矿瓦斯爆炸事故的 4 名生还矿工回忆道："从工作面处传来'轰'的一声巨响，一团火球迎面扑来，顿时被炸翻在地，清醒后感觉呼吸道像喷了辣椒水。"

2. 矿井材料的耐热极限

井下材料承受温度超过其耐热极限时，其物性将发生改变或直接焚毁，并可能导致热动力灾害高温的间接致灾效应。煤矿井下常见材料的破坏温度极限如表 5.1 所示。

表 5.1　矿井常见材料的破坏温度极限[2]

材料名称	破坏温度极限/℃
天然橡胶	125
毛料	135
棉花	150
聚乙烯	110～120
锡焊料	135～175
聚丙烯	160～170
铝合金	650
玻璃	820
黄铜	995
铸铁	1175
不锈钢	1425
含碳钢	1515

钢铁是井下强度最高、应用最为广泛的构件材质，井下机械设备、支护材料的主要部分都是钢结构。温度处于 150℃以下时，钢结构的强度性质变化很小；升至 250℃后，强度和韧性逐步降低；处于 300～400℃时，强度和弹性模量均显著下降；升至 600℃左右时，钢结构进入塑性状态不能继续承载，强度趋于零。井下固相可燃物燃烧温度往往超过 600℃，从而导致钢支护材料变软变脆（图 5.5）；此外，受可燃物燃烧的烘烤作用，围岩温度逐步升高，升至 700～850℃时岩体发红，升至 900℃时岩体将发生热破裂。上述致灾效应导致煤矿井巷发生变化，极有可能诱发次生灾害。

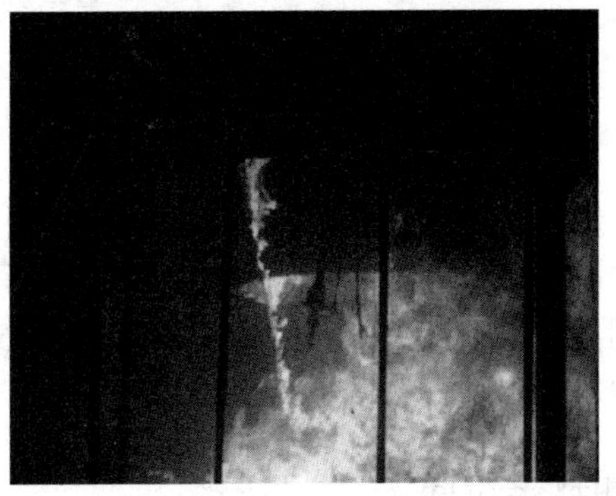

图 5.5　矿井火灾焚毁井下设施和支护材料

5.1.2.2　高温的间接致灾特性

高温除了具有使人员伤亡、设施损毁等直接致灾效应外，还会引燃或引爆其他可燃物（瓦斯、预混煤尘等）而间接导致继发性灾害，致使灾变范围扩大、损失更加严重，具体表现在以下两个方面。

1. 高温导致继发性灾害

煤矿热动力灾害产生的高温可能引燃灾变区域的可燃物导致火灾、爆炸，或使矿井材料物性改变引发冒顶、封堵或密闭失效等事故，进而导致继发性灾害。如 180℃时可能引燃有机高分子填充或密闭材料导致封堵或密闭设施失效[3]；650～750℃时可能诱发瓦斯燃烧与爆炸；250～400℃时可能引燃煤、坑木、运输胶带等可燃物；600℃时导致支护钢结构变软变脆，900℃时导致围岩破裂，进而导致冒顶事故。

2. 热风压导致烟气扩大致灾

在井下受限空间中，高温产生的火风压可能导致井下风流紊乱，致使灾变区域扩大。火风压导致的风流紊乱是火灾烟气毒害范围扩大的主要因素。矿井火灾时期，火源的加热作用会使空气温度升高而密度减小、发生膨胀，导致巷道风流质量流量减小，热空气在有高差的巷道中会产生浮升力，即为“火风压”或“热风压”，其大小与巷道高差及火灾前后空气的密度差有关。此现象类似于建筑火灾中的“烟囱效应”。火风压与矿井自然风压的产生机制是相同的，都是在倾斜或垂直方向出现的空气密度差所致，只是使空气密度发生变化的热源不同。火风压的产生和计算原理可用式（5.1）描述。

$$h_{\mathrm{f}} = Zg\left(\rho_0 - \rho_{\mathrm{s}}\right) \tag{5.1}$$

式中，h_{f}为火风压，Pa；Z为受火风压影响位置距离火源的垂高，m；ρ_0为火灾前该段距离空气的平均密度，kg/m^3；ρ_{s}为火灾后该段距离空气的平均密度，kg/m^3；g为重力加速度，m/s^2。

5.2 燃烧气体致灾特性

在火灾与爆炸中，可燃物热解和燃烧产生的气相产物、固体颗粒和液滴悬浮在空气中形成烟气，其较强的扩散性、严重的减光性和致毒特性是影响人员逃生、造成群死群伤的主要原因。大量热动力灾害事故案例表明：井下人员死亡大多是由于吸入灾变烟气中的有毒有害气体所致[4-6]。

5.2.1 烟气的减光性和致毒特性

5.2.1.1 烟气的减光性

烟气中含有的大量固体颗粒（主要是聚合的焦炭颗粒）粒度小、吸光性强，是烟气浓黑、影响视线的主要原因。根据煤矿热动力灾害幸存人员所述：轻度烟侵区域呈蓝灰色，与地面雾霾类似，存在大量烟尘颗粒，严重影响视线；重度烟侵区域呈黑色，能见度极低，伸手不见五指[7]。表 5.2 为部分井下可燃物燃烧时的烟气特征。

表 5.2 常见可燃物燃烧时烟的特征

物质	烟的特征		
	颜色	嗅	味
木材	灰黑色	树脂嗅	稍有酸味
石油产品	黑色	石油嗅	稍有酸味
硝基化合物	棕黄色	刺激嗅	酸味
橡胶	棕黄色	硫嗅	酸味
聚氯乙烯纤维	黑色	盐酸嗅	碱味
聚乙烯	黑色	石蜡嗅	稍有酸味
聚苯乙烯	浓黑色	煤气嗅	稍有酸味
酚醛树脂	黑色	木头、甲醛嗅	稍有酸味

烟气具有减光性，其中的固体和液体颗粒对光有散射和吸收作用，使得只有一部分光能通过烟气，造成灾变区域能见度大大降低。烟气浓度越大、颜色越深，其减光性越强，火区能见度越低。通常用光密度 D 定义某一空间中烟气的减光性，单位面积试样生成烟气对单位空间的减光性定义为比光密度[8]。

烟气在井巷半封闭空间中弥漫，气味刺鼻、能见度低，使人呼吸困难，人员陷入高度恐慌，影响人员对灾情环境的判别，不利于井下火区周围人员的安全逃生和应急救援。此外，烟气中的颗粒物和部分气体对人眼有极大的刺激性，使人难以睁眼辨识环境，再加之烟气的减光性，故疏散逃生困难。当减光系数为 0.4m^{-1} 时，通过刺激性烟气的速度仅为通过非刺激性烟气的 70%；当减光系数大于 0.5m^{-1} 时，通过刺激性烟气的速度降至约 0.3 m/s，相当于蒙上眼睛时的行走速度。应急救援时可以根据烟气的特征判断可燃物种类，结合井下可燃物的堆放和使用位置，以及烟气的浓度、温度和流动方向，大致判断火源位置和火势发展，辅助判别灾情、规划逃生路线。

5.2.1.2　烟气的致毒特性

煤矿井下燃烧与爆炸的气体产物主要包括 CO、CO_2、SO_2、氮氧化物等有毒或窒息性气体[3]，烟气的致毒特性是其大范围致死的根本原因。

1. 一氧化碳、二氧化碳和低氧气浓度

热动力灾害区域空气中的高浓度 CO_2、CO 和低浓度 O_2 是导致人员死亡的最主要因素。爆炸发生后，矿井中 O_2 浓度下降，反应生成大量的 CO_2、CO 和 H_2O，如表 5.3 所示。统计数据表明：矿井火灾遇难者绝大多数死于 CO 中毒；爆炸事故的多数伤亡人员是因爆炸冲击波导致人员受伤晕倒、行动能力受限、缺乏自救能力，并因被困区域的低浓度 O_2、高浓度 CO_2 和 CO 而中毒、窒息死亡。

表 5.3　瓦斯、煤尘爆炸最终气体组成[2]　（单位：%）

空气成分	瓦斯爆炸			煤尘爆炸			瓦斯煤尘共存
	爆炸下限	化学当量浓度	爆炸上限	爆炸下限	化学当量浓度	爆炸上限	
O_2	16～18	6	2	5～16	2～5	3～8	几乎无
CO	几乎无	微量	12	1～2	4～8	2～7	<16
CO_2	微量	9	微量	5～10	6～9	4～8	<12
水蒸气	小于 10	小于 10	小于 4	8～16	12～20	6～10	<24
H_2	无	微量	12	0～1	几乎无	0～5	<16

煤矿热动力灾害中，一氧化碳中毒现象最为突出。一氧化碳（CO）是一种无色、无味、无臭的气体，微溶于水，相对密度为 0.97，能与空气均匀地混合。与酸、碱不起反应，只能被活性炭少量吸附。一氧化碳与血红蛋白的结合能力比氧大 200～300 倍，不仅减少了血球携氧能力，且抑制、减缓氧和血红蛋白的解吸与氧的释放。一氧化碳中毒是非窒息性组织缺氧，是一种气体中毒现象，而非窒息现象，可在人体未有窒息感的情况下发生组织细胞缺氧性中毒，危害极大。一氧化碳还可导致心肌损伤，对中枢神经系统特别是锥体外系统也有损害。一氧化碳的危害主要取决于其浓度及人员接触时间，如表 5.4 所示。

表 5.4　不同体积分数一氧化碳对人体的影响

一氧化碳浓度/%	主要症状
0.02	2～3 h 内可能引起轻微头痛
0.08	40 min 内出现头痛、眩晕和恶心。2 h 内发生体温和血压下降，脉搏微弱，出冷汗，可能出现昏迷
0.32	5～10 min 内出现头痛、眩晕。0.5 h 内可能出现昏迷并有死亡危险
1.28	几分钟内出现昏迷和死亡

二氧化碳（CO_2）在常温下是一种无色无味气体，不燃烧也不支持燃烧，易溶于水，比重为 1.517，密度比空气略大。低浓度的二氧化碳（略大于空气中 CO_2 含量）可以刺激呼吸中枢使呼吸加深加快，高浓度二氧化碳可以抑制和麻痹呼吸中枢；且由于二氧化碳的弥散能力比氧强 25 倍，故二氧化碳很容易从肺泡弥散到血液造成呼吸性酸中毒。二氧化碳虽也具备致毒特性，但事故中更多的是由于高浓度二氧化碳造成的低氧危害而致人死伤。空气中二氧化碳增多常伴随氧浓度降低，两者共同影响伤亡程度。如两类二氧化碳浓度均为 5%的混合气体，若其中含氧量大于 17%则对人体无害，否则可使人中毒。

表 5.5　不同体积分数的 CO_2 对人体的影响

CO_2 体积分数/%	对人体的影响
0.55	6 h 内人体不会产生任何不适
1～2	引起不适感
3	呼吸中枢受到刺激、呼吸频率增大、血压升高
4	感觉有头痛、耳鸣、目眩、心跳加快等症状
5	感觉喘不过气来，30 min 内引起中毒
6	呼吸急促，感到非常难受
7～10	数分钟内失去知觉，以致死亡

热动力灾害的燃烧和爆炸消耗了大量氧气，使得部分灾变区域氧含量低于人的正常需要，影响生产和人员安全，有可能导致被困人员的肺水肿、脑水肿、代谢性酸中毒、电解质紊乱、休克、缺氧性脑病等，如表 5.6 所示。

表 5.6　低氧含量对人体的危害

氧气浓度/%	对人体的危害情况
12～16	呼吸和脉搏加快、引起头疼
9～14	判断力下降，全身虚脱，发绀（青紫）
6～10	意识不清，引起痉挛，6～8 min 死亡
6	为 5 min 致死含量

2. 二氧化硫

二氧化硫（SO_2）为无色气体，比重为 2.2，易溶于水，有强烈刺激性气味，是主要大气污染物之一。煤中通常含有一定量的硫化合物，燃烧过程中生成二氧化硫。二氧化硫对人体健康的影响如表 5.7 所示。

表 5.7　SO_2 对人体健康的影响

SO_2 的体积分数/%	对人体的影响
0.0005	长时间作用无危险
0.001～0.002	气管感到刺激、咳嗽
0.005～0.01	1h 内无直接的危险
0.05	短时间内生命有危险

3. 氮氧化物

氮具有多种氧化物，除二氧化氮（NO_2）以外，其他氮氧化物均极不稳定，遇光、湿或热生成二氧化氮及一氧化氮（NO）。一氧化氮无色，不能助燃，但容易被氧化生成二氧化氮。二氧化氮是一种棕红色、高度活泼的气态助燃物质，有刺激性气味和毒性。氮氧化物对人体的影响如表 5.8 所示。

表 5.8　不同体积分数的氮氧化物对人体的影响

氮氧化物的体积分数/%	对人体的影响
0.004	长时间作用无明显反应
0.006	短时间内气管即感到刺激
0.01	短时间内刺激气管，咳嗽，继续作用有生命危险
0.025	短时间内可迅速致死

5.2.2　矿井中烟气的分布与蔓延特征

烟气是煤矿热动力灾害最基本、致死率最高的致灾因子，并直接影响热动力事故的人员逃生和救援安全。研究烟气在矿井网络中的分布与蔓延特性，对于人员逃生选择正确的路线和姿势、救援人员分析灾情和制定决策均具有重要意义。

5.2.2.1　烟气在巷道中的分布特征

烟气在重力、风流和火源热效应的共同作用下，在不同倾角的巷道中呈现一定的空间分布特征。一般来说，烟气浓度在巷道垂直方向呈“上大下小”的分布规律；沿巷道走向，烟流具有逆风卷积运移的特征。上行通风巷道中，可燃物燃烧较为充分、烟气生成量较小，巷道内烟气峰值浓度较小，火源上风侧烟流逆退距离较短；下行通风巷道中，可燃物燃烧较不充分、烟气生成量大，巷道内烟气峰值浓度较大，火源上风侧烟流逆退距离较长。

1. 烟气在巷道垂直方向的分布规律

火源热效应和烟气自身的较高温度，会使其附近空气密度减小，不同密度空气之间会形成热对流，卷携烟气向上浮升，触顶后在顶部积聚和运移。由于流体黏度和巷道顶板摩擦力的影响，越贴近顶板则烟气流速越小，积聚效应越明显，故其浓度总体上在巷道垂直方向呈现上大下小的分布特征。因此，在热动力灾害事故中，遇险人员立即屏息佩戴自救器，压低姿态、弯腰逃生，可有效避免巷道上部烟气对视线和生命的影响，提高逃生成功率。

2. 烟流逆退及其危害

烟流逆退是一种燃烧产生的烟气并不全部随风扩散，其中一部分烟气逆风卷积的现象，如图 5.6 所示。其形成机理是火源热效应使空气密度减小，产生向上的浮升力，火焰与烟气一同向上流动。当烟气上升至巷道顶板时，烟流受到顶板的阻挡，沿进、回两个方向流动，从而在巷道顶部出现烟流逆着风向卷积流动的现象。由于顶板摩擦和流体黏性的作用，在十分贴近顶板的薄层内，烟气的流动速度较低；随着垂直向下离开顶板距离的增加，其速度先增加后减小；而下降超过一定距离后，速度便逐渐减小为零。这种速度分布使烟流前锋向下流动，而热烟气仍具有一定的浮力，还会很快上浮。于是，顶板上部的烟流会形成一连串的旋涡，它们可将烟气层下方的空气卷吸进来，因此烟流的厚度逐渐增加，而速度逐渐降低。逆退的烟流由于受到通风系统风流压力的影响，流动速度逐渐减小，最后又顺风流动，这种逆退烟流的回流现象也被称为烟流滚退。

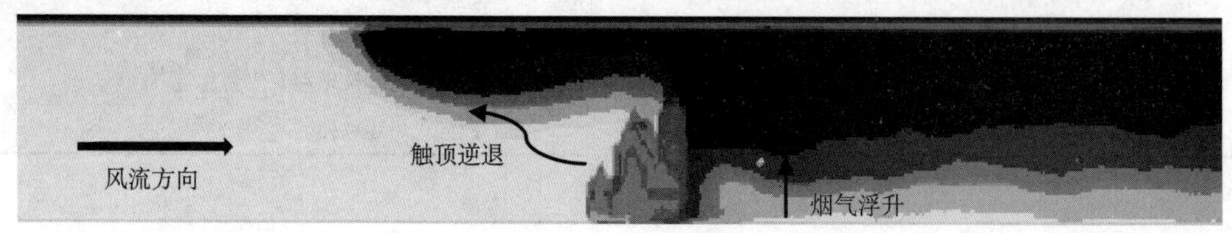

图 5.6　烟流逆退示意图[3]

烟流逆退威胁上风侧灭火人员的安全，也有可能逆退至进风节点，扩大致灾。逆退的烟气中包含大量有毒有害气体，其挟带的高温和热量有时可引燃人员上风侧的可燃物，使灭火人员陷入危险、中毒死伤。当烟流逆退至上风侧进风节点，侵入进风系统，分流至其他非火灾分支，扩大烟气的致灾范围。在富燃料燃烧时，烟气中含有大量可燃物质，当逆退至新鲜风流得到氧气供应，还可能发生回燃或爆炸现象。例如：河南范县某煤矿在处置井下木垛着火事故中，利用火区平巷较多的特点采取分段排烟、直接灭火的策略控制火势，从上风侧接近火源灭火；此时逆退的高温烟气出现复燃现象，使救护队员眉毛烧焦，被加热的水汽烫伤，灭火过程十分危险。

3. 烟气在倾斜巷道中的分布规律

倾斜巷道中，重力、风流和火源热效应的共同作用更加复杂，呈现出较水平巷道更为独特的烟气分布特征。在发火的倾斜巷道，以火源为界、风流方向为前方作如下分析。

在上行通风巷道中，火风压与机械风压方向一致、风量增大，火源供氧更为充分，燃烧更加完全，烟气（以 CO 为参考）产生量较小；且更易向顶部运移、随风排出巷道，故巷道内烟气峰值浓度较小。上行通风条件下，逆退烟气受机械风压、热浮升力共同作用，更易下沉卷积、随风向前流动，因而烟流逆退距离较短。

对于下行通风巷道，火风压与机械风压相反、风量减小，火源供氧渐稀，燃烧不充分，烟气（以 CO 为参考）生成量较大；由于风量减小，烟气更易在巷道内积聚，故烟气峰值浓度较大；同时，较小的风量、火风压使逆退烟气贴巷道顶板向上运移、上部空间开阔，因而烟流逆退距离较长。可见，下行通风巷道的烟气危害更大。

在热动力灾害救援和处理过程中，有时会采取增大风量的方式稀释瓦斯、排走烟气、防止烟流逆退、稳定通风系统，创造救援和灭火条件。增加巷道风量能有效稀释烟气和瓦斯，保护上风侧不受烟流逆退危害，但同时会增强对烟气垂直方向浓度分布的扰动，不利于人员逃生，助长火势。如此复杂情况中，多方兼顾的临界增风量难以计算。因此，该措施通常仅在确保烟气侵入巷道中已无人员，或为防止瓦斯积聚发生继发性灾害时选用。

5.2.2.2　烟气在风网中的蔓延特性

1. 风流逆转的产生机理

在节流效应和浮力效应共同作用下，倾斜巷道风压、风阻发生变化，某些支路的风量逐渐减小甚至反向，烟流侵入进风系统，分流至其他非火灾分支，扩大烟气的致灾范围，烟气具备了网络蔓延特征，此现象称为风流逆转。火源的热效应使空气密度下降，通风巷道的质量流量减小；此外，火焰具备一定体积，相当于巷道中产生附加障碍物，增大其通风阻力，二者共同导致巷道风量减小，产生节流效应；火源的热效应还在非水平巷道产生附加火风压，改变其通风压力。节流效应和火风压改变矿井通风系统的压力分布、风量分配甚至风流流向，导致风流紊乱，使烟气不仅可顺风扩散，还会不断积聚弥漫、逆流至进风节点和分支，进而顺风扩散至其他独立通风区域，扩大烟气致灾范围，造成群死群伤。风流逆转主要发生在其反向火风压大于正向机械风压的风流支路，风流逆转机理如图 5.7 所示。

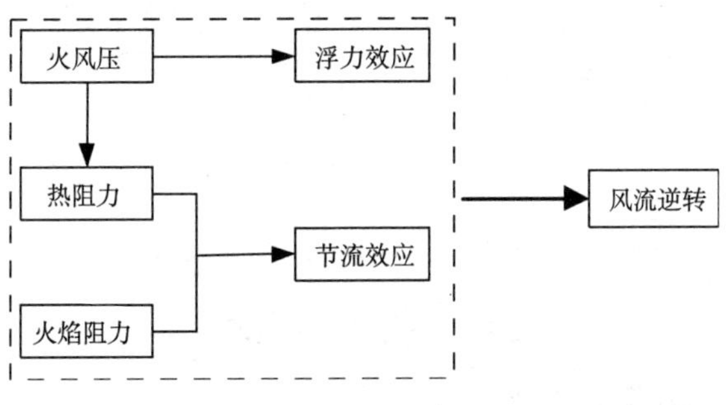

图 5.7　风流逆转的形成机理

2. 风流逆转的基本形式

为了分析火灾烟气对通风网络的影响，首先对通风方向与路线作如下定义。上行通风：在倾斜或垂直的巷道中，风流从标高底端向顶端的流动。下行通风：在倾斜或垂直的巷道中，风流从标高顶端向底端的流动。主干风路：发生火灾后，从进风井口经火源点到回风井的通路。旁侧支路：主干支路以外的其余支路均称旁侧支路。

1）主干风路为上行通风时，旁侧支路的风流逆转

当火灾发生在上行通风巷道，火源所在主干风路中的烟气在机械风压和火风压共同作用下不断向回风节点运移，若灾区回风不畅，热烟气易在回风节点积聚，导致回风节点风压逐渐升高，当回风节点风压大于旁侧支路的机械风压时，旁侧支路则发生风流逆

转。图 5.8 分析了火灾事故中主干风路为上行通风时，旁侧支路发生风流逆转的预兆。

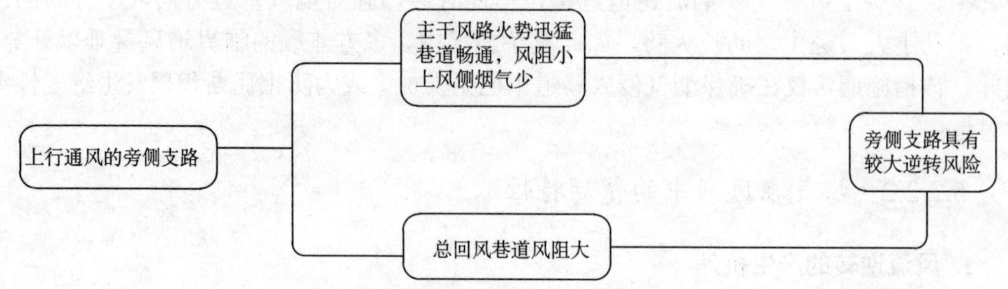

图 5.8 上行风流旁侧支路风流逆转

2）主干风路为下行通风时，主干风路的风流逆转

当火灾发生在下行通风巷道，火源所在主干风路的火风压与机械风压相反，当其火风压大于机械风压时，主干风路则发生风流逆转。由于下行通风火灾的风流逆转概率高、救灾危险性大，因此常从灾区总进回风的情况预测和判断风流逆转情况。图 5.9 列举分析了下行通风巷道火灾救灾过程中常见的风流逆转预兆。

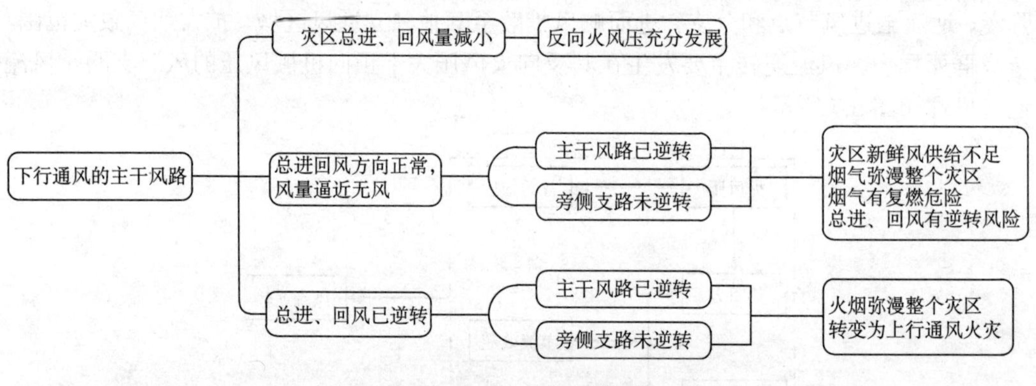

图 5.9 下行风路风流逆转

1986 年 11 月 24 日 3 时 30 分，枣庄山家林煤矿发生一起重大火灾，二水平–380m 胶带机下行通风巷发生火灾，大火持续 3 天，风流逆转 3 次，共造成 24 名矿工不幸遇难[9]。第一次风流逆转，火灾烟气侵入了由二水平大巷进风的所有准备和生产采区，人员无法撤出，是造成重大伤亡的一个主要区段；第二次风流逆转，导致烟气侵入 I 水平、火势更为猛烈；第三次逆转，高温烟气侵入救灾主巷道，使得事故救援处理十分困难。三次风流逆转巷道全长 1256m，高差 269m，火灾发生后的第三天，灾区外围烟气温度仍高达 43℃。导致该事故重大人员伤亡的重要原因是发生运输胶带火灾的主干风路为下行通风，反向火风压造成众多旁侧支路于不同时间出现风流逆转，不仅扩大了烟气的致灾范围，还给灾情分析、救援决策和救护队的施救灭火带来极大的困难。

国内外多起重特大火灾和瓦斯爆炸事故，均是由于发生风流逆转，烟气侵入进风进而扩散至其他独立通风区域，造成了大量人员伤亡。因此，保证矿井通风系统的稳定可靠和防止风流逆转是提高矿井抗灾能力的最重要手段，同时也是矿井火灾救援的重要原则。

5.2.2.3　通风系统的抗灾性

通风系统是矿井的“心脏”与“动脉”，是防灾减灾的关键。合理可靠的通风系统不仅为井下生产作业提供氧气，还在预防热动力灾害事故的发生、减少人员伤亡、降低救援压力等方面起重要作用。烟气是热动力灾害的主要致死因子，风流逆转是矿井火灾危险性高、救灾难度大的主要原因。提高矿井通风系统的抗灾性，在热动力灾害发生后保持正常通风状态、顺利排走烟气、防止风流逆转，是避免热动力灾害事故群死群伤的关键。

1. 通风系统的不合理类型

根据矿井通风系统在成灾、致灾、救灾 3 个阶段中发挥的重要作用，从选型、巷道布置、日常管理、抗灾能力 4 个方面可对通风系统不合理类型进行分析。

（1）在通风系统选型方面，中央并列式通风系统风流路线长、回风阻力大，井底车场附近漏风严重，安全出口少。据统计，2000 年以来的重特大热动力灾害事故中，采用中央并列式通风系统的矿井占比约 40%。中央并列式通风系统是一种管理难度大、易成灾致灾、不易逃生和救灾的通风系统。

（2）在通风巷道布置方面，采区、掘进面、硐室等未实现独立通风，无专用回风巷，“剃头下山”开采，一巷多用等[9]，是导致热动力灾害发生、致灾严重、救援困难的主要原因。

（3）在通风系统日常管理方面，通风装备和设施管理不善、漏风严重、风流短路是热动力事故成灾的重要因素。

（4）在抗灾能力方面，存在采用下行通风方式，回风段阻力大，通风装备和设施强度低、可靠性差等，可致热动力事故致灾严重、逃生和救援困难。

2. 构建可靠的通风系统

以上述分析为基础，在通风系统设计、日常管理过程中避免上述缺陷，使通风系统结构简单合理、设施可靠、风量达标，采用对角式或区域式通风系统，实现矿井各区域独立通风，在通风系统设置和管理过程中严格遵守《煤矿安全规程》的相关规定，巷道尽量避免采用下行通风方式，保障矿井回风系统畅通，增强通风装备和设施的可靠性，让通风系统在防灾减灾中发挥重要作用。

5.3　爆炸冲击波致灾特性

瓦斯或煤尘爆炸中，可燃物预混均匀、燃烧速度快，几乎瞬间完成，爆炸冲击波高压是破坏井巷设施、致人伤残进而丧失逃生能力的主要因素。本节主要介绍气相可燃物爆炸的形成机理、冲击波的压力构成、矿井中爆炸冲击波及其传播规律以及冲击波的致灾特性。

5.3.1　气相可燃物爆炸的形成机理

煤矿井下气相可燃物爆炸主要指瓦斯爆炸，体积 $1m^3$、浓度为 10%的瓦斯-空气预混气体，其爆炸能量与 0.75kg 的 TNT 炸药相当。爆炸在短时间内产生的大量能量通过空气压力波、抛射物体、热辐射和声能等途径消散，对周围的人和物产生损伤和破坏。瓦斯爆炸的发生与发展过程十分复杂，受环境因素（温度、压力、几何尺寸、受限情况等）、爆炸物性质（成分、浓度等物理参数）、点火源特性（类型、温度、能量、持续时间）等多种因素的影响，国内外现有研究仍未完全深刻阐释矿井巷道中瓦斯爆炸的形成过程。

在矿井的通风不良区域，当瓦斯与空气预混至浓度约 5%～16%，遇符合条件的点火源即可发生爆炸。瓦斯爆炸的本质是瓦斯的预混湍流燃烧，是预混气体被点燃后，燃烧反应面（或称反应前沿、燃烧波、火焰波）、空气压缩波在未燃预混可燃气中的传播和叠加的现象。瓦斯爆炸过程可大致分为如图 5.10 所示的四个阶段。

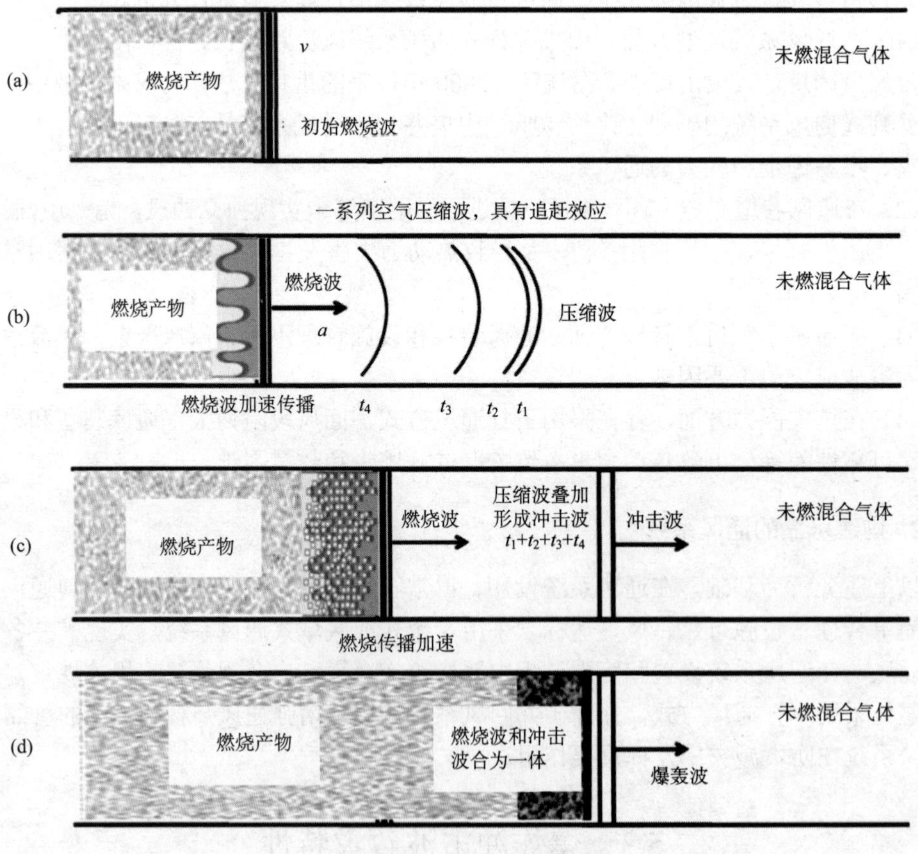

图 5.10　火焰传播发展及冲击波形成过程示意图

1. 燃烧波的形成

预混气体在某一点被点燃形成反应前沿（燃烧波），距离火源点较近的燃烧波引燃附

近未燃预混气体，使得燃烧波向四周扩散传播，整个预混气体空间分“已燃区|燃烧反应区|未燃区”，如图 5.10（a）所示。这一阶段，燃烧波及已燃区温度约 1800℃、传播速度约 5～30m/s。此时燃烧反应刚开始，燃烧波反应、传播速率较慢，对周围未燃预混气体扰动和压缩效应不明显，附近空气压力变化较小。

2. 压缩波的形成

燃烧波传播过程中，由于火焰状态的不稳定性及其湍流旋涡边界，火焰呈现褶皱式锋面前沿（图 5.11），增大了燃烧波反应表面积，增加了燃烧反应速率和火焰传播速度。燃烧波由薄层状转变为由未燃预混气体、燃烧反应气体和燃烧产物共同组成的反应区段，具有一定长度，如图 5.10（b）所示。此时燃烧波温度介于 1850～2650℃。

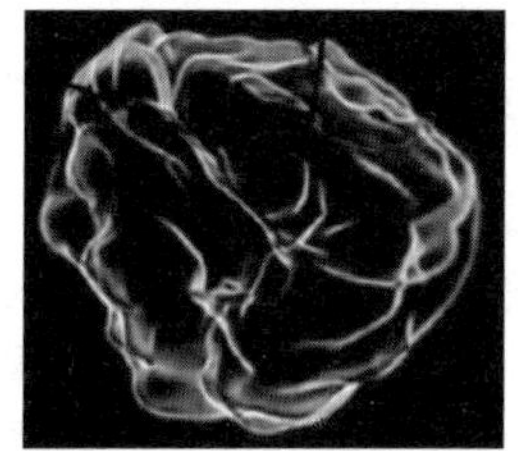
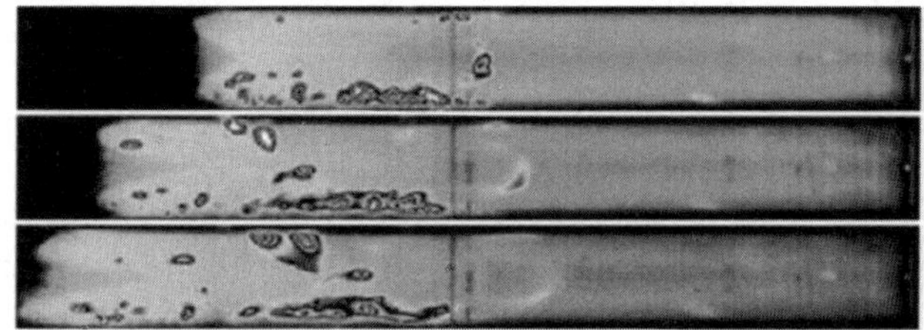

图 5.11　褶皱式火焰锋面和湍流火焰区实测图[14]

由于未燃气体受到挤压、密度增大，单位体积的活化分子数增加，故燃烧波传播至此后反应速率加快、能量输送加剧。快速剧烈燃烧的热效应、燃烧波的传播挤压效应使附近气体受热膨胀，同时压缩前方未燃预混气体，形成一系列明显的空气压缩波（compression wave），在未燃混合气体中传播，所以在燃烧波可以稳定传播的预混气体中，燃烧波传播速度越来越快。相应地，t_1，t_2，t_3，t_4 时刻依次产生的空气压缩波中，后产生的空气压缩波也总比先产生的速度快，即 t_4 时刻产生的空气压缩波速 $v_4>v_3>v_2>v_1$，具有追赶效应，后产生的压缩波与先产生的压缩波距离越来越近，前端空气压缩波逐渐密集，如图 5.10（b）所示。

系列空气压缩波追及叠加形成大于环境压力的，相对前方气体以亚声速传播的聚合空气压缩波，图 5.12 为聚合空气压缩波附近气流场中的压力分布特征示意图。该阶段的波速可达 330m/s、小于声速，超压可达 807kPa，波前和波后的压力存在逐渐累积和消散的过渡区间。

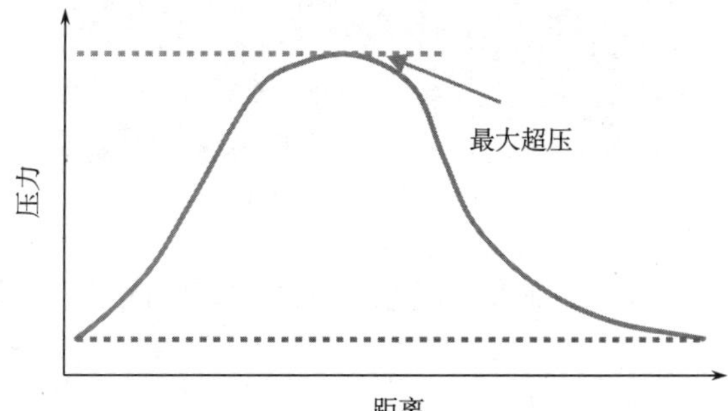

图 5.12　聚合空气压缩波前和波后气流场中的压力分布特征示意图[10]

3. 冲击波（激波）的形成

燃烧波加速传播过程中，未燃预混可燃性气体的扰动继续加大反应前沿的湍流效应，导致了火焰锋面传播进一步加速。仍存在“已燃区|燃烧反应区|未燃区”的明显分界，如图 5.10（c）所示，但速度更快。同时，不断追及叠加的聚合空气压缩波传播速度越来越快、压力不断升高，当聚合空气压缩波相对其前方气体的速度达到甚至超过声速时，此聚合空气压缩波前沿压力来不及在波前气流中缓慢传播释放，转而产生一个密度、温度、压力等的突变间断面（图 5.13），不存在如图 5.12 所示的波前波后的缓慢过渡区间，称之为冲击波或激波（shock wave）。冲击波有数个分子平均自由程的厚度，其两侧气体的物理参数发生突变，利用光经过密度不同的介质会发生偏转的性质可观测激波，图 5.14 展示了以 2.45 倍声速飞行的子弹产生的锥状激波。

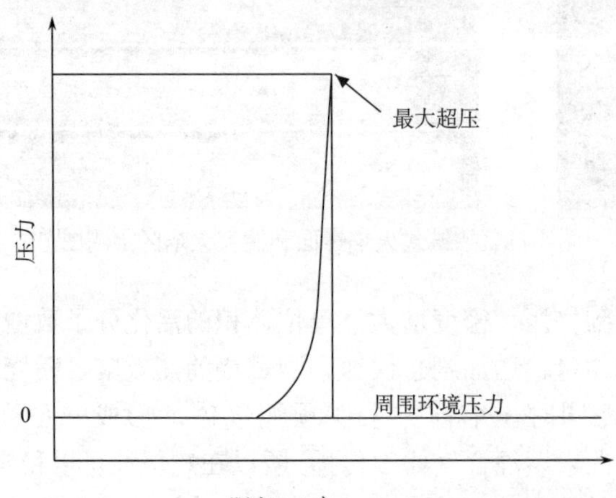

图 5.13　冲击波（激波）和爆轰波前和波后的压力分布特征示意图[10]

图 5.14　超声速飞行的子弹产生的锥状激波

此外，学界将燃烧波相对于前方未燃预混气体的速度低于声速的爆炸称为“爆燃”（deflagration）。

4. 爆轰波的形成

燃烧波传播持续加速，不断叠加的冲击波速度继续增大、压力不断升高，未燃预混可燃性气体被压缩和加热，当冲击波压缩、加热未燃预混气体，使其温度高于其自燃温度时，冲击波前高压区内的预混气体将自发燃烧，此时冲击波和燃烧波合为一体、同步传播，爆炸进入“爆轰”（detonation）阶段，产生“爆轰波”，如图 5.10（d）所示。爆轰波是带有化学反应的冲击波，是冲击波与燃烧波的聚合，其前后气流场同样具备冲击波的性质，波前波后气体各项物理参数也发生突变，不存在缓慢过渡区间，如图 5.14 所示。

综上所述，燃烧波是预混气体被点燃后，介于已燃反应产物和未燃预混气体之间的燃烧氧化反应界面或区段，是爆炸发展、传播过程的能量来源；当燃烧波速度小于声速时，爆炸处于爆燃阶段。聚合空气压缩波、冲击波和爆轰波是燃烧波在受限空间发生物理变化或化学反应而引起的空气压缩波在 3 个不同阶段的不同形式。空气压缩波相对其前方气流的速度小于声速时称空气压缩波（compression wave），波前后气流场物理参数发生渐变，存在压力逐渐累积和消散的区间；当空气压缩波不断追及叠加，其速度相对于前方气流超过声速后，波前后物理参数发生突变，称为冲击波；冲击波持续加速、压力不断升高，当前方未燃气体承压升温至自燃，冲击波与燃烧波合二为一、共同传播时，称为爆轰波，此时爆炸发展至爆轰阶段。国外学者将冲击波和爆轰波定义为其所在的气体界面，将界面两侧的气流场定义为爆炸气浪（blast wave），在空气压缩波阶段，爆炸气浪中的压力场呈图 5.12 状分布；在冲击波和爆轰波阶段，爆炸气浪中的压力场呈图 5.13 状分布。

随着燃烧反应不断加速进行，预混气体湍流程度不断提高、压力不断增大，爆炸过程不断加剧的原因是存在能量和反应速率的正向反馈机制[11]。预混可燃性气体的燃烧热效应使局部膨胀、增大了反应面积，同时受挤压的气体密度增大、单位体积内活化分子数增多，二者联合作用使反应速率增大，燃烧波速度增加；燃烧波传播速度的提高又增强了对未燃预混气体的湍流扰动，继续增加了燃烧氧化速率。需要注意的是，瓦斯爆轰形成的条件十分苛刻，但其压力极高，可达数个兆帕；煤矿井下的瓦斯爆炸通常属于瓦斯爆燃。

5.3.2　爆炸冲击波压力

爆炸波的传播实质上是气相流体的运动过程。冲击波是矿井瓦斯爆炸的主要破坏因素，其压力由超压和动压构成，该特征使冲击波破坏效应更强。对于碎片、人体等轻质、可压缩对象，冲击波超压和动压共同致灾，而对于坚固的大型机械设备、密闭等通风构筑物，反射超压主要对其产生破坏。因此，了解冲击波的压力对于理解冲击波的致灾机理和特性至关重要。

5.3.2.1　冲击波的压力组成

冲击波传播是高速、高压气流的运动过程，故冲击波压力同流体动力学的定义一致，由静压和动压构成。在冲击波的研究中，超压和动压是常见的基本概念，以下进行详细介绍。

1. 超压

冲击波超压（overpressure）指冲击波界面附近空气的压强与大气压之差额，其本质是静压，向各个方向的作用均相同。图 5.15 展示了某一固定点在爆炸发生后不同时间段内的超压分布特征。在 t_1 时刻（冲击波到达时间）之前，该固定点压力为大气压力（虚线值），t_1 时刻冲击波前沿来临，该点压力迅速升高（时间极短）至冲击波超压极值（图中顶点压力与大气压力之差）；冲击前沿过后，该点压力逐渐降低，至 t_2 时刻降至大气压，t_1 至 t_2 为冲击波持续时间，该时间段内超压对时间的积分即超压冲量（overpressure impulse），反映了正超压对该点的持续作用，是对人和建筑物破坏最大的时段。被突然挤压并快速恢复的空气在刚回至大气压力时，会类似于过度压缩的弹簧快速回弹一样，产生一定负压，即 t_2～t_4 阶段，于 t_3 时达到最大负压。一般情况下，矿井瓦斯爆炸产生的冲击波负压最大可达–30kPa，可对人员和矿井设施造成一定破坏。t_4 时间后冲击波破坏作用终止。

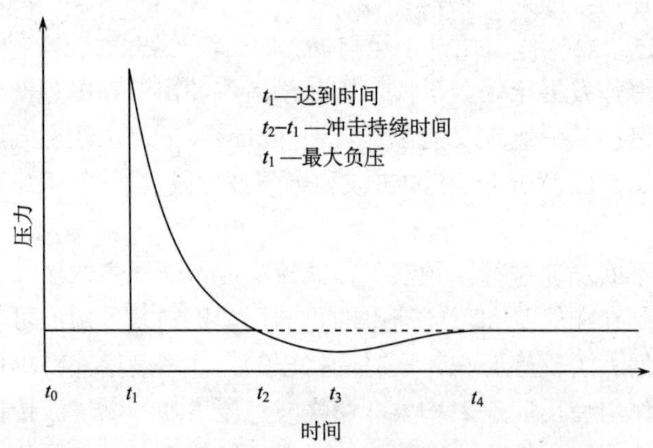

图 5.15　固定位置处的冲击波侧向超压变化特征[12]

2. 动压

动压（dynamic pressure）指流体运动时，在正对流体运动方向的某一表面，流体完全受阻，此处的流体速度为 0，在该表面的全受阻压力与未受扰动处的压力（即静压）之差。在严格的流体力学定义中，上述运动必须为等熵流动，故该过程并不与现实中的流体完全受阻对应。动压是因流体运动而产生的压力，在爆炸中可形象地比作“爆炸风暴”，可用式（5.2）表达：

$$P_{\mathrm{Dyn}} = \frac{1}{2}\rho v^2 \tag{5.2}$$

式中，P_{Dyn} 为动压；ρ 为流体密度；v 为流体的运动速度。

由于冲击波速和冲击波及其两侧气流场气体密度难以直接测量，通过冲击波速度计算动压是极难实现的，故一般通过冲击波动压与静压的关系进行换算，其关系如下式所示[11]：

$$p_v = \frac{5}{2}\left(\frac{p_s^2}{7p_0 + p_s}\right) \tag{5.3}$$

式中，p_v是冲击波动压；p_s是冲击波静压；p_0是初始大气压力。

未发生爆轰的情况下，瓦斯爆炸冲击波相对静压为 0～807kPa，计算可得冲击波动压范围约为 0～1075.4kPa。由式（5.3）可拟合得到如图 5.16 所示的曲线。该图可直观反映冲击波静压和动压关系。假设波后气体密度为普通大气条件下的 1.29kg/m^3（实际很难测得，应更大），由动压和速度关系，可反算得到爆燃阶段冲击波的速度极值至少约为 1245m/s。

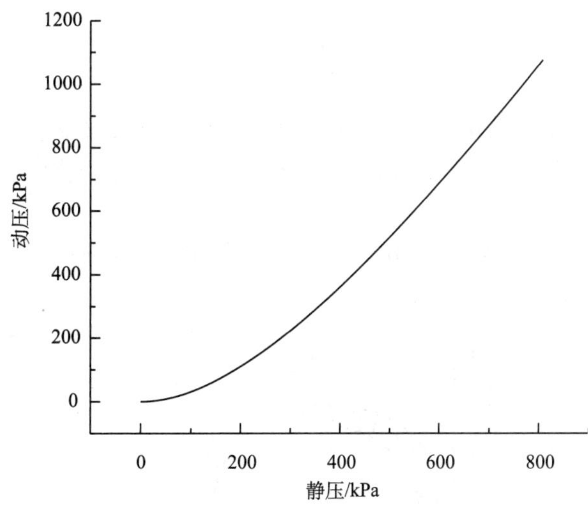

图 5.16　爆燃阶段冲击波静压和动压关系

3. 全压

全压（stagnation pressure）指流体运动时，在正对流体运动方向的某一表面，流体完全受阻，此处的流体速度为 0，在该表面的全受阻压力，该过程同样须为等熵流动。明显可得，冲击波全压为冲击波静压与动压之和，可用式（5.4）表达：

$$P_{Stag} = P_{Stat} + P_{Dyn} \tag{5.4}$$

式中，P_{Stag}为全压；P_{Stat}为静压。

5.3.2.2　定容爆炸超压、爆轰超压和反射超压

1. 定容爆炸超压

爆炸空间的几何特征对冲击波超压极值影响很大，空间封闭程度越高，极值压力越大。如前所述，冲击波超压是静压，在不发生爆轰情况下可由理想气体状态方程理论计

算。定容爆炸超压是不发生爆轰情况下冲击波超压的极值，矿井瓦斯爆炸冲击波超压一般低于此值。

将爆炸预混气体简化为理想气体，认为爆炸发生在密闭、容积不变的绝热环境中，理想气体状态方程：

$$pV = nRT \tag{5.5}$$

式中，p 为气体静压；V 为恒定不变的反应容积；n 为气体分子摩尔数；R 为理想气体常数；T 为气体温度。反应前后压力与温度比值为常数，即

$$\frac{p}{T} = \frac{nR}{V} = \text{const} \tag{5.6}$$

以 p_v、T_v 分别为定容爆炸超压和温度，以 p_i、T_i 表示初始气压和温度，可得如下关系：

$$\frac{p_v}{p_\text{i}} = \frac{T_v}{T_\text{i}} \tag{5.7}$$

运用热力学理论计算可得甲烷-空气混合气体的最高反应温度约为 2670K，取气体初始温度为 298K、初始压力为 101kPa，计算可得甲烷定容爆炸压力为 908kPa（绝对压力）[11]。

国内外学者在 4.2L、20L、1000L 乃至 $204m^3$ 的容器内进行了甲烷定容爆炸实验，图 5.17 为定容爆炸实验装置示意图。

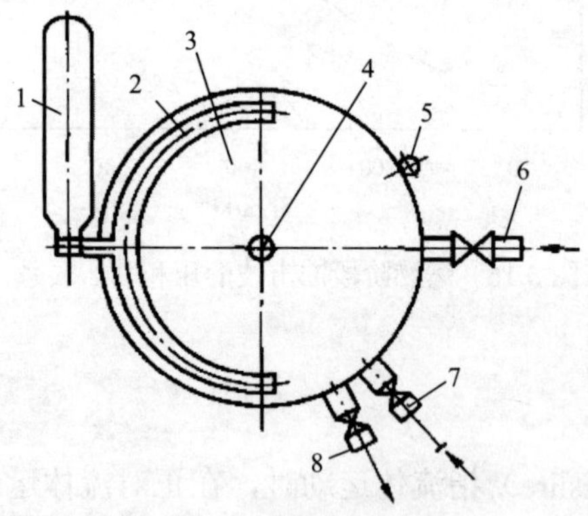

图 5.17　定容爆炸装置示意图

1.容器；2.半圆形喷管；3.爆炸室；4.点火源；5.压力传感器；6.可燃性气体入口；7.空气入口；8.排气口

由于气体爆炸行为的影响因素众多，实验测得的定容爆炸峰值超压往往存在误差。如 Razus 于 2006 年总结了世界范围内的该类型实验，其峰值超压多集中在 700～870kPa[13, 14]；美国国家职业安全与卫生研究所的 Zlochower 于 2007 年对 15℃的干空气和湿空气定容爆炸进行了实验对比，分别得到了 934kPa 和 925kPa 的峰值压力[15]。图 5.18 所示为部分研究者在 20L 和 120L 容器内，对不同浓度的甲烷-空气预混气体进行的峰值压力测定实验散点图。从该图可以看出，浓度约 10%的甲烷爆炸峰值压力最高，且接近理论计算值（1psi≈6.9kPa）。

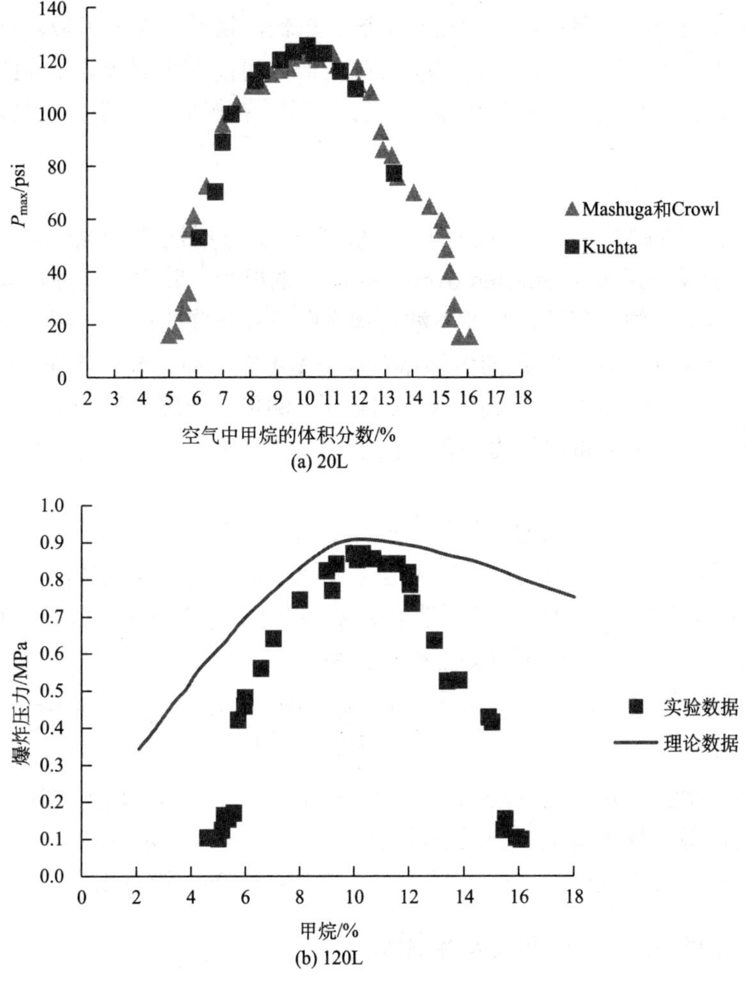

图 5.18　20L 和 120L 容积内不同浓度甲烷定容爆炸峰值压力实验（绝对压力）[10, 11]

2. 爆轰超压

当预混可燃性气体积聚量足够大、分布长度足够长，燃烧波和冲击波有足够长的距离不断加剧反应和叠加升压，导致冲击波前方未燃预混气体被压缩、温度升高至自燃点而燃烧，冲击波和燃烧波合二为一转变为爆轰波，爆燃转变为爆轰。

关于爆轰发生条件的研究主要集中在爆轰胞格宽度和累积加速长度等方面。在小尺寸管道爆轰实验中，爆轰发生后会在管道壁上留下网格状痕迹，称为“胞格”[16, 17]。化学计量预混条件下的可燃性气体爆轰后胞格尺寸最小，随着浓度偏离化学计量浓度，胞格尺寸逐渐变大；且管道当量直径必须大于爆轰胞格宽度，爆轰才可能发生[18]。现有文献中，爆轰胞格的最大宽度为 45cm，矿井巷道直径均大于此值。累积加速长度指从点火源到发生爆轰的距离，管道等效直径越大，其湍流扰动越难发展，所需的累积加速长度越长，这一参数目前尚无明确结论。最新研究认为，对于粗糙管道，累积加速长度为其当量直径的 10～20 倍时具备发生爆轰的条件[11]。对于当量直径至少为 2m 的现代化矿井巷道，由于不仅巷道壁面粗糙，其中还有轨道、车辆、物料、支护等障碍物增大燃烧波反应的湍流程度，研究认为其长度为100～200m时才可能发生爆轰。而如此大范围的均匀预混瓦斯气体在现代化矿井中是极难存在的。因此，在煤矿实际条件下极难发生爆轰。

3. 反射超压

在冲击波压力的测量中，按传感器布置方式的不同常有侧向超压（side-on overpressure）和反射超压（reflected overpressure）的概念。其中，与冲击波传播方向平行布置的传感器测得侧向超压，与冲击波传播方向垂直布置的传感器测得反射超压（也称正向超压）。由于侧向超压测量的传感器布置基本不影响冲击波的传播，其值可近似等同于冲击波超压（静压）；但反射超压（正向超压）测量的传感器阻碍了冲击波传播，该过程是非等熵流动，故测得的压力不可等同于冲击波全压，与侧向超压的差值亦不可等同于冲击波动压。

冲击波的本质是空气压缩波，其传播过程中遇障碍物会发生反射。当障碍物与冲击波面垂直时，反射波的压力为最大反射超压（正向超压）。难以移动的固定设施，如密闭对冲击波传播构成阻挡，反射超压对其造成破坏。侧向超压与正向超压在未发生爆轰（无化学反应的空气压缩波）条件下有如下换算关系[11]：

$$p_{\mathrm{R}} = 2p_{\mathrm{s}}\left(\frac{7p_0 + 4p_{\mathrm{s}}}{7p_0 + p_{\mathrm{s}}}\right) \tag{5.8}$$

式中，p_{R}为正向超压；p_{s}为侧向超压；p_0为初始压力，一般为当地大气压。

根据理论计算，爆燃情况下的反射波超压极值约为4.2MPa（绝对压力）；在爆轰条件下，爆轰波伴随化学反应，反射波超压极值约为4.5MPa（绝对压力）。

5.3.3 矿井中的爆炸冲击波及安全距离

瓦斯爆炸影响因素众多，爆炸空间的几何尺寸和结构对爆炸行为影响巨大。由于爆炸实验的危险性，多数研究集中于在小尺寸的实验管道中对爆炸燃烧波和冲击波传播规律及速度、压力等进行测算，学界一致认为该类研究结果与实际井巷尺寸下的爆炸行为相去甚远。为研究实际矿井条件下的瓦斯爆炸超压情况，个别学者利用废弃矿井开展了原型实验，或根据瓦斯爆炸事故调查结果进行了反演计算，得到了丰富宝贵的矿井瓦斯爆炸超压数据。值得注意的是，原型实验及大型爆炸事故中的超压，极值均发生在具备能量不断补给、燃烧波和冲击波不断加剧叠加条件的燃料预混区；在预混区域外，由于巷道壁面的摩擦和矿井设施的阻碍，燃烧波将消失，冲击波超压将总体呈迅速下降趋势。

5.3.3.1 矿井瓦斯爆炸实验和事故中的冲击波压力

1. 矿井瓦斯爆炸实验

1）矿井瓦斯（煤尘）爆炸实验中的冲击波超压

自20世纪60年代起，波兰、德国和美国的学者在实验矿井中进行了大量的瓦斯（煤尘）爆炸实验，在预先设置大量预混瓦斯、撒布煤粉条件下测得或反算得到极大的冲击波压力。其中，波兰学者 Cybulski 的团队于 20 世纪 60～70 年代进行的实验规模最大[11]。1967 年，该团队在玛雅矿（Maja Mine）的一条长 57m、断面约 17m^2 的实验巷道中，设置了体积为 70～1000m^3、甲烷浓度为 10%的甲烷-空气预混气体，在充满 57m 巷道、预混 1000m^3 的 2 次实验中，测得峰值爆炸压力约为 3.2MPa，燃烧火焰波速约 1200m/s；而在未充满 57m 巷道的一系列实验中，测得了 0.2～1.5MPa 的峰值超压。1975 年，该团队又在芭芭拉实验矿（Experimental Mine Barbara）进行了独头巷道中的煤尘爆炸实验，研究者在长 200m 的独头巷道中撒布了煤尘，实验测得冲击波速度约 1600～2000m/s，计算得爆炸反射超压峰值约为 4.1MPa。1968 年，德国学者 Genthe[11]研究发现，当燃烧波速度低于 330m/s 时，冲击波超压低于 1.0MPa；当燃烧波速度达 1200m/s 时，冲击波超压达 1.8MPa；预混可燃性气体长度与燃烧波速度和冲击波超压峰值呈正相关。

2）林恩湖实验矿（Lake Lynn Experimental Mine）瓦斯（煤尘）爆炸实验[19]

20 世纪 80～90 年代，美国国家职业安全与卫生研究所（National Institute of Occupational Safety and Health, NIOSH）的研究人员在林恩湖实验矿（Lake Lynn Experimental Mine，LLEM）平均断面约 13m^2 的巷道中进行了系列实验，下面选择其中一组测得最大爆炸超压的实验予以介绍。

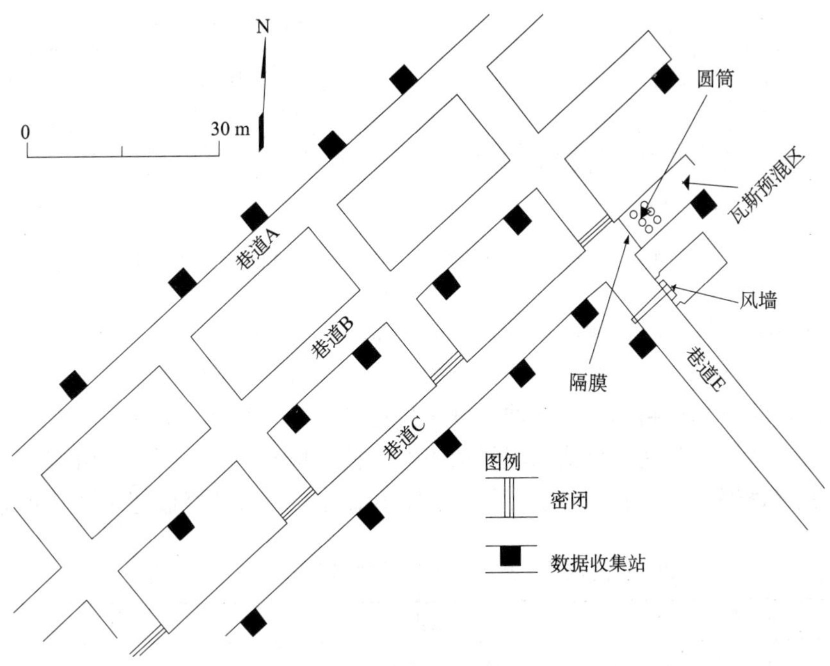

图 5.19　LLEM 实验巷道分布和设置图

如图 5.19 所示，本组实验于实验巷道 C 中进行，通过在联络巷中构筑密闭与 B 巷道分隔，通过液压钢筋混凝土隔板与巷道 E 分隔。在巷道 C 右上部充注 210m^3、浓度为 9%的甲烷-空气混合气体，并设置数排圆筒以增强湍流扰动，在爆源区末端用塑料隔膜与巷道 C 其他部分隔离。塑料隔膜外 64m 长的区域内，悬挂共 160kg 的粉尘，以达到平均 200g/m^3 的粉尘浓度。图 5.20 所示为该较大型的瓦斯（煤尘）爆炸实验中几个不同位置的冲击波压力记录曲线图（以塑料隔膜处为坐标原点）。

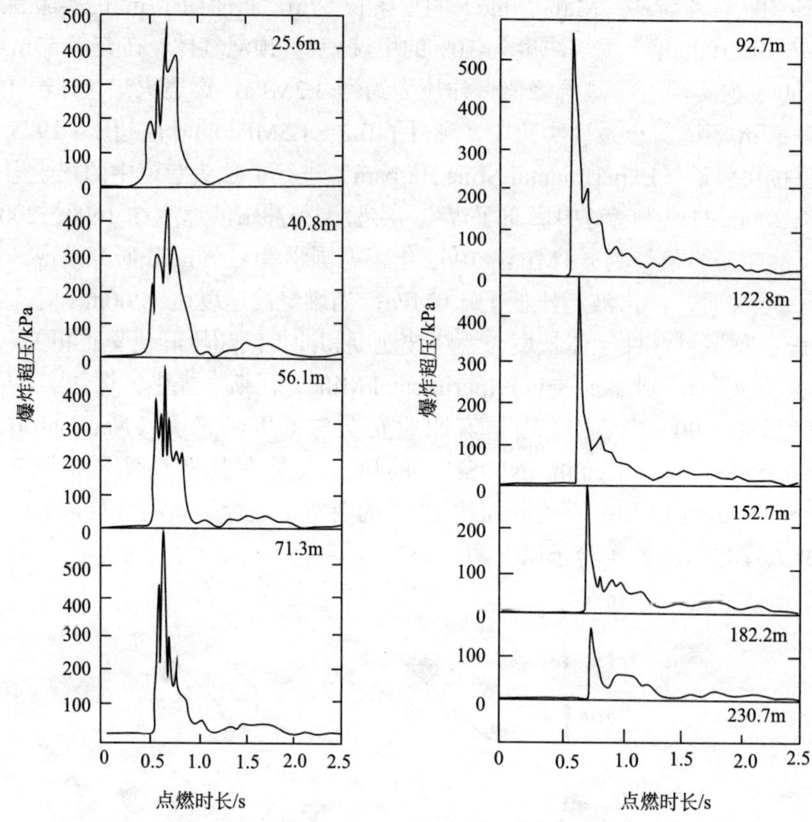

图 5.20　不同距离压力传感器记录的冲击波超压-时间变化曲线（相对压力）

如图 5.20 所示，冲击波峰值超压约 600kPa，位于 71.3m 传感器处。当超压峰值相同时，压力上升累积速率越快，破坏性越强，这符合冲击波超压破坏的冲量原则。由该图可以看出，距离爆源越远，冲击波上升至峰值超压的速率越快，92.7m 后近似垂直上升，即冲击波超压上升速率极快，但峰值不断下降、峰值超压到达时刻不断延迟，说明此时已临近爆燃停止点。表 5.9 记录了每个传感器处的冲击波峰值超压及其到达时刻。

表 5.9　不同位置传感器峰值超压时刻及压力（相对压力）

传感器位置/m	峰值超压时刻/s	峰值超压/kPa
4.0	2.990	595
18.0	2.975	430
25.6	2.940	465
40.8	2.945	440
56.1	2.910	470
71.3	2.894	600
92.7	2.884	570
122.8	2.924	500

续表

传感器位置/m	峰值超压时刻/s	峰值超压/kPa
152.7	2.965	300
182.2	3.015	170
230.7	3.110	100

由表 5.9 可知，瓦斯（煤尘）爆炸的冲击波传播和超压变化行为较为复杂。传感器位置由近及远，随着燃烧波传播发展、冲击波叠加直至反应结束，冲击波超压并非先升高后降低，各位置峰值压力也并非顺序出现。为进一步分析，根据表 5.9 中实验结果作图 5.21。

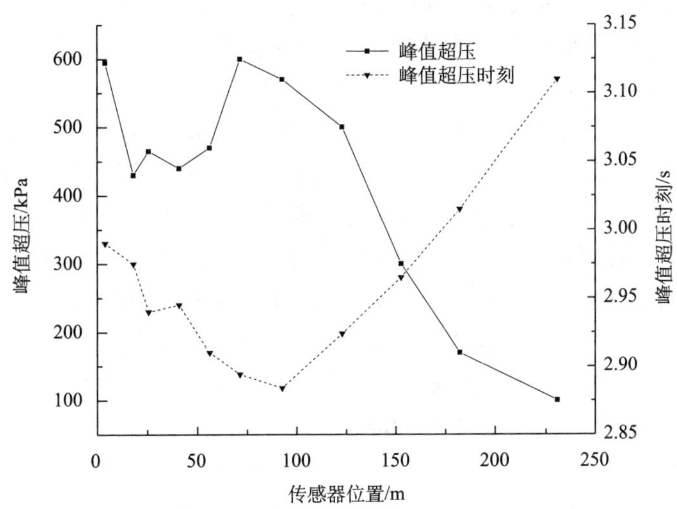

图 5.21　不同位置传感器峰值超压时刻及压力（相对压力）

由图 5.21 可得，从爆源点开始峰值超压先降低后增加。这是因为塑料隔膜内的瓦斯先行燃烧爆炸，在 4.0m 处传感器测得 595kPa 的瓦斯爆炸峰值超压，同时瓦斯爆炸冲击波吹扬煤尘，使预混煤尘区段增加，长于布置的 64m，故存在极短的、煤尘弥漫所需预混迟滞时间，导致 18.0～56.1m 处共 4 枚传感器峰值超压在 430～470kPa 低位波动，近似认为是单纯瓦斯爆炸超压的衰减区间。煤尘预混后被瓦斯爆炸燃烧波高温热解、点燃引爆，于 71.3m 处出现煤尘爆炸冲击波超压极值 600kPa，此后沿程衰减。在峰值超压到达时刻方面，曲线先下降后上升，于 18.0～56.1m 共 4 处传感器波动下降，超压极值和来临时刻的波动，也表明该区段是单纯瓦斯爆炸冲击波吹扬煤尘预混的迟滞时间，恰好煤尘布置区段的长度为 64m。92.7m 处传感器峰值超压最先来临，分析可得该传感器附近燃烧波速度最快、压力累积速率最高，分析认为该点即为爆炸结束点，该点之前燃烧波速度较慢、压力累积速率较低，该点之后峰值压力沿程下降且幅度较大，通过光线传感器数据反算得到的燃烧波速度（区间平均速度）也证实了这一点（表 5.10，93m 后的光线传感器未测得信号）。

表 5.10　各光线传感器区间平均燃烧波速

距离区间/m	燃烧波速/（m/s）
0～4	13
4～26	100
26～56	335
56～93	740
>93	—

2. 瓦斯（煤尘）爆炸事故中的冲击波超压

2010 年 4 月 5 日，美国 Upper Big Branch（UBB）煤矿发生瓦斯（煤尘）爆炸，死亡 29 人，是美国近 48 年来死亡人数最多的煤矿事故，煤尘爆炸燃烧波传播超过 3.2km[20]。

如图 5.22 所示，事故发生在长壁工作面回风巷（Longwall Tailgate）。该工作面为 Y 型通风，爆源点左侧回风巷冒顶致使工作面尾部附近积聚约 85m^3 瓦斯，采煤机截割顶板产生火花引爆了瓦斯，在预混瓦斯被消耗完之前，燃烧波传播了 36.6m、传播速度约 91.4m/s，瓦斯爆炸最大超压达 27.6kPa，同时扬起了大量煤尘，导致了更大范围的煤尘爆炸，燃烧波和冲击波传播到整个采掘空间。爆炸冲击波向各个方向传播，包括长壁综采工作面，爆炸超压达 96.5kPa[20]。事故调查结果还表明，当煤尘燃烧波向采空区侧回风巷传播时，速度约为 304.8m/s，冲击波超压大于 124.1kPa；同时，燃烧波以约 182.9m/s 的速度向回风巷另一侧传播，该区域冲击波超压约 41.4kPa。在工作面停采线附近，更多的煤尘参与爆炸，燃烧波速度超过 304.8m/s，当到达回风巷与北大巷（North Glory）的交叉处时，燃烧波传播速度急剧下降。此后，低速传播的燃烧波继续向工作面进风巷传播，而后速度加速至 365.76m/s，超压大于 137.9kPa。虽然燃烧波并未进入采煤工作面，但是冲击波从进风巷进入了工作面，并产生了 48.3～96.5kPa 的超压。而后，燃烧波和冲击波继续沿北 1 进风巷前进，并向 22 号回风巷传播。由于 22 号回风巷尚未贯通，当煤尘爆炸传播到 22 号回风巷时，超压接近 137.9kPa；而后，燃烧波继续向 22 号进风巷传播，其速度达到 457.2m/s，冲击波超压约 172.369kPa。在向 22 号进风巷深部传播过程中，更多的煤尘参与了爆炸，造成燃烧波速度和冲击波超压的急剧升高，超压高达 358.5～448.2kPa。随着燃烧波和冲击波传播至 22 号进风巷尽头，冲击波超压叠加增强到约 723.9kPa。在火焰传播到 22 号进风巷时，冲击波同时还向贾雷尔（Jarrel’s）大巷和北西贾雷尔（North West Jarrel’s）传播，平均超压约为 137.9kPa，燃烧波速度超过 304.8m/s。由于缺少足够的氧气，燃烧波最终在西贾雷尔（West Jarrel’s）大巷尽头熄灭。

由矿井瓦斯（煤尘）爆炸实验和事故调查分析可知，矿井瓦斯爆炸超压均小于定容爆炸超压 807kPa（相对压力），只有在封闭巷道内设置均匀、超大容量（如 1000m^3 处于化学当量浓度的甲烷-空气混合气体）的预混可燃物，点燃后才可能产生超过 1.0MPa 的冲击波超压，因此，在现代化的煤矿科技和管理条件下，矿井中瓦斯（煤尘）爆炸事故超压几乎不可能超过定容爆炸超压，发生爆轰的可能性极小。但是，矿井瓦斯（煤尘）爆燃就足以造成重大人员伤亡、摧毁矿井设施。

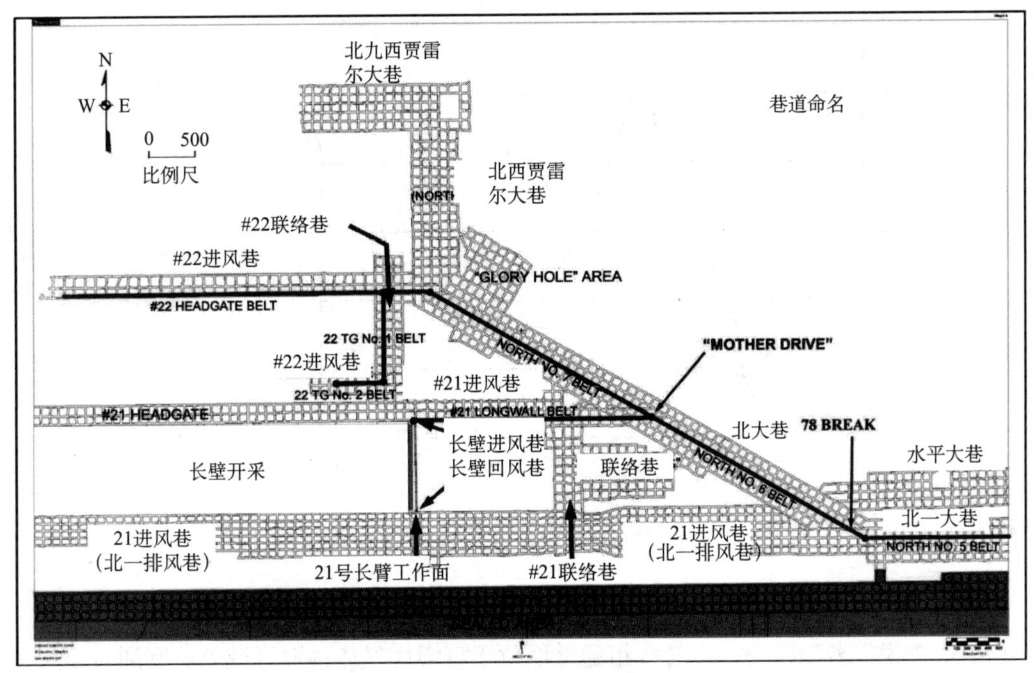

图 5.22　UBB 事故区地点分布图[20]

5.3.3.2　矿井瓦斯爆炸冲击波的传播规律和安全距离

安全距离指井下发生瓦斯爆炸时，从爆炸中心到作业人员不受爆炸冲击波伤害的最小直线距离，这对于制定应急救援预案、人员逃生、灾害救援和事故调查都具有重要意义。研究矿井瓦斯爆炸中的安全距离，就必须了解矿井巷道网络中冲击波的传播规律，即研究障碍物、拐弯、粗糙壁面对冲击波传播的影响。

1. 冲击波的传播规律

1）预混瓦斯区域内的冲击波传播规律

一般来说，若障碍物、拐弯、粗糙壁面位于可燃性气体预混区域内，则对燃烧波湍流有加剧效应，使反应更为剧烈，故呈现总体加强燃爆效应的趋势。图 5.23 所示是某实验条件下预混瓦斯区域内障碍物对冲击波超压变化的压力-时间曲线。从该图可以看出，障碍物的有无对预混区域内冲击波超压峰值没有影响，其峰值均为 650kPa（6.5bar）左右；但会缩短冲击波峰值的到达时间，加速冲击波峰值的来临（提前了 0.1s 以上）。这就意味着预混区内障碍物会使瓦斯爆炸有更快的压力累积速率，从而增强冲击波的破坏效应。

又如上述 LLEM 矿井瓦斯爆炸实验中，瓦斯预混区域内扰流圆筒加剧了燃烧波反应、增强冲击波压力，在预混区长仅约 14m 的火焰加速区内，于塑料隔膜外 4m 传感器处产生了 595kPa 的极大超压，其效应十分明显。

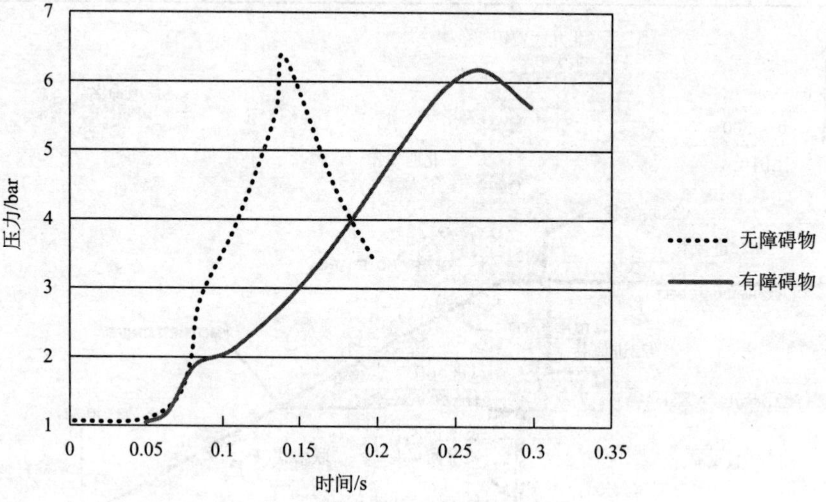

图 5.23　障碍物对瓦斯爆炸波压力的影响[24]

2）预混区外冲击波的衰减规律

一般来说，若障碍物、拐弯、粗糙壁面位于可燃性气体预混区域外，则通过沿程损失、局部损失的方式使冲击波压力不断降低。以可燃性气体预混区末端为起点，在断面不变的直巷内，冲击波超压衰减传播计算如下式[21]：

$$P_S = \frac{P_R R}{R+S} \mathrm{e}^{-\frac{\beta S}{d}} \tag{5.9}$$

式中，R 为已知超压点和燃烧波熄灭点之间的距离；P_R 为 R 点处超压；S 为待求超压点和 R 点处之间的距离；P_S 为待求 S 点处的冲击波超压；β 为巷道摩擦阻力系数；d 为巷道水力直径。

上式的不足之处在于：必须已知冲击波衰减路径上某一点（如 R 点）的超压值，才可应用上式计算其后衰减路径上距其一定距离处的超压值。即 R 点超压值的确定仍是难题。但事故调查中若通过现场破坏情况大概确定了某点超压值，即可用上式近似推算其后路径的超压分布特征。图 5.24 为苏联学者萨文科进行的爆炸空气冲击波在直巷中的衰减实验，对实验值和上式的理论计算值进行了比较，吻合程度很好[21]。

作者的团队依据式（5.8）和图 5.24 中实验曲线进行了取值反演。取 45m 处为已知超压点 R，超压值 P_R=600kPa（矿井瓦斯爆炸实验及事故调查中的冲击波超压极值）；由图 5.24 中曲线可取 75m 处为待求超压点 S，其超压约 P_S=300kPa，β 取锚杆支护并铺设胶带运输机巷道的摩擦阻力系数 0.013，d 取断面 12m^2 巷道水力直径 3.43m，获得曲线与阿尔捷姆 1 号矿井空气冲击波衰减特性实验曲线 45～75m 段吻合较好。

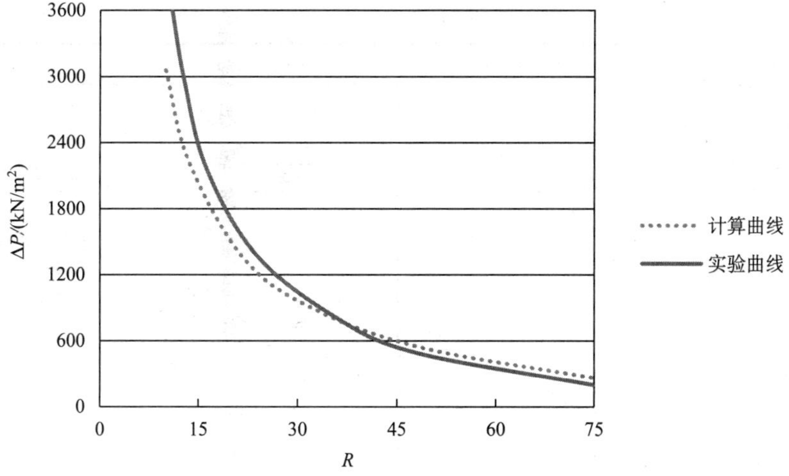

图 5.24　阿尔捷姆 1 号矿井空气冲击波衰减特性实验[21]

所得拟合曲线方程如式（5.10）所示，可得当距离 R 点 338m 时，冲击波超压衰减至 19.58kPa，低于冲击波超压的人体损伤阈值 19.6kPa。

$$P_S = \frac{600 \times 45}{45+S} \mathrm{e}^{-\frac{-0.013S}{3.43}} \tag{5.10}$$

波兰文献中认为，矿井条件下的瓦斯爆炸冲击波超压，当选定点距离燃烧波熄灭点 300m，同时存在 2 个 90°拐弯，则该区域外为安全区域[22]。依上式计算可得其结论可靠。取一定安全系数，可认为矿井瓦斯爆炸事故中，当选定点距离燃烧波熄灭点 500m，同时存在 2 个拐弯，则该区域外可认为是安全区域。

巷道障碍物、分叉、转弯、截面积变化处的衰减计算如式（5.11）所示，其中 P_2 为衰减后的冲击波超压；P_1 为衰减前的冲击波超压；k 为衰减系数[21]：

$$P_2 = \frac{P_1}{k} \tag{5.11}$$

k 的值随情况不同而变化，可理论计算，也可由实验确定。表 5.11 为矿井内常见角度拐弯巷道的冲击波衰减系数的理论计算值[21]。

表 5.11　矿井内常见角度拐弯巷道的冲击波衰减系数

分叉和转弯	衰减系数	分叉和转弯	衰减系数
90° k k δ	k_{kp}=4.4① δ_{kp}=2.4	90° θ	$\theta_{90°}$=1.3
45° k δ	$k_{45°}$=2.8 $\delta_{45°}$=1.8	45° θ	$\theta_{135°}$=1.7

续表

分叉和转弯	衰减系数	分叉和转弯	衰减系数
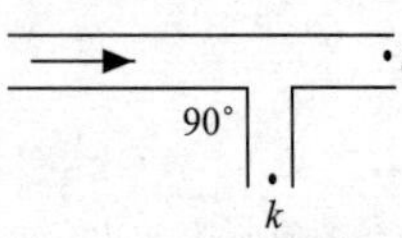 90° δ k	$k_{90°}$=2.9 $\delta_{90°}$=1.6	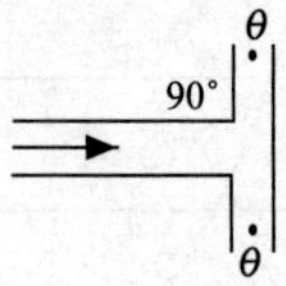 90° θ θ	$\theta_{90°}$=2.05
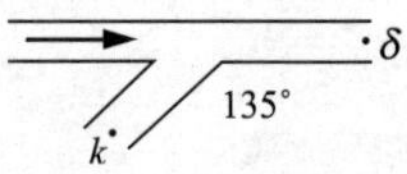 135° δ k	$k_{135°}$=5.9 $\delta_{135°}$=1.35	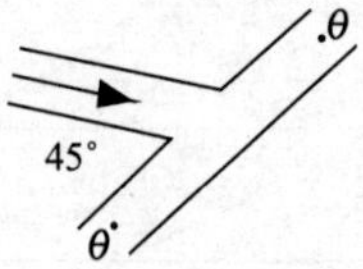 45° θ θ	$\theta_{45°}$=7.0 $\theta_{135°}$=1.3
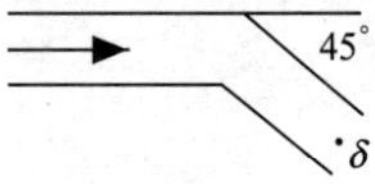 45° δ	$\delta_{45°}$=1.15	—	—

①仅在冲击波超压大于 100kPa 时适用。

影响气相可燃物燃烧爆炸冲击波加速、衰减因素众多，如环境因素（温度、压力、空间几何尺寸和形态、受限程度等）、爆炸物本身的性质（成分、物理参数）、点火源特性（类型、温度、能量、持续时间）等。现有成果基本上限于某一条件下的理论和实验研究，尚无普适性的、精确定量的计算法则。

2. 矿井爆炸安全距离的正反演方法和算例

1）安全距离的正演方法

据冲击波衰减计算公式建立全矿井冲击波衰减体系，计算得到某爆源对应的安全距离。这里冲击波衰减体系的起点均为预混区域的结束点，即冲击波衰减的起点。计算全矿冲击波最快衰减路线的具体步骤如下（图 5.25）：

（1）确定煤矿井下所有瓦斯潜在积聚位置；

（2）针对每个瓦斯潜在积聚位置判断其边界，并将其作为井下冲击波衰减体系的起点；

（3）以起点为始，寻找所有路线，统计每条路线内的巷道交叉和转弯，以其为节点，构建衰减网络，得到各路线的冲击波衰减系数；

（4）通过冲击波衰减计算程序计算各路线上各点的冲击波超压值。

事故应急预案中对瓦斯积聚位置进行预测，通过以上流程计算矿井各点的预测超压值，可对矿井区域进行危险性分级，计算各潜在爆源对应的安全距离，预测矿井各位置在事故中的破坏情况，为逃生救援提供参考。

2）安全距离的反演方法

根据事故后对爆源位置的分析以及某区域的破坏情况，以该点为起点，利用冲击波衰减体系进行反演，结合灾区传感器数据，确定燃烧波终点和爆炸的峰值超压，为事故救援和调查提供参考，流程如下（图 5.26）所述。

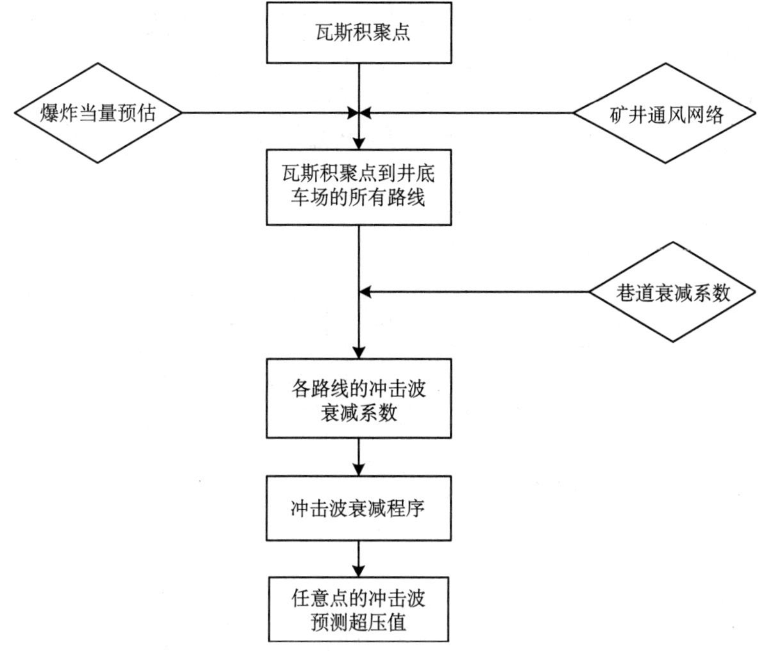

图 5.25　某瓦斯积聚点瓦斯爆炸冲击波衰减计算流程图

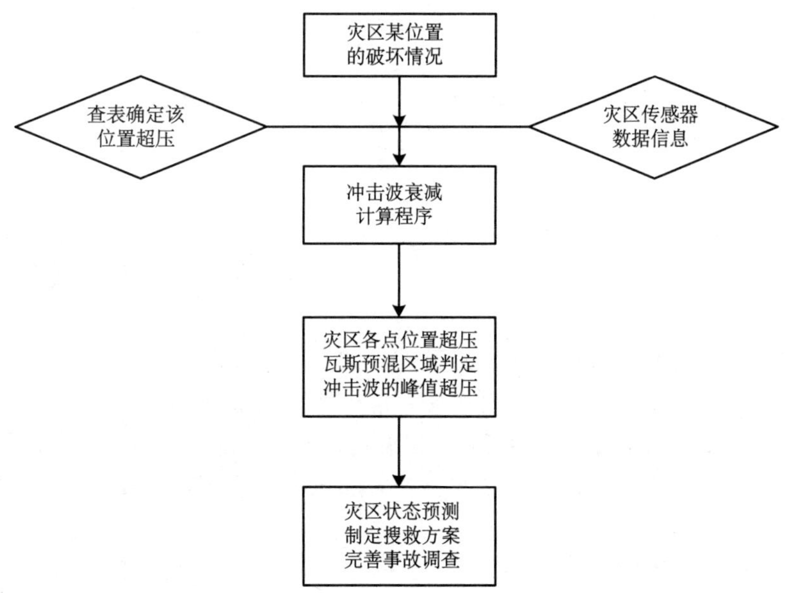

图 5.26　瓦斯爆炸事故冲击波超压反演计算流程图

瓦斯预混区域的边界可近似作为火焰波熄灭点，即冲击波衰减的起点，这对预测未侦察区域内的破坏状况、安全距离有重要意义，可指导瓦斯爆炸事故的救灾决策和事故调查处理。

3）冲击波超压反演计算实例

以八宝煤矿“3·29”特大瓦斯爆炸事故[23]中的部分区域为例，进行冲击波超压反演计算。

爆炸发生后，初期侦察发现–400 东大巷皮带架被冲击波掀翻，人员死亡以 CO 中毒为主，冲击波伤害较小，查表 5.12 和表 5.13 可初步确定进–400 东大巷时的冲击波压力预估值为 0.011MPa。以该–400 东大巷为起点进行冲击波压力衰减反演。在八宝矿通风网络系统图的基础上，构建–400 东大巷区域内的冲击波衰减网络系统图，如图 5.27 所示选择路线进行冲击波衰减计算反演。

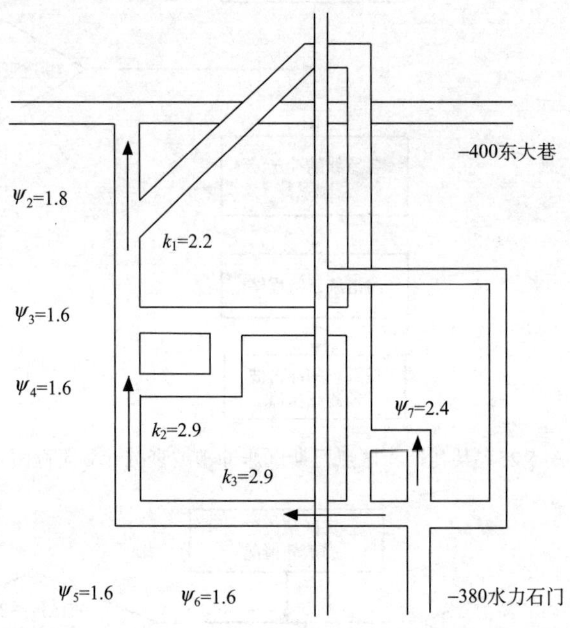

图 5.27　八宝煤矿冲击波衰减反演计算路线图

（1）冲击波经–400 石门通路进入–400 大巷，经历了 90°直角巷道衰减，衰减系数为 2.05；

（2）在–400 石门通路中共计衰减 3 次，如图 5.27 所示，衰减系数分别为 1.6、1.6 和 1.8；

（3）由行人通路进入–400 石门通路，冲击波衰减系数为 1.3；

（4）由–380 水力石门进入行人通路中，冲击波衰减系数为 1.6。

在冲击波超压值较小时，直巷衰减可以忽略，根据冲击波巷道弯道衰减公式（5.11）得，冲击波从–380 水力石门传播到–400 大巷，超压衰减至 0.011 MPa，因此–380 水力石门处的冲击波超压约为

$$P = 0.011 \times (2.05 \times 1.8 \times 1.6 \times 1.6 \times 1.3 \times 1.6) = 0.21613\text{MPa} = 216.13\text{kPa}$$

根据事故调查，–380 水力石门密闭被完全破坏，形成密实堆积，造成人员全部遇难，与表 5.12 和表 5.13 对应的冲击波超压破坏情况基本一致，可见上述计算方法是可行的。此外，由于本计算忽略了冲击波传播的巷道沿程损失，且八宝煤矿煤层倾角大、巷道并非平面转角，因此计算得到的超压值偏大。

5.3.4　冲击波的致灾特性

瓦斯爆炸冲击波通过超压和动压致灾。对于井巷设施，冲击波超压和动压使井巷设施位移、翻倒、变形、断裂、破碎，进而破坏井巷系统，致使巷道变形垮落、通风系统异常，引发次生火灾，灾害扩大、救援困难；对于遇险人员，冲击波超压挤压人体内脏和器官，冲击波动压使人体位移或导致其他飞行物撞击人体以致死伤。

5.3.4.1　超压对矿井设施和人的损害

1. 超压对矿井设施的破坏

冲击波超压通过破坏矿井设施，进而对通风系统和井巷网络造成破坏，导致人员逃生、外部救援困难。如表 5.12 所示，当冲击波超压达 20kPa 时，便具备了损坏矿井设施的能力；当超压达 60kPa 时，通风设施可被整体性破坏，1t 重设备可被打翻、断裂、变形；当超压达 300kPa 时，冲击波已具备破坏井下绝大部分设施的能力。

表 5.12　瓦斯爆炸超压对矿井构筑物和人的作用[2]

超压/MPa	冲击波超压对构筑物或巷道设施的破坏作用	
	物体或设施	超压作用特点
0.003～0.01	支架和设备	无明显的机械损伤
0.011～0.02	1.木支架 2.通风设施（临时密闭）	支架构筑不牢固时，部分破坏，当密封不稳时受到破坏
0.021～0.06	1.木支架 2.通风设施 3.风筒 4.质量 1t 的设备（绞车、局扇、起动器等）	1. 相当程度破坏（木梁被崩出几米远），形成圆的冒落拱并部分脱落；2，3. 整体性破坏，变形；4. 发生位移、翻倒、断裂、框架变形
0.061～0.3	1.木支架 2.装配式钢筋混凝土支架 3.金属支架，混凝土支架 4.整体浇注钢混凝土支架 5.井下铁道 6.质量小于 1t 的设备 7.矿车 8.质量大于 1t 的设备	1.完全破坏并形成密实堆积物；2.相当大的破坏并形成冒落拱，部分破坏并形成裂隙；3.支架脱落；4.损伤不大和片状脱落；5.铁轨从枕木脱开，铁轨变形；6.整体性破坏，变形、位移、脱离轨道；7.车身和车架全面变形、翻倒、移位；8.部分零件变形
0.31～0.65	1.装配式钢筋混凝土支架 2.金属支架，混凝土支架 3.整体浇注钢混凝土支架 4.设备设施	1.巷道全长全面破坏并形成密实的堆积物；2.部分破坏并形成深裂隙；3.混凝土的整体性受到破坏；4.完全破坏
0.66～1.17	1.混凝土支架 2.整体的钢筋混凝土支架	1.完全破坏并形成密实的堆积物；2.相当大破坏，损坏配件，形成冒落拱
>1.17	整体的钢筋混凝土支架	完全破坏并形成密实的堆积物

2. 超压对人的伤害

人体属于可压缩软组织，其耐超压能力较差，肺和耳是最容易受伤害的器官。冲击波到来时，伴随有急剧的压力突变，该压力通过压迫作用损伤人体，如破坏神经中枢、震伤内脏器官、造成肺部出血、伤害呼吸及消化系统、震破耳膜等。一般来说，人体组织密度变化最大的区域，尤其是充有空气的器官更易受到损伤。肺是含有大量气囊和气泡的组织，与周围邻近组织相比密度较低，当空气冲击波直接作用于胸壁时，使胸腔内气体容积急剧减小，胸腔内局部压力数十倍甚至数百倍地增大；在超压作用结束后紧接着就是负压的作用，这时受压缩的气泡又急剧膨胀，撕裂了这些气泡周围的毛细血管或微静脉，使之出血，并使血液进入气管，出血部位周围的水肿液与血液相混呈红色泡沫状，形成肺水肿。肺部出血和肺水肿最终造成人的损伤或死亡。耳是一个灵敏中空的系统，在超压的作用下，外耳道和中耳鼓室之间的耳鼓膜容易发生破裂；鉴于此，国内外对超压致伤的考察大多以人的肺部和听觉器官损伤作为安全临界值的判断依据。表 5.13 给出了造成人体不同伤亡程度的超压标准。当冲击波超压大于 19.6kPa 时人体便受到伤害，极有可能失去逃生能力，在爆炸燃烧反应生成的烟气作用下致死。

表 5.13　冲击波超压对人体的伤害程度表[24]

等级	损伤程度	冲击波超压/kPa
轻微	轻微挫伤肺部和中耳，局部心肌断裂	19.6～29.4
中等	中度中耳和肺挫伤，肝脾包膜下出血，融合性心肌断裂	29.4～49
重伤	重度中耳和肺挫伤，骨折，脱臼，血肿，弥漫性心肌断裂，可能引起死亡	49～98
死亡	体腔、肝、脾破裂，肝破裂及两肺重度挫伤	98

5.3.4.2　动压对人体造成的伤害

1. 侵彻体和非侵彻体对人体的伤害

冲击波动压体现为其携带高速气流的强烈吹动效应，爆炸气流速度可达 100m/s 以上，高速气流在巷道行进的过程中，常常夹杂着各种碎片，它们以极高的速度撞击人体造成严重伤害。冲击波动压驱动的各种飞行物对人员的伤害程度与飞行物的速度、质量、大小、形状以及命中人体的具体部位有关。在这些飞行物中，小型碎片如玻璃片、小石块等，被爆炸产生的风驱动，可获得非常快的速度，碰到人体后可能穿透人体某些部位，称之为侵彻体；一些大型的飞行物由于面积较大，不能穿透，对人体表现为撞击伤害的称之为非侵彻体。格拉斯东（Glasstone）根据玻璃碎片的质量，记录了不同质量的玻璃碎片具有 50%侵彻腹腔概率的撞击速度，如表 5.14 所示[25, 26]。

表 5.14　玻璃碎片侵彻腹腔的概率为 50%时的撞击速度

玻璃片的质量/kg	撞击速度/（m/s）
0.0001	125
0.0005	84
0.0010	75
0.0100	55

非侵彻碎片的伤害仅与其质量和速度有关，表 5.15 给出了一个质量为 4.54kg 的破片以不同速度飞出时对人体头部的伤害程度。从逻辑上说，人们可以假定，以相同速度抛掷的较大质量的物体时，将会比表 5.15 中所列 4.54kg 质量的物体产生更大的伤害。

表 5.15　非侵彻碎片间接冲击伤害标准[26]

质量/kg	事件	伤害程度	撞击速度/（m/s）
4.54kg	脑震荡	基本“安全”	3.05
		开始伤害	4.57
	头破裂	基本“安全”	3.05
		开始破裂	4.57
		接近 100%破裂	7.01

2. 动压使人整体位移而导致的伤害

除冲击波超压的挤压作用外，其动压导致的高速气流（爆风）的猛烈并持续的冲击力也会对人产生致命的伤害。瓦斯爆炸气流速度一般都在几十米甚至几百米每秒，均为暴风和飓风级。苏联的研究指出，当入射超压为 29.42～39.23 kPa 时，运动气流的速度为 60～80m/s，这些高速运动的爆风作用于人体后，会使人体整体发生位移而导致伤害。许多原型实验结果表明，瓦斯爆炸冲击波的超压可超过此值[27]。其实，爆炸风就像台风、龙卷风一样，将人吹起，然后抛到空中，人最后跌落到地上或与其他物体发生碰撞而受伤或死亡。表 5.16 是我国陆地风力等级划分表[24]。由该表可推断，速度在 28.5～36.9 m/s 范围内的爆炸冲击波动压气流能致广泛破坏和人体重伤；向下取较低风速，可将 v= 17.2 m/s 作为井下冲击气流将人体吹倒致伤，影响人员及时避难逃生，可能造成人员死亡的临界风速。

表 5.16　蒲福风级表

风力等级	名称	陆地地面征象	风速/（m/s）
0	静风	静，烟直上	0～0.2
1	软风	烟能表示风向，但风向标不动	0.3～1.5
2	轻风	人感觉有风，树叶微响，风向标转动	1.6～3.3
3	微风	树叶及微枝摇动不息，旌旗展开	3.4～5.4
4	和风	能吹起地面灰尘和纸张，树的小枝摇动	5.5～7.9

续表

风力等级	名称	陆地地面征象	风速/（m/s）
5	清劲风	有叶的小树摇摆，内陆水面有小波动	8.0～10.7
6	强风	大树枝摇动，电线呼呼有声，举伞困难	10.8～13.8
7	疾风	全树摇摆，迎风步行感觉不便	13.9～17.1
8	大风	微枝折毁，人行向前感觉阻力大	17.2～20.7
9	烈风	建筑物有小损伤（烟囱顶部及平屋摇动）	20.8～24.4
10	狂风	陆地少见，可使树木拔起，建筑物损坏严重	24.5～28.4
11	暴风	陆地上少见，有则必有广泛损坏	28.5～32.6
12	飓风	陆地上绝少见，摧毁力巨大	32.7～36.9

表 5.17 是整个身体发生位移时对头部和全身撞击时的伤害标准。从表中可以看出，两种标准中撞击条件的基本“安全”的速度标准是相同的，均为 3.05m/s。综合以上分析，从超压角度来看，人体所能承受的临界超压为 19.6kPa；所能承受的冲击气流临界速度为 17.2m/s。因此，为防止爆炸冲击波对井下作业人员造成伤害，作业人员所处地点的爆炸超压和动压气流速度必须低于上述两个致伤临界值。

表 5.17　头部和人体在不同撞击速度下的致伤等级

伤害程度	相关的撞击速度/（m/s）	
	头部	人体
基本安全	3.05	3.05
破裂临界值	3.96	6.40
50%破裂	5.49	16.46
近 100%破裂	7.01	42.06

5.4　本 章 小 结

煤矿热动力灾害所产生的高温、有毒烟气和冲击波可致井巷设施损毁、通风系统破坏和人员伤亡。煤矿井下可燃物的燃烧温度高达 1000℃以上，高温超越人体和材料的耐温极限而直接致人死伤和焚毁设施，也可通过引燃其他可燃物、破坏支护和封堵材料、热风压扩大烟气流动范围间接导致继发灾害和大范围人员伤亡。燃烧烟气的减光性和致毒特性是热动力灾害致死的最重要因素，同时在热风压和机械风压共同作用下呈现的烟流逆退、风流逆转等网络蔓延特性，给烟气大范围致死创造条件，使热动力灾害逃生和救援极为困难，构建可靠和抗灾性强的通风系统是防灾减灾的关键。着重分析了巷道中瓦斯爆炸的形成机理，对爆燃、爆轰中涉及的燃烧波、空气压缩波、冲击波（激波）、爆轰波 4 个重要概念进行了详细阐述；此外，对冲击波的超压和动压构成形式及其在矿井网络中的传播规律和致灾特性进行了介绍；针对真实矿井巷道条件下和瓦斯爆炸事故中的冲击波超压极值进行了研究，探讨了矿井瓦斯爆炸事故中的安全距离，认为距离爆源

500m 加 2 个拐弯即为安全，并讨论了爆炸安全距离的正反演方法。本章研究内容对深入认识热动力灾害的致灾特性、指导人员逃生和事故救援具有重要意义。

参 考 文 献

[1] 张延松, 胡千庭, 司荣军, 等. 瓦斯爆炸诱导沉积煤尘爆炸研究. 徐州: 中国矿业大学出版社, 2011.

[2] 林柏泉. 煤矿瓦斯爆炸机理及防治技术. 徐州: 中国矿业大学出版社, 2012.

[3] 王德明. 矿井火灾学. 徐州: 中国矿业大学出版社, 2008.

[4] 米庆辉, 蒋光昶. 6 批 51 例瓦斯爆炸伤患者的救治体会. 中国烧伤创疡杂志, 2002, 14(3): 149-150.

[5] 王建军, 谌煜. 140 例瓦斯爆炸烧伤救治分析. 湖北民族学院学报(医学版), 2005, 22(4): 27-29.

[6] 徐和甜, 王贺, 胡梅, 等. 瓦斯爆炸伤 13 例救治分析. 人民军医, 2012, (11): 1112-1113.

[7] Vaught C, Brnich M J, Mallett L G, et al. Behavioral and organizational dimensions of underground mine fires. Ceramics International, 2000, 35(8): 3117-3124.

[8] 中国标准出版社总编室. 中国国家标准汇编. 131, GB10615～10685. 北京: 中国标准出版社, 1993.

[9] 贾进章, 欧进萍, 赵千里. 矿井通风系统抗灾变能力分析. 中国安全科学学报, 2006, 16(6): 25-29.

[10] Crowl D A, Louvar J F. Chemical Process Safety: Fundamentals With Applications. New Jersey : Prentice Hall, 2007.

[11] Zipf Jr R K, Sapko M J, Brune J F. Explosion Pressure Design Criteria for New Seals in U. S. Coal Mines. Mine Explosions, 2007.

[12] A C D. Understanding Explosions. New Jersey : John Wiley & Sons, 2010.

[13] Cashdollar K L, Hertzberg M. 20 - l explosibility test chamber for dusts and gases. Review of Scientific Instruments, 1985, 56(4): 596-602.

[14] Zhang B, Bai C H, Xiu G L, et al. Explosion and flame characteristics of methane/air mixtures in a large-scale vessel. Process Safety Progress, 2014, 33(4): 362-368.

[15] Sapko M J, Weiss E S, Cashdollar K L, et al. Experimental mine and laboratory dust explosion research at NIOSH. Journal of Loss Prevention in the Process Industries, 2000, 13(3 - 5): 229-242.

[16] Zipf Jr R K, Gamezo V N, Sapko M J, et al. Methane-air detonation experiments at NIOSH Lake Lynn Laboratory. Journal of Loss Prevention in the Process Industries, 2013, 26(2): 295-301.

[17] Zipf Jr Z K, Gamezo V N, Mohamed K M, et al. Deflagration-to-detonation transition in natural gas-air mixtures. Combustion & Flame, 2014, 161(8): 2165-2176.

[18] Kundu S, Zanganeh J, Moghtaderi B. A review on understanding explosions from methane - air mixture. Journal of Loss Prevention in the Process Industries, 2016, 40: 507-523.

[19] Weiss E S, Cashdollar K L, Mutton IV S. Evaluation of reinforced cementitious seals. Pittsburgh, PA: US Department of Health and Human Services, 1999.

[20] Phillips C A. Report of investigation into the mine explosion at the upper big branch mine, West Virginia, West Virginia Office of Miners, Health, Safety & Training, 2012: 319.

[21] 萨文科, 等. 井下空气冲击波. 于亚伦, 等译. 北京: 冶金工业出版社, 1979.

[22] Cybulski W B, Gruszka J H, Krzystolik P A. Research on firedamp explosions in sealedoff roadways//12th International conference of mine safety research establishments, Dortmund, Germany, 1967.

[23] 赵庆跃. 屡越“红线”连酿惨剧——吉林八宝煤业公司“3·29”特别重大瓦斯爆炸事故案例分析. 吉林劳动保护, 2013, (8): 37-39.

[24] 许浪. 瓦斯爆炸冲击波衰减规律及安全距离研究. 徐州: 中国矿业大学, 2015.

[25] 华积德. 普外科手册. 2 版. 上海: 上海科学技术出版社, 2000.

[26] 刘荣海, 陈网桦, 胡毅亭. 安全原理与危险化学品测评技术. 北京: 化学工业出版社, 2004.

[27] 李铮. 空气冲击波作用下人的安全距离. 爆炸与冲击, 1990,10 (2): 135-144.

第 6 章　煤矿热动力灾害救援与处理

煤矿热动力灾变环境复杂、致灾严重、发展动态，遇险人员的自救互救、救援决策与实施、灾情的控制与处理都面临极大风险。救援决策与处理要牢固树立“红线意识”，即以人为本，时刻把保护人的生命放在首位，绝不能以牺牲人的生命为代价[1]；同时具备“底线思维”[2]，即充分认识和戒惧风险，从最坏处准备，积极防范，努力争取最好的结果。本章介绍热动力灾变时期的自救互救、应急救援和处理的原理、方法和技术。

6.1　灾变时期的自救互救

自救互救是遇险人员在灾变环境中，利用矿井消防系统、安全避险系统和个人佩戴的自救器进行的灾变初期处理、避险、撤离的行为。提升遇险人员的自救互救能力与完善矿井的消防和避险系统是矿井防灾减灾的本质要求。

6.1.1　自救互救的重要性和影响因素

煤矿热动力灾变环境复杂、致灾严重、发展动态，外部救援获取灾情信息、制订和实施方案都面临困难[3-5]，故所需时间较长；遇险人员熟悉灾区环境且易了解灾情，逃离危险区所需时间较短。此外，煤矿热动力灾害有一个发生发展的过程，事故初期处理灾害的方式简单且风险小。因此，遇险人员的自救互救是减少事故伤亡、防止灾害扩大的最有效方式。

自救互救是遇险人员在灾变环境中利用辅助装备和设施应对灾情的求生过程，是人员、环境和灾情的相互作用过程。2000 年，美国卫生与公共服务部对 3 起矿井火灾中 48 位生还者的自救互救行为进行研究，并在报告《矿井火灾逃生中的组织和行为》（*Behavioral and Organizational Dimensions of Underground Mine Fires*）中提出了反映矿井火灾中人、灾情和环境的相互作用模型[6]。如图 6.1 所示，当反映灾情的先兆现象如烟雾、光亮或异常声响被人员感知后，获得信息的人员首先凭直觉对其进行分析，即按日常工作中遇到的类似状况进行解释，如认为是人员作业、传感器误报等，导致延误自救互救时机。当先兆现象发展至明显异常，灾情会被人员感知。此后，受不明灾情信息和复杂且恶劣的灾变环境影响，遇险人员因忧虑生命安全而产生焦虑和恐慌，影响对灾情的分析和自救互救方案的制订。在分析灾情并确定自救互救方案后，人员将利用消防系统、自救器、安全避险系统展开处理初起灾害、安全避险、撤离灾区等行动。

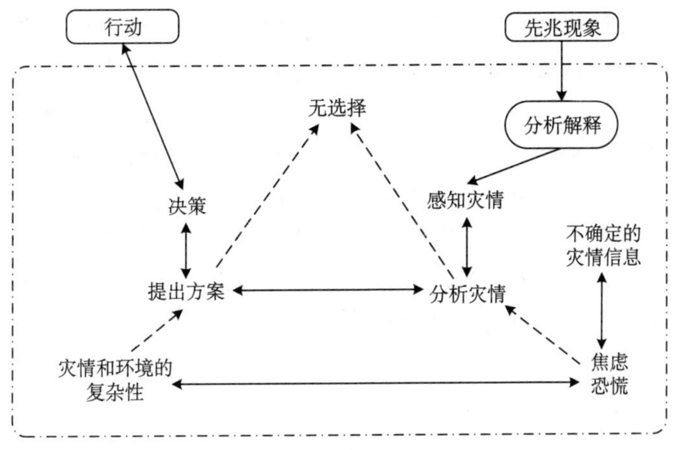

图 6.1　矿井火灾中人、灾情和环境的相互作用模型[6]

6.1.2　遇险人员的自救互救

6.1.2.1　初期积极处理

灾变初期的积极处理包括对热动力灾情信息的准确识别、及时报警和积极控制。自救互救的时效性至关重要，感知灾情越早、处理越及时，对控制灾情就越有利，灾变损失就越小。发现灾情先兆现象的人应立即向现场领导汇报，并迅速通知附近人员，组织力量确认先兆现象是否为灾情，若是灾情则要准确地分析原因、地点及灾害程度、蔓延方向等，并把这些情况及时向矿井调度室报告。调度室应利用矿井通信联络系统向全井广播灾情信息，组织人员撤离并迅速启动应急预案。感知灾情后，处于灾区的人员应沉着冷静，根据灾情和现场条件，在确保自身安全的前提下，迅速采取积极有效的方法和措施投入现场抢救，将事故消灭在初期阶段或控制在最小范围，最大限度地减少事故损失。

为就近扑灭初起火源，避免发生矿井火灾，《煤矿安全规程》[7]规定，矿井必须设消防水池和消防管路系统，井下消防管路系统应当敷设到采掘工作面，每隔 100m 设置支管和阀门，在带式输送机巷道中每隔 50m 设支管和阀门。在井下爆炸物品库、机电设备硐室、检修硐室、材料库、井底车场、使用带式输送机或者液力偶合器的巷道以及采掘工作面附近的巷道中，必须备有灭火器材，其数量、规格和存放地点，应当在灾害预防和处理计划中确定。井下工作人员必须熟悉灭火器材的使用方法，并熟悉本职工作区域内灭火器材的存放地点。

如发现初起火灾时，现场人员切不可惊慌失措，应及时组织力量就近利用水、沙子、黄土、灭火器等器材灭火，控制火势发展蔓延。若是电气火灾要先断电再灭火。同时，要设法迅速通知或协助撤出受灾害影响区域内的人员。例如，某矿有 4 名工人在掘进工作面作业时，因违章爆破引起火灾。开始仅有脸盆大的一堆小火，只要用简便的扑打、覆盖方法就可扑灭，但其中 1 人见火后未仔细观察转身就跑，并惊恐地大喊：“着火了！”其他 3 人听到喊声也立即掉头跟着跑，无人采取扑灭初起火灾的应急措施，致使火势扩大。离开后也没有向调度室和任何人报告，便偷偷升井逃走，最后酿成重大火灾。当该矿某负责人率领人员下井赴现场灭火时，发生了瓦斯爆炸并造成 9 人牺牲和全井封闭。又如，某矿井下绞车房因绞车控制器短路引起火灾。当时因现场无人，火势发展很快。起火不久，恰有通风区和救护队的 4 名人员途经该处，发现火势凶猛，浓烟已弥漫整个绞车房。这 4 人立即采取果断措施，切断绞车房电源，利用现场的沙子和黄土拼力灭火，同时迅速向矿调度室报告，召请救护队及时灭火。经过紧张的战斗，很快将大火扑灭，避免了事故扩大[8]。无论火势如何，应首先派人报告调度室，调度室立即启动应急处理预案，召集相关人员，同时通知相邻区域的人员；当火灾无法控制时，必须迅速避险和撤离。

6.1.2.2　安全避险

煤矿热动力灾害中的安全避险指灾区人员在灾变环境中利用辅助设施免遭高温、冲击波和烟流的伤害。如感知到冲击波来临时，背朝冲击波传来方向卧倒，双手抱头，用肘部接触地面，保持头胸部到地面留有空隙，闭眼、张口，顺带用肘部夹压住耳朵；远离火源和浓烟，若必须穿越布满浓烟的巷道，应降低重心快速撤离，灵活运用矿井水源应对高温烟气（打湿身体裸露部位、毛巾、衣物），熟练使用自救器、避灾路线图、补给站、压风自救系统、供水施救系统和紧急避险系统等保障生命安全、维持体能、撤出灾区或等待救援。

在煤矿热动力灾变时期，多数遇险人员主要面临烟流威胁，及时佩戴自救器和利用矿井安全避险系统都具有逃生机会。煤矿热动力灾害的致灾因子为高温、烟气和冲击波，在井下受限空间中，受可燃物分布和供风量的限制，火灾与爆炸的高温与超压区域一般较小，高温火焰和冲击波直接致灾的区域有限[5, 9-11]，多数遇难者因烟流中毒致死[12-14]，故热动力灾变时期的避险主要是运用自救器与井下安全避险系统在灾变烟流中为生命提供安全保障。

自救器是重要的避险装备。自救器按其工作原理分为过滤式自救器和隔离式自救器两类[15]。由于过滤式自救器仅适用于空气中 O_2 浓度≥17%、CO 浓度≤1.5%的环境，使用条件有限，煤矿已禁止使用。因此，煤矿必须使用隔离式自救器。隔离式自救器又可分为化学氧自救器和压缩氧自救器两种。化学氧自救器利用超氧化钾或超氧化钠与二氧化碳反应生成氧气来达到自救目的，其产生的氧气较为干热且只可使用一次；压缩氧自救器是以高压压缩氧气作为氧气源的可重复使用的自救互救装备。现有技术条件下，自救器提供的正常工作时间不低于 45min，但使用时应屏息尽早佩用，避险过程中严禁摘下口具和鼻夹，以防窒息中毒。例如，美国一起瓦斯爆炸事故中，位于人车上的 9 人中有 2 人生还，据其中 1 人描述：感知爆炸发生后仅自己立刻屏息佩用自救器，其他人陷入慌乱，待周围情况稳定后同伴已全部因 CO 中毒昏迷，他帮助同伴配用自救器后弃车寻找救援，经抢救又有 1 人生还[16, 17]。又如屯兰矿特大瓦斯爆炸事故中，与爆源 12403 工作面相邻的 12405 工作面照明停电，但风机仍然正常运转。一名职工等候送电过程中突然发现风机停转、耳朵暂时失聪、巷道烟尘弥漫，他下意识地屏息佩用自救器，同其他 9 名矿工避险成功，同队的一名矿工慌乱中忘记佩用自救器以致 CO 中毒晕倒在地，被工友背离灾区侥幸生还[18]。灾变情况下，CO 气体致人中毒、失去避险能力的速度极快，故只要感知到灾情迹象，就应立刻屏息、快速佩用自救器，采用肢体语言进行交流，根据烟气及 CO 浓度"上高下低"的垂直分布特征，应降低重心并快速撤离。离开灾区后要确认周围环境安全才能摘下自救器。美国俄亥俄州法明顿 9 号矿井火灾中，8 名矿工逃至进风井底便摘下自救器，但仍因附近的高浓度 CO 而失去意识，好在得到及时抢救后成功脱险[19]。

6.1.2.3　及时撤离

当无条件处理灾情时，井下人员应首先保障自身的生命安全，及时撤离灾区。矿井灾害预防和处理计划以及应急救援预案[7]在矿井内规划了标识明显的避灾路线。预先划定的避灾路线一般位于新鲜风流中，沿途设有压风供水管路、补给站、避难硐室等可供撤离补给和避难。一般情况下，应首选预先划定的避灾路线撤离，同时在撤离过程中时刻关注环境变化，当预先划定避灾路线的环境恶化，不具备通过条件时应果断寻找其他避灾路线，但要利用好预先划定避灾路线上的避难和补给设施，为安全撤离提供保障。

绝大多数人从未亲历灾难，故热动力灾害发生后，遇险人员通常陷入恐慌不知所措，倾向于跟随权威，这符合紧急情况下人类行为的群聚特性。因此，遇险人员一般以群体形式展开行动，其带队人的领导能力对群体自救互救行为的科学性具有关键影响。例如重庆石壕煤矿掘进面火灾事故中，带班副队长安抚被困 8 人情绪、组织力量积极灭火，指挥分组突围，突围成功的4人在具有27年工作经验的老矿工指导下钻破风筒取氧逃生，突围失败的 4 人在副队长指导下巧用供水压风管路维持生命、控制火势和毒烟，最终成功获救[20]。《煤矿安全规程》[7]第 679 条规定："班组长应具备兼职救护队员的知识和能力，能够在发生险情后第一时间组织作业人员自救互救和安全避险。"带队人应经过培训和考核，需具备的主要能力为掌握井下员工的位置和动向，了解矿井通风系统，熟悉避灾路线及井下消防与避险设施，掌握矿井灾害预防和处理计划以及事故应急救援预案的内容及实施方法。

6.1.3　煤矿安全避险系统

为提高煤矿安全水平，除需提高矿工的自救互救能力外，还需提高矿井的安全避险能力，即建有井下安全避险系统，这是保障煤炭工业可持续健康发展的必然要求。煤矿安全避险系统是遇险人员获取灾情信息、撤离过程中寻路、获得补给、避险的辅助设施，是提高自救互救效能的关键。我国十分重视对煤矿井下安全避险系统的建设，《煤矿安全规程》[7]等规章和标准[21]对井下人员佩带防护装备、规划避灾路线、建立避险设施等做出了严格规定，并在自救互救和应急救援中发挥了重要作用[22]。其中，建立煤矿安全避险"六大系统"是我国提升煤矿安全保障能力的重要举措，具体包括监测监控系统、通信联络系统、人员定位系统、压风自救系统、供水施救系统和紧急避险系统（图 6.2）。"六大系统"的功能可归类为两个方面，一是灾情感知，包括监测监控系统、人员定位系统和通信联络系统，这些系统用于灾情监测、报警、识别和信息传递；二是避险设施，包括压风自救系统、供水施救系统和紧急避险系统，这些系统为处于灾变环境中的遇险人员提供避险设施和等待救援的条件。

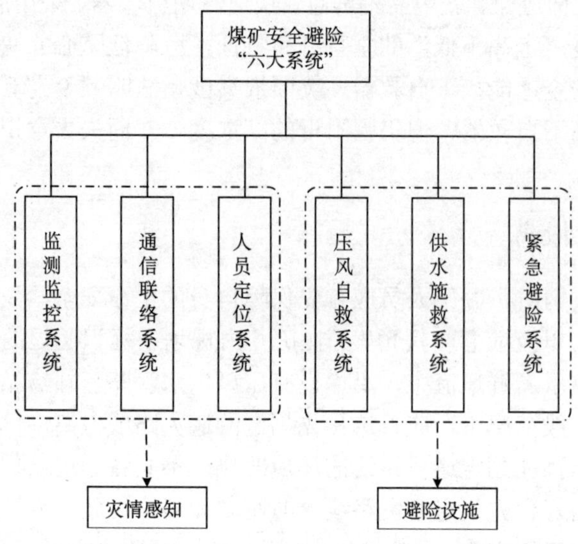

图 6.2　煤矿安全避险“六大系统”的组成

1. 灾情感知

自救互救的时效性至关重要，感知灾情越早、获得信息越丰富准确，则相关行为越科学。相较火光、烟气和冲击波，监测监控系统通过矿井温度、瓦斯、CO 等超限报警感知灾情的时效性更佳，可为传递灾情信息、处理初起灾害、人员避险和撤离争取时间。此外，煤矿井巷网络复杂，灾区以外人员无法及时获取灾情，可靠的通信联络系统和人员定位系统保障灾情信息从灾区迅速传达至地面并准确通知全矿井人员，丰富准确的灾情信息可减少井下人员的情绪恐慌，优化自救互救行为，有效减少人员伤亡。例如，2009 年黑龙江鹤岗新兴矿瓦斯突出和爆炸特大事故中，瓦检员所在的 16 号掘进队正在爆破，便携气体监测装置突然报警“几十秒内，瓦斯由 1%上升至 12%”，他意识到事态严重，立刻告知在工作面工作的七八名工友赶快向避灾通道撤离。同时，他通过 16 号回风口往上走到 5m 处的手机信号中转站，向调度室发出报告，及时的灾情感知和全井广播使 300 余人幸免于难[23]。2014 年 5 月 13 日发生于土耳其 Soma 矿业公司下属 Eynez 煤矿死亡 301 人的火灾和瓦斯爆炸事故中，当井筒处的检修工作人员确认灾情后，在矿井电力通信系统尚未中断情况下迅速通知一位井下安监员，该安监员组织附近区域的 160 名矿工及时转移至进风巷道等待救援，避免了该区域的人员死伤[24]。

2. 避险设施

煤矿热动力灾害发生后，高温和烟流是遇险人员生命的主要威胁。压风自救、供水施救系统帮助遇险人员避免高温、烟气中毒和窒息伤害，同时提供呼吸、饮水等补给；在不具备撤离条件时，紧急避险系统可将人员与灾变环境隔绝，在较长时间内提供生存条件，为外部救援争取时间。例如，在重庆能源石壕矿井火灾事故中，4 名矿工被火焰和浓烟围困于掘进工作面，3 次直接灭火、尝试突围均未奏效，且该过程中耗尽了自救器氧气补给，后借助工作面压风、压水系统提供呼吸和饮水条件、降低温度、稀释火烟，平躺以规避上部烟流、保存体力，保留一盏矿灯作为求救信号并最终获救[20]。2003 年，在南非一金矿发生的停电和火灾事故中，280 人逃生至避难硐室并成功获救；加拿大萨斯喀彻温省一座钾盐矿 2006 年 1 月 29 日发生火灾，70 名矿工就近逃生至避难硐室，与灾变环境完全隔绝，内有充足氧气、食物和饮水，最终成功获救[25]。2011 年 10 月 29 日，我国湖南衡阳霞流冲煤矿瓦斯爆炸事故中，一名矿工将避难硐室作为补给站，在其中恢复体力、补充水分、更换自救器，最终成功逃生[26]。此外，紧急避险系统分为固定式避难硐室和移动式救生舱两种。案例和救灾经验表明，固定式避难硐室实用性更强。遇险人员情绪恐慌，倾向于选择简单、快捷、可靠的补给和避难方式。固定式避难硐室使用简便，容积大、坚固；而移动式救生舱容积小、强度相对较低、操作复杂，通常不会被作为遇险人员补给和避难的首选[16, 17]。

除煤矿安全避险“六大系统”外，矿井中预先规划的避灾路线及其标识、补给站也是煤矿安全避险系统的重要组成部分，在人员撤离寻路和中途补给方面发挥作用。避灾路线是在矿井灾害预防和处理计划以及应急救援预案中规划的由井下通往地面，通过性良好、标识明显的人员撤离通道。美国法令[27]规定，井下所有人员和设备工作地点均要有两条相互独立的避灾路线，并且在尺寸、引导标识、越障设施等方面保证避灾路线的通过性；首选避灾路线应布置在进风巷，巷道内不得布置大型设备，并应配备灭火器材等。我国《煤矿安全规程》规定[7]，井下所有工作地点必须设置灾害事故避灾路线，避灾路线指示应设置在不易受到碰撞的显著位置，在矿灯照明下清晰可见，并应标注所在位置。在巷道交叉口必须设置避灾路线标识。在巷道内设置标识的间隔距离，采区巷道不大于 200m，矿井主要巷道不大于 300m。寻路标识用于指示避灾路线及沿途的避险辅助设施所在地点，如拐弯、分叉、联络巷、风门、补给站和避难硐室位置等。煤矿应编制避灾路线图并及时更新，其内容包括避灾路线、风向及沿途的通风构筑物、补给站、避难硐室等。该图件应放置在工作面、各类硐室、避难所、职工聚集处（如公告板和等候室）等位置，方便人员熟悉和使用。补给站指矿井避灾路线上设立的存放水、食物、自救器、医疗装备等自救互救物资存放点，可供灾区人员补充体力、更换自救器、包扎伤口等。补给站的数量及间隔距离应根据矿井规模及自救器额定防护时间确定，一般为自救器额定使用时间内，较低步速下行进距离的 60%～70%。

6.1.4 安全避险培训与演练

培养既具有专业技能，又具有安全素质的矿工是煤矿安全发展的必由之路。为提高煤矿安全水平，应培养高安全素质的矿工，即要求井下的每一位矿工既是一名熟练的专业技术人员，也是一名懂得通风安全知识、具有灾变处理能力的通风员和救护队员。因此，煤矿安全的重要任务就是提高矿工的安全素质，安全工作要着眼于人、投资于人。美国第二任总统 John Adams 说过：“如果人民没有常识，自由就难以得到维护”[28]。同样，如果矿工没有安全常识，煤矿安全就没有保障。

自救互救是人员、环境和灾情的相互作用过程。通过学习、培训和演练帮助受训者建立对风险的正确认知、学习灾变知识、熟悉矿井环境和避险系统布置、培训处理灾害和规避风险的技能、演练信息传递、灾情判别和决策要点及案例可降低遇险人员的焦虑和恐慌程度，有助于感知和分析灾情、制定和执行自救互救决策。培训与演练是培养高安全素质的矿工，发挥矿井安全避险系统效能，实现防灾减灾的有效手段。

制订矿井灾害预防和处理计划以及应急救援预案的过程，就是全面分析矿井风险、制定应对措施的过程，是有针对性地认识矿井风险、学习灾变知识、熟悉矿井环境、演练灾害处理和避险技能，是提升井下工作人员自救互救能力的良机。因此，所有井下工作人员都应参与矿井灾害预防和处理计划以及应急救援预案的制订，并熟练掌握相应知识和技能。

通过学习得来的知识和技能必须加以演练才能形成能力。例如，“9 • 11”事件前，摩根士丹利公司安保部门主管瑞克·瑞思考勒（Rick Rescorla）曾坚持组织公司所有员工进行每年 2 次的模拟应急逃生演习。他用秒表计时，督促那些行动迟缓的员工，确保紧急状态下全员都能迅速行动。2001 年 9 月 11 日上午 8 点 46 分 40 秒，一架被劫持的波音 767 飞机撞上了世贸中心北塔上部。一位官员通过广播安抚楼内的人们不要慌张，待在办公室不要动。他却命令马上撤离，快速逃生。9 时 3 分 11 秒，另一架飞机以 950km/h 的速度撞上南楼 77～85 层，2 万～3 万升航空煤油沿楼梯下流。9 时 58 分 59 秒，南楼垮塌。处于南楼最危险位置的摩根士丹利近 3000 人得以安全撤离，这表明瑞克平时制定的预案及其演练发挥了重要作用[29]。没有预案及其演练，仅凭灾变时的直觉决策易导致失误。这体现了应急预案演练的必要性。

《煤矿安全规程》[7]规定在矿井中必须事先规划好避灾路线、预留防火门，同时要求煤矿制订灾害预防和处理计划以及应急救援预案，并定期举行救援演习、反风演习等，其中包含自救器的佩用、人员疏散避险等内容。矿井灾害预防和处理计划以及应急救援预案的演练中，必须针对各联络巷及风门的位置、预案规定的首选和备选避灾路线的选择和转换、补给站和避难硐室的位置及使用方法、初起灾害处理和撤离决策的协商和讨论等内容以假想事故情景演练法或模拟仿真演练的方式进行训练学习[27]。

6.2 煤矿热动力灾害应急救援

煤矿热动力灾害具有动态变化特点，应急救援与处理十分困难与危险，应急救援面临不确定风险。救援决策与行动实施依赖专业知识、灾情信息和救援经验。

6.2.1 应急救援决策

6.2.1.1 决策要求

应急救援决策是在全面掌握事故矿井情况的条件下，运用灾害发生发展的相关知识和丰富的救援经验，结合翔实的灾情信息进行分析推演的结果。如图 6.3 所示，矿井情况、灾情信息、救援经验是科学应急救援决策的基础。

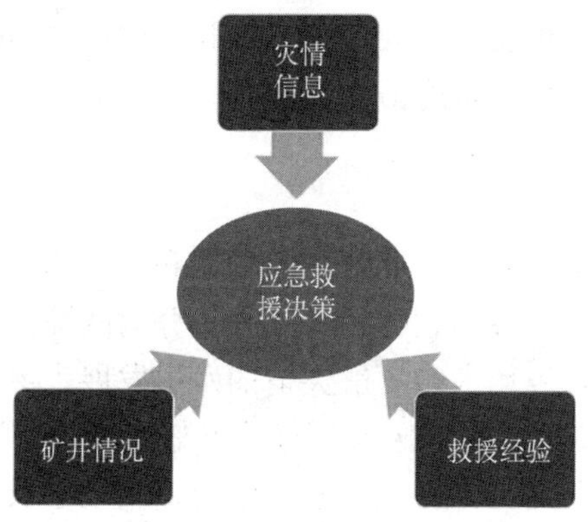

图 6.3　应急救援决策基础

救援决策的一个重要原则就是必须将救援队伍的安全始终放在首位，这是因为如果救援队伍不能保证自身的安全，就无法实现抢救遇险人员的任务。因此，在灾区侦察救援、灾变处理决策过程中都首先要保障救援人员的生命安全[30]。

1. 矿井情况

全面掌握事故矿井情况是应急救援决策的前提。因此，应熟悉了解事故应急救援与处理预案，矿井地质和水文地质图、井上下对照图、巷道布置图、采掘工程平面图、通风系统图、井下运输系统图、安全监测装备布置图、排水、防尘、防火注浆、压风、充填、抽放瓦斯等管路系统图、井下通信系统图、井上下配电系统图和井下电气设备布置图、井下避灾路线图等相关图件[31]，这些都是救援工作的基础资料。

2. 灾情信息

翔实的灾情信息是科学救援的必要条件。在救援工作开展前，救援队应收集多方面的灾情信息，如事故类别、范围和遇险遇难人员数量与大概位置，以及通风、有毒有害气体、矿尘、温度和巷道支护情况，为救援决策提供支持。救援过程中，救援队应根据需要对灾区气体进行取样分析，化验结果作为救援指挥部决策的必要依据。美国 UBB 煤矿瓦斯爆炸事故救援过程中，一个救援队灾区侦察过程中发现 O_2 浓度 3.2%、CO 和 CH_4 均超过便携式气体浓度检测器量程，遭遇浓烟且无法判断来源。救援指挥部判断灾区存在高浓度 CH_4 和火源，具有发生瓦斯爆炸危险，通知所有救援队撤出灾区。同时在地面实施钻孔并取气样分析，判断灾区状态，而后采取地面注氮方式惰化灾区，创造再次进入灾区侦察救援的条件[16]。由此可见，灾区环境数据信息是判断灾区状态、保障救援安全的重要依据。

在煤矿热动力灾害的事故救援与灾害控制处理过程中，与灾害发展演化有关的信息主要有火源及火势评价、爆源破坏力评估、爆炸次生灾害、火势及爆炸波及范围和发展预测、火烟复燃（爆）及次生火源判定、风流紊乱危险性判断。而侦察救援路线规划及安全性评估、救人、控风、排烟和防止灾害扩大方案措施的制定是以上述信息为基础的决策。此类信息是救援决策的基础，是随着灾区侦察及救援工作的开展逐步完善的，因此要在救援过程中不断监控更新，对救援进行不断调整。其中爆炸次生灾害的预防是热动力灾害事故救援中最关键也是难度最大的部分。

3. 救援经验

救援人员具备热动力灾害发生发展的相关知识和丰富的救援经验将为应急救援决策奠定坚实的基础。一般来说，参与救灾的专业人员分为两类：一是熟悉现场条件的技术人员，一是专业救援人员。现场人员了解灾情的发生发展，熟悉灾变发生的环境，但一般缺少处理复杂灾害的经验。专业救援人员有较丰富的救灾经验，但对现场条件不熟悉，对灾情的发生发展过程不清楚。只有双方紧密配合，相互取长补短，才有可能制订出正确的救援方案。救援专业人员首先应在现场人员的帮助下了解清楚现场条件及灾情的发展过程，然后针对灾情条件，以广泛的社会资源为依托，找到更专业人员、更高效的救灾设备，制订出救援方案。现场人员在向专业救援人员提供真实准确的信息的同时，帮助其尽快了解现场条件和灾情，同时学习了解制订方案的方法、原理和目的，全力助推方案的实施。

6.2.1.2 应急决策风险

煤矿热动力灾害的应急救援与处理主要面临不确定性的风险，这是由于煤矿热动力灾害的灾变过程的动态性、影响灾变的因素多样性、灾变环境的复杂性和应急救援与处理的困难与危险性的缘故。

1. 风险的概念

风险与确定事件不同，指的是可能发生的灾变事故，是一种随机发生的事件。风险又可分为两种类型，一种为已知概率的风险，一种为未知概率的风险。已知概率的风险是指该风险的概率是可获得的，如乘坐飞机、火车、汽车等交通工具的风险，经过统计可获得其概率，例如德国汉莎航空公司的事故率为千万分之一[32]。未知概率的风险则是指该风险的概率不可知，或者是一种未知的风险，例如一些突发的政治事件或股票的暴涨暴跌，其概率是未知的。自然界中，不确定性的风险占的比重很大。对于煤矿热动力灾害的发生，如煤矿井下煤自燃，输送机胶带、坑木等固相可燃物的燃烧，这些灾害的发生地点和严重度，可通过统计获得一定的概率值，故该风险具有一定的确定性；但对于作为气相介质的瓦斯，由于瓦斯的可流动性，其产生受地质构造、采动、抽采和通风条件等影响，瓦斯的燃烧与爆炸灾害发生的地点及严重度具有不确定性，故处理瓦斯爆炸类的热动力灾害的不确定性风险最大。

2. 防范风险中常见的问题

人们拥有的专业知识主要针对的是确定性问题的知识，一般对风险认识不足，特别是对不确定性风险认知不足，易犯两方面的错误：一是误将小概率的风险视为零风险，二是认识不到未知的风险。

零风险的认识主要体现在日常的安全生产管理中，例如，近些年来，随着煤矿安全科技的进步、安全监管的强化和安全培训的规范化，煤矿热动力灾害事故的发生已是小概率事件，不少矿井数年没有发生过事故，如山西西山煤电、吉林通化八宝煤业发生特大瓦斯爆炸事故之前，就保持有较好的安全记录，易造成零风险的意识，亦缺少了忧患与风险意识。要防止煤矿重特大事故的发生，务必不能松懈，必须要为煤矿热动力灾害必然发生的小概率事件做好准备。煤矿井下生产特点表明，现有的技术手段并不能完全排除风险，如果没有对小概率的重特大事故的防范之心和防治措施，就有可能导致不可挽回的损失。

认识不到未知的风险主要指在处理某类有风险的事件中，对潜在可能发生的危险情况没有准备，例如在煤矿热动力灾害的处理过程中常常面临不确定性，未知的风险就是不确定性风险。人类的知识体系主要针对确定性问题，对于不确定性问题涉及较少，许多专家也是对一些确定性问题有专长，但缺少处理不确定性问题的经验。在煤矿热动力灾害处理中，风流发生逆转、发生次生燃烧与爆炸事故等都是未知的风险，一些即使有丰富救灾知识与现场经验的人，由于井下空间受限，网络系统复杂，灾情信息又难以全面获知，灾变处理又十分困难，处理灾变过程中的许多因素也不确定，人们对这些事故的发生规律缺少认识，缺少处理未知风险的知识与能力，因此在处理未知的风险中常常显得被动，难以做出正确的决策，也易酿成重大灾难。

3. 灾变中的不确定性风险

煤矿井下可燃物类型多样，可燃物之间可以相互转换，加之井下网络系统复杂、空间受限，特别是发生在采空区内的热动力灾害信息难以感知，灾变的发展及处理过程都具有不确定性。灾变处理与救援以解救灾区人员为主要目的，其先决条件是保障救援与处理人员的安全，为此，必须认知处理过程中的风险，以此为底线制订救援与处理方案。

1）不确定性风险的认知

煤矿热动力灾害处理过程中，主要风险就是发生风流紊乱、二次爆炸事故，这会使灾变区域扩大，造成更多的人员伤亡。

风流紊乱的风险主要出现在外因火灾事故中，风流紊乱的风险主要为风流逆转，早在 20 世纪 50 年代，波兰学者布德雷克（Budrk）教授已阐述清楚了风流逆转的机理，即矿井火灾高温烟流产生的火风压和空气热膨胀产生的热阻力形成的节流效应改变了巷道网络的压力分布，由于火风压的浮升力作用方向总是向上，故下行主干风路可能发生风流逆转，这是因为火风压作用方向与矿井通风机作用方向相反的缘故。火风压会增加上行主干风路的风量，上行旁侧支路的风流可能发生逆转。因此，外因火灾的条件下，灾变风险就在于下行主干支路的风流逆转、上行旁侧支路的风流逆转。发生风流逆转时，存在一个风量先减少，然后为零，最后风流逆转的过程。由于火灾发展过程、烟流温度分布、通风网络条件的复杂性，风流逆转的地点、时间及影响范围是不确定的，现有的技术手段难以准确测试与预测。如果能及时认识到该风险，就可避免 20 世纪 90 年代黑龙江鸡西小恒山煤矿发生的风流逆转造成 80 人死亡的惨痛事故[33]。

二次爆炸是处理煤矿热动力灾害中面临的最严峻风险。连续瓦斯爆炸事故的本质是可燃性气体的再次聚集及其剧烈燃烧反应，需要满足一定浓度瓦斯、氧气、点火源三个条件，因此连续瓦斯爆炸事故的分析仍应在爆炸灾区具备点火源的基础上，评估瓦斯和氧气存在及相互混合的条件。爆炸往往发生于具有瓦斯涌出和瓦斯积聚条件的通风不良区域，如通风不良的掘进工作面、瓦斯异常涌出或通风不良的采煤工作面、采空区、巷道等。初次爆炸发生后，灾区瓦斯浓度降低，但灾区仍维持通风不良状态，故瓦斯继续涌出（正常涌出或因爆炸影响异常涌出），重新积聚。若灾情发现处理及时，灾区瓦斯浓度可能处于爆炸浓度下限之下；若瓦斯异常涌出、积聚速度极快，或灾情发现处理不及时，内部可能已达爆炸浓度界限或处于爆炸浓度上限之上。具有瓦斯与空气预混条件的区域一般要同时具有瓦斯来源与通风供氧条件，初次爆炸后的灾区易满足该条件。当火灾或爆炸破坏了通风系统，或灾区本身就处于微风供氧状态，瓦斯重新积聚同时伴有新鲜风混入（对于未封闭的区域是微风进入，对于已封闭的区域是裂隙漏风或被摧毁的密闭漏风），便形成连续爆炸预混瓦斯源。初次爆炸将在灾区内产生扩散的高温火焰波，当灾区存在可燃物时就会被引燃，内部往往存在可引发连续爆炸的点火源；若初次爆炸发生于煤自燃区域，则煤自燃将是引发连续爆炸的点火源，较难快速扑灭。

二次爆炸的风险主要发生在高瓦斯矿井。二次爆炸通常发生在瓦斯燃烧条件下转化成的瓦斯爆炸、瓦斯爆炸诱发的煤尘爆炸、实施密闭过程中发生的瓦斯爆炸、改变通风条件下的瓦斯爆炸。我国煤矿近些年来发生较多的是在实施密闭或控风过程中发生的瓦斯爆炸，如 2013 年吉林通化八宝煤业“3 · 29”“4 · 1”瓦斯爆炸事故[34]，2014 年新疆大黄山“7 · 5”瓦斯爆炸事故[35]。在具有火源的空间内，如果瓦斯与风流在该空间中汇聚，一旦控风，瓦斯浓度上升达到爆炸界限内就会爆炸。瓦斯涌出的区域通常在采空区内，其空间体积、瓦斯涌出量、供漏风条件和点火源等因素都是不确定的，瓦斯、煤及其他可燃物的相互作用关系不确定，此外，人们的控风和灭火行动与灾情的发展同样具有不确定性。二次爆炸的风险虽然面临不确定性，但是其风险是可认知的，最危险的条件是可预测的，认知到风险，就容易找到防范的技术措施。

2）不确定性风险的处理

对于不确定性风险，采用复杂的逻辑分析与计算方法缺少数据，采用经验法反而高效、可靠和实用，因此处理灾变的决策者有灾变处理的知识与经验、了解灾变环境与灾情是处理风险的前提。矿井技术人员和专业救援人员密切配合，同时借助广泛社会力量共同推进灾害救援与处理工作。在灾变处理的初期，主要由矿井专业人员负责，这就要求其平时加强灾变处理知识的学习，注意积累处理灾变的经验，方能适应处理具有重大风险的灾变事故。现场人员了解矿井情况，还需最快了解灾情，需了解灾情的严重程度，包括燃烧与冲击波的破坏程度、灾变烟流分布范围、矿井通风、矿井实时监测信息。第一手资料的准确与否是正确制订救灾方案的基础。当灾情复杂和已有的救援技术与装备不能满足救援要求时，还可向社会寻找更专业人员、更高效的救灾设备，制订出更佳的救援方案。

（1）经验决策的有效性。灾情发展的动态性、灾变环境的复杂性和决策实施的时效性决定了灾变的救援与处理经常面对不确定的风险，现场处置要当机立断，通常只能靠直觉经验进行决策，依靠的是长期的知识积累与实践经验。由于灾变处理常常面临的是信息的不完全性和时间的紧迫性，救灾指挥员在现场的决策不会通过对若干方案的逻辑计算而选择最优方案，而是依据已有知识与经验形成对灾情的基本判断后，得出一个处理方案。这个直觉是经历长时间的真实和虚拟的演练而形成，一旦面临类似的场景，就激活了过去的知识与经验，产生出处理方案。这种决策模式反映出决策者的专业技能，人的直觉和分析思考同时参与了这个过程。该过程分为两个阶段：第一阶段，初步提出的想法通过联想记忆的自主功能呈现在大脑中；第二阶段，大脑对这个想法依据过去的经验与知识进行分析判别以验证其可行性。该决策过程在很短时间内完成，主要靠直觉。直觉就是指当大脑通过对灾情的判断得出一个提示，根据这个提示我们可以抽寻到大脑存储的信息，而这个信息就能给出答案。直觉就是这种认知方式。许多现场救灾指挥员就是凭借对危险的直觉使灾变处理转危为安，在煤矿热动力灾害救援与处理过程中这类故事颇多。

人们在救灾过程中的直觉是通过学习和演练而获得，构成直觉的信息是存储在记忆中的，对于救灾人员，有很多机会讨论及思考多种并没有亲自参与的热动力灾害，并在脑中对会有什么样的线索出现以及该怎样反应进行演练。学习和演练这种专业技能需要很长的时间，不仅是单一的技能，还包含了很多技巧。煤矿井下的环境非常复杂，井下的巷道是复杂的管网，要熟悉井下的路线，一般需要数周时间，对一些复杂的矿井，甚至需要数月才能对井下的环境有较好的了解。灾变处理不仅要有处理灾变的经验，还必须了解井下情况。在处理灾变过程中，外来的专家不了解矿井情况，一般难以提出具体的救灾方案，因此，充分利用事故矿井有经验的人员是正确处理灾变的重要原则，发生灾变后立即免去灾变矿井主要领导的方法不利于灾变的处理，相反，给这些领导者一个改正错误的机会，对减少灾变损失、认真总结事故教训，避免以后再发生类似事故有重要意义。

（2）经验决策的局限性。一些救灾专家经过长期历练，获得了非常丰富的救灾经验，灾变时依赖直觉就能正确处理灾变，但专家的经验也有局限性。直觉反映的是以往经验的累积，现场的条件与过去经历的条件相同，成功率就高，其重要因素是所面临的环境有规律可循，符合认知的条件，救灾人员既了解灾变发生的环境，又掌握灾情发展的过程，专家经验或直觉就能发挥巨大作用。 当灾变环境或灾情发展呈现复杂状态时，专家常常也无经验可循，直觉就无依据，就难以做出决策。由于煤矿热动力灾害处理具有灾变环境的复杂性、灾变过程的动态性，因此，不可能做到处理每次灾变都正确，国内外煤矿救灾的实际状况也是如此，灾变处理没有常胜将军。这是处理不确定性问题的规律。有一些现场处理事故经验的人特别容易凭过去经验形成对灾变的固有看法，容易放大经验的作用，即心理学中的“光环效应”，易使人产生某种必然性错觉，忽视了不同的环境与条件因素，就易产生决策的失误。因此，救灾决策者必须谨慎，灾变事故的处理要避免主观和盲动。事实上，当决策者处理没有经历过的灾情时会感到特别困难。在过去的经验中，很多重要事件的处理其实包含着众多抉择，最终的结果常常会诱导你夸大自己的技能作用并低估了其他因素，甚至包括运气对结果的影响。此处发生作用的就是强大的心理学中常见的“眼见即为事实”的效应。你会不由自主地在处理手头有限信息的时候，好像这些信息就是全部事实，根据这些信息，你根据自己的知识背景构建出最可能的场景，如果这个场景还合理，你就会相信它。例如吉林通化八宝煤业、新疆大黄山煤矿在处理井下采区内或巷道内的火灾问题[34, 35]时，在进行密闭的决策中，决策人会依赖过去或灾变初期处理火灾的一些经验，好像自己能对灾变实现控制，隐藏的风险就在这里，在自己所知甚少或是复杂难题只是初露端倪时，我们已在心中较容易地形成了对一个事件的完整解释，我们还满心相信自己正确，却大大地忽略了自己无知的一面，看问题片面化了，自然就潜藏了隐患。事故发生后，面对造成的巨大灾难，这是当事者始料不及的，他们为同事与其他救援人员的牺牲及给家属带来的灾难、对国家和企业带来的巨大损失，感到真心后悔。总结其原因，决策者受限于过去或前期狭窄的经历与经验，也受迫切减少灾变损失的责任心驱使，没有顾及风险，也就逾越了以牺牲人的生命为代价的红线，其教训极为惨痛。

（3）正确对待不确定性风险决策结果。煤矿热动力灾害的救援与处理具有许多不确定性，面对未知的风险就不可能存在常胜将军，因此，不能完全以灾变事故处理的结果来判定救灾决策的正确与否。以事后的结果或事后才知的信息来评价事前的决策是不公正的，这是人们常称的“事后诸葛亮”“马后炮”，西方学者称为“后见之明偏见”[36]。后见之明偏见的错误在于其评价不是根据决策本身的合理性，而是以结果的好坏作为评价标准，特别是依据在事后才可能得知的信息来评价事前的决策。例如，决策者制定出一个处理灾变的措施，但在实施期间发生了未能预料的情况，造成了人员伤亡。事后，人们就会倾向于认为该决策有问题，人们几乎不可能对该决策的合理性做出正确评价，这便是典型的“结果偏见”。结果越糟糕，后见之明的偏见就越严重。例如 2015 年 8 月 12 日发生的天津港火灾爆炸特大事故，许多消防官兵勇敢冲上前去救火造成牺牲[37]，有人指责这是救灾决策者的失误，然而这是事后才可能得知的该火场中有违规的爆炸危险品，在事前救灾决策者不可能知晓，对其指责就属于后见之明的偏见。同样，在一些煤矿热动力灾害的救援与处理中，在实施一些决策措施时，发生了导致人员伤亡的重大事故，人们也倾向于指责该决策方案的制定者，灾变带来的损失越严重，这种指责就越严厉，实际上，不少这种指责也属于后见之明的偏见。煤矿井下一旦发生热动力灾害，情况都较危急，决策者又不可能获得全面而准确的信息，不能以事后已知的信息和后来的结果来责难决策者，这对决策者非常不公平。煤矿热动力灾害的救援与处理常常面临未知的风险，地质条件的复杂变化、采空区瓦斯的异常来源、点火源、漏风等条件等都是不确定的，现有的技术及人的能力也都无法准确获知，其决策主要靠直觉的方法，应鼓励决策者有积极主动的态度、敢于担当、因地制宜调用各种资源进行灾变的救援与处理，只有这样才可能抓住战机，最有效地控制灾变和减少损失。

6.2.1.3 救援决策专家系统

一般而言，现有技术条件下灾情信息难以全面获取，人类分析决策具有明显的局限性。在这样的背景下，计算机辅助决策系统凭借其存储量大、运算速度快、逻辑判断准确等优势，成为救援决策技术发展的重要方向。

人类分析决策具有明显的局限性。在热动力灾害事故救援过程中，要求救援决策者既熟悉事故矿井信息，又具备灾害相关知识和救援经验，这本身就对人们提出了高标准要求。即便有优秀的工作人员能够同时掌握以上全部信息，而人类思维善于巧妙分析解决局部问题，难以逐项枚举、面面俱到。针对煤矿热动力灾变环境复杂多变、信息不全的情况，在巨大思维和心理压力下，灾情分析预测更是超越人类思维的能力[38]。除此之外，决策组织内的多人高效协作难以保障。

计算机救援决策专家系统具有优越性。计算机运算速度快，善于排列组合、逐项枚举，可全面覆盖分析要素；灾情信息输入一致情况下，分析过程、输出结果不受主观因素影响而结果唯一[38]。基础数据库可同时容纳事故矿井信息、海量救援知识、技能和经验，并通过算法快速分析，输出灾情分析结果、提供救援建议，对不稳定的多方协作依赖度低。

综合人类分析决策的局限性和救援决策专家系统的优越性可得，构建救援决策专家系统是必要的。但需特别注意，救援决策专家系统的输出结果并非决策方案，仅为决策者制订救援方案提供参考和帮助。

1. 专家系统的组成

（1）随时更新的矿井的基础数据库，如井巷人员分布、生产系统参数、通风系统状态、可燃物分布及其特性等。

（2）矿井热动力灾害的基本规律与灾情可视化模拟，如瓦斯积聚与燃爆特性、可燃物燃烧及火烟的通风网络蔓延特性等。

（3）灾情信息提取清单。提供灾情信息逐项填写、选择清单以避免遗漏，其结果作为决策者输入系统的边界条件，结合矿井数据库快速分析并可视化模拟灾害发展。

（4）丰富的救援经验数据库。来源于具备丰富救援经验的人员，针对不同灾害发展情况，进行众多应对方式的匹配和组合。根据可视化模拟结果，系统提供决策处理建议。

2. 专家系统的主要功能[39]

1）矿井火灾计算机仿真模拟

矿井火灾计算机数字仿真模型是矿井火灾救灾决策系统的基本模块。该模块由选择网孔、风量迭代计算、计算火风压及网孔自然风压、分支与节点的温度、瓦斯及烟流浓度、模拟结果的图形显示等功能模型构成。矿井火灾计算机模拟程序，采用的是时间步长的动态模拟方法。经过许多矿井的实际运行表明，该程序能对矿井任意地点的火灾进行模拟，模拟结果可动态显示。图 6.4 为某矿火灾计算机模拟应用图。

2）计算机最佳避灾、救援路线的选择

矿井火灾时期，由于火风压和节流效应的影响，井下可能会发生风流紊乱，导致火烟侵袭很多意想不到的巷道，对井下工作人员的生命安全构成极大的威胁。一般抢险救援的首要任务是撤出井下被困人员。在这一过程中，如何选择最佳的救援与避灾路线对救护工作的开展意义重大。国内外的火灾抢险过程中，由于救援与避灾路线的选择失误而造成重大人员伤亡的事件时有发生。

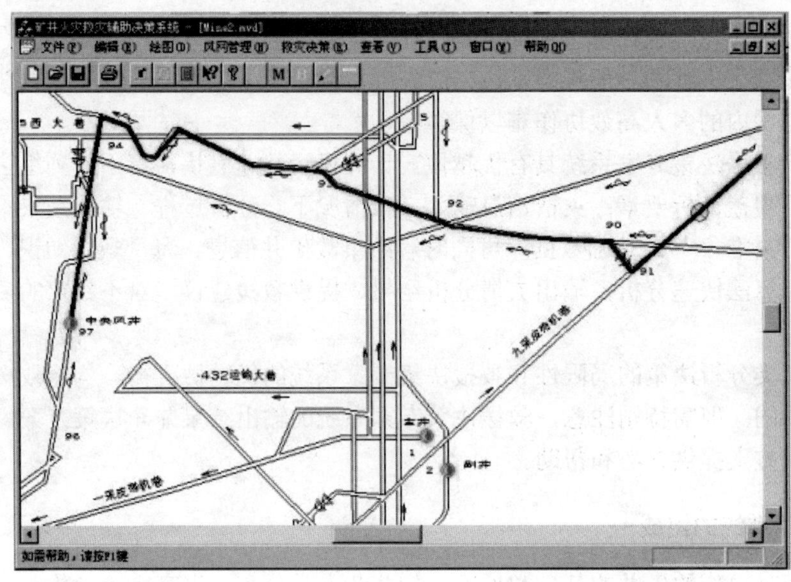

图 6.4　某矿火灾计算机模拟应用图

（1）避灾路线类型的确定。避灾路线是指井下工作人员从灾区及可能受火灾影响的区域撤退到安全地点的路线。由于矿井火灾时期灾情发展的动态性和被困人员紧张的心理状态，选择避灾路线时务必确保充分的安全性。井巷可通行性及矿井避灾路线的选择与灾情发展、井巷条件有关。根据火灾灾情的发展程度及其对井下巷道的影响范围，可将避灾路线分为理想的避灾路线、可行的避灾路线和求生的避灾路线三种类型。

（2）最佳救援避灾路线的求解。程序由数据读入、可通行性判别及通行当量长度值的计算、救援与避灾路线的计算、救援与避灾路线的图形显示四部分组成。

（3）控风专家系统。专家系统就是一种基于知识或规则的智能程序，它利用专家知识，推理求解专门问题。专家系统具有知识存储、知识获取、知识推理和知识利用的功能。专家系统的基本结构主要包括两大部分：一个是专门领域的知识库和数据库；一个是运用和处理知识的推理机。控风推理机采用了正向推理，宽度优先搜索方法。

控风措施推理机设计的思路是确定火源后，判断火源所处的巷道类型，是入风巷道还是回风巷道，是平巷还是斜巷，如果是斜巷，则又是上行通风巷道还是下行通风巷道。根据巷道的类型及倾斜状态再调用相关的知识，最后根据搜索原则确定出控风措施方法。控风专家系统的运行界面如图 6.5 所示。

通过实际运行表明，控风措施推理机设计合理，能够有效地处理一般情况的火灾，故对救援决策具有一定的实用价值。

图 6.5　控风专家系统运行界面

6.2.2　应急救援行动

煤矿热动力灾害事故发生后，立即启动应急救援预案，成立救援指挥部，同时向上级安全生产监督部门报告，召请矿山救护队，采取有效措施组织抢救，防止事故扩大。救援指挥部成立之后，应立即开展工作，制订救援队行动方案，建立井下救灾基地，开展灾区侦察与搜救等救援工作。

6.2.2.1　救援指挥

《煤矿安全规程》规定[7]，“煤矿发生事故后必须立即启动应急救援预案，成立救援指挥部，采取有效措施组织抢救，防止事故扩大。矿长任救援指挥部的总指挥，矿山救护队指挥员必须作为救援指挥部成员，参与制订救援方案等重大决策，具体负责指挥矿山救护队实施救援工作”。“救援指挥部应当根据灾害性质，事故发生地点、波及范围、灾区人员分布、可能存在的危险因素，以及救援的人力物力，制订救援方案和安全保障措施”。

煤矿热动力灾害事故的救援是一项十分复杂和风险极大的工作，救援指挥存在一套符合事故处理规律的行为规范和程序，沉着冷静、有条不紊地进行处理与应对是应急救援工作的必要条件，一旦慌乱无序就可能出现决策失误而导致重大损失。煤矿热动力灾害事故救援的基本要点为立即撤出灾区人员和停止灾区供电（掘进巷道发火或爆炸不能停局部通风机），按《矿井灾害预防和处理计划》中规定的顺序通知矿长、总工程师等有关人员，立即向上级主管部门的调度室汇报，召请矿山救护队（本矿救护队先下井救灾），成立救灾指挥部，派救护队进入灾区救人、侦察灾情，指挥部根据灾情制订救灾方案，救护队进行救灾工作，直至灾情消除，恢复正常生产。

指挥部在领导救援工作中，首先听取当班值班领导的灾情汇报以及已经下达命令的情况汇报，继续组织撤人、停电，保证主要通风机、副井提升及压气机的正常运转；安排人员统计当班井下人数及姓名、灾区人员数量及分布，初步了解灾情性质、灾变发生地点和受灾人员数量及影响范围。与此同时，依据《矿井灾害预防和处理计划》，结合灾情实际，提出事故救援与处理方案，并将成员明确分工，限定时间完成准备工作；选定井下救护基地，确定具有救护经验的领导担任井下救护基地的指挥，明确基地指挥的任务与职责。然后，安排救护队员进入灾区开展侦察工作，弄清灾变性质、灾区通风与瓦斯等灾情，并引导人员撤离；根据灾情及处理方案，对参加救援的人员进行说明和动员。最后，要不断协调平衡力量，确保方案顺利执行，若遇灾情变化应及时修改救灾方案，调整救灾力量。

救灾指挥员要纵观全局、抓住战机，利用一切可以利用的力量最快抢救事故。要针对灾变事故的性质，有针对性地解决救援处理中的关键问题。例如，处理爆炸事故，关键是及时恢复通风系统和消灭火源，避免出现连续爆炸，若条件不允许，则隔断风流、停止供氧，消除产生再次爆炸的因素；处理明火火灾事故，关键是正确调度风流，避免火风压造成风流逆转或产生瓦斯爆炸；处理掘进巷道内的火灾或爆炸，应严格控制局部通风机的开停，其原则是“保持原状”，即救护队到达局部通风机处，正在运转的风机不能停转，已停转的风机不能盲目启动。

6.2.2.2 灾区侦察与搜救

1. 准备工作

在救援队进入矿井开展救援行动前，应由指挥部人员向救援队就灾情以及救援目的等情况作简要报告，救援队员应该掌握遇险人员信息（人数、地点、状态）、热动力灾害起因、通风系统、井口位置、井下情况（氧气及各种有毒有害气体、顶底板状况及地质构造、矿尘、温度）、煤层开采情况（采煤工艺、采煤设备、巷道支护）、避难硐室或救生舱、井下灭火设备和材料等。当掌握以上灾情信息后，救援队应当立即组织灾区侦察、制订行动方案，按照事故类别整理装备，做好战前检查和救援准备，随后向井下基地的预选位置推进，并建立井下基地。

在救援工作开展前，应通过监测控系统状态和数据、调度电话记录、人员访谈等途径多方面收集灾情信息，如事故类别、灾区范围和遇险遇难人员数量与位置，以及通风、有毒有害气体、矿尘、温度和巷道支护情况，为救援决策提供支持。此外，还可通过观测主要通风机状态和回风流组分来辅助分析灾区情况。

主要通风机结构受损、防爆盖被冲开、反风道构筑物被破坏，可推测井下发生爆炸事故，且规模大、破坏力强。主要通风机风压和风量变化，可判断和评估灾区火势发展和风流逆转的危险性。通过风机房水柱计读取主要通风机静压 h_s，与正常值 h_{s0} 比较：当 $h_s>h_{s0}$ 时风量减小，说明灾区巷道冒顶，通风巷道被堵塞；或发生下行风流火灾，火风压与机械风压方向相反。当 $h_s<h_{s0}$ 时风量增大，说明灾区通风设施被破坏，如风门、风窗被摧毁或人员撤退时未关闭风门；或井下发生上行风流火灾，火风压与

机械风压方向一致。

灾区回风流是获得灾区气样的有效途径之一，应派专人检测回风流中的灾变气体浓度，持续观测其变化趋势，可判断灾区危险性。如回风侧气样中甲烷浓度增加、CO 始终存在或浓度增加，则说明灾区瓦斯积聚、存在火源，井下面临风险。必要时，可在地面对指定地点通过钻孔取气样分析，判断或验证灾情的发展状态[16]。

2. 入井侦察与搜救

井下基地建立后，救援队可按照救援方案开展行动。矿山救援小队是执行救援任务的最小集体，其组成不得少于 6 人，设队长、副队长各一名。救援队侦察的主要任务是探明事故类别、范围和遇险遇难人员数量与位置，以及通风、有毒有害气体、矿尘、温度和巷道支护情况。进行井下侦察时，需设立待机小队，并与侦察小队保持联系；需要抢救人员的，可以不设待机小队，在紧急救人的情况下，应把侦察小队派往遇险人员最多的地点。救援队进入灾区前，要预先制定退路被堵时的措施，并规定返回时间，同时与井下基地保持联络，没有按时返回或者通信中断的，待机小队立即进入救援。每一位救援队员都要携带救生索等必要装备，在行进中注意暗井、溜煤眼、淤泥和巷道支护等情况，视线不清或者水深时使用探险杖探查前进，队员之间用联络绳联结。救援队员在行进中，要在巷道交叉口设置明显标记，如遇井下巷道情况不明，小队按原路返回。进入灾区时，小队长在队前，副小队长在队后，返回时相反。搜救遇险遇难人员时，小队队形与巷道中线斜交前进。侦察人员分工明确，分别检查通风、气体浓度、温度和顶板等情况并记录，在图纸上标记侦察结果。在远距离或者复杂巷道中侦察时，应组织几个小队分区段进行。在灾区内侦察时，发现遇险人员应立即救助，并将他们护送到进风巷道或井下基地，然后继续完成侦察任务。救援小队要按指挥部制定的侦察内容认真落实，侦察过的巷道要做好标记，并绘制侦察路线示意图。侦察结束后，带队指挥员立即向布置任务的指挥员汇报结果。

6.2.2.3　灾变处理与救援

1. 火灾的处理与救援

矿井火灾具有持续时间长和救援风险大的特点。不同于爆炸事故，一般火灾事故持续时间长，特别是煤炭可长期处于燃烧或阴燃状态，灾变处理较为复杂。火灾灾情变化与可燃物分布、通风系统状态关系密切。一般外因火灾发展较快，在倾斜巷道产生火风压易导致风流紊乱（烟流逆退和风流逆转），火焰与有毒烟气扩散的范围增加，还存在引爆瓦斯或煤尘的严重隐患。此外，随着火灾规模和强度的增大，救援与处理工作更为困难，且特别危险。因此，在救援开展之前，迅速控制乃至扑灭火源是救援的必要工作。救援人员进入矿井前，应当充分了解火灾的扩散情况以及瓦斯爆炸的可能性，配备充足的设备和材料以处理可能遇到的火源，还应尽可能多地了解井下火区位置、在燃物质属性、火区规模、周边条件、可能存在的点火源、井下可燃物（油料、炸药等）的存储位置以及灾区是否供电等。其中火区位置和规模可根据烟气情况和火风压来粗略判断。当进入灾区后，若遇规模较小的火源，救援队员应立即采取措施扑灭；若火源规模较大，则应根据现场汇总的各种信息制订详细的方案、配备更多的专业设备之后再行开展灭火工作。救援人员处理火灾主要采用直接灭火的方式。直接灭火是指救援人员在足够靠近火源时，采用灭火器、水或者泡沫等直接扑灭火源，灭火时，应从进风侧逐步逼向火源中心，以便于在灭火时有毒气体和水蒸气直接排入回风。若在救援过程中瓦斯浓度超过2%，所有救援人员须立即升井。

矿井外因火灾因发生地点而异具有不同的处理要点，为安全救灾，总体上有撤出人员、控制火势、排走烟流、防止风流紊乱和防止爆炸 5 大需求，如图 6.6 所示。矿井发生火灾后，应利用矿井通信联络系统将灾情向全井广播，根据火灾烟气流向快速撤出所有人员；为创造灭火条件，应适当减小风量控制火势，同时灵活运用反风和风流短路方法将烟气直接从回风巷道排出矿井；为保证救灾的安全性，应采取相应措施防止风流紊乱，通过加强通风或封闭火区的方法处理有爆炸危险的火区。矿井外因火灾的救援应依据矿井情况和灾情变化具体问题具体分析，灵活运用上述处理要点保障安全高效救灾。

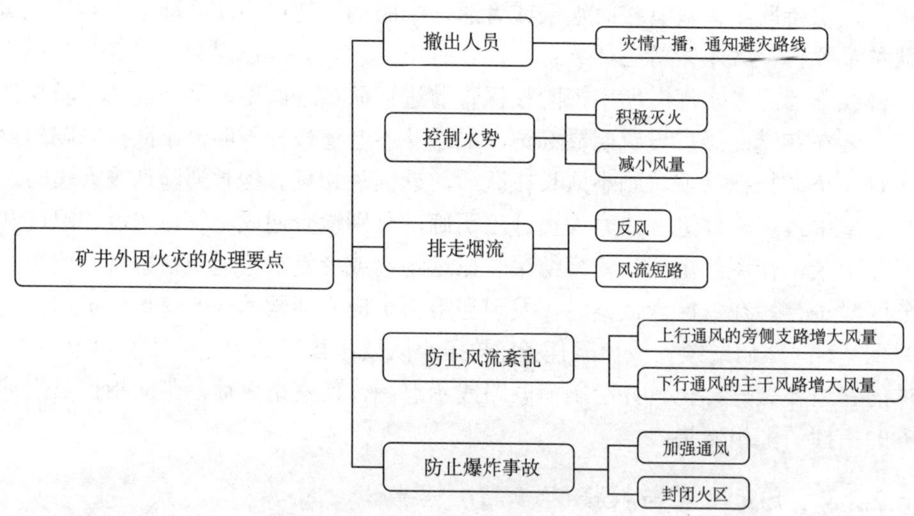

图 6.6　矿井外因火灾的处理要点

2. 爆炸的处理与救援

次生爆炸是矿井瓦斯（煤尘）爆炸事故救援的主要风险。为保障事故救援的安全，灾区侦察时应切断灾区供电、维持通风系统状态不变，遇火源应快速扑灭，全力营救遇险人员。灾区侦察后，针对有爆炸危险的灾区应撤出全部人员，封闭灾区后，采用综合技术远距离治理火源；针对无爆炸危险的灾区，应尽快恢复通风并加强支护。此外，若爆炸引发了火灾，应同时进行灭火和救人，并采取防止再次发生爆炸的措施。井筒、井底车场或石门发生爆炸时，在侦察确定没有火源、无爆炸危险的情况下，应派 1 个小队救人，1 个小队恢复通风。如果通风设施损坏不能恢复，应全部去救人。如果有害气体严重威胁爆源下风侧人员，在上风侧人员已安全撤离后，可采取反风措施。反风后，救援队应进入原下风侧引导人员撤离灾区。回采工作面发生爆炸时，派一个小队沿回风侧、另一个小队沿进风侧进入救人，在此期间，必须维持通风系统原状。掘进工作面发生爆炸事故时，救援队在侦察过程中，发现遇险人员先救人，发现火源应立即扑灭。确定人员已经遇难或无火源时，应先恢复通风，然后抬运遇难人员。封闭的采空区发生爆炸后，严禁派救援人员进入灾区进行恢复工作，应采取注入惰性气体和远距离封闭等措施。矿山救援队进入爆炸事故灾区必须切断灾区电源，检查灾区内有毒有害气体的浓度、温度和通风设施情况，发现有再次爆炸危险时，必须立即撤到安全地点。行动要谨慎，防止碰撞产生火花。确定人员已经遇难，并且没有火源时，必须在恢复灾区通风后再进行救援作业。矿井瓦斯（煤尘）爆炸事故处理要点如图 6.7 所示。

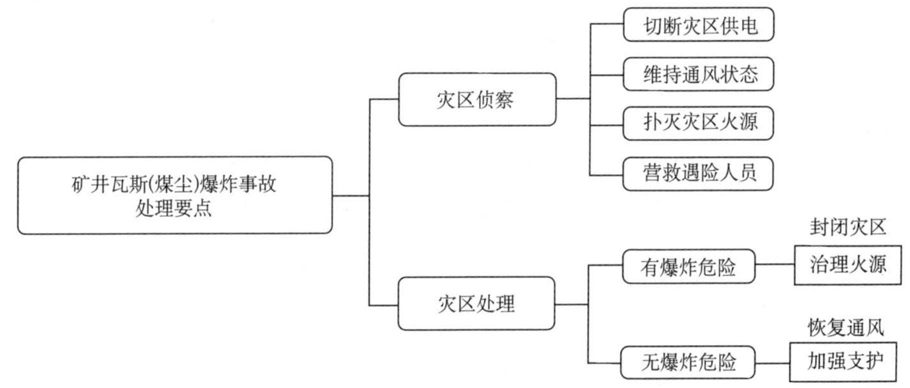

图 6.7　矿井瓦斯（煤尘）爆炸事故的处理要点

6.3　煤矿热动力灾害处理技术

矿井热动力灾变环境深处地下受限网络空间，灾害产生的高温、有毒烟气、爆炸冲击波破坏井巷设施和通风系统，给灾后处理带来很大困难。当灾害发生后，灾变处理就是及时消除灾害源和防止灾害扩大。在燃烧与爆炸灾害中，火灾事故动态发展时间长，大量可燃物长期处于燃烧或阴燃状态，存在引发次生灾害的重大隐患。因此，在热动力灾害处理中，迅速控制、扑灭火源是首要任务。基于此，本节主要介绍煤矿热动力灾害灾后处理主要涉及的灾区灭火和灾区封闭技术。

6.3.1　主要灭火技术

可燃物、氧气和点火源是热动力灾害的三要素，只要切断其中一个要素，即可终止热动力灾害的发展。在热动力灾害处理过程中，灾区内的煤、瓦斯这两种可燃物一般难以消除，降低灾区氧气浓度则是暂时控制灾情的扩大，亦不能将灾害彻底消除；另外，只要有火源存在，就一直存在再次发生灾害的可能性。因此，要想彻底处理热动力灾害，消除灾区危险性，就必须将灾害处理的重点放在消除点火源的灭火工作上。由于热动力灾害致灾范围大且动态发展，在处理复杂热动力灾害时，应根据火区条件选择合适的灭火技术。煤矿热动力灾害火源的灭火技术主要为水（浆）、沙子、灭火器技术、惰气灭火以及泡沫灭火技术等。

6.3.1.1　水灭火

水来源广、易于获取，它主要是消除火灾三角形中的点火源（热量）这一要素，其降温灭火能力最强、成本最低。对扑灭采空区内的煤炭着火，通常采用注浆方式进行治理，既有较好的冷却降温性能，还可以阻止氧气与煤的接触。只要火源点明确，采用注水注浆技术就能完全扑灭火区火源。然而，在实际灭火过程中，由于火源位置不清，再加上水、浆液因重力作用往往流入火区底部，不能覆盖高位火源，灭火工作难以奏效。此外，在利用注水、注浆技术进行防灭火时会导致附近区域的煤层受溃水溃浆威胁而无法开采，带来较大的经济损失。

6.3.1.2　沙子（岩粉）灭火

井下电气火灾和油料火灾发生初期，应迅速切断电源开关，利用电气设备旁的砂箱灭火设施，快速将沙子、岩粉、泥土及其他不燃性材料直接覆盖在燃烧物体上隔绝空气，扑灭火灾。

6.3.1.3　灭火器灭火

井下常用的灭火器内充装干粉灭火剂，具有轻便、易于携带、操作简单、能迅速灭火等优点，可用来扑灭矿井初期明火、中小型外因火灾。井下发生木材、煤炭、机电设备或者油类火灾时，均可以利用干粉灭火剂直接喷射可燃物火源灭火；干粉灭火剂不具导电性和腐蚀性，容易清洗，在扑灭井下火灾时，还能起到抑爆作用。

6.3.1.4　惰性气体灭火

氧气是燃烧与爆炸的必要条件。通过对火区注入惰性气体降低氧气浓度以达到抑制燃烧与爆炸的目的。在19世纪50年代，苏格兰地区的一个煤矿井下着火，采用炼焦炉产生的炉烟注入火区的灭火方法，经过一个月的持续惰化，最终扑灭了火区火源[40]，炉烟的主要成分是CO_2、N_2、水蒸气和SO_2，这是利用燃烧产生的惰气最早进行灭火的案例之一。这种方法后来发展成了煤矿救护专用的燃油除氧惰气发生装置，其特点为惰气产生量大，能快速熄灭受限空间内的明火，其不足为产生的是高温有害惰气，实施过程中有一定风险，也不易把火完全扑灭，火区易复燃，这种技术现已较少应用。

1949年，捷克的一个煤矿采用深冷空气分离技术制出的氮气应用于井下的一个火区灭火，在长达13个月的时间内共注入了近50.6万 m^3的N_2，矿井最终得以恢复生产[40]。1953年，英国的一个煤矿开始采用N_2防灭火。此后，德国、法国、苏联、美国、澳大利亚、南非、印度等国家的煤矿开始使用N_2防灭火，在20世纪80～90年代到达最高潮[40]。我国于20世纪80年代开始N_2、CO_2防灭火技术的研究与试验，并在此后得到了较大发展。

近些年来，为提高惰性防灭火介质的降温功能能力，液态N_2、液态CO_2防灭火技术开始得到应用。

1. 气态惰性介质及灭火性能

目前，煤矿井下所用惰气主要以 N_2 为主，其制备方法有深冷空分、变压吸附和膜分离三种。深冷空分是传统的制氮技术，通过将空气液化成液氧和液氮，利用液氧和液氮的沸点不同（在标准大气压下，前者的沸点为–183℃，后者为–196℃）制备氮气，该技术产氮量大、纯度高，但装备庞大，需要较大的固定厂房，固定资产投入高，适用于地面固定式大规模制氮。变压吸附是利用碳分子筛对氧和氮的选择性吸附而使氮和氧分离的方法，工艺流程简单、产气快、操作维护方便、运行成本较低和装置适应性较强，但碳分子筛在气流的冲击下，极易粉化和饱和，同时分离系数低，能耗大，运转及维护费用高。膜分离法利用氧和氮在膜中具有不同渗透速率的特性使氧和氮分离，制备装置的结构更简单、体积更小、产气快、可制成井下移动式，维护方便，运转费用较低，但制氮纯度仅能达到 97%左右[41]。

气态惰性介质通过打钻或埋管向火区内灌注。为窒息火区和消除煤的阴燃，应将火区内的氧气浓度控制在 3%以下[42-45]，因此，必须长时间连续灌注高纯度的惰气。受井下采动和矿山压力作用等因素的影响，火区难以实现完全封闭，火区漏风不可避免，注惰气的主要目的是控制火势和抑制爆炸，但较难消除火源和降低火区内的温度，这就是持续注惰后启封火区易发生快速复燃的原因。

2. 液态惰性介质及防灭火性能

针对气态惰性介质降温能力不足，近年来采用低温的液态 N_2 和液态 CO_2 的煤矿防灭火技术得到较广泛应用。如图 6.8 和图 6.9 所示，氮气的三相点为–210.0℃、12.53kPa，

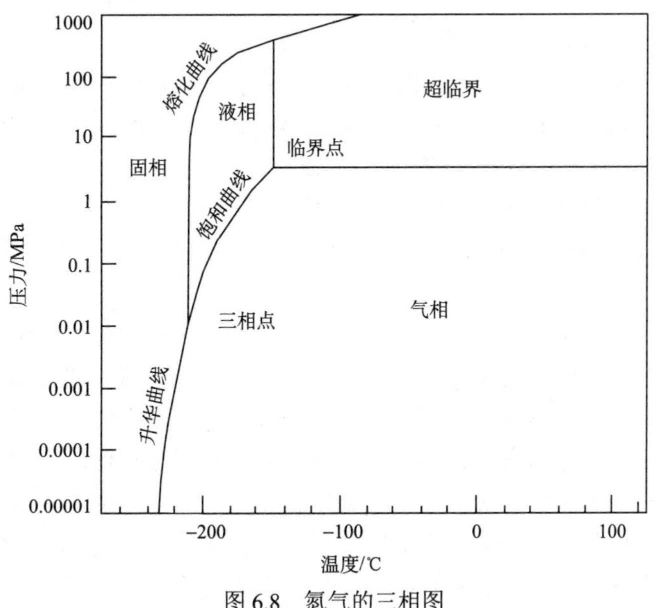

图 6.8　氮气的三相图

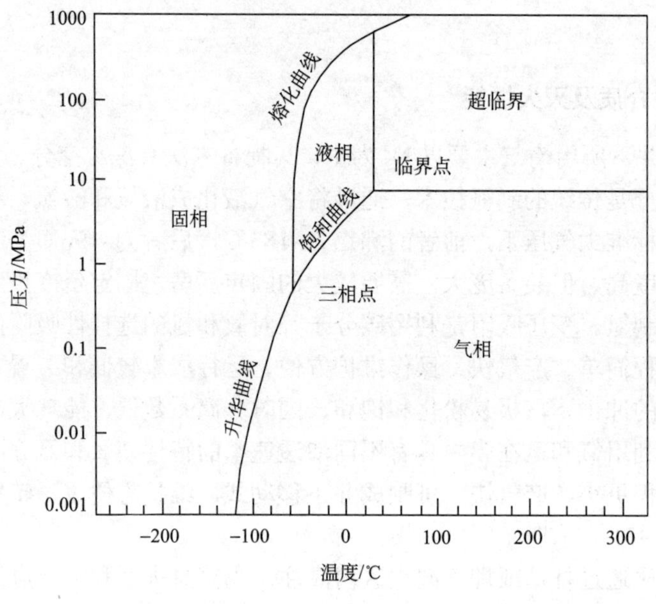

图 6.9 二氧化碳三相图

临界点为–147.1℃、3.4MPa；二氧化碳的三相点为–56.4℃、0.518MPa，临界点为 31.3℃、7.38MPa。三相点是指热力学中可使一种物质三相（气相、液相、固相）共存的温度和压强值。临界点指气体能液化的最高温度和最大压力点，临界点的温度与压力即为临界温度和临界压力。超过此临界点，物质就以超临界状态存在。超临界流体是处于临界温度和临界压力以上，介于气体和液体之间的流体。

在实际应用中，二氧化碳和氮气这两种液态介质都只能在较高压力的低温状态存储。液氮的储存温度在–196℃、压力在 0.3～0.8 MPa。液态二氧化碳的储存温度为(–19±1)℃、压力在 2.07MPa 左右。液氮在正常沸点时的汽化潜热为 198.3 kJ/kg，1kg 液氮（–196℃）可汽化成 0.873m^3 的氮气，体积膨胀约 706 倍。液态二氧化碳在正常沸点时的汽化潜热为 389.784kJ/kg，1kg 液态二氧化碳（–20℃，2.0MPa）在 25℃、0.1MPa 环境下可汽化成 0.556m^3 的二氧化碳气体，其体积膨胀 572.5 倍。

液态惰性介质的防灭火系统有直注式和汽化式两种类型。直注式主要是通过灌注管路，直接将液态惰性介质注入火区；汽化式是将液态惰性介质先进行汽化，再注入火区[46]。

直注式液态惰性介质防灭火工艺中，液态惰性介质在输运过程中极易汽化，故需要对管道进行保温，而使用专用保温管成本太高，现场一般使用普通管路，加速了在输运过程中的汽化量，且管道热胀冷缩严重，严重的管道应力集中会引起爆管，还易在输送管道及管道出口附近结冰堵塞，存在一定的安全隐患和不可靠性，因此，煤矿液态惰性介质防灭火工艺较少采用直注式，而主要采用汽化式，即先将液态惰性介质经过专用汽化装置汽化后，通过输送管送至井下火区。汽化后的惰性气体不再具有蒸发吸热的能力，只是冷态气体在定容空间的有限换热能力，其降温灭火作用十分有限，因此液态惰性介质的灭火作用主要是气相介质的窒息作用，注惰性介质的防灭火技术一般只能作为灭火的辅助手段，必须配合注水注浆和注三相泡沫的防灭火技术才能消除火区高温和火源，实现火区的根本治理。

6.3.1.5　三相泡沫灭火

国外采用泡沫进行灭火的技术研究较早，1956 年，英国矿山安全研究所研发的高倍数泡沫在煤矿井下巷道火灾的灭火中获得应用，该技术在井下火势难以控制或者巷道条件复杂，如冒落等，导致人员无法靠近火源时具有独特的优势。日本的井清武弘在 400m 巷道内设置 60m 垛木进行燃烧，并采用高倍数泡沫进行了灭火试验，得出了泡沫输送压力与输送距离的关系，结果表明：高倍数泡沫的灭火降温特性十分明显，木垛火的温度由 800℃急剧降低到 100℃以下，灭火前后，CO、O_2、CO_2 等指标气体变化较为明显。我国煤矿泡沫装备的研制及灭火试验研究始于 1959 年，1964 年研发出矿用的高倍数泡沫灭火装备与技术。之后，该技术在处理井下火灾事故中多次应用，先后扑灭采空区煤自燃、巷道、工作面等区域火灾。

虽然高倍数泡沫灭火发挥了较大的作用，但因采用通风机供风，产泡的压力低、泡沫易破灭、不能远距离输送，一般只适合扑灭巷道的明火，极大地限制了泡沫灭火技术的实用性。针对传统泡沫灭火技术存在的不足，作者研发了防治煤矿火灾的三相泡沫防灭火技术。三相泡沫防灭火技术集固、液、气三相材料的防灭火性能于一体，是在传统的防灭火泥浆中加入三相泡沫发泡剂，通过引入氮气或压风气源，在三相泡沫发泡装置中进行发泡，其装备如图 6.10 所示。研制的三相泡沫发泡剂降低了水的表面张力，改变了粉煤灰或黄泥表面的亲水特性，发明的三相泡沫发生器利用气体和浆液本身的动力对气-液-固三相混合液做功形成高倍数、稳定时间长的三相泡沫。三相泡沫充分利用粉煤灰或黄泥的覆盖性、氮气的窒息性和水的吸热降温性进行防灭火。三相泡沫流量大、出口压力高，扩散范围广、能向上部堆积，能快速有效治理采空区、巷道高冒区等地点煤自燃隐蔽火源。现场应用表明，三相泡沫防灭火技术对一般采空区煤炭自然发火、大型火区及火源位置不明区域、综放工作面的高位及巷道高冒火区、倾斜俯采综放工作面采空区煤炭自然发火的治理和预防，效果相当显著。

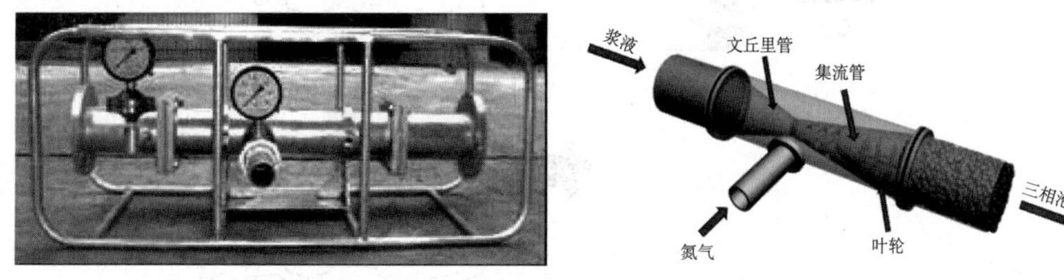

图 6.10　三相泡沫发生器

三相泡沫灭火最主要的特点是泡沫能够向高处堆积，实现对火区的立体覆盖，从而携带灭火介质（水）接触高位火源，并通过汽化的方式从火区带走大量的热量，大大降低煤体和周围环境的温度，快速冷却已有升温趋势的煤体，有效阻止煤炭的自燃。大流量三相泡沫在松散介质中渗透性强、覆盖面广，能从松散矸石堆底部通过裂隙迅速向上及四周扩散堆积，很快就对整个矸石堆完全覆盖并扑灭任何位置的火源，吸热降温能力强，防灭火效果显著。

6.3.2　火区封闭

矿井发生热动力灾害后，首先应采取积极的灭火措施，及时控制火势，将灾情消灭在初期阶段。在积极灭火的同时，就应准备火区封闭工作。若由于高温、顶板垮落或瓦斯爆炸危险性等原因导致无法直接灭火时，则需要在远距离密闭火区，隔绝向火区的漏风。封闭火区时，应首先建造临时密闭，经风向、风量、烟雾和气体分析表明灾区趋于稳定后，方可建造永久密闭或防爆密闭。封闭有爆炸危险火区时，应先采取注入惰性气体等抑爆措施，然后在安全位置构筑进、回风密闭。对于无法直接扑灭的火区，还可采用泡沫、水砂等材料填充火区。泡沫、水等材料也可起到灭火和隔绝氧气的作用，有时也采用注二氧化碳或氮气的方式降低火区内氧气浓度。

火区封闭主要是阻止向火区供氧，使得火区得到控制，从而保障矿井其他区域的安全。火区封闭是一项十分危险的工作，因为减少通风供氧的同时，会造成火灾气体和瓦斯浓度的上升，当其浓度达到爆炸下限时就会发生爆炸，严重威胁井下人员安全。如何安全封闭火区，是处理灾变的关键难题之一。

6.3.2.1　封闭过程中的危险性

当决定采取封闭措施处理井下火区时，火区内只要存在火源与瓦斯就可能发生爆炸。在封闭过程中，由于供风量逐渐减小，瓦斯浓度呈上升趋势，氧气浓度也呈下降趋势。封闭火区的危险性取决于火区内瓦斯与氧气浓度变化关系。

火区封闭空间的分析模型如图 6.11 所示，对于给定的矿井及火区，当确定火区体积、瓦斯涌出源、火区的净出风量、火区的初始瓦斯浓度后，可以画出火区封闭过程中瓦斯和氧气浓度的简易变化趋势[47]，如图 6.12 所示。

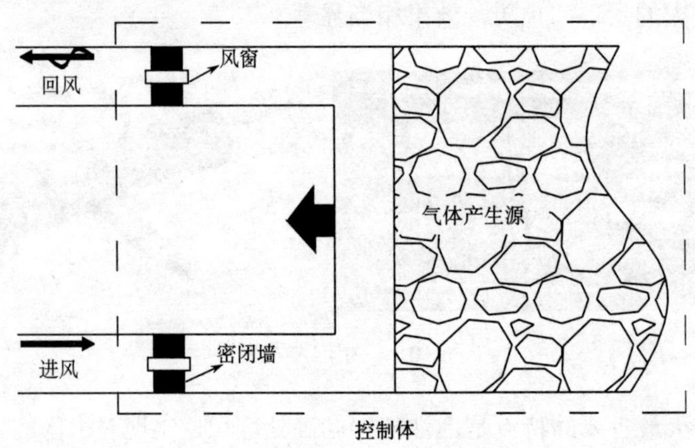

图 6.11　封闭火区模型

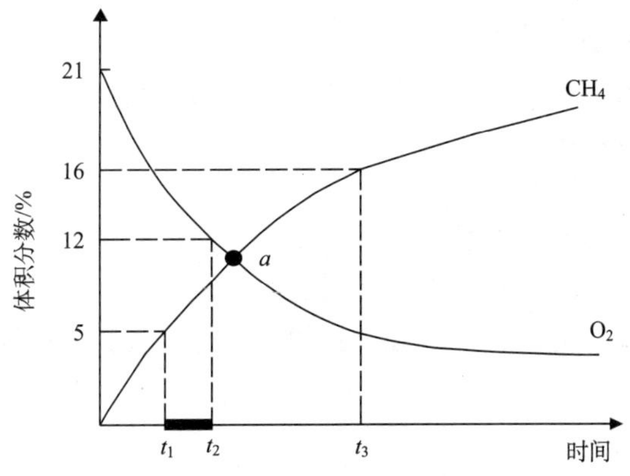

图 6.12　具备爆炸危险时火区封闭过程中气体浓度变化

由图 6.12 可得，t_1为瓦斯浓度到达爆炸下限（5%）所用时间，t_2为氧浓度降低到失爆点浓度（12%）所用时间，t_3为瓦斯浓度达到爆炸上限（16%）所用时间，O_2浓度和CH_4浓度变化曲线有交点 a。设封闭时间为 t，安全封闭时间为 $t<t_1$ 或 $t>t_2$，在封闭过程中出现爆炸危险的时期为$[t_1，t_2]$区间。随氧气浓度下降速率的降低，t_2时间和交点 a 不断延迟，但只要交点 a 处于$[t_1，t_3]$区间，则始终存在爆炸危险。

6.3.2.2　合理封闭范围

封闭火区首先要确定封闭的范围，这是救灾决策的一项核心内容。合理确定封闭范围的基本要求是，封闭范围小、密闭数量少、完成时间短。合理确定封闭范围不仅要求缩小封闭范围，更强调封闭过程的安全。

合理封闭范围由救灾决策者根据灾情和矿井条件确定。决策者应按最危险条件对火区内的瓦斯量和来源、火区空间和通风对瓦斯浓度的影响进行分析与估算，掌握进回风的流量、气体成分、温度等参数及变化趋势，考虑火区的地形条件和实施封闭技术的能力与水平。一般而言，若巷道发生外因火灾，且无瓦斯涌出，可通过控风减弱火势，封闭火区范围应尽量缩小。在含瓦斯区域，应稳定通风系统，在封闭过程中要保持足够的风量对瓦斯进行稀释；必须指定专人检查瓦斯、氧气、一氧化碳以及其他有害气体和风向、风量的变化；为实现快速密闭和缩小封闭范围，应在进、回风侧同时构筑密闭。应该指出的是，合理的封闭范围是与灾情紧密联系的。救灾决策者确定合理的封闭范围，需对灾情有全面的了解，对灾情的发展有科学合理的预测，对构建密闭的组织与实施有相当的经验。

6.4　本 章 小 结

煤矿井下环境复杂，热动力灾害致灾严重，自救互救和外部施救是挽救生命的主要方法。自救互救是遇险人员在灾变环境中，利用矿井消防系统、安全避险系统和个人佩戴的自救器进行的灾变初期处理、避险、撤离的行为。提升遇险人员的自救互救能力与完善矿井的消防与避险系统是矿井防灾减灾的本质要求。煤矿井下环境与灾变的复杂性导致事故救援与处理通常面临不确定性风险，事故的救援与处理应具备绝不以牺牲人的生命为代价的红线意识，和从最坏处准备的底线思维，依靠专家的救灾知识与经验进行决策。不以结果或事后才知的信息评价决策，应避免“后见之明偏见”，要鼓励专业人员勇于负责。遇险人员自救互救是减灾的最有效方式，煤矿热动力灾害时期的应急救援以抢救灾区人员生命为主要目的，确保救援人员的安全是应急救援工作的优先目标，直接灭火是控制灾情和消除火源的积极手段，封闭火区是直接灭火措施无效或难以实施时控制灾情的有效手段。

参考文献

[1] 人民日报. 始终把人民生命安全放在首位切实防范重特大安全生产事故的发生. 人民日报, 2013-06-08.

[2] 宋建丽. 底线思维的现实威力. 人民日报, 2016-02-26.

[3] 周心权, 朱红青. 从救灾决策两难性探讨矿井应急救援决策过程. 煤炭科学技术, 2005, 33(1): 1-3, 68.

[4] 周心权, 常文杰. 煤矿重大灾害应急救援技术. 徐州: 中国矿业大学出版社, 2007.

[5] 王德明. 矿井火灾学. 徐州: 中国矿业大学出版社, 2008.

[6] Vaught C, Brnich Jr M J, Mallett L G, et al. Behavioral and Organizational Dimensions of Underground Mine Fires. Ceramics International, 2000, 35(8): 3117-3124.

[7] 国家安全生产监督管理总局. 煤矿安全规程. 北京: 煤炭工业出版社, 2016.

[8] 方裕璋. 抢险救灾(B 类). 徐州: 中国矿业大学出版社, 2002.

[9] 杨应迪. 瓦斯爆炸对矿井通风网络的动力效应研究. 淮南: 安徽理工大学, 2011.

[10] 王德明, 程远平, 周福宝, 等. 矿井火灾火源燃烧特性的实验研究. 中国矿业大学学报, 2002, 31(1): 30-33.

[11] 王德明. 矿井通风与安全. 徐州: 中国矿业大学出版社, 2007.

[12] 徐和甜, 王贺, 胡梅, 等. 瓦斯爆炸伤 13 例救治分析. 人民军医, 2012, 55(11): 1112-1113.

[13] 王建军, 谌煜. 140 例瓦斯爆炸烧伤救治分析. 湖北民族学院学报(医学版), 2005, 22(4): 27-29.

[14] 米庆辉, 蒋光昶. 6 批 51 例瓦斯爆炸伤患者的救治体会. 中国烧伤创疡杂志, 2002, 14(3): 149-150.

[15] 于翔, 高圣, 陈绍南, 等. 我国煤矿用自救器生产现状及发展趋势. 中国个体防护装备, 2011(02): 5-9.

[16] Phillips C A. Report of investigation into the mine explosion at the upper big branch mine. West Virginia, West Virginia Office of Miners' Health, Safety & Training, 2012.

[17] Page N G, Watkins T R, et al. Report of Investigation, fatal underground mine explosion, Upper Big Branch Mine. Arlington: Mine Safety and Health Administration, 2011.

[18] 李斯特, 殷晓波. 为什么会是“屯兰”. http: //www. esafety. cn/laodongbaohu/35791. html[2018-7-9].

[19] Conti R S, Chasko L L, Cool J D. An Overview Of Technology And Training Simulations For Mine Rescue Teams. Pittsburgh: National Institute for Occupational Safety and Health, 1999.

[20] 增安能. 重庆石壕煤矿 8 名矿工火海逃生 领导带班制给力. http: //news. sohu. com/ 20101219/ n278386445. shtml. [2017-11-31].

[21] 孙继平. 煤矿井下安全避险“六大系统”建设指南. 北京: 煤炭工业出版社, 2012.

[22] 孙继平. 井下紧急避险系统避难硐室建设方法与技术. 煤炭科学技术, 2013, 41(9): 40-43.

[23] 王晓易. 鹤岗矿难细节曝光: 瓦检员用粉笔留下逃生记号. http: //news. 163. com/09/1123/08/ 5OPR4H9U0001124J. html[2018-7-9].

[24] Duzgun H S, Yaylaci E D. An evaluation of Soma underground coal mine disaster with respect to risk acceptance and risk perception. Montreal: 3rd International Symposium on Mine Safety Science and Engineering, 2016.

[25] 汪声, 金龙哲, 栗婧. 国外矿用应急救生舱技术现状. 中国安全生产科学技术, 2010, 6(4): 119-123.

[26] 周茂梅, 何东. 幸存矿工回忆瓦斯爆炸经过：求生念头助死里逃生. http: //www. chinanews. com/edu/2011/05-24/3062255. shtml?qq-pf-to=pcqq. group[2018-7-9].

[27] National Research Council, Division of Behavioral and Social Sciences and Education, Board on Human-Systems Intergration, et al. Improving Self-Escape from Underground Coal Mines. National Academies Press, 2013.

[28] Adams J. Liberty and Knowledge. https: //www. douban. com/group/ topic/3957356/[2018-07-09].

[29] 九一一袭击事件. https: //zh. wikipedia. org/w/index. php?title=九一一袭击事件&oldid=45078207 [2018-07-09].

[30] 国家安全生产监督管理总局矿山救援指挥中心. 《矿山救护规程》解读. 徐州: 中国矿业大学出版社, 2008.

[31] 刘洪. 煤矿总工程师工作手册. 徐州: 中国矿业大学出版社, 2009.

[32] 婷婷. 严谨而厚实——访德国汉莎航空. 中国广告, 2006, (11): 30-31.

[33] 贾雨顺. 煤矿事故典型案例汇编. 徐州: 中国矿业大学出版社, 2012.

[34] 赵庆跃. 屡越“红线”连酿惨剧——吉林八宝煤业公司“3·29”特别重大瓦斯爆炸事故案例分析. 吉林劳动保护, 2013, (8): 37-39.

[35] 百度文库. 新疆生产建设兵团大黄山豫新煤业公司一号井 7. 5 瓦斯爆炸事故. https: //wenku. baidu. com/view/f09ccfb402768e9950e7385d. html[2018-07-09].

[36] 杜建政. 后见之明研究综述. 心理科学进展, 2002, (4): 382-387.

[37] 2015 年天津港危化品仓库爆炸事故. https: //zh. wikipedia. org/w/index. php?title=2015 年天津港危化品倉庫爆炸事故&oldid=44910117[2018-07-09].

[38] Kleinmuntz B. Why we still use our heads instead of formulas: toward an integrative approach. Psychological Bulletin, 1990, 107(3): 296-310.

[39] 王德明, 李永生. 矿井火灾救灾决策支持系统. 北京: 煤炭工业出版社, 1996: 624-629.

[40] Adamus A. Review of the use of nitrogen in mine fires. Mining Technology, 2013, 111(2): 89-98.

[41] 宋录生. 矿井惰性气体防灭火技术. 北京: 化学工业出版社, 2008.

[42] Scott G S. Anthracite Mine Fires: Their Behavior and Control. United States, 1942.

[43] Stracher G B, Prakash A, Sokol E V. Coal and Peat Fires: A Global Perspective: volume 1: Coal-Geology and combustion. Oxford: Elsevier, 2010.

[44] Bise C J. Modern American Coal Mining: Methods and Applications. SME, 2013.

[45] Leitch R D. Some information on extinguishing an anthracite refuse-bank fire near Mahanoy City, Pennsylvania. Washington, DC (USA): Bureau of Mines, 1940.

[46] 丁香香. 采空区注入低温氮气防灭火数值模拟. 徐州: 中国矿业大学, 2014.

[47] 郑克明. 煤田火区煤阴燃特性及治理研究. 徐州: 中国矿业大学, 2017.

第 7 章　煤矿热动力灾害事故案例

为认识煤矿热动力灾害的特性和更有效地防范事故，本章介绍了宁夏白芨沟煤矿“10·24”火灾与爆炸事故、吉林八宝煤业公司“3·29”和“4·1”特大瓦斯爆炸事故、美国 UBB 煤矿“4·5”瓦斯煤尘爆炸事故。这些事故具有典型的煤矿热动力灾害特征，通过分析这些事故的发生原因、致灾经过、救援与处理过程，可深入认识煤矿热动力灾害的发生、发展规律，并可从中吸取教训，避免此类事故的发生。

7.1　宁夏白芨沟煤矿“10·24”火灾与爆炸事故

2003 年 10 月 24 日，宁夏白芨沟煤矿正在回采的 2421-1 工作面采空区后部 280m 处的一个回风联络巷（回风四川）密闭内发生了瓦斯爆炸，密闭墙被摧毁，在新构建该密闭墙过程中，发现 2421-1 工作面第 11～18 号支架的后尾梁处出现明火；在封闭该工作面时，其进风联络巷（进风二川）的密闭内又发生了爆炸，其中的木垛发生了燃烧；最终被迫进行全矿井封闭，封闭过程中险情不断，直至通过水封该灾区作为进风的底板岩石集中巷才控制住了灾情，通过地面钻孔灌注大流量三相泡沫扑灭了该火区，事故处理和恢复生产过程中没有发生人员死亡，但该事故的处理和停产为矿井带来了巨大的经济损失。

7.1.1　矿井概况

白芨沟煤矿[4]位于宁夏回族自治区平罗县境内，行政隶属于宁夏回族自治区石嘴山市，是宁夏汝箕沟矿区的一座生产优质无烟煤的大型井工矿。1966 年 7 月 1 日开工建设，1972 年投产，当时设计年生产能力为 120 万 t，后经改造达到年生产能力 240 万 t。

白芨沟矿主要开采 2 号煤层，该层煤埋藏浅，且上部无第三、四纪覆盖层；煤层厚度大，为缓倾斜煤层；采煤方法为走向长壁倾斜分层（段）下行垮落法，区段平巷采用岩石集中巷布置。白芨沟矿南二、南四采区采用分区对角式通风系统，有南二、南四两个风井，主要通风机为轴流式通风机。由于煤层埋藏浅（50～100m）且地形特殊，矿井外部漏风严重，全矿外部漏风率高达 50%以上，以南四采区外部漏风最为严重。为保证工作面有效风量和防止漏风，南二、南四采区下部安设了两台辅助通风机，矿井采用抽压混合式通风，如图 7.1 所示。

白芨沟矿为高瓦斯矿井，开采的煤层为无烟煤，瓦斯涌出量大。南二采区的瓦斯绝对涌出量为 41.18 m^3/min，相对涌出量为 14.35 m^3/t；南四采区的瓦斯绝对涌出量为 34.18 m^3/min，相对涌出量为 32.29 m^3/t。煤层自燃倾向性属于不易自燃，自然发火期 12 个月以上，煤尘具有爆炸危险性。

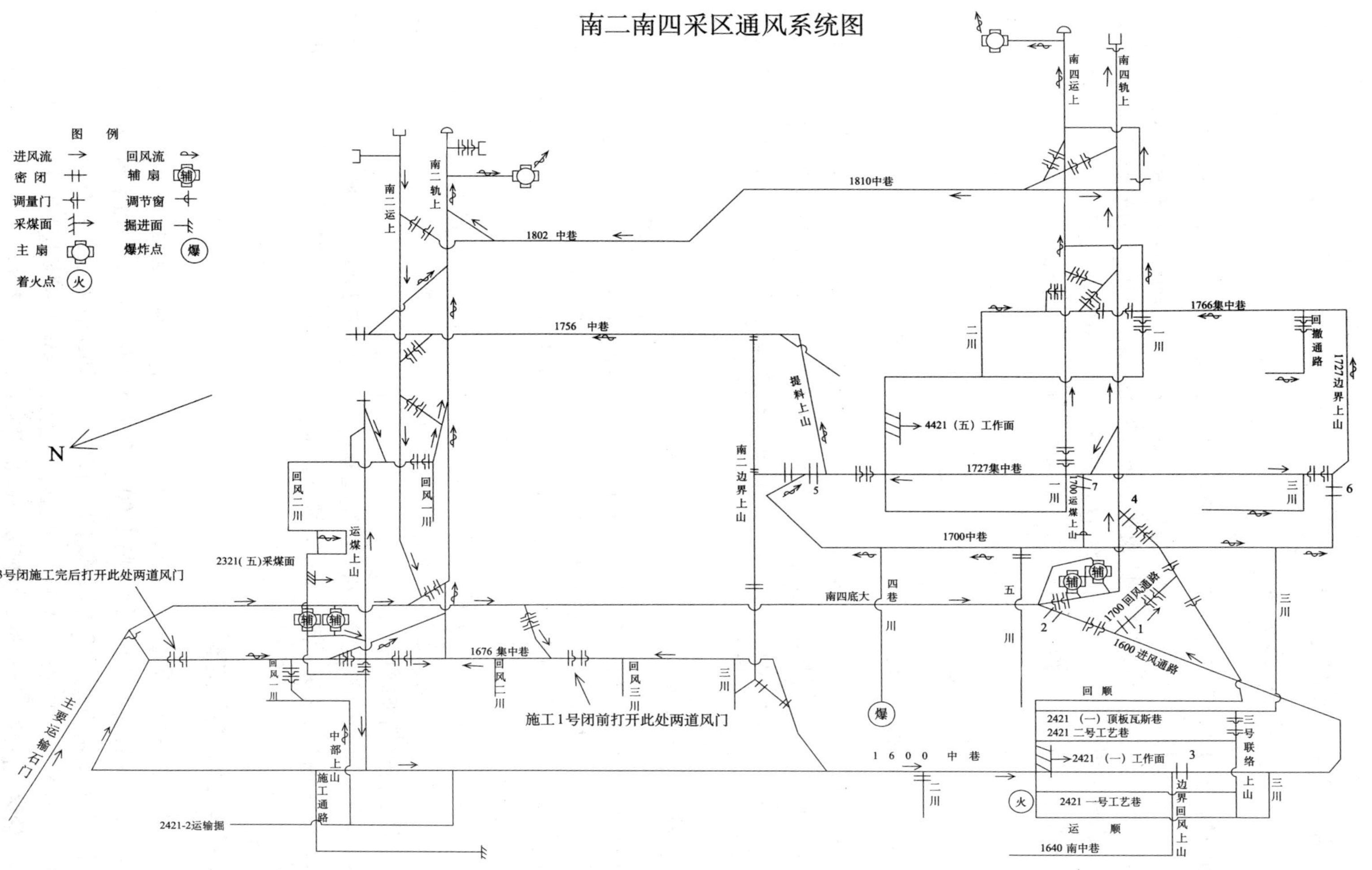

图 7.1　灾变时矿井通风系统

7.1.2 事故发生及处理过程

7.1.2.1 灾变的最初发现

2003 年 10 月 24 日 19 时左右，白芨沟矿南二瓦斯抽放泵站发现瓦斯浓度降低，于是通风区干部下井进行检查，发现在南四采区距 2421-1 工作面 280 m 的采空区一个与 1700 中巷连接的已封闭回风四川的永久密闭被摧毁，表明密闭区内的采空区发生了爆炸。该矿立即停电撤出人员，同时向矿区生产指挥部、集团公司进行了汇报，相关领导连夜赶到现场，成立了抢险救灾指挥部。据报告，到 25 日 5:50，采空区发生了上百次间断性的爆炸动力现象。

7.1.2.2 灾变的处理过程

1. 封闭 1700 回风四川

10 月 25 日上午 8 时，指挥部为控制灾情，决定封闭 1700 回风四川。25 日 9 时到 26 日 15 时，四川巷道内瓦斯浓度达 3%～4%，温度在 70～80℃，O_2浓度 11%～19%，烟雾较大，完成封闭 1700 回风四川的任务困难。指挥部决定打开南四 1700 车场风门调风，以改善作业区的环境条件。

2. 封闭 2421-1 综放工作面

10 月 26 日 10:30，救护队员发现 2421-1 综放工作面第 11～18 号架子后尾梁出现明火。为避免灾情进一步扩大，指挥部决定立即封闭该工作面，即对 2421-1 工作面进风侧的 1600 运输三川和回风侧的 1700 回风三川、回撤通路构筑防爆沙袋墙进行密闭，同时对回风侧的回风五川用防爆沙袋加固。27 日 9 时回风五川加固、回撤通路防爆沙袋墙施工完毕；22 时，回风三川、运输三川防爆沙袋墙施工完毕。封闭后经过 24 小时观察，28 日 2 时、5 时和 19 时，该工作面采空区内先后发生三次爆炸，1700 回风三川、1600 运输三川沙袋防爆墙被爆炸摧毁。

29 日上午，指挥部决定修复被摧毁的运输三川、回风三川沙袋防爆墙，以减少采空区漏风。在救护队员恢复运输三川沙袋墙时，采空区又发生了瓦斯爆炸，冲击波从巷道内冲出，该方案被迫停止实施。

3. 扩大工作面封闭范围

29 日 15 时，指挥部决定扩大封闭范围，对工作面实施较远距离封闭，其中进风侧 1660 水平施工永久封闭三处，回风侧 1700、1727 水平施工永久封闭四处，29 日开始施工进风段的 1660 南中巷、1700 回风通路、1660 进风通路三处永久料石密闭。

针对灾情不断扩大的危急形势，29 日晚，指挥部决定上报救援紧急报告，传真至宁夏回族自治区人民政府、自治区煤矿安全监察局和自治区安委会。宁夏回族自治区煤矿安全监察局连夜向国家煤矿安全监察局发出了传真报告。国家煤矿安全监察局高度重视，局领导做出批示，11 月 1 日下午，国家煤矿安全监察局干部及邀请的救灾专家到达白芨沟煤矿。

11 月 2 日凌晨，采空区又发生爆炸，1660 运输二川密闭墙被摧毁。指挥部研究进一步扩大封闭范围，决定 1660 中巷封闭位置后移至运输二川外约 200m 处。当时监测施工密闭处的瓦斯浓度达到 2%，且救护队员发现运输二川内有明火（加强支护的木垛在燃烧），指挥部和专家组立即要求在矿井各地运料和打密闭的 160 人撤出，人员撤退到安全位置 5min 后，井下发生了更大强度的瓦斯爆炸，爆炸冲击波将南二井口摧毁（图 7.2）。

（a）南二通风机房被摧毁

（b）井口风门倒塌

图 7.2　南二井口被摧毁

4. 对南二、南四采区进行全封闭

为确保救灾人员的安全，指挥部和专家组紧急研究决定，对南二、南四采区进行全封闭。在地面南四采区轨上、运上，南二采区运上、轨上构筑沙袋防爆墙，在井下主要运输石门东口构筑砖闭隔离墙，然后同时封口；与此同时，停止南二、南四辅助通风机运转。

11 月 3 日 3:40，南二采区轨上、运上，南四采区轨上、运上防爆墙和主要运输石门砖闭施工完毕。5 时，一台 600 m^3/h 注氮机开始在地面通过瓦斯抽放管向井下注氮。3 日 7 时，井下又发生瓦斯爆炸，爆炸冲击波将主要运输石门、南二运上防爆墙摧毁。

3 日 8 时，指挥部决定再次对主要运输石门、南二运上进行封闭，对南二轨上，南四轨上、运上防爆墙进行再加固，其中：主要运输石门构筑 7 m 厚的沙袋防爆墙、1 m 厚的砖闭；南二运上先打密柱后构筑 5 m 厚的沙袋墙、1 m 厚的砖闭；南二运上，南四轨上、运上防爆墙再用 2～3 m 厚的沙袋加固。

封闭完成后，19:45、20:58、21:10 井下先后又发生了三次瓦斯爆炸。其中，19:45 的爆炸威力很大，造成了主要运输石门防爆墙上部沙袋及砖块被冲击波摧出，防爆墙破坏，强烈的爆炸冲击波气流携带的浓烟和煤尘从南二运上地面出口快速涌出（图 7.3）。

（a）井口密闭被摧毁

（b）井下爆炸烟雾扩至地面

图 7.3　爆炸后的地面场景

指挥部决定，对被破坏的主要运输石门防爆墙进行修复，并进一步打支撑柱加固，修复加固主要运输石门防爆墙工作完毕后，构筑南二运上 5m 厚防爆墙。

施工完毕后，施工人员撤离，待观察。4 日 10:36，井下发生了大强度瓦斯爆炸，强烈的爆炸冲击波造成南二轨上、运上防爆墙摧毁，南二主要通风机风硐摧毁，情况十分危急。爆炸后，指挥部领导立即赶到现场查看情况并决定立即在地面设置警戒，撤出危险区域人员以确保住宅区人员及地面工业广场设施的安全。

5. 远距离水封进风侧巷道

对于高瓦斯矿井，在灾区已有火源的情况下，在井下封闭火区构筑密闭时易发生爆炸，于是白芨沟煤矿只得采用在地面封闭所有井口的全矿井封闭方法。全矿井封闭后井下仍存在大量氧气，且该矿煤层埋藏浅、漏风严重，故爆炸仍不断发生，每次爆炸又破坏了封闭空间。为缩小封闭区域，指挥部决定采用远距离水封抑爆方法。水封与水淹不同，水封只是对火区进风侧的低位巷道进行水封，需水量少、工艺简单，是目前对井下爆炸危险区域进行远距离封闭的最安全手段。

综上分析，为缩小封闭区域，8 日开始实施对火区进风侧标高位置最低的 1660 中巷进行远距离水封。如图 7.4 所示，1660 中巷通过 3 条联络巷（一川、二川和三川）与火区相连，巷道为半圆拱锚喷支护，高为 3.43 m，净断面为 12.7m^2，巷道全长为 1700 m，按设计净断面最大需水量计算为 74 053.7 m^3。经统计，1660 中巷累计灌水 72 835 m^3。实施远距离水封隔爆后，井下没有再出现瓦斯爆炸。水封的实施为后续的灭火、恢复生产工作奠定了基础。

7.1.3　火区治理

针对该火区位于采空区内，火源扩散范围广且人员不可到达的实际情况，提出了通过地面钻孔大流量灌注三相泡沫的灭火技术方案。

该区域漏风严重，地面钻孔出风大，如通过钻孔注氮，氮气易随漏风源扩散，难以到达运输一川底部区域，不能对运输一川进行有效的惰化。缩封期间的灌浆出水温度表

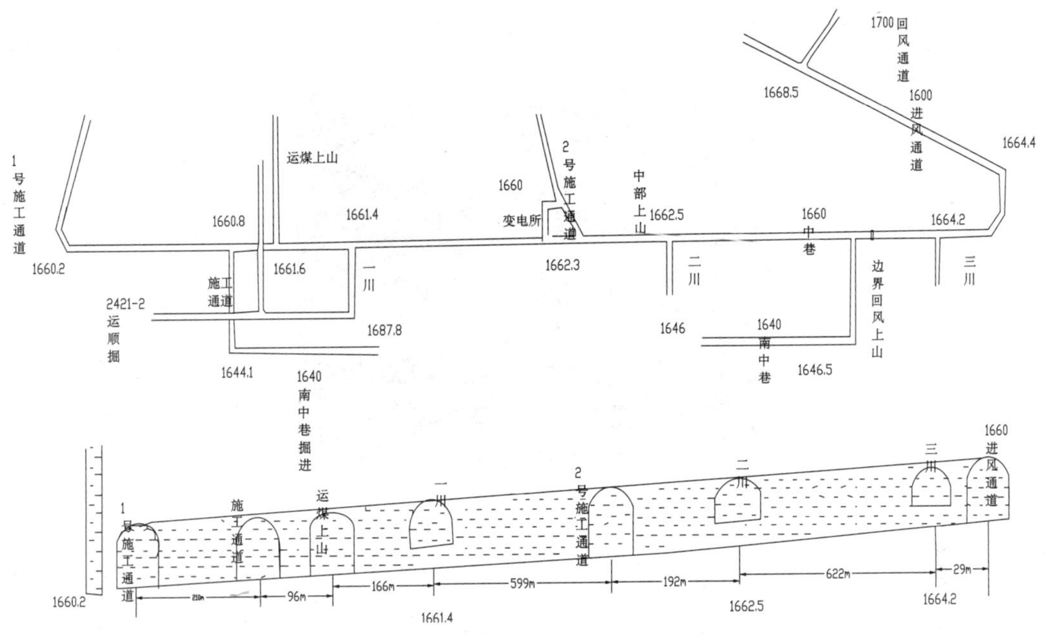

图 7.4　白芨沟煤矿 1660 中巷及水封示意图

明运输一川附近区域还存在高温异常区。如果进行常规注浆只能暂时治理低位火区，不能对高位火区进行有效的治理。为了保障 1660 运输一川施工的安全，需保证该地点处于惰化状态，并防止 1660 中巷内 40%以上的高浓度瓦斯涌入运输一川，采用三相泡沫技术，消除高位的隐蔽火源。同时运用了锁风启封、喷雾降温、采用均压方法提高启封区内的压力，防止邻近潜在的火灾气体涌入等一整套治理特大火区的技术，取得了成功。

7.1.3.1　地面钻孔快速施工技术

为尽快实施从地面打钻向封闭火区灭火，采用了地面灭火钻孔快速施工的新技术和新工艺。白芨沟矿地处贺兰山腹地，地表覆盖着坚硬的裸露基岩，灭火工程施工中遇到常规钻井工艺无法克服的困难：一是山顶道路崎岖，地势陡峭，难以布置井场；二是火区地表覆盖有 10～20m 矸石堆积的墟渣，难以成孔；三是该地区温度低，夜间气温达到 –20℃，难以保证施工用水；四是采空区冒落带难以逾越。地面钻孔的施工采用了中煤大地公司引进的美国 Schramm 公司生产的 T685WS 车载顶驱钻机[1, 2]（图 7.5）。该钻机地形适应性强，可在寒冷季节无法使用水钻和无法通电的情况下施工，不用水作循环介质，也不需要外接电源，依靠钻机本身配置的动力系统和液压系统来实施钻井施工。采用空气潜孔锤冲击钻进工艺，钻进速度大于 30m/h，百米钻进仅需 3～5h，平均日进尺大于 100m；定位准确，具有定向及时纠偏技术，井斜小于 0.5m，一次地面透巷率可达 100%。开口即可实现孔径 215～311mm。在偏离火区 30m 以外地面的一小块平地安放钻机，采用造斜定向新工艺向火区定向侧斜钻进，钻孔准确进入火区，使灭火救灾、恢复生产方案得以实施。在火区地表大量堆积的矸石、墟渣上施工，采用了跟管钻进的新工艺。在钻进过程中套管在动力头的施压下，跟随钻头向下移动，避免墟渣坍塌抱死钻头，保证施工正常进行。

图 7.5 美国 Schramm 公司 T685WS 车载顶驱钻机

白芨沟矿火区上部存在着三水平采空区，灭火钻孔要穿越采空区到达灾区煤层，常规钻井技术无法实现。T685WS 钻机采用空气潜孔锤冲击钻进工艺和采用无外接箍小钻具方法实施钻进，突破了传统钻探技术无法逾越采空区的瓶颈。通过在以上困难环境中应用 T685WS 钻机和新的钻井工艺技术，42 天时间就为白芨沟矿施工了 11 口灭火钻孔，完成了常规钻探技术难以实现的施工任务。地面钻孔分布情况如图 7.6 所示。

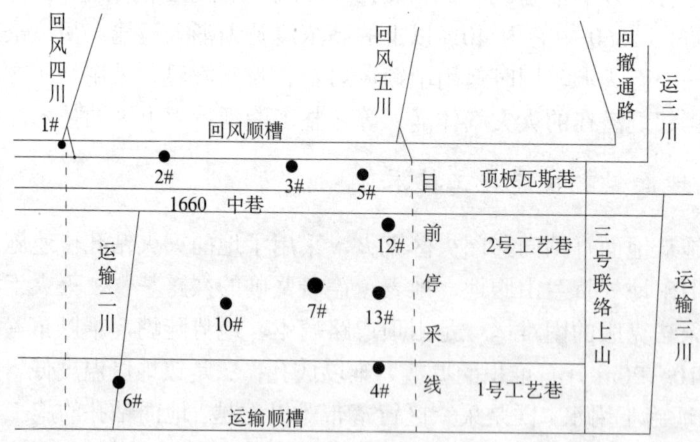

图 7.6 白芨沟矿 2421-1 地面主要钻孔的分布情况

7.1.3.2 地面注三相泡沫施工工艺

针对白芨沟煤矿火区范围广、冒落空间大、火源位置难以具体确定、矿井全封闭的特点，提出了地面钻孔大流量灌注三相泡沫的灭火工艺[3-8]。采用如图 7.7 和图 7.8 所示的注浆工艺：在黄泥搅拌池中形成泥浆后，在其浆液的出口用螺杆泵将发泡剂注入注浆管路中，经过混合器使发泡剂与浆液充分混合后进入发泡器，含有发泡剂的浆液在氮气的引入后就在发泡器中发泡，产生大流量的三相泡沫，然后三相泡沫沿注浆管路注入注浆钻孔中。为使该系统能同时注水和黄泥浆，设计了与发泡器装置并联的另一根注浆管路。为检查三相泡沫的效果，在发泡器出口的末端还开设了一个观察孔。三相泡沫的注浆管路均为 4 寸管路。在该管路系统中安设有 5 个阀门，用来调节选择注浆或注三相泡沫。

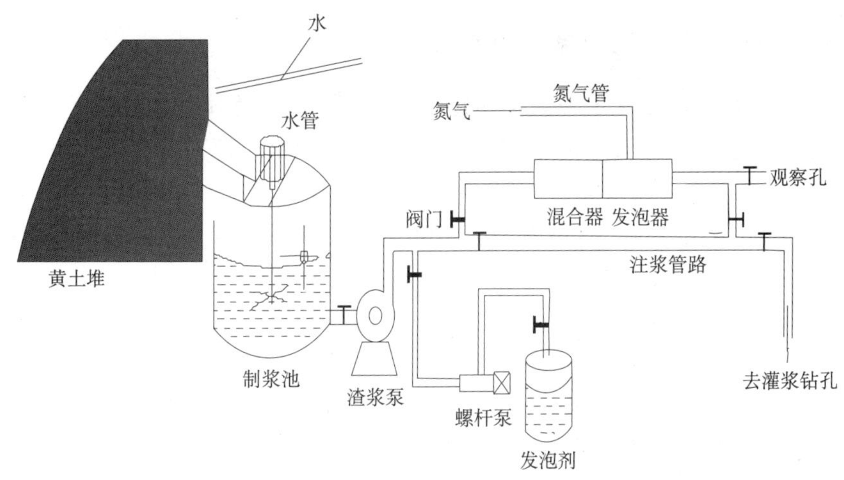

图 7.7　三相泡沫制备及灌注工艺

按照地面钻孔大流量注三相泡沫的工艺流程，白芨沟矿对井下火区灌注了大量的三相泡沫，主要技术参数为三相泡沫产生量 620 m^3/h，其中制浆量 20 m^3/h（水土比 3∶1～5∶1），氮气量 600 m^3/h，三相泡沫发泡倍数 30 倍。图 7.8 为白芨沟矿地面制浆池。

图 7.8　白芨沟矿地面制浆池

通过地面钻孔大流量灌注三相泡沫取得了显著的效果，白芨沟矿于 2003 年 11 月中旬开始陆续启封。2003 年 12 月 24 日，南四采区 4421-1 综采面恢复生产。以后逐步缩小南二采区的封闭区域，修复被爆炸严重损害的巷道。2004 年 9 月 28 日，启封了 2421-1 综放工作面并开始修复和更换工作面装备；2004 年 12 月 6 日，该综放面恢复了生产。

应用上述治理高瓦斯矿井特大火区的技术，扑灭并安全启封了特大型火区，防止了火区的复燃，确保了救灾和恢复生产过程中的安全，没有造成一人死亡，灾变处理取得成功，其中水封措施和三相泡沫技术发挥了关键作用。

7.1.4　事故分析及特点

7.1.4.1　井下已发现的爆炸与火灾地点

白芨沟煤矿 2421-1 采空区及工作面发生了瓦斯燃烧与爆炸、煤燃烧和木垛燃烧，是一起典型的多种可燃物复合燃烧的煤矿热动力灾害。事故中已确定发生燃烧与爆炸的地点有 3 个：

（1）2003 年 10 月 24 日 19 时左右，1700 回风四川处的永久密闭被摧毁，以后该采空区内出现了上百次的瓦斯燃爆；

（2）10 月 26 日 10:30 救护队员发现 2421-1 综放面 11～18 号架子后尾梁有明火；

（3）11 月 2 日 3:20 采空区发生的爆炸将 1660 大巷进风二川封闭墙冲毁，救护队员发现二川与工作面顺槽连接处支撑顶板的木垛在燃烧。全矿井封闭后，井下 1660 大巷及火区内还持续发生数次瓦斯爆炸。

7.1.4.2　首次爆炸地点的可燃物及供氧条件

最先发生燃爆地点是 2421-1 综放面采空区与 1700 回风巷相连的回风四川永久密闭内，该地点距工作面的距离为 280m。为什么该处会发生爆炸？经调查了解，事故前通风管理人员对该密闭内的气体进行过检测，具体数据为 CH_4 为 9%，温度为 14℃，CO 为 0，O_2 为 17%～18%。该数据表明采空区的瓦斯浓度、氧气浓度满足瓦斯爆炸条件，如果有火源就会发生爆炸。白芨沟煤矿为高瓦斯矿井，综放开采瓦斯涌出量大，采空区内的瓦斯浓度高是正常现象，但问题在于采空区内的氧气浓度也较高，为该事故的发生埋下了隐患。白芨沟煤矿采空区内漏风严重，主要有两个方面的原因：一是该矿的煤层距地表浅，采深只有 50～100m，地表向采空区漏风严重，漏风率近 50%，尽管矿井通风阻力不超过 1300 Pa，但井下采用了辅助通风机以确保部分用风地点的风量，辅助通风机增大了井下的通风压力（900Pa），增加了回采工作面向采空区的漏风。二是回风四川与 1700 中巷的密闭不严，有空气漏入。漏风导致采空区密闭内的瓦斯与空气预混，为瓦斯燃烧与爆炸、煤着火提供了氧气条件。

7.1.4.3　点火源

事故发生后，企业全力进行灭火和恢复生产，加之燃烧与爆炸最早发生在远离 2421-1 工作面采空区的回风四川密闭内，人员无法接近和取证，当时对点火源没有给出明确的结论。根据已有的信息，该事故最初的点火源有四种可能：①采空区内的浮煤自燃；②顶煤的松动爆破；③采空区上部老火区高温热源；④顶板断裂冒落产生的摩擦火花。

作者对这些原因进行了分析，认为：

（1）煤炭自燃的原因可以排除。该矿煤层的煤自燃倾向性鉴定结果为不易自燃煤层，煤的最短自然发火期大于 12 个月，发生火灾的区域距开采的时间不超过 6 个月；此外，该矿开采的煤层为无烟煤，其着火点高，若是煤炭的自燃，会在较长时间内出现前期预兆，但事故前一天（10 月 23 日）对回风四川密闭内的气体检测结果为 CO 为 0，温度为 14℃，CH_4 为 9%，O_2 为 17%～18%，该组数据表明无煤自燃迹象。由于煤自燃的发生发展是缓慢和渐进的过程，前期无预兆，燃爆现象为突然发生，因此不可能是煤的自燃所致。

（2）放顶煤松动爆破的原因可以排除。据我国瓦斯爆炸的点火源统计，由于爆破原因所引起的瓦斯爆炸大约占 30%。在白芨沟矿采用的工艺巷松动爆破中，钻孔距离长（30～40m），炸药及施工质量、装药的结构等都可能使爆破失效，在放煤过程中使其爆燃，从而引燃瓦斯或煤炭。据了解，2002 年 10 月 28 日和 2003 年 1 月 15 日，该矿都发生了因工艺巷的松动爆破而出现意外，使工作面的前探梁底座爆坏；此外，在工作面有时也能见到放下来未爆破的药包，这些都是可能产生点火源的隐患。但最先发生的白芨沟 2421-1 采空区回风四川爆炸密闭被毁，该处距回采工作面 280 m，远离采用松动爆破的工艺巷，当回风四川的密闭内发生爆炸时，工艺巷并没有出现异常，与当时的松动爆破没有关系。过去松动爆破遗留炸药与雷管的燃烧与爆炸导致瓦斯燃烧与爆炸的概率也很小。

（3）采空区上部老火区的热源点燃预混瓦斯的可能也可排除。当上部及周边不排除可能存在老火区时，上部热源传导或掉下来引燃瓦斯与空气预混气体，这是浅部煤矿开采易出现的一种点火原因推测，但实际上很难实现。由于煤岩导热能力很低，上部处于阴燃的煤火，很难直接影响到下部；如果受采动影响上覆岩体出现冒落，由于采空区是自下而上的跨落，上部热源很难穿越数十米或百米的顶板岩层到达底部；此外，该矿也并不存在与下部爆燃区有明显对应关系的上部老火区。

（4）顶板断裂冒落产生的摩擦火花点燃瓦斯混合气体的可能性最大。白芨沟开采的 2#煤，属“两硬（煤质硬、顶板硬）特厚煤层”，顶板的岩性为灰白色粗砂岩，常见方解石脉、石英脉（其硬度 $f>7$），煤层倾角 0°～38°。由于回风四川密闭存在漏风，采空区内的瓦斯浓度为 9%，处于最易燃烧爆炸的界限，当 2421-1 采空区顶板受开采扰动或周期来压造成含石英的岩体因压电效应产生电荷与电场，其挤压摩擦产生的火花（放电）点燃了该采空区内的预混瓦斯气体。

7.1.4.4 事故特点

1. 可燃物的多样性和相互转化

2013 年 10 月 24 日在白芨沟煤矿 2421-1 采空区及回采工作面发生的燃烧与爆炸事故是一起典型的热动力灾害。可燃物具有多样性，发生燃烧与爆炸的有气相介质的瓦斯、固相介质的煤和木垛，这些可燃物相互引燃。煤层开采过程中的坚硬顶板破裂产生的外部热源引发了瓦斯燃烧与爆炸，瓦斯燃烧与爆炸又引发了采空区中的煤、木垛的燃烧、综采支架后尾梁瓦斯与煤的燃烧，这些明火的持续存在，又成为后来不断发生的瓦斯燃爆的点火源。

2. 灾变发生地点多和范围广

作为气相可燃物的瓦斯，具有易流动性，与固相的煤、木垛燃烧不同，其燃烧扩散的范围广。白芨沟煤矿“10・24”事故最初在采空区回风侧距工作面 280m 的回风四川密闭摧毁处，接着是回采工作面的某一后尾梁处，然后是在采空区进风侧距回风四川 40m 的进风二川处。大范围的瓦斯燃烧与爆炸与白芨沟煤矿的采空区漏风条件有关，该矿的煤与顶板坚硬，煤层中瓦斯含量高，加之煤层埋藏浅，采空区内的瓦斯涌出量和漏风量都较大，采空区内具有较广范围的瓦斯与空气的预混条件，发生燃烧与爆炸的区域就很大。

作为固相可燃物的煤和木垛等可燃物，虽然不具备流动性，但着火时间长，特别是煤炭，即使氧气浓度低到 2%～3%，也能保持高温的阴燃状态，可持续地引燃采空区内的瓦斯燃烧与爆炸。白芨沟煤矿的采空区内发生了上百次的瓦斯爆燃，已着火的煤炭成为固定的点火源。瓦斯流动的变化性、煤固定燃烧的长期性构成了煤矿热动力灾害的特点。

3. 灾变处理困难和危险

当高瓦斯采空区内的煤着火后，灾变时期的封闭措施将面临极大风险。实施封闭时，进风量减少、瓦斯浓度增加，达到爆炸浓度后就会爆炸，这就是在实施封闭过程中不断发生爆炸的原因。处理该类事故，采用封闭火区的措施，无论近距离小范围封闭、远距离大范围封闭，甚至进行全矿井封闭，都难以消除瓦斯爆炸的条件，“合理的封闭范围”难以确定。对高瓦斯矿井，一旦采空区内发生了瓦斯燃烧与爆炸，同时引发了煤着火，只考虑采用封闭措施并不能控制灾情，还可能使灾变更难以控制，这是热动力灾害处理面临的难点。为保障人员的安全，首先要撤出井下所有的人员，有水封条件的应优先选用，否则灾变处理应在地面进行，应用先进钻井技术，在地面对井下实施注水、注浆、注三相泡沫灭火，注惰性介质（N_2、CO_2）抑爆，这是治理这种具有爆炸危险的热动力灾害的有效方法。

7.2 吉林八宝煤业公司“3・29”和“4・1”特大瓦斯爆炸事故

2013 年 3 月 29 日 21 时 56 分，吉林省吉煤集团通化矿业集团八宝煤业公司发生瓦斯爆炸事故，死亡 36 人，受伤 12 人。2013 年 4 月 1 日 10 时 12 分，再次发生瓦斯爆炸事故，死亡 17 人，受伤 8 人。

7.2.1 矿井和采区概况[9]

吉林省吉煤集团通化矿业集团八宝煤业有限责任公司为国有重点煤矿，地处吉林省白山市江源区砟子镇辖区之内，位于白山市北东 45°方位，直线距离 11.6km。铁路有通白线（通化—白河），距矿区西北侧 1km，矿区位于砟子火车站以东 1.5km，矿区运煤专用线与通白线接轨，可通往全国各地，并有矿区公路与西北侧 2km 鹤大公路相通，交通运输方便。

八宝煤业于 1955 年 12 月开工建矿，1958 年投产，后经改扩建，2010 年 12 月矿井设计能力达到 180 万 t/a，2012 年 12 月生产能力又核定为 300 万 t/a。八宝井田构造较复杂，煤层产状多变，含煤地层发育，有六个煤层组，倾角 20°～75°，浅部平均 45°左右，深部平均 25°左右，主要可采煤层为 1 号、4 号、6 号三个煤层（图 7.9），1 号煤层属下

0.2m
4.4m
6.4m
16.5m
0.3m 3m
8.5m
20m
0.3m
0.3m
2.5m
5.6m
5.7m
2m 0.3m
6
4
1
砂页岩
4.5m
页岩
砂岩
砂页岩
6m
粗砂岩
砂页岩
铸煤 0.2m
砂页岩
细砂岩
4m
细砂岩

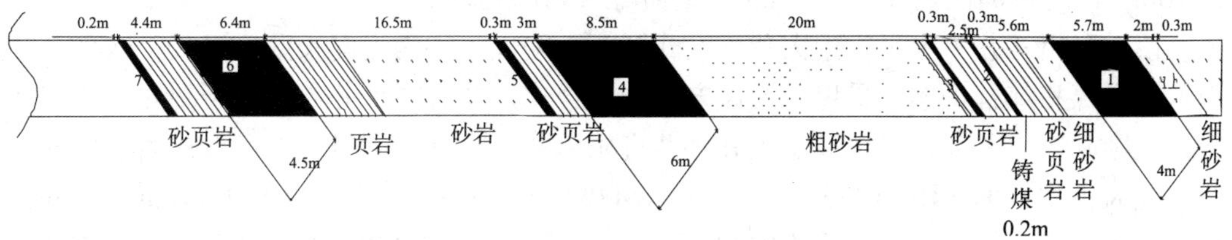

图 7.9　八宝煤矿主采煤层地质剖面图

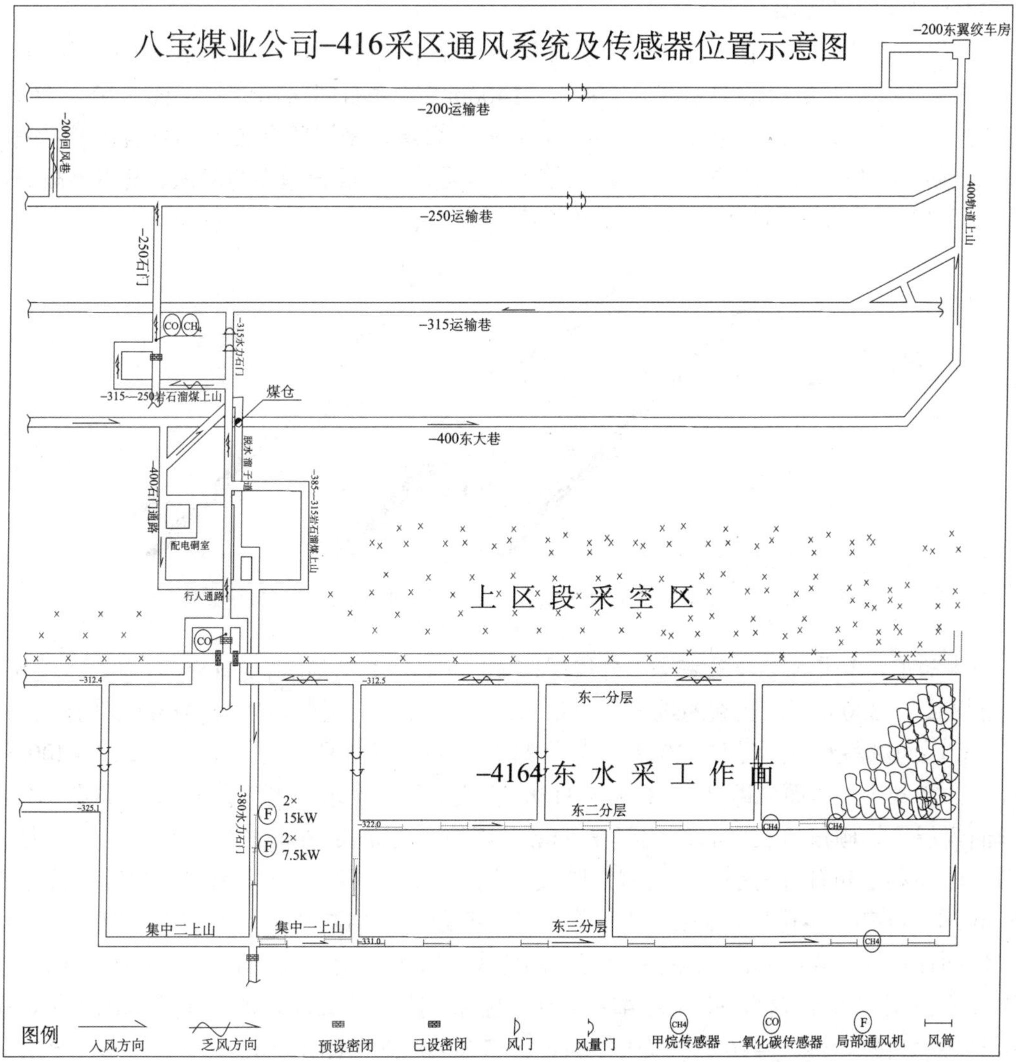

八宝煤业公司–416采区通风系统及传感器位置示意图
–200东翼绞车房
–200运输巷
–200回风巷
–250运输巷
–400轨道上山
–250石门
–315运输巷
–315水力石门
–315~–250岩石溜煤上山
煤仓
–400东大巷
–400石门通路
–385~–315岩石溜煤上山
配电硐室
行人通路
上区段采空区
–312.4
–312.5
东一分层
–4164东水采工作面
东二分层
–325.1
–380水力石门
2×15kW
2×7.5kW
–322.0
集中二上山
集中一上山
–331.0
东三分层
图例
入风方向
乏风方向
预设密闭
已设密闭
风门
风量门
甲烷传感器
一氧化碳传感器
局部通风机
风筒

图 7.10　八宝煤业公司–416 采区及–4164 东水采工作面巷道布置平面示意图

二叠统山西组，4 号、6 号煤层属上石炭统太原组。1 号煤层平均厚度 4m，4 号煤层平均厚度 6m，6 号煤层平均厚度 4.5m。4 号上部岩层为灰—青灰色石英粗粒岩，泥质胶结，粒度变化不大，是山西组底部一个明显的标志层，平均厚度 14.3m。煤层自燃倾向性等级为自燃，最短自然发火期 5～7 个月；煤尘具有爆炸危险性；矿井瓦斯相对涌出量 10.16m^3/t，绝对涌出量 35.98m^3/min，瓦斯等级为高瓦斯矿井。

该矿采用立井多水平集中大巷分区式开拓，采煤方法为走向长壁后退式，回采工艺为水力采煤和综合机械化采煤。通风方式为混合式，共有 5 个井筒，砟子副井、八宝井主井、副井 3 个井筒入风，砟子主井、八宝东风井 2 个井筒回风；通风方式为抽出式。主要通风机型号 BD-II-10-№35，电机功率 900kW×2。矿井入风量 11 502m^3/min，矿井排风量 11 969m^3/min，矿井需风量 8714m^3/min，矿井负压 2580Pa，等积孔 4.67m^2。矿井提升方式为主井箕斗提升，副井罐笼提升。井下大巷主运输采用带式输送机运输，辅助运输为蓄电池电机车运输。

发生事故前，该矿有 5 个生产采区，其中 4 个水采区和 1 个综采区，每个采区有 1 个回采工作面。发生事故的采区为二水平（–400m）东六石门–416 采区（图 7.10），2011 年 3 月开始回采，采区开采 1 号、4 号、6 号三个煤层，采用联合布置，东西两翼开采。采用走向长壁后退式采煤方法，采煤工艺为水力采煤，顶板管理为跨落法。发生事故时，该采区已开采完毕 1 号煤层，正在开采 4 号煤层（图 7.11）。

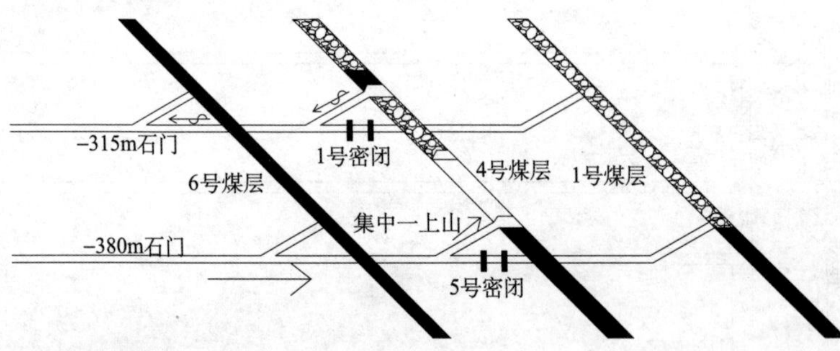

图 7.11　八宝煤业–416 采区联合开采 1 号、4 号、6 号煤层示意图

事故前，该采区已开采完毕 1 号煤层，–380m 石门为进风巷，–315m 石门为回风巷，1 号煤层与–380m 石门连通的进风巷已封闭（5 号密闭），正在封闭与–315m 石门连通的 1 号煤层回风巷（1 号密闭）。2013 年 3 月 25 日开始回采 4 号煤层，这是二水平（–400m）以下的第一个工作面，即开采–380～–315m 阶段的–4164 东水采工作面东二分层。该工作面煤层平均倾角为 55°，平均厚度 5.0m。工作面走向长 364m，倾斜长 42m。水力采煤方法和巷道布置采用小阶段布置，阶段高差 8～12m，两小阶段须同时掘送，且每隔 50m 送一联巷。–4164 东水采工作面东、西两侧及下部均未开采，上部为采空区，与该工作面保留区段煤柱 6m。水采采煤工艺的落煤方式为水枪落煤，水压 70～150MPa，水力冲刷使煤溜入溜煤槽，最后到–416 煤仓。巷道支护采用 25U 型棚支护及锚网支护，顶板管理为自然垮落。–4164 水采工作面设计东二分层超前回采一定距离后，东三分层即开始回采，二者保持适当距离。

–416 采区通风采用–400m 石门入风，–250m 石门回风，–416 采区总入风量 1336m^3/min。由于水采工作面没有稳定的回风通道，采用局部通风机利用导风筒给工作面供风，局部通风机布置在–380m 石门处。–4164 东水采工作面由东二分层、东三分层顺槽进风，经东二、三分层顺槽与一分层顺槽之间的联络巷进入东一分层（一排巷）回风。东二分层采用 2×15kW 局部通风机供风，风量 125m^3/min；东三分层采用 2×7.5kW 局部通风机供风，风量 108m^3/min；东一分层回风风量约 230m^3/min。

在工作面回采结束后，密闭采空区。采用 DM-400/8 移动式制氮装置向采空区注氮气防自燃。注氮装置最大注氮量 6.6m^3/min，氮气纯度≥97%，氮气压力≥0.8MPa。2013 年 1～3 月，每月注氮量为 10 800m^3。

八宝煤业瓦斯抽采方法主要有顺层钻孔预抽、采空区埋管抽采、回采工作面高位钻孔抽采等，其中在综采工作面采用顺层钻孔进行预抽，用顶板岩石钻孔抽放采空区瓦斯；在水采工作面则用位于顶部煤层的高位钻孔或者在一分层回风巷埋管抽采采空区瓦斯。在工作面利用东一分层顺槽内的埋管（直径 89mm）抽采瓦斯，抽采瓦斯浓度 6%～7%，瓦斯纯量约 2m^3/min。地面有永久抽放泵站，泵型号 SKA-720 型，功率 710kW，最大流量 570m^3/min。此外，在井下还使用移动抽放泵进行抽采。2013 年 1～3 月，瓦斯抽放量分别为 69 120m^3、62 370m^3、98 784m^3。2013 年 3 月全矿的绝对瓦斯涌出量为 28.59m^3/min，其中抽采瓦斯量为 10.05m^3/min，抽采率为 35.2%。–416 采区的绝对瓦斯涌出量为 3.34m^3/min，工作面的抽采瓦斯流量为 1.7m^3/min，抽采率为 50.9%。

7.2.2　事故经过

该事故的发生过程如图 7.12 所示[9, 10]。3 月 28 日，–4164 东水采工作面东二分层正常作业；通风队安排下午 4 点班封闭–416 采区–380m 石门 1 号煤层的进风巷。此后，该采区出现了 5 次热动力现象，前三次为低强度爆燃，第 4 次和第 5 次爆炸强度增大，造成了重大人员伤亡。

7.2.2.1　第 1 次瓦斯爆燃

2013 年 3 月 28 日 16 时左右，–416 采区开采 4 号煤的一名水枪操作工移动水枪作业时，听到采空区内有动静并扇出一股风。16 时 10 分，一名瓦检工在该采区一分层回风巷和第二分层联络巷 10m 处感受到了一股冲击波。16 时 30 分，他来到–315 石门正头发现该处的木垛倒了，测得该处的气体参数为 CO 60ppm，CH_4 0.2%。以上信息表明 16:10 该采区发生了第一次瓦斯爆燃，但强度不大。

7.2.2.2　第 2 次瓦斯爆燃

发生第一次爆燃后，通风队安排新构筑–315m 石门密闭和在–380m 水力石门密闭外再新建一道密闭；–416 采区的 4 号煤水采工作面仍正常作业。–315m 石门密闭 28 日晚班完成，–380m 水力石门密闭 29 日下午 2 时前完成，实现了对已回采结束的 1 号煤进、回巷的封闭。

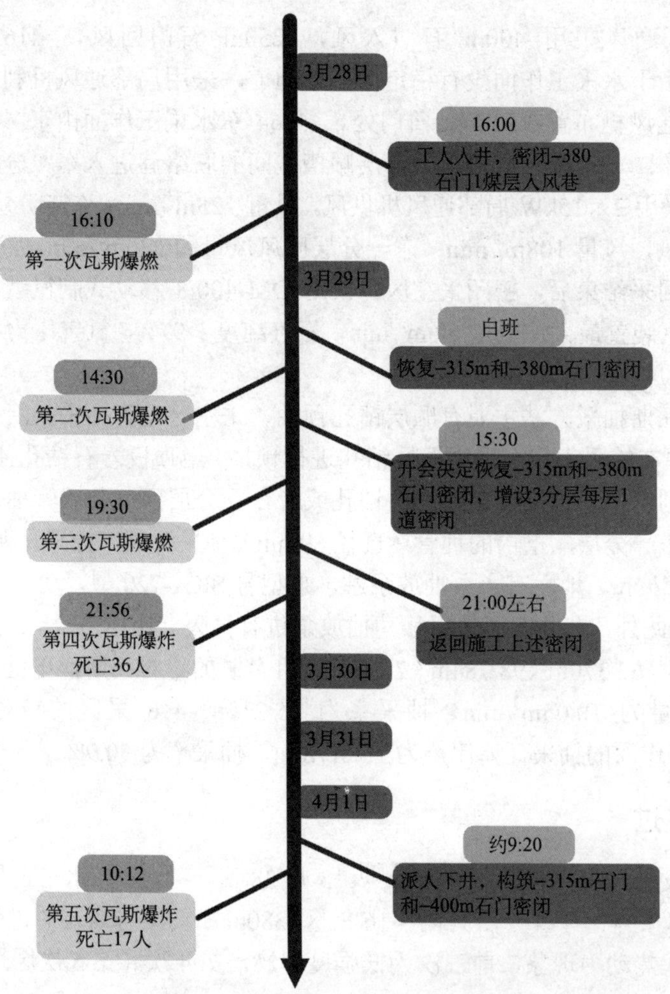

图 7.12　八宝煤业“3·29”“4·1”瓦斯爆炸事故发生过程

29 日 8 点 35 分，–4164 东水采工作面东二分层瓦检员对东一分层和东二分层第二联络口以里 3m 木垛处的气体检测结果为 CH_4 0.3%、CO 5ppm、CO_2 0。14 时 30 分，该瓦检员在东一分层口处打栅栏时听到一声闷响。15 时 10 分，他到–315m 石门密闭处发现新建的密闭倒了，残留约 50cm 高，木段呈喷射状分布。15 时 15 分，–315m 正头闭前 CH_4 10%以上、无 CO。在该时间段内（14:30～15:15），西二分层、西三分层的瓦检员都听到一声闷响，然后吹出灰尘，并看到–315m 正头密闭倒了，木头、板材被抛出几十米。

2013 年 3 月 29 日 14 时 50 分 6 秒，八宝煤业–416 采空区–250m 石门 CO 监测传感器报警，14 时 56 分 30 秒显示 CO 浓度 56ppm。通矿公司总工程师、通风副总立即赶赴八宝煤业。根据–315m 石门的采空区密闭存在裂隙的实际情况，决定该采区立即停止生产，并立即对–250m、–315m、–380m 石门相关密闭进行检查封堵。

29 日 15 时 30 分，通矿公司开会，决定–416 采区施工 5 处密闭（图 7.13），恢复–315m 和–380m 石门密闭，在东一、二、三分层每层新建 1 道密闭，要求 5 道密闭同时施工，会后通风队长接到要求安排人员下井构建密闭的通知，16 时左右，密闭工下井。

7.2.2.3　第 3 次瓦斯爆燃

–416 采区内已停止采掘作业，采区内继续施工密闭。

29 日 19 点 30 分，负责 1 号密闭施工的工人在–315m 正头密闭处，通矿总工程师、通风副总领导也都在此处，钉板至 1m 高时，一股强风、浓烟把施工密闭的工人吹倒，工人爬起后撤离并升井。

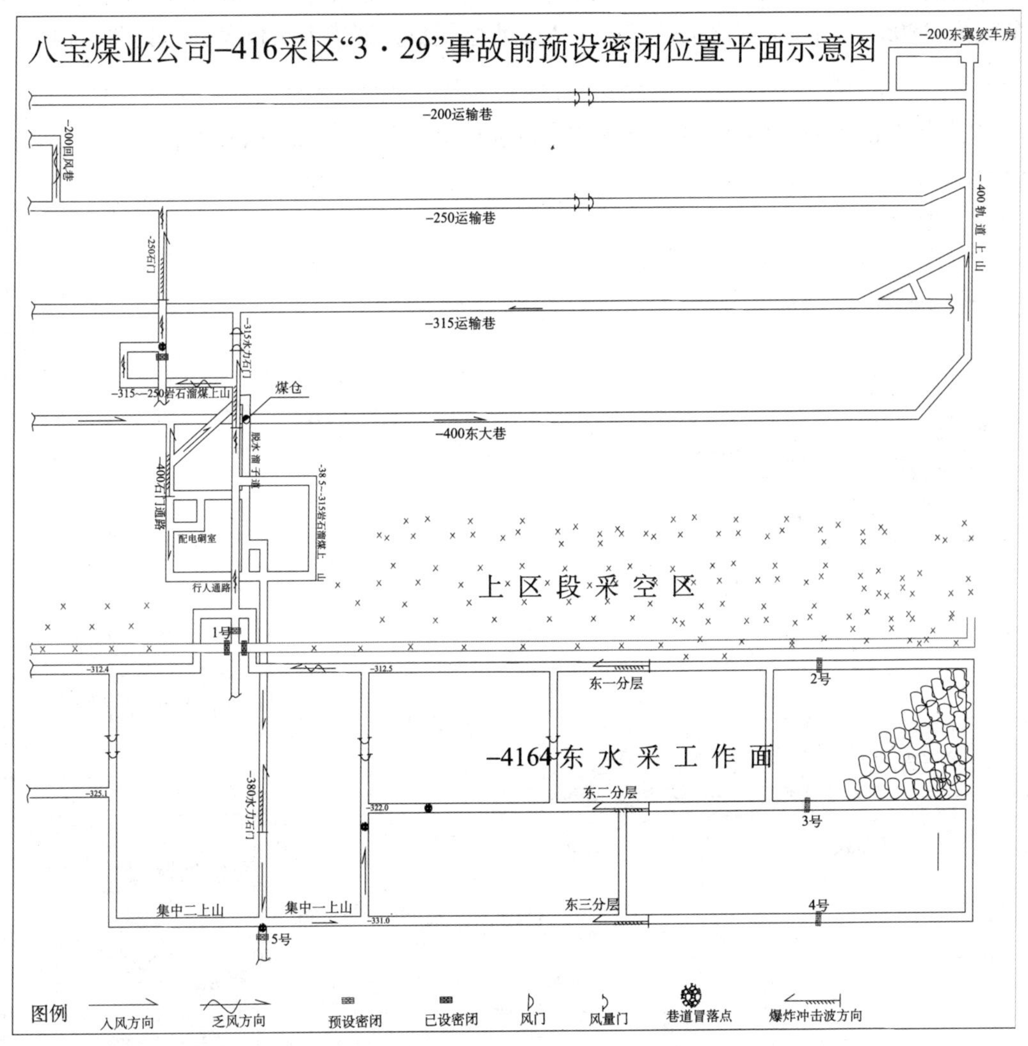

图 7.13　发生第 1 次爆燃后矿方提出的封闭该采区的方案图（构建 1～5 号密闭）[9]

负责 2 号密闭的工人，因瓦斯超限（东一分层）未能施工，然后到正在施工的 3 号密闭处参与构建密闭。当该处板闭构建到 1m 高时，一股热浪和一声闷响，把施工密闭的工人吹倒，该处工人也撤离并升井。

7.2.2.4 第 4 次瓦斯爆炸（死亡 36 人）

爆炸前矿井全部停止采掘作业，主要通风机正常运转，通风系统没有变化。井下电工向矿调度室汇报，21 时 56 分 13 秒，–315m 石门局部通风机断电，井下出现强烈的冲击波，表明井下此刻发生了瓦斯爆炸。当时井下有 40 余人在施工密闭，在 19 时 30 分第 3 次瓦斯爆燃后，所有人员已撤至井底，但后来在现场领导的要求下，于 21 时左右返回密闭施工地点，21 时 56 分发生的瓦斯爆炸造成 36 人遇难，其中 30 人分布在–416 区正在施工的 1 号、3 号、4 号、5 号密闭及巷道附近，另外 6 人分布在–416 采区配电室、水泵室至–380m 石门及大巷之间，其中 1 人是水泵司机。遇难人员位置分布见图 7.14。

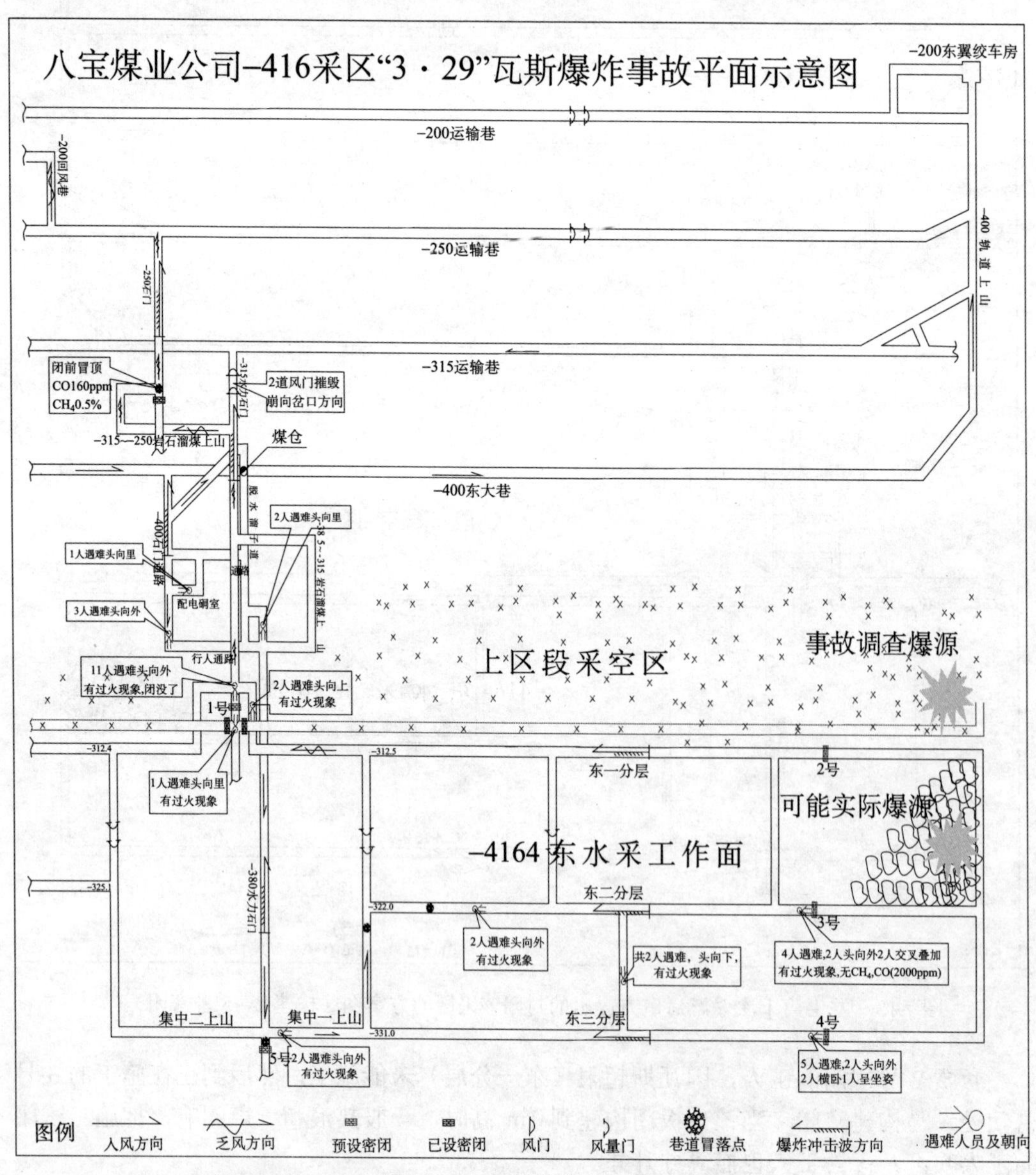

图 7.14 八宝煤业“3・29”瓦斯爆炸事故的人员遇难位置图[9]

2013 年 3 月 29 日 22 时 31 分，调度指挥中心发现该采区监控系统通信中断，随即从其他作业地点传来听到爆炸声的报告，调度指挥中心立即向上级有关部门报告，通矿公司立即决定全矿停产，撤出人员，迅速组织救援力量全力抢救。经井下侦察抢险，到 30 日 13 时，遇难人员全部搬运完毕。

7.2.2.5　第 5 次瓦斯爆炸（死亡 17 人）

4 月 1 日 7 时 50 分左右，–250m 回风的一氧化碳浓度由 31 日的 35ppm 增加到 75ppm，氧气为 19.2%，基本没有变化。据此判断火区可能继续发展，随即派人下井勘察。在 8 时 30 分左右，勘察人员发现–315m 以里 150m 有浓烟，能见度不足 5m，CH_4浓度 0.2%。吉煤集团有关领导担心若不尽快采取措施，火势的发展可能很快波及全井，故在没有请示上级批准的情况下，派出两组人员下井到–400m 进风石门和–315m 回风石门施工临时木板式风障。4 月 1 日 9 时 20 分再次入井，分别前往–315m 石门（采区回风）和–400m 石门（采区进风）施工密闭，试图远距离封闭工作面。10 时 12 分发生第 5 次瓦斯爆炸，造成 17 人死亡。

7.2.3　事故原因分析

该起爆炸事故是我国近些年来煤矿发生的死亡人数最多的一起事故，引起了煤炭行业和全社会的关注。事故发生后，有关部门组织专家对该事故进行了调查，专家组认定该事故的点火源为煤自燃，爆源位于–416 采区–4164 东水采工作面东一最里端邻接的上阶段采空区附近区域（图 7.14）。专家组认为只有该区域存在煤自燃的可能，因为其 6m 的隔离煤柱受采动破坏严重，存在漏风，该煤层有自燃倾向性，浮煤堆积时间已超过其发火期；同时认为–416 采区东一水采区的采空区不具备煤自燃条件，也不存在其他点火源。作者认为这些结论基于当时的认知条件可以理解和接受，但后来随实践与认识的深化，这些结论则需要修正。

八宝煤业公司 2013 年 11 月更名为吉林江源煤业有限责任公司，矿井恢复生产后，矿方认真吸取事故教训，加强了煤自燃的防治工作，积极采取各种防灭火技术措施和开展相关科研项目的研究，同时聘请防灭火专家进行指导，但采空区内的瓦斯爆燃现象仍然频繁出现，以后又导致了封闭工作面 5 次。作者应邀参加了后期有关事故的隐患分析与治理工作，发现这些事故及隐患都具有发生突然、没有预兆的特点，且都与顶板初期或周期来压有关，与 4 号煤上部的 14m 厚的含有石英的坚硬粗砂岩直接顶板有关，与水采方法的采空区通风方式有关，与向深部延伸后瓦斯涌出量增大有关。作者认为，“3·29”事故的爆源点发生在当时正在开采的–4164 水采工作面的采空区内，不是发生在上阶段的采空区内；点火源是 4 号煤顶板在初期或周期来压下断裂的摩擦产生的能量，不是采空区内的煤自燃。具体论证如下。

7.2.3.1　爆源点

“3·29”事故的爆源点不是与之相邻的上区段采空区，而是正在开采的–4164 东水采工作面采空区（图 7.14）。该事故造成人员重大伤亡的是 3 月 29 日 21:56 发生的第 4

次爆炸。在此之前已发生了 3 次爆燃。第一次爆燃发生在 3 月 28 日 16:10，在水采面作业的水枪操作工在移动水枪时首先发现该采空区内有动静，“从采空区内煽出一股风，往外跑”。在东二分层的另一名瓦检工在第一分层回风巷和第二分层联络巷 10m 处也在此时感受到了一股冲击波。3 月 29 日 8:35，在东一分层和东二分层以里的 3m 木垛处首次测得 5ppmCO。发生第二次瓦斯爆燃时，也是一名瓦检员在东一分层口处打栅栏时听到的一声闷响，该地点与东一分层采空区相通。最早发生的瓦斯爆燃都离该采空区最近。

7.2.3.2　事故原因

1. 瓦斯来源

八宝煤业为高瓦斯矿井。–416 采区首次开采–400m 水平的 4 号煤，–4164 东水采工作面是 4 号煤在–400m 水平的第一个面，除上阶段已开采完毕外，周围为原生实体煤岩层。该工作面于 2013 年 3 月 25 日开始回采，在事故前，该工作面已推进 40m。进入–400m 水平后，煤层中的瓦斯含量明显增大。据–416 采区的瓦斯抽采数据，2013 年 1～3 月，瓦斯抽放量分别为 69 120 m^3、62 370 m^3、98 784m^3，3 月份的瓦斯抽采量明显大于 1、2 月份。作为进入二水平–400m 开采的 4 号煤首采工作面，上部是已采区段，区段间留有 6m 煤柱，尽管煤柱易破裂形成漏风，但因上部瓦斯涌出量少，–400m 以上没有出现过瓦斯燃烧与爆炸的灾害。进入深部以后，特别是首个工作面，采空区内的瓦斯涌出量比在浅部开采时明显增大。

2. 供氧条件

受水采工作面开采工艺的限制，–4164 水采工作面的通风方法如图 7.15 所示，水采工作面的回风需从采空区通过，采空区存在瓦斯与空气的混合问题。当采空区内的瓦斯涌出量较小时，采空区内的瓦斯浓度不高；但当本煤层或相邻煤层中的瓦斯涌出量较大时，预混空气中的瓦斯浓度可能达到燃烧与爆炸的极限。据对八宝煤业瓦斯抽采情况调查，–4164 东水采工作面采取预埋抽放管路的方法抽放采空区瓦斯，抽放瓦斯浓度在 6%～7%，采空区含瓦斯的混合气体达到了燃烧（爆炸）界限，如该采空区内部有点火源，就能导致瓦斯的燃烧与爆炸。

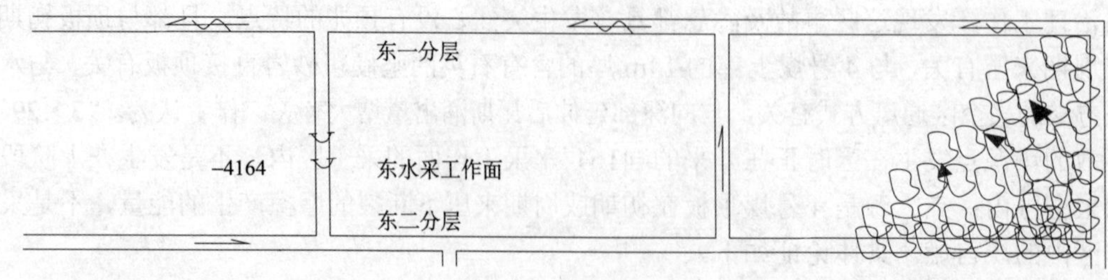

图 7.15　水采工作面采空区漏风示意图

3. 点火源

4 号煤具有自燃倾向性，最短自然发火期 5～7 月。–4164 东水采工作面邻接的上区段采空区开采时间为 2012 年 4 月 2 日～8 月 5 日，开采后已封闭 7 个多月。由于煤层为急倾斜煤层，6m 的区段煤柱易垮落，由于漏风的存在，该区段自然发火的因素不能排除，但对该采区–250m、–200m 石门回风巷道的长期气体成分的监测与取样分析显示，直到 3 月 29 日，CO 突然出现，以前 CO 浓度一直为 0，故–4164 东水采工作面东一分层上区段采空区和该分层采空区没有自然发火迹象，故煤自燃不是“3·29”事故的点火源。

该矿采空区内多次发生的瓦斯爆燃现象已表明，该点火源是由顶板周期来压垮落的挤压与摩擦能量造成。4 号煤的顶板为含石英粗粒砂岩，倾角 40°～70°，厚度 14m 左右，天然视密度 2625kg/m^3、抗压强度 77.97MPa、坚固性系数 f=7.8，坚硬不易垮落，顶板周期来压破裂时的挤压与摩擦产生的压电效应及电火花能量，点燃了含空气的混合瓦斯。2014 年 3 月 6 日、2014 年 5 月 28 日、2014 年 7 月 11 日、2014 年 11 月 1 日、2017 年 8 月 1 日，2018 年 1 月 14 日，该矿的–4184、–4164、–4174、–6124、–6134、–6154 6 个开采 4 号煤的工作面，这些工作面的初次来压步距 23～24m，周期来压步距 20～22m，区段间煤柱的留设已由过去的 6m 增加到 30m，但都在回采推进 60～65m（约 3 倍于周期来压步距）时发生了采空区的热动力现象。据发生上述事故的顶板压力记录，出现 CO 火灾气体时顶板周期来压前的压力为 12～14MPa，然后降低为 2～4MPa，有的采空区或钻孔内还出现烟雾，有时单体液压支柱还发现了煤尘胶结，有时能听到采空区内部沉闷的响声，这些现象的发生都较突然，然后出现 CO 报警，同时还会出现少量的乙烯、乙炔气体，表明采空区内部发生了热动力现象，该矿对这 6 个工作面都及时进行了封闭，其中的–6154 工作面启封后，推进了一段距离，又发生了热动力现象。

近些年来由于煤矿井下岩石、金属相互间的摩擦形成点火源，最终引发热动力灾害的事故频发。过去在煤矿安全领域只依据最低点火（自热）温度的热点火理论[11-15]来认识对瓦斯混合气体的点火特性，实际上，对于可燃性气体，依据最小点火能量的电点火理论[16-19]更符合其点火特性。一些含有石英晶体等的岩石在顶板应力作用下会产生压电效应，特别是顶板初次来压或周期来压期间，在其受压界面上产生与压力成正比的电荷量并形成电场，引起局部放电产生电火花，其能量远大于点燃预混瓦斯气体所需的 0.28mJ，这为揭示煤矿采空区发生瓦斯燃烧与爆炸的点火特性与机理提供了新途径。如图 7.16 和图 7.17 所示，在石英晶体及含石英颗粒的岩石摩擦过程中，均观察到了明显的摩擦火花，由于引燃预混瓦斯气体所需的最低点火能量很小，该能量足以点燃预混瓦斯气体。

国内类似情况也较多，如 2010 年 11 月 25 日上午，宁夏汝箕沟煤矿 32213（1）综采面开采 2 煤层 1 分层时，工作面初次来压，老顶垮落，当班瓦检员检查发现工作面上隅角出现 CO，近一步检测发现一些支架至上隅角后尾梁段、上风巷采空区开采线处、工作面回风流都出现 CO 等火灾气体，该矿立即启动了应急救援预案，全矿井立即停产、撤出人员和进行治理。2011 年 6 月 4 日 6 时 20 分，在工作面没有割煤和移架的情况下，工作面作业人员听见采空区有岩石垮落下顶的声音，随后就发现第 76 号支架后尾梁喷出瓦斯火苗，采空区岩石垮落摩擦产生的火花造成了瓦斯燃烧。又如，1995 年 11 月 1 日，陕西崔家沟煤矿顶板冒落产生火花引发瓦斯爆炸，死亡 12 人。综上所述，高瓦斯矿井采空区内因顶板初次来压或周期来压垮落的挤压摩擦作用引起的瓦斯爆炸现象较为普遍，应引起重视和防范。

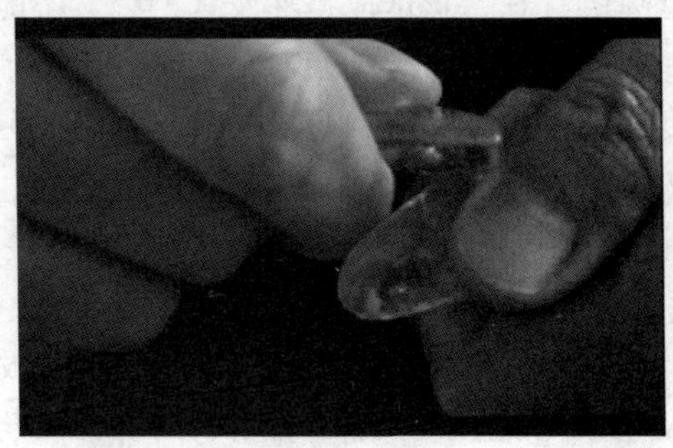
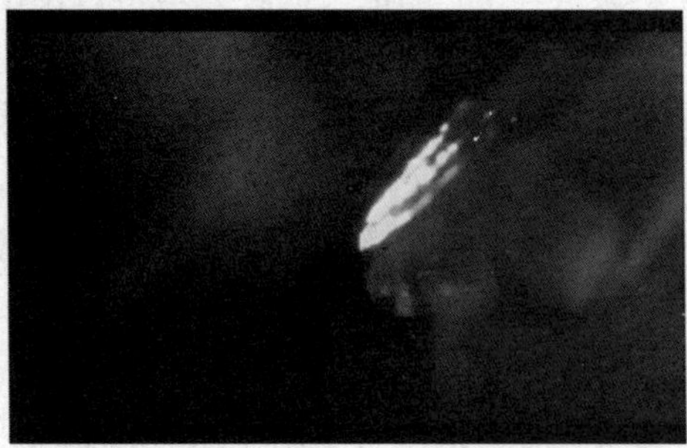

图 7.16　石英晶体摩擦产生火花试验[20]

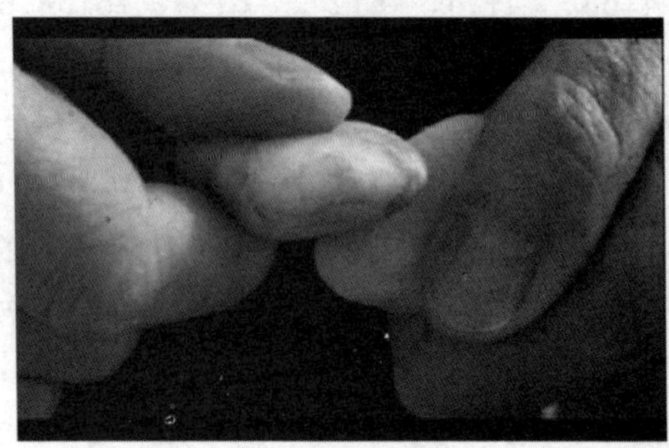
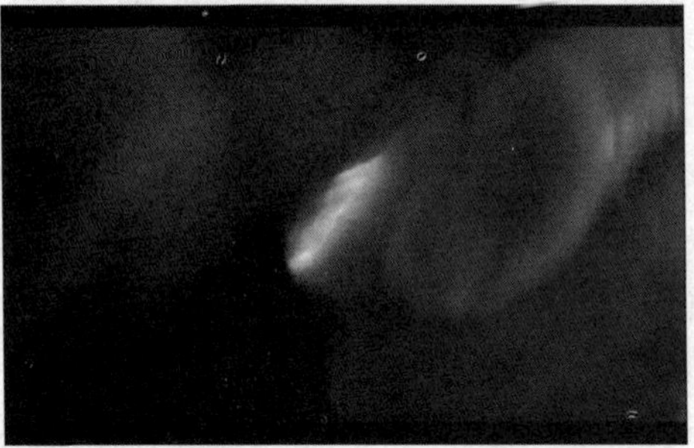

图 7.17　含石英颗粒石块摩擦产生火花试验[20]

7.3　美国 UBB 煤矿“4 • 5”瓦斯煤尘爆炸事故

2010 年 4 月 5 日 15:02，美国西弗吉尼亚州的 Upper Big Branch（UBB）煤矿 21 号长壁工作面发生了瓦斯煤尘爆炸事故，造成 29 人死亡、2 人受伤，是美国近 40 年来发生的最严重的矿山安全生产事故[21, 22]。

7.3.1　UBB 煤矿概况

7.3.1.1　地理位置

UBB 煤矿是梅西（Massey）能源公司下属主力矿井，位于西弗吉尼亚州布恩（Boone）县和罗利（Raleigh）县，距离西弗吉尼亚州首府查尔斯顿（Charleston）市 74 km。

7.3.1.2　地质与通风概况

UBB 煤矿主采的易格（Eagle）煤层是中石炭纪时代的优质冶金用焦煤。其顶板主要是砂岩，但偶见页岩。砂岩呈灰色、中细粒，主要由石英颗粒组成（含量达 67%）。在靠近工作面的地方，直接顶有时是含有硫化矿物黄铁矿和白铁矿的硬质棕色砂岩，但含量很少，小于 3.5%。

1. 地层与成煤环境

西弗吉尼亚州南部的煤田形成于河流三角洲环境中沉积的泥炭矿床，随着泥炭沉积物埋深的增加，它们被转化为烟煤，随后被抬升到现在的高度（UBB 开采的煤层标高约为 250～305m）。在这个过程中，泥炭中的水分和气体首先被成岩作用挤压出来，使得煤层硬化；然后沿着在挤压构造应力卸载过程中形成的煤层节理面逸散。随着时间的推移，积聚沉积物的热量和压力将砂泥层沉积物转化为砂岩和页岩。在该过程中，释放出甲烷等烃类气体，通过岩层的裂隙和孔隙向上运移。煤层产生的气体几乎全部源于植物残体，为轻质烃类气体，仅含有痕量的重烃（如乙烷），而富含显微动物遗骸的烃源岩则产生一定量的重烃。

UBB 区域内的致密不透气岩层阻止了瓦斯的逸散，导致瓦斯赋存于岩石的裂隙和孔隙结构中。历史上，UBB 在生产期间遇到的瓦斯异常（瓦斯包）通常来自底板。这些瓦斯包在数小时或数天内就会爆裂，有时会表现出高压，甚至发出类似喷气发动机的声音。UBB 采空区的主要瓦斯源都来自底板下方的地层。

2. 煤层

截至 2010 年 4 月，主采的易格煤层上部至少有 8 层煤已被不同程度的开采，而下部的煤层没有开采。UBB 煤矿的顶板岩性是巨厚的中粒砂岩，总体较为稳定完整，仅在顶板岩性变化的区域发生顶板破碎，这些区域主要是由于砂岩中植物化石的局部堆积导致的，而这种堆积会造成分层现象。底板是 0.31～0.62m 厚的砂质页岩，硬度比顶板小。在直接底板下部是砂质页岩和砂岩。主采煤层下方约 3.1～4.6m 处是小易格（Little Eagle）煤层，厚度通常为 0.3～0.6m，其下部是碧西（Betsie）页岩，厚度为 30.8～77.1m，钻井记录显示，碧西页岩上半部分是砂岩，该岩层成了天然气储层。底板地层（包括小易格底板黏土层、小易格煤层以及小易格和易格煤层之间的夹层）成为阻止下部的瓦斯向上运移的隔离层，但瓦斯压力和围岩压力之间的平衡有时会被采掘活动打破，使得局部瓦斯通过底板裂隙群进入采掘空间。

3. 通风和瓦斯抽采

UBB 煤矿的通风方式采用压入与抽出混合式，在地表有三个安装有主通风机的井口（图 7.18）：其中北井口（North Portal）和南井口（South Portal）安装有压入式通风机，为进风口，通风机压力分别为 1625Pa 和 474Pa；另一个是班迪镇（Bandytown）回风立井，安装有抽出式通风机，通风机压力为 1863Pa。三个风机的总风量为 28 710 m^3/min。此外，在东北部还存在一处无通风机的埃利斯井口（Ellis Portal），为进风口。

UBB 煤矿瓦斯绝对涌出量为 21m^3/min，约有 19.3m^3/min 的瓦斯从 Bandytown 回风井排出，回风中的甲烷浓度为 0.182%，二氧化碳浓度为 0.11%。大量的甲烷主要来自易格煤层下方的岩层。UBB 煤矿曾经于 2003 年 7 月 3 日和 2004 年 2 月 18 日发生瓦斯异常涌出。

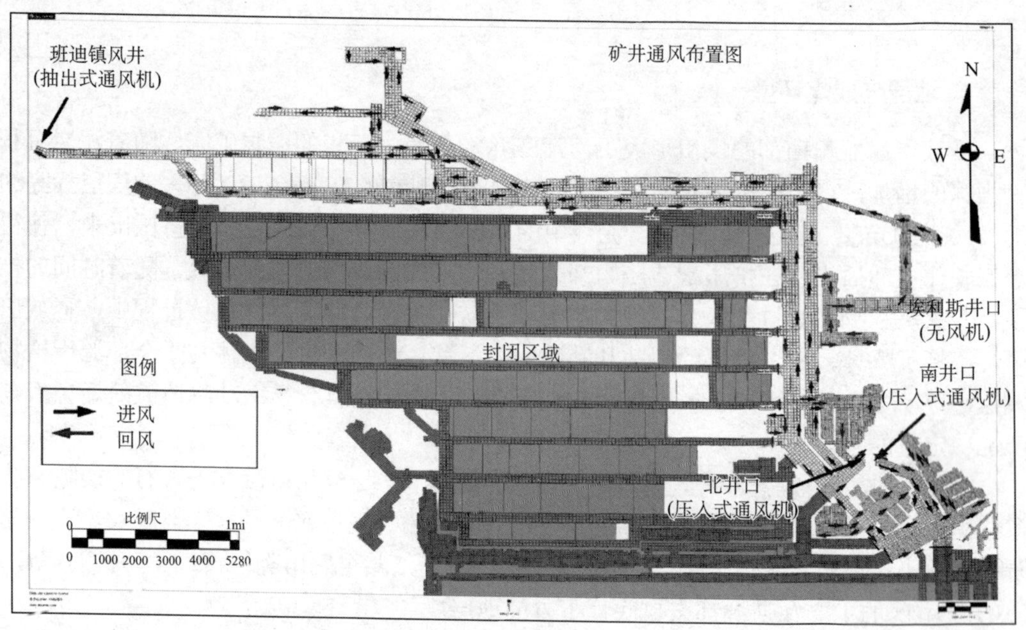

图 7.18　UBB 煤矿通风系统图

在 2010 年 4 月 5 日事故发生前的通风系统如图 7.18 所示，矿井的大部分区域已被开采并封闭，煤炭生产主要来自封闭区域以北的一个长壁工作面（21 号长壁工作面）和两个连续采煤工作面，矿井通风区域位于矿井的北部和东部。发生事故的 21 号长壁工作面采用 Y 型通风。

7.3.1.3　历史上的瓦斯事故

在 1997～2004 年间，UBB 煤矿至少发生了三次瓦斯事故（图 7.19），其中的一次在工作面发生了系列的瓦斯燃烧与爆燃，另外两次在采空区内有瓦斯异常涌出，但没有发现燃烧或爆炸现象。

瓦斯燃烧事件发生在 1997 年 1 月 4 日，当天上午 9 名矿工位于长壁工作面回风巷。领班进行的气体检测表明工作面通风状况良好，风量符合要求。然而，顶板高度较高，当天早上在支架后方发生了数次顶板冒落。大约 10 时 20 分，班组完成了第四刀采煤作业。当采煤机司机进行收尾工作时，顶板在支架后方垮落，产生火花并引燃了瓦斯。

在此之前，支架操作工刚将工作面回风隅角处最后的两个支架（第 175 号和第 176 号）前移，当时该工人站在第 174 号支架上正面对采空区，他看到了瓦斯着火并看见了变得越来越明亮的红光。他指着发火处大声喊“着火了”，然后向工作面进风方向跑去。在撤离时，他感到腿部有热浪侵袭，跑了约 130m 后到达了工作面中部，才感到脱离了瓦斯燃烧区域。两个采煤机司机也看到了瓦斯燃烧，火焰烧焦了尾部滚筒司机脖子和手臂上的毛发，头部滚筒司机紧接着也看到了来自支架后方的火焰。这两名司机也跑向进风侧并说“有东西爆炸了”。

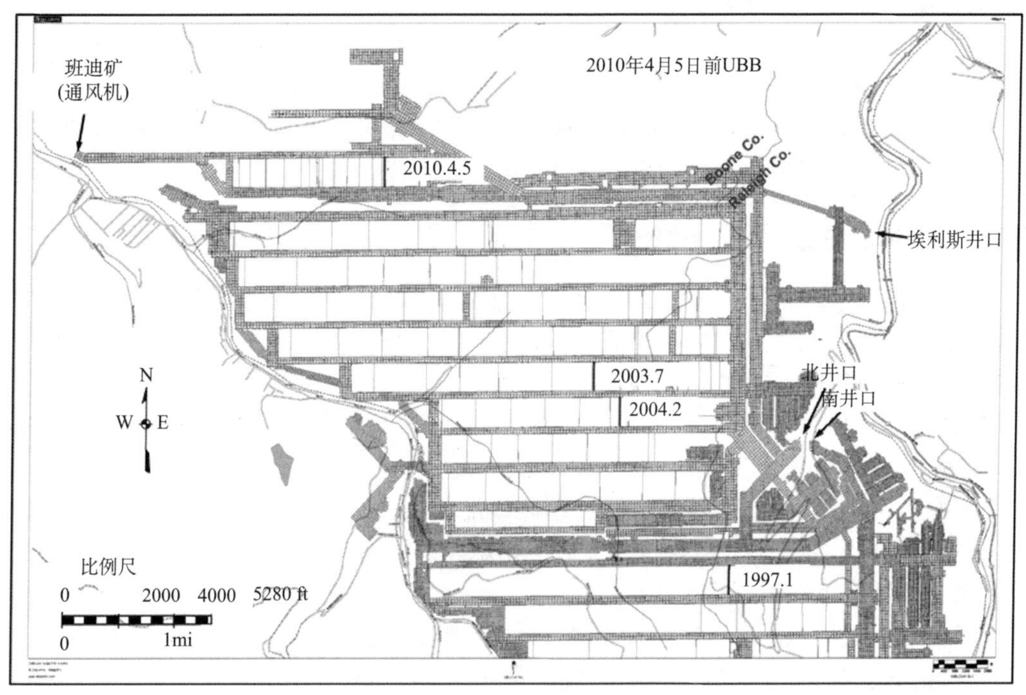

图 7.19　UBB 煤矿近年来的事故发生地点

当第一次瓦斯燃烧发生时，两名工人正在更换靠近第 150 号支架的扩音器电池。其中一人感觉到了火焰的热浪，但没有看到任何闪光或火焰。他以为采煤机电缆爆炸了，所以他呼叫进风巷操作员，让他断电。领班和另外一名工人在确定所有人都朝着进风巷撤离后，去了靠近回风巷的工作面附近检查，领班说他也看到了瓦斯燃烧。

两人在第 174 号支架处检测到了浓度为 0.6%的甲烷，并且一氧化碳触发了领班的便携式气体检测仪，其设置的一氧化碳报警浓度为 50 ppm。他们闻到了烟气的味道，但没有发现火焰。而后，当这两个人正在第 174 号支架附近检查时，目睹了第二次瓦斯燃烧，看起来像一个“黄色”的闪光。当他们朝着进风巷撤离过程中经过第 36 号支架时，发生了第三次瓦斯燃烧。他们形容瓦斯燃烧是“空气波动”。

采煤机组人员到了通风良好的进风巷入口处，并在前四个支架上安装了通风引射器，以将所有可用的空气引导到长壁工作面。领班开始尝试进入工作面，但是当他到达第 92 号支架时，被高温阻挡，然后撤回，并带领人员撤离了工作面。

靠近第 176 号支架的回风巷直接顶不稳定，该区域附近出现了局部顶板冒落，使通风断面减小。事故发生前几天，由于顶板问题，工作面上隅角被瓦检员称为危险区域。调查组的调查结论认为，该矿的通风系统并没有为工作面提供足够的风量，从而造成了采空区内瓦斯的积聚。瓦斯是被顶板砂岩垮落过程中因摩擦产生的火花点燃的。

据为该面服务的主通风机的记录仪显示，1997 年 1 月 4 日上午 10 时至 11 时 30 分之间发生了一系列压力异常现象。1997 年 1 月 4 日，矿山安全和健康管理局(Mine Safety and Health Administration，MSHA）调查人员采集的样本表明在第 172 号、第 175 号和第 176 号支架、尾部电机和采煤机处出现了大量的焦炭。

该矿于 2003 年 7 月 3 日、2004 年 2 月 18 日又发生量两起瓦斯异常事件，工人听到了采空区内一阵巨大的撞击声，随后出现气压异常，在该期间数个地点的瓦斯浓度超过了 5%，工作面通过采用通风引射器、调整通风系统等加大通风的方法，降低了瓦斯浓度，没有引发瓦斯的燃烧与爆炸事故。

7.3.2　事故发生过程

2010 年 4 月 10 日上午 10:30，采煤工作面的作业人员开始更换采煤机的部分截齿和摇臂的闭锁装置，一直到 13:30 安装完毕，并开始恢复生产。此时，瓦斯从回风巷附近支架后方底板涌出，采煤机上的截齿磨损严重，加之采煤机上有 7 个外喷雾喷嘴失效，当采煤机移动到工作面回风隅角时，采煤机割煤时截齿与顶板砂岩摩擦产生火花，在支架后方引发了瓦斯燃烧。

采煤机司机发现瓦斯着火后，通过遥控装置于 15:00 关闭了采煤机。此时，火焰继续在支架后方燃烧，工作面作业人员意识到燃烧无法控制，开始向工作面的进风侧撤离，同时通过安装在工作面靠近回风巷处的控制柜关闭了输送机，呼叫了进风巷操作员，并指示他切断了采煤机的电源和供水。15:02 火焰在工作面回风出口处遇到了预混瓦斯，发生了瓦斯爆炸，参与爆炸的瓦斯-空气混合物的体积约为 85m^3，爆炸本可在 0.5 s 内熄灭，但是爆炸扬起了大量煤尘，又导致了煤尘爆炸，爆炸最终波及整个井下采掘空间，煤尘爆炸影响的巷道范围超过 3.2km。

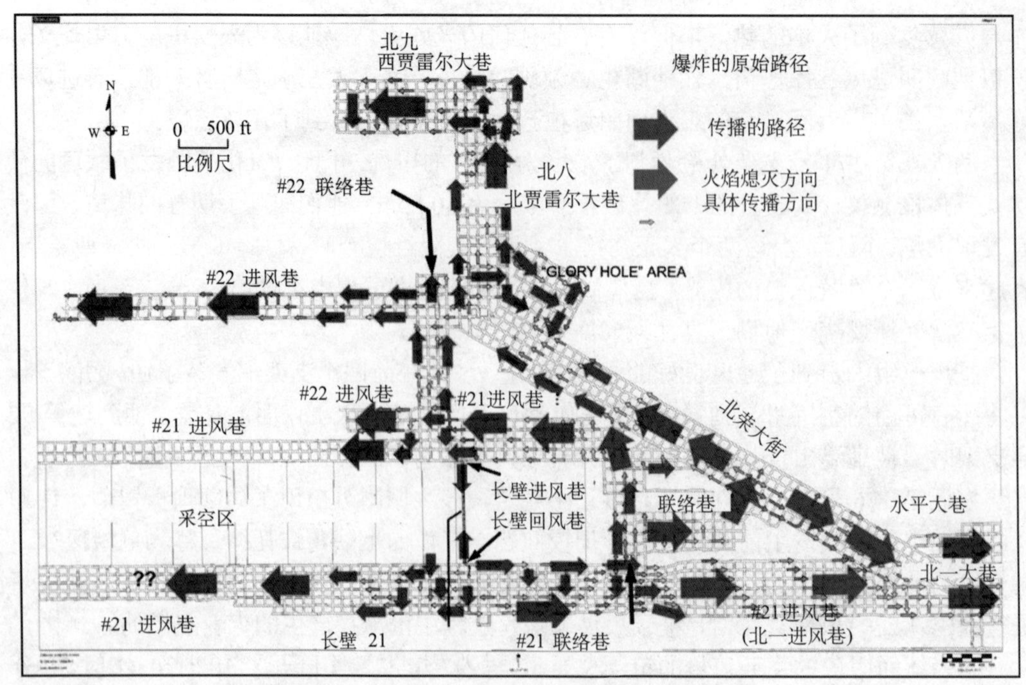

图 7.20　爆炸传播路径

煤尘爆炸燃烧波向回风巷两侧传播，当到达回风巷与北大巷的交叉处时，火焰传播速度急剧下降。之后，低速传播的火焰继续向工作面进风巷传播，在该处，由于有底板水洼积水区的存在，冲击波扬起的水雾湿润了前方巷道内的煤尘，消除了其爆炸危险性，阻止了燃烧波向 21 号工作面进风巷和工作面的进一步传播，如图 7.20 和图 7.21 所示。

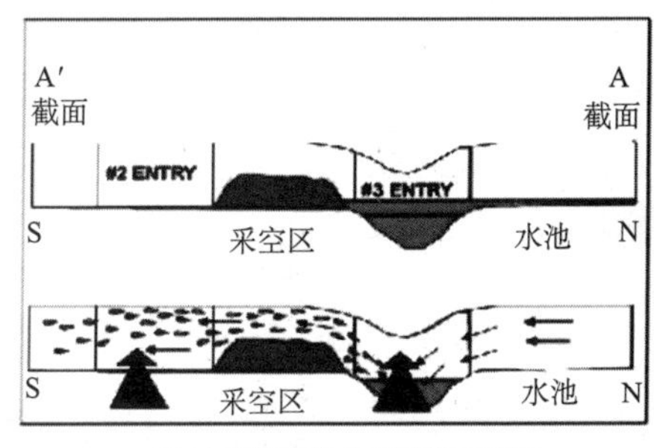

(a) 冲击波扬起水雾过程示意图

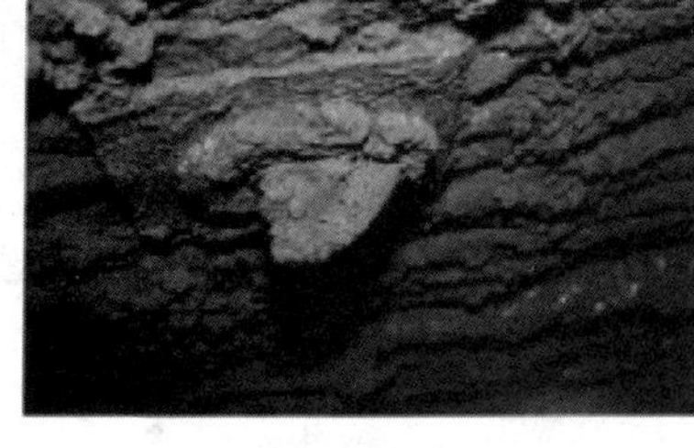

(b) 巷道顶板被煤泥覆盖

图 7.21　底板水洼积水区产生的水雾阻止了爆炸火焰波的传播

虽然火焰并未进入 21 号长壁工作面，但是冲击波从进风巷进入了工作面。而后，火焰和冲击波继续沿北一进风巷传播，并向 22 号工作面的回风巷扩散。由于 22 号回风巷尚未贯通，火焰向 22 号进风巷传播。在向 22 号进风巷深部传播过程中，更多的煤尘参与了爆炸。在火焰传播到 22 号进风巷时，同时还向贾雷尔大巷和西贾雷尔大巷传播。由于缺少足够的氧气，爆炸火焰最终在西贾雷尔大巷尽头熄灭。

7.3.3　灾变的救援及处理过程

2010 年 4 月 5 日 15:02 左右，UBB 矿发生爆炸。几分钟后，梅西能源公司矿山救护队接到报警。与此同时，UBB 矿组织 10 名管理人员分两组分别从埃利斯井口和北井口进入矿井进行搜救。事故发生后 30 min，梅西能源公司向 MSHA 报告了井下有一氧化碳涌出，但并未报告井下发生了爆炸及人员伤亡。

从埃利斯井口进入矿井的搜救人员在途中遇到了一位成功逃生的矿工，而与其一同逃生的还有 8 人因 CO 中毒而丧失行动能力，随后救援队在该矿工的带领下在一辆矿车内找到了 8 名矿工，他们给受伤矿工更换了自救器，并呼叫调度员派遣矿车。不久，救护队员将伤员顺利转移到地面，医护人员采用电击器和心肺复苏术进行抢救，但 7 名伤员已无生命迹象，另一名伤员成功生还。据该名自行成功逃生的矿工介绍，爆炸发生后，四周突然漆黑一片，狂风骤起像是位于飓风中心，他立刻屏住呼吸佩戴上自救器，而同伴则惊慌失措、大声呼喊，未能及时佩戴上自救器，待周围情况稳定后同伴已全部因 CO 中毒昏迷，他帮助同伴佩戴上自救器后前行寻找救援。

之后，梅西能源公司南西弗吉尼亚救护队、西弗吉尼亚州矿山救援队以及 MSHA 的事故调查人员于下午先后抵达 UBB 并从埃利斯井口和北井口进入井下开展搜救工作。

救援队在沿 21 号工作面进风巷向工作面进行搜救的过程中发现了 6 名遇难矿工（#1～#6，如图 7.22 所示）。进入到工作面端口时，检测的气体成分为 O_2 为 20.8%，CH_4

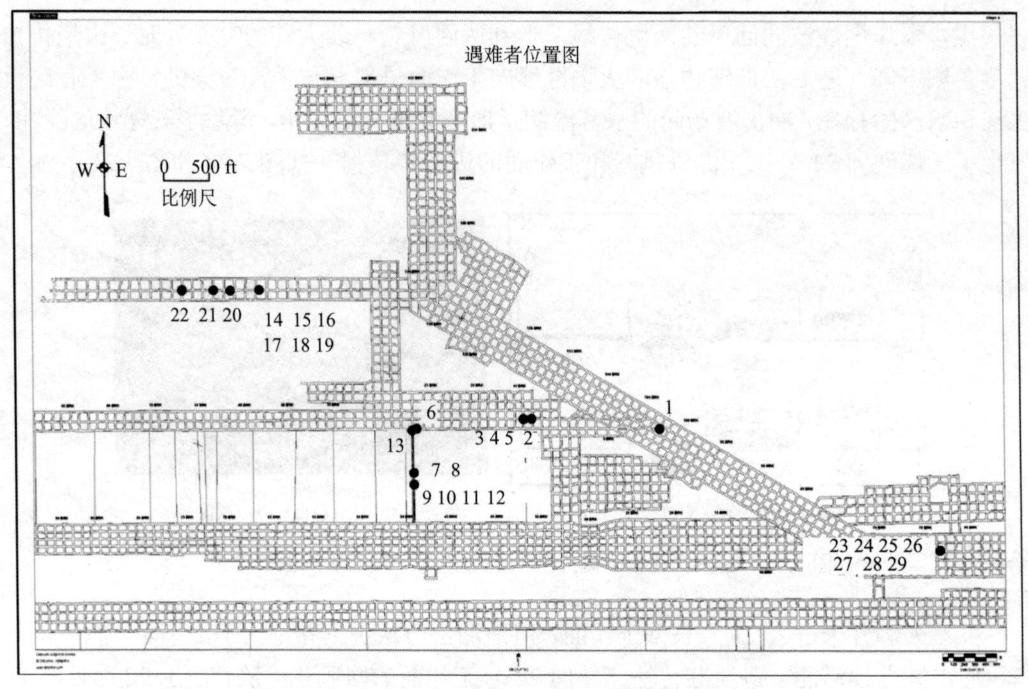

图 7.22　UBB 井下遇难人员及救生舱分布示意图

为 0，CO 浓度为 20ppm；到达工作面中部时，CO 浓度升高至 40 ppm；在第 120 号和第 125 号支架之间，CO 浓度达到 60ppm，甲烷浓度达到 2%。此后，由于通信不畅，未能向深部继续搜救。在此期间，在工作面中部又发现了 6 名遇难矿工（#7～#12）。在输送机胶带巷的一条联络巷处，救援队发现了一处火源并迅速将其扑灭。在进一步的搜救中，他们随身携带的检测仪显示，CO 浓度在 80～100ppm，在一个输送机巷甚至测得了 1500～1600ppm 的 CO。他们的呼吸器氧气开始降低，而后他们的工作被其他救护队所接替而返回。晚上 11 时许，救护队开始从基地向 22 号进风巷连续采煤工作面行进，并于途中发现了 22 号连续采煤工作面处设置的软体式救生舱（图 7.23），但该救生舱并未使用。测得该处氧气浓度为 14.7%，CO 浓度 8676ppm，CH_4 浓度 3.3%。之后，救护队

图 7.23　UBB 煤矿 22 号连续采煤工作面进风巷内的软体式救生舱

又前进了一个联络巷的距离，发现浓烟滚滚，氧气浓度降为 7.4%，CO 浓度为 5388ppm，CH_4 浓度 0。在 22 号进风巷内发现了一辆停在轨道上的矿车，矿车内有 6 名遇难矿工（#14～#19），所有矿工均未佩戴自救器。

至此，第一天的搜救工作结束，共发现遇难矿工 25 人，井下仍有 4 人失踪。当时，专家和社会舆论寄希望于井下的软体式救生舱，认为 4 名失踪矿工可能已进入救生舱避难。

2010 年 4 月 6 日上午，井下救护队报告，在矿车附近测得氧气浓度 3.2%，CO、CH_4 超量程。中午，该队再次报告，浓烟滚滚以至于无法确定风流方向，所有检测设备显示 CH_4 和 CO 均超量程，氧气浓度为 3.2%。由于爆炸性混合气体以及明火的存在，指挥部要求所有救护队员撤回地面。

2010 年 4 月 7 日没有开展井下救援行动，但在地表施工钻孔，以便于获取井下气体样本以及之后向火区注防灭火材料。共施工钻孔 15 个，其中有效钻孔 9 个，钻孔平面分布及参数如图 7.24 所示。

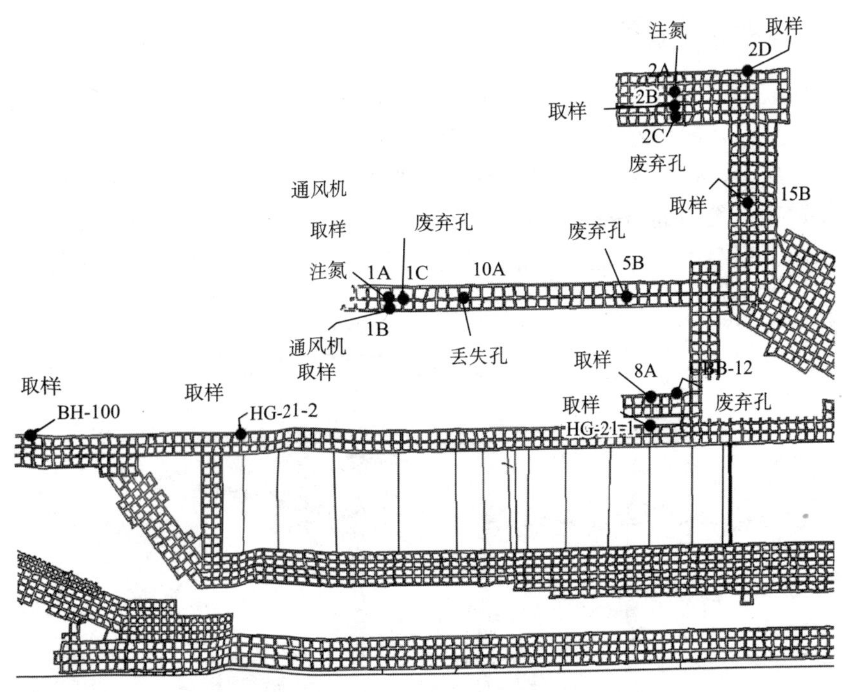

图 7.24　监测钻孔分布示意图

2010 年 4 月 8 日 1:45，采集的气样分析显示可以再次派救护队进入矿井开展搜救工作。凌晨，4 个救护队进入矿井。救援队从北平硐口进入，行进过程中均有 1 人步行在矿车前检测气体。经过一个联络巷密闭时进行检查，发现密闭完好，氧气浓度 16.6%，CH_4 浓度 0.25%，未检出 CO。随后，救护队继续向工作面前进，以期建立一个新的井下基地。上午 9 时许，指挥部收到钻孔气样分析结果，显示矿井内存在爆炸性混合气体，要求救护队立即撤回地面。10:55，所有救护队返回到地面。

2010 年 4 月 9 日上午，2 个救护队进入矿井内部，然后在一个联络巷内建立了新的井下基地，一个救护队驻留，另一队佩戴呼吸器继续行进。随后，救护队发现了软体式救生舱，但是并未启用，也未遭到破坏。但之后指挥部收到钻孔气样分析结果，显示存在火情，并且混合气体接近爆炸极限，所有救护队被要求立即撤回地面。下午，共有四个救援队进入井下开展搜救，在搜索 22 号进风巷时，救护队员发现了一名佩戴自救器的遇难矿工（#20），之后又在邻近处发现了两名遇难矿工（#21 和#22）。在 21 号工作面搜救时，救护队员在 3 号支架附近发现了#13 号遇难矿工。至此，所有 29 名遇难矿工均已被发现。

7.3.4　事故原因分析

该起事故最初由瓦斯燃烧引起，瓦斯燃烧转化为瓦斯爆炸，瓦斯爆炸又引发煤尘爆炸，煤尘爆炸使全矿井 3.2km 范围内的有浮尘的地点都发生了煤尘爆炸，这是一起反映煤矿热动力灾害复合特性的典型事故。

7.3.4.1　可燃物来源

根据前述 UBB 煤矿地层资料，在主采的易格煤层下方约 3.1～4.6m 为小易格煤层，小易格煤层之下的碧西页岩为被砂岩覆盖的连续海相沉积页岩（图 7.25）。易格煤层本身并不是瓦斯煤层，但是在开采过程中发生过瓦斯从底板裂隙涌出的事故。调查人员指出，从 UBB 煤矿底板裂隙涌出的瓦斯的重烃（乙烷和丙烷）含量比常规的瓦斯要高。一般来说，煤中的瓦斯几乎全部来源于植物残体，甲烷纯度极高。这些重烃一般产生于富含动物遗骸的烃源岩，如海相的碧西页岩。

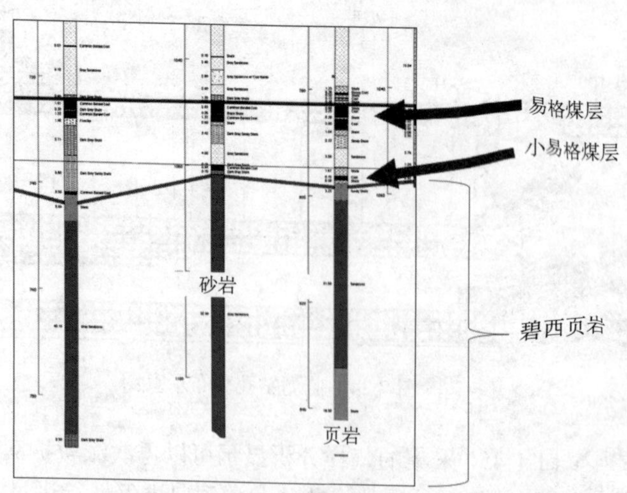

图 7.25　易格煤层、小易格煤层和碧西页岩层位图

钻孔岩芯编录数据表明，碧西页岩的顶部近 14m 实际上大部分是由砂岩组成的。砂岩具有多孔、渗透性好的特点，如果砂岩的上覆岩层致密，则可对其进行封盖，为烃类化合物提供良好的储层，具有充足孔隙度的砂岩可以从邻近的页岩中聚积烃类气体。在

砂岩下面的碧西页岩本身或更深的泥盆系页岩，都可能是天然气的来源，也是 UBB 煤矿瓦斯包的烃源岩层和储层，在煤矿采掘过程中可能会被揭露。

由于易格煤层砂岩顶板的主导裂隙与煤层底板裂隙走向一致，其方位角范围相同，因此可能存在瓦斯运移通道。这些通道可能是预先建立的瓦斯向上迁移的途径。易格煤层和小易格煤层之间的夹层起到了盖层的作用，当被采掘活动破坏时，底板局部破裂，瓦斯通过底板裂隙系统进入采掘空间。

在 UBB 煤矿井下，底板隆起（底鼓）现象普遍存在（图 7.26），深度约为 0.45m，裂隙底部为更容易变形的泥岩和砂质页岩。

图 7.26　UBB 煤矿井下巷道底鼓图片

UBB 煤矿瓦斯涌出的另一个因素是事发地点位于断层带上，而断层带充当了瓦斯运移的通道。调查小组得出的结论认为，UBB 煤矿区域的断层带走向为 N40°W，向北东倾斜 30°（图 7.27）。调查人员将断层带解释为瓦斯从下部储层中迁移到易格煤层的通道，该储层中的瓦斯来源于其下部有机质丰富的泥盆系页岩。

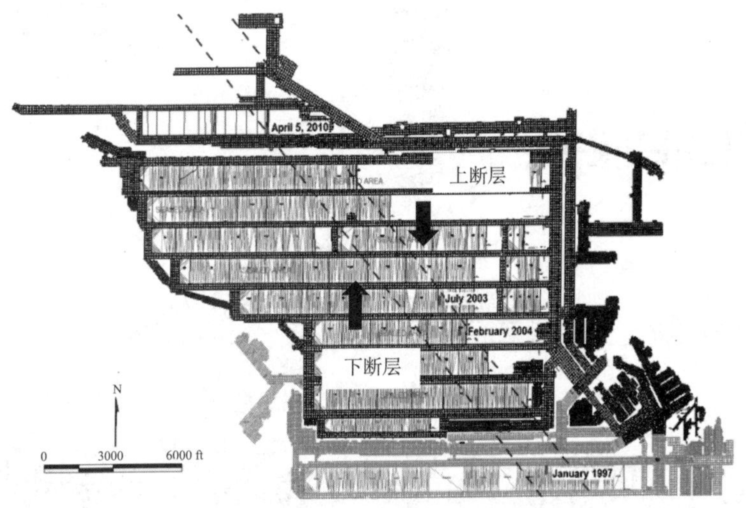

图 7.27　瓦斯异常涌出地点与断层带位置示意图

在 4 月 5 日发生的事故中，瓦斯是爆炸发生的起因，在后续的爆炸中，大量煤尘参与了爆炸，导致了事故范围扩大，造成了严重的后果。事故调查表明，煤尘来源于工作面作业、胶带输送机运煤和片帮。易格煤层的中部是 UBB 井下最软的地层，在矿山压力的作用下，该部分煤层易发生破碎剥落。该部分煤尘主要由镜质体组成，内含分散的丝炭，易粉碎成细末（图 7.28），使其具有较大的爆炸危险性。

图 7.28　易格煤层中的丝炭层

此外，事故调查显示 UBB 煤矿忽视撒岩粉工作，导致井下粉尘中不可燃组分含量低，具有较高的爆炸性。如图 7.29 所示，MSHA 在矿内密集采取粉尘样品，测试结果显示，除

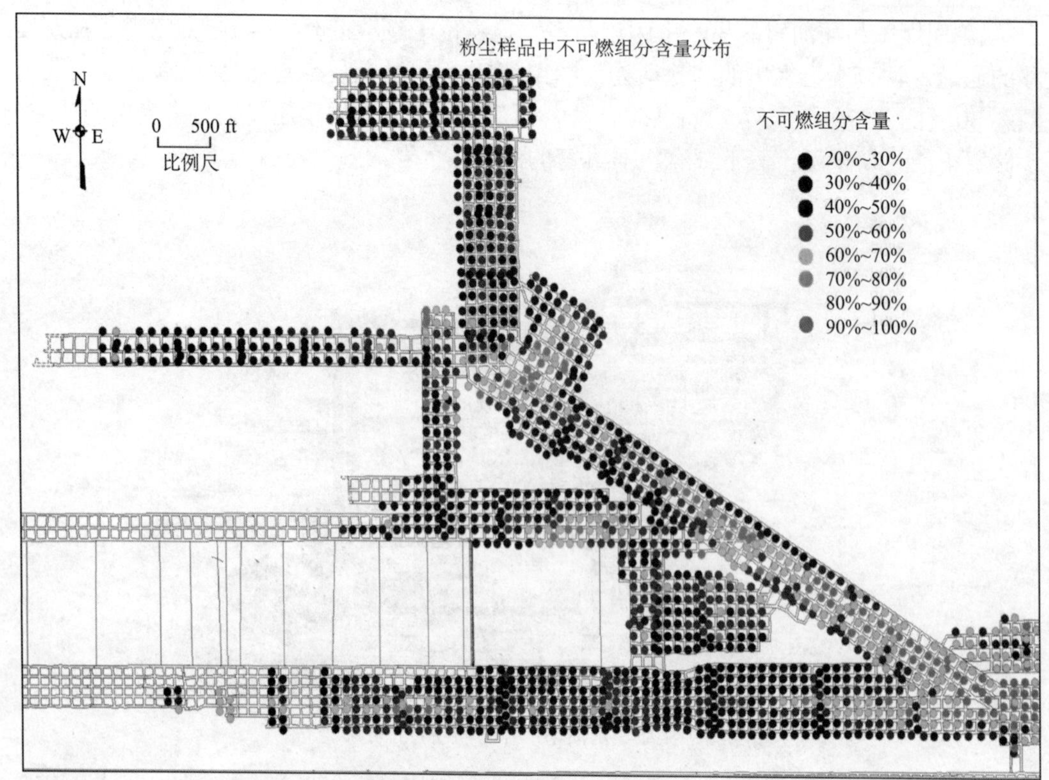

图 7.29　UBB 煤矿各区域粉尘样品中不可燃组分含量分布

右下角北大巷小部分区域内粉尘中的不可燃组分含量约 60%～70%，该矿其他区域绝大部分样品粉尘中的不可燃组分含量低于 50%，此部分区域也正是煤尘爆炸发生并严重破坏的区域。

7.3.4.2　通风条件

发生事故的 21 号长壁采煤工作面为两进一回的 Y 型通风方式，事故发生前，回风巷顶板冒落造成回风不畅，在冒落岩石的堆积处形成了瓦斯积聚（图 7.30）。此外，该工作面（21 号）与另一个准备工作面（22 号）相邻，两个工作面之间的进风段的风量分配不可靠，采用风门代替调节风窗，如图 7.31 所示。在 2010 年 3 月 17 日，通过开启该风门以增加 22 号连续采煤工作面的风量，但 21 号工作面顺槽的进风量则从 227 m^3/min 降至 170 m^3/min。工作面风量的减少为瓦斯的积聚创造了条件。

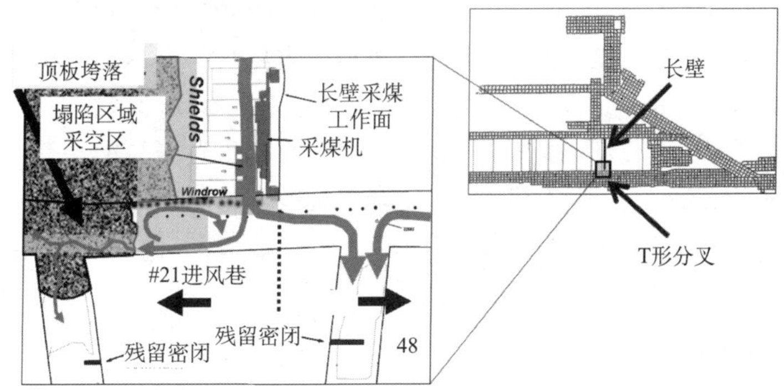

图 7.30　UBB 煤矿工作面隅角因冒顶造成回风受阻示意图

图 7.31　UBB 矿以风门替代风窗来控风，造成工作面供风不足

7.3.4.3　点火源

据调查，UBB 煤矿瓦斯煤尘爆炸的点火源是在采煤机水雾喷嘴失效情况下，由磨损的采煤机截齿与顶板砂岩摩擦而产生的，如图 7.32 所示。由于工作面上隅角处的顶板垮落，造成瓦斯积聚，采煤机工作时，截齿与顶板砂岩摩擦产生的热量点燃了附近的瓦斯，下部的瓦斯不断向上部燃烧点补充，瓦斯燃烧由顶板向下延燃，持续了 2min，最后形成爆炸；瓦斯爆炸后，将底板及煤帮等处的浮煤扬起，瓦斯的燃烧爆炸或正在燃烧的煤炭

又作为点火源引发煤尘爆炸，这一过程连续发生，最终波及整个矿井。

图 7.32　UBB 煤矿采煤机磨损的截齿

该起事故的发生表明该矿在通风管理、瓦斯与粉尘防治、矿井人员安全培训等方面存在问题。通风系统管理混乱使瓦斯聚集；忽视采煤机喷雾设施的维护，对截齿与岩石摩擦产生的点火源缺少防范；撒岩粉等工作落实不到位，对煤尘爆炸的危险性认识不足；井下人员缺少自救能力。该事故的发生表明，煤矿热动力灾害防治是一项系统和综合的工作，必须从瓦斯、通风、点火源管理、安全培训等环节认真防范，不能存在任何侥幸心理。

7.4　本 章 小 结

本章介绍了宁夏白芨沟煤矿“10·24”火灾与爆炸事故、吉林八宝煤业公司“3·29”和“4·1”特大瓦斯爆炸事故、美国 UBB 煤矿“4·5”瓦斯煤尘爆炸事故的发生经过、救援和处理过程，分析了这些事故产生的原因并总结了经验教训。这些案例表明，煤矿热动力灾害的发生主要由瓦斯与空气的混合所致，可发生在井下采空区的较大空间内，也可发生在采矿作业环境中的小范围内，要防范重特大事故的发生，既需认识到矿井中这些瓦斯与空气易混合的地点与条件，又需了解井下可能的点火源及特性，还应懂得各种可燃物之间的相互作用关系和致灾特性，同时还应具备灾变时期的自救互救和救援与处理能力。因此，对煤矿热动力灾害进行综合防治，不但要加强通风、瓦斯和煤尘的综合管理，还应具备防控煤矿井下点火源的措施，并加强矿工安全培训和自救互救技能的演练。

参 考 文 献

[1] 蒋猛, 何传星, 薛文战, 等. T685WS 快速钻机在煤矿抢险救灾中的应用. 煤矿安全, 2007, 38(2): 31-33.

[2] 冯立杰, 王金凤, 张炎亮. 对 T685WS 钻机应用的价值分析. 价值工程, 2007, 26(12): 92-95.

[3] 周福宝, 王德明, 章永久, 等. 浅地表大漏风火区的三相泡沫惰化技术. 煤矿安全, 2005, 36(5): 9-11.

[4] 周福宝, 宋体良, 王德明, 等. 特大型火区的地面钻孔注三相泡沫灭火技术. 煤炭科学技术, 2005, 33(7): 1-3.

[5] 王德明. 矿井防灭火新技术——三相泡沫. 煤矿安全, 2004, 35(7): 16-18.

[6] 秦波涛, 王德明, 陈建华, 等. 高性能防灭火三相泡沫的实验研究. 中国矿业大学学报, 2005, 34(1): 11-15.

[7] 秦波涛, 王德明. 三相泡沫防治煤炭自燃的特性及应用. 北京科技大学学报, 2007, 29(10): 971-974, 1004.

[8] 秦波涛. 防治煤炭自燃的三相泡沫理论与技术研究. 中国矿业大学学报, 2008, 37(4): 585-586.

[9] 国家煤矿安全监察局. 吉林省吉煤集团通化矿业集团公司八宝煤业公司“3·29”特别重大瓦斯爆炸事故调查报告. http: //www. chinacoal-safety. gov. cn/gk/sgcc/sgbg/ 201307/t20130711_203110. Shtml [2018-7-2].

[10] 百度百科. 3·29 吉林八宝煤矿瓦斯爆炸事故. https: //baike. baidu. com/item/3·29 吉林八宝煤矿瓦斯爆炸事故/319560[2018-7-2].

[11] 米亚斯尼科夫 A A, 宋世钊. 煤矿中沼气和煤尘爆炸的发生和传播过程的总概念. 矿业安全与环保, 1988, (1): 53-61.

[12] Robinson C, Smith D B. The auto-ignition temperature of methane. Journal of Hazardous Materials, 1984, 8(3): 199-203.

[13] Naylor C A, Wheeler R V. The ignition of gases. Part VI. Ignition by a heated surface. Mixtures of methane with oxygen and nitrogen, argon, or helium. Ifigea Revista De La Sección De Geografía E Historia, 1931, 26(3): 239-250.

[14] Mandlekar M R. The influence of pressure on the spontaneous ignition of inflammable gas-air mixtures. I. butane-air mixtures. Proceedings of the Royal Society of London, 1933, 141(844): 484-493.

[15] Kundu S, Zanganeh J, Moghtaderi B. A review on understanding explosions from methane - air mixture. Journal of Loss Prevention in the Process Industries, 2016, 40: 507-523.

[16] 刘易斯, 埃尔贝. 燃气燃烧与瓦斯爆炸. 3 版. 王方译. 北京: 中国建筑工业出版社, 2010.

[17] Sacks H K, Novak T. A method for estimating the probability of lightning causing a methane ignition in an underground mine. IEEE Transactions on Industry Applications, 2008, 44(2): 418-423.

[18] Eckhoff R K. Explosion Hazards in the Process Industrie. Cambridge, U. S. : Gulf Professional Publishing, 2016.

[19] Crowl D A. Understanding Explosions. New York: American Institute of Chemical Enginers, 2001.

[20]Wikipedia. Triboluminescence. https: //en. wikipedia. org/wiki/File: Tribo. Ogv[2018-07-02].

[21] Phillips C A. Report of investigation into the mine explosion at the upper big branch mine. West Virginia, West Virginia Office of Miners' health, Safety & Training, 2012.

[22] Page N G, Watkins T R, et al. Report of Investigation, fatal underground mine explosion, April 5, 2010, Upper Big Branch Mine. Arlington: Mine Safety and Health Administration, 2011.